주어진 것의 비밀이 숨겨진 책

# 유클리드 데이터

Euclid's Data: The Importance of Being Given

### 일러두기

[1], [2], [3], … 은 저자(크리스천 마리누스 테이즈벡)가 쓴 각주이다.

†, ‡ 는 옮긴이(서보억, 김동근)가 쓴 각주이다. [역주]로 표기하였다.

주어진 것의 비밀이 숨겨진 책

# 유클리드 데이터

Euclid's Data: The Importance of Being Given

크리스천 마리누스 테이즈벡 지음

서보억 · 김동근 옮김

경문사

**Acta Historica Scientiarum Naturalum et Medicinalium**
**(Euclid's Data: The Importance of Being Given)**
by Christian Marinus Taisbak


주어진 것의 비밀이 숨겨진 책
**유클리드 데이터**

지은이 크리스천 마리누스 테이즈벡
옮긴이 서보억 · 김동근
펴낸이 박문규
펴낸곳 경문사
등록 1979년 11월 9일 제 313-1979-23호
주소 121-818, 서울특별시 마포구 와우산로 174
전화 (02)332-2004 팩스 (02)336-5193
이메일 kyungmoon@kyungmoon.com
홈페이지 www.kyungmoon.com

찍은날 2013년 5월 1일 1판 1쇄
펴낸날 2013년 5월 10일 1판 1쇄

값 26,000원

ISBN 978-89-6105-626-7
ISBN 89-7282-390-2 (세트)

★ 잘못된 책은 바꿔드립니다.

## ■옮긴이 머리말

수학의 역사는 수학교육에서 매우 중요한 가치를 지니고 있다. 학습자 한 개인의 수학개념 발달 과정은 수학의 발달과정 전체를 짧게 반복한다는 역사발생적 원리가 중요한 수학교육 방법으로 자리잡고 있기 때문이다. 그렇다면, 수학교육자와 수학학습자는 수학사에 대해 정말 잘 알고 있는가?

역자는 평소 수학교육 및 수학사에 큰 관심을 가지고 있다. 최초의 수학자라고 일컬어지는 탈레스를 위시하여, 피타고라스, 유클리드, 아르키메데스, 아폴로니우스 등으로 이어져 오는 고대 그리스 수학을 집중적으로 탐구하고 있고, 그 미묘한 마력에 빠져 있다고 해도 과언이 아니다. 그러던 어느 날 파푸스의 《수학집성(Mathematical Collection)》 제7권에서 '분석의 보고(Treasury of Analysis)'라는 문구를 보게 되었다. '분석의 보고'에는 고대 그리스의 위대한 수학책에 대한 목록 33권이 제시되어 있었다. 그 목록의 첫 번째 책이 무엇일까 궁금해졌다. 나는 유클리드의 《원론》이라고 생각하였지만 아니었다. 그 책은 바로 《자료론(The Data)》이었다. 아니 자료론? 이게 뭘까? 수학사 책을 뒤적거렸다. 몇몇 책에서 한 줄 혹은 많으면 반 페이지 분량으로 할애된 내용을 발견할 수 있었다. 평소에 그렇게 즐겨 읽던 책인데도 그 동안 존재 자체를 깨닫지 못했던 것이다. 궁금해졌다. 이 책이 어떤 책이기에….

역자는 '자료론'과 이렇게 인연을 맺었다. 벌써 6년 전의 일이다. 처음에는 멘지(Menge)의 번역판을 입수하였다. 그리고 1년 동안 열심히 읽었다. 하지만 도처에 적혀 있는 '주어진(given)'이라는 단어로 인해 이 책의 의미가 무엇인지 도저히 알 수 없도록 만드는 것이 아닌가! 이 책에 적힌 '주어진'은 한 가지 의미가 아니라, 다중적인 의미를 지닌 용어였다. 그리고 그 다중적인 의미가 수학교육적 가치를 드높여 줄 수 있음을 깨닫게 되었다. 그리고 4년 전 또 다른 자료론에 대한 번역판을 가지게 되었는데, 그 책이 바로 본 번역판의 원서였다.

수학학습에서 '주어진 것'이라는 요소는 수학문제해결에서 결정적인 역할을 한다. 실례로 러시아의 깔야긴은 수학문제의 네 가지 구성요소 중의 하나로 '주어진 것'을 언급하였는데, 이것으로부터 문제가 해결될 수 있다고 보았다. 그 중요한 '주어진 것'의 수많은 비밀이 바로 이 책에 담겨 있는 것이다. '주어진 것'이 가지는 수학적 가치가 유클리드라는 위대한 수학자에 의해 풀린 것이다. 이 책이 '주어진 것'의 위대한 비밀을 담고 있기에 수학교육을 위해 매우 유용한 자료가 될 것으로 판단된다.

마지막으로 이 책의 번역 및 출판을 허락해준 경문사 박문규 사장님께 감사의 인사를 드린다.

2013년 5월

옮긴이

## ■지은이 머리말

이 책은 번역하는 수년 동안 나에게 많은 고민을 안겨다 준 것으로 기억한다. 특히 1993년 맥도웰((McDowell)과 소콜릭(Sokolik)에 의한 'Euclid's Data'의 다른 번역본이 먼저 출판되어 나온 것이 가장 큰 고민이었다. 그럼에도 불구하고 맥도웰과 소콜릭의 번역본은 오류가 불과 한 쪽 분량의 정오표에 의해 교정될 정도로 잘 정리된 것이었다. 또한, 이들의 번역본에 의해서 유클리드 '자료론(The Data)'에 대한 강력한 인상을 남겼다. 하지만 이것을 모두 읽고 난 이후에, 나는 고대의 유명한 주석가인 파푸스(Pappus)와 마리누스(Marinus)가 품었던 것과 동일한 인상을 가지게 되었다. 그것은 바로 '이 책은 전적으로 무엇에 관한 책인가'하는 의문이었다.

따라서 내가 이 책에 담아야 할 가장 중요한 작업으로 생각한 것은 "기존의 유클리드 《자료론》 번역본에 대한 서로 상반된 판단을 내린 새로운 번역본을 제공하여 혼돈을 가중시키려고자 하는 것이 아니라, 《자료론》에 대한 수학적이고 철학적인 나의 생각을 설명하고 드러내고자 하는 것"임을 밝혀 두고자 한다.

> "만약에 유클리드 《자료론》에 대해 서술된 책이 존재하지 않았다면, 나는 결코 그것을 놓치지 않았을 것이다."
>
> — 코펜하겐에서의 나의 개인적인 대화.

> "유클리드와 그 당대의 수학자들에 의해 만들어진 기하학 연구에 적절한 계량적 척도(measure)는 《원론》이 아닌 《자료론》 안에서 찾을 수 있다."
>
> — Wilbur Richard Knorr(1986).

나는 특별히 비평적인 결과물을 출판하려고 의도하지 않는다. 아랍어로 된 자료론을 그리스어로 번역한 하인리히 멘지(Heinrich Menge)는 그리스 원어로 번역할 때, 아랍어 원문에 충실하게 매우 건전한 판단을 내리고 있었다. 이로 인해 아랍어 원문에 나오는 문자 그대로의 내용 이외의 변수를 고려한 새로운 시도는 거의 찾아볼 수 없었다. 하인리히 멘지의 번역판이 《자료론》의 내용을 그대로 제시하였다는 것에는 하등의 의문은 없었지만, 아랍어로 된 《자료론》에 결론적으로 제시되어 있는 '명제'에 대한 새로운 계승(succession)의 탐색과 같은 것이 존재하지 않았다. 또한 멘지의 번역본에 실려 있는 증명의 내용은 원본에 충실하게 고전적인 방법을 채택하였지만, 여기에서는 명제의 실제적인 측면(본질적 의미)에 대해서도 구체적으로 언급하였다. 그러나 전반적으로는 시간과 재정적인 문제가 결부된 새로운 교정본의 필요성을 느끼지 못하고 있다. 이러한 필요성은 멘지 번역판에 필요한 부분일 것이다. 하지만 이러한 것은 금세기에 일어나기는 쉽지 않을 것이다. 이 책은 멘지의 번역본에서 사용된 큰 틀(도구)을 그대로 유지하겠지만, 그의 번역본과는 차별된 부분도 어느 정도는 유지할 것이다.

가장 최근의 멘지의 번역본에 대한 주석은 독일의 클리멘스 타에르(Clements Thaer, 1962)에 의해 독일어로 출판되었다. 이 책은 매우 간결하고 간명하게 현대 대수적 언어에 의해 번역되고 해석되었다. 나는 이 책이 전적으로 다른 책으로 읽힐 것이므로, 거의 모든 점에서 그의 의견에 동의하지 않기에 더 이상 언급할 필요성이 없을 것 같다.

나의 주석은 연속적인 이야기로 생각하면 좋겠다. 이것은 결코 시종일관되지 않다는 것이 무엇인지를 시종일관된 관점에서 시도하고 있다. 내재주의자라고 불리고 있는 것과 같이 《자료론》은 분석을 위한 충분한 가치가 있을 만큼 중대한 수학적 의미를 가지고 있다. 나는 가능한 《자료론》에 제시된 명제의 순서대로 분석을 진행할 것이다. 그리고 언제나 유클리드의 추론을 기억하기 위한 필요에 의해, 또한 나 자신의 이해를 돕기 위해서 보조정리들을 여러분들에게 제시할 것이다. 또한 필요에 따라서는 이 책을 번역하기 앞서 진행하였던 나의 논문(Taisbak, 1991)들도 제시하여 이해를 도울 것이다. 내가 다른 어떤 연구 주제보다 《자료론》에 더 집중하게 된 이후에는, 이전에 썼던 원고들도 수시로 상당 부분 개선되었다. 그리고 몇몇 어려운 질문이 나에게 남기도 했지만 해결하기 위해 지속적으로 노력했고, 그 결과 답을 얻을 수 있었다.

문장의 서술 방식에 대한 분석과 《자료론》에 대한 포괄적인 측면에서 보면, 《자료론》은 《원론》에서는 찾아 볼 수 없는 색다른 측면이 있다. 이로 인해 《원론》의 저자는 유클리드가 아닌 다른 저자라는 의문이 있다. 그렇다면, 유클리드가 아니라면, 그는 누구일까? 알렉산드리아의 유클리드는 아마 이 저작을 직접 저술하지 않았을 수도 있지만, 고대의 선조들에 의해 내려온 정리들을 수집하고 정리하였을 것이다. 즉, 《자료론》의 이론들은 그 당시에 내려져 오는 다양한 사람들의 설명이나 해석들 중에서 최고의 해석들을 체계적으로 정리한 것이다. 따라서 유클리드를 《자료론》의 편집자로서 생각하는 것은 전혀 문제가 없을 것으로 보인다.

나는 이 책에서 동일한 주제를 가지는 명제들은 함께 묶으려고 시도하였다. 이러한 동일한 주제로 분류하는 것이 항상 가능한 것은 아님에도 불구하고, 그것은 항상 유용한 것으로 생각한다. 이러한 구분을 통해 나는 《자료론》의 내용이 되풀이되는 점, 논리적이지 못한 명제들의 분할 등을 들추어낼 수 있었다. 이것은 《자료론》이 기하학적인 해석을 일관성 있게 제시한 것으로 이해하기보다는, 자연스럽지 못한 증명의 마지막을 장식하는 '주어짐(given)'이라는 관점에서 서술되어 있는 명제들을 잘 편집한 것으로 생각하는 것이 더 타당할 것으로 보인다. 실제로 명제들의 증명의 최종적인 형태는 그 당시 유클리드의 《원론》에서 사용된 것과 같은 Q.E.D(Quod Erat Demonstration)의 형식을 전혀 취하지 않고 있다. 저자는 철저히 Q.E.D라는 표현을 숨기고 있다가, 마지막 94번째 명제에서 처음이자 마지막으로 사용한 것이다. 이는 유클리드가 마지막에 가서야 결국 최종 목적지에 도착하였다는 생각을 한 것으로 보인다.

# 차례

## 서문

# 기호와 축약어

| | |
|---|---|
| 정의 1 | 《자료론》의 정의 1 |
| 명제 1~94 | 《자료론》의 명제 94개를 명제 1부터 명제 94[1]로 표시 |
| Θε. 1~94 | 그리스 원전에 있는 명제의 번호 |
| 명제 8* | 《자료론》 명제 8에 대한 저자의 부가 설명 |
| V.명제 16 | 《원론》 제V권에 있는 명제 16번 |
| V.정의 5 | 《원론》 제V권에 있는 정의 5번 |
| 공통개념 1 | 《원론》의 제I권에 있는 공통개념 1번 |
| 공리 0* | 공리 0에 대한 저자의 부가 설명 |
| X ⇒ Y | 만약 X이면 Y이다. |
| ∴ | 그러므로 |

**비**(ratio)

| | |
|---|---|
| A : B | A에 대한 B의 비 |
| A : B :: C : D | A에 대한 B의 비는 C에 대한 D의 비와 같다. 혹은 A, B, C, D는 비례한다(비교, V.정의 5 참고). |
| A δ>: B | 정의 11에서 정의된 관계를 나타내는 기호이다. 즉, 어떤 크기 A는 다른 크기 B보다 주어진 비 δ만큼 더 크다. |

---

1) 유클리드의 여러 저작들을 동시에 읽을 때는 명제들을 구분하기 위해서 《자료론》의 명제 1은 Dt. 1이라고 표현한다. 여기서는 Dt. 1이 아닌 명제 1로 표현하겠다.

**도형**(figures)

| | |
|---|---|
| ∡A | 점 A에서 이루는 각 |
| (AB,BC)<br>또는<br>(ABC)<br>또는<br>(AC) | 직선 AB와 직선 BC의 일부를 변으로 가지는 평행사변형을 의미한다. 그리스 원문에서는 종종 ABΓ 혹은 AΓ로 기록되어 있다. 이 중에서 후자인 AΓ는 '대각선 표기법'으로, 그리스의 기하학 원서에서는 매우 자주 등장하는 표현방법이다. AΓ는 정사각형, 직사각형, 평행사변형 등을 의미하는데 문맥에 의해 구분된다. 여기서 괄호의 의미는 선분의 표시와 구분하기 위한 것으로, 사각형의 도형을 의미한다. |
| ⊏⊐ AB,BC<br>또는 ⊏⊐ ABC<br>또는 ⊏⊐ AC | 직사각형은 선분 AB와 BC에 의해 생성된다. 그리스 원서에서는 종종 ABΓ 혹은 AΓ로 기록되어 있다. |
| □AB | 선분 AB를 한 변으로 하는 정사각형이다. |
| □(AC) | 정사각형 ABCD를 의미한다. 대각선 표현법이다. |
| △ABC | 삼각형 ABC이다. |

**주어진 것**(Givens)

| | |
|---|---|
| gvn. AB[2)] | 선분 AB의 길이(크기)가 주어진[†] 것이다. |
| gvn. A : B | A에 대한 B의 비가 주어진 것이다. |

2) 이러한 속기적인 표현 기호는 가능한 짧게 표현하기 위해 채택된 것이다. 따라서 수학적인 논리를 표현하는 기호가 아님을 기억해두자.

† [역자] '구할 수 있다' 혹은 '알 수 있다', '찾을 수 있다'라는 의미이다.

비가 단순하게 주어져 있다는 것은, 기하학적 대상(점, 선, 각, 도형)이 어떤 관계성에 의해 주어진 것으로 볼 수 있다는 것을 의미한다. 이러한 제한점은 《자료론》의 매우 중요한 특성으로, 이러한 것이 반복되어 나타나기 때문에 간단한 기호로 표현하는 것이 매우 유용할 것 같다. 따라서 만약에 T가 기하학적인 대상이라고 하면, 다음과 같은 방식으로 표현이 가능하다.

| | |
|---|---|
| pos. T | 기하학적 대상 T의 위치는 주어진 것이다. |
| mag. T | 기하학적 대상 T의 크기가 주어진 것이다. |
| frm. T | 기하학적 대상 T의 형태가 주어진 것이다. |

**그림에 표시된 그리스 문자의 사본**

| | | | | | | | |
|---|---|---|---|---|---|---|---|
| A = A | B = B | Γ = C | Δ = D | E = E | Z = Z | H = H | Θ = Q |
| I = I | K = K | Λ = L | M = M | N = N | Ξ = X | O = O | Π = P |
| P = R | Σ = S | T = T | Υ = U | Φ = F | X = G | Ψ = Y | Ω = W |

그리스 원전을 보면 문자의 순서가 매우 임의적임을 알 수 있다. 똑같은 직선 위의 선분에 대해서 AB와 BA를 무분별하게 동일한 상황에서도 사용하고 있다. 따라서 이 책에서는 이 시대를 사는 독자들의 이해를 높이기 위해 가능하면 알파벳 순서를 지키고, 가능하면 일관성 있게 기술하려고 하였다. 라비엘 네츠(Reviel Netz, 1999)는 증명 과정에서 등장하는 도형의 순서로 문자를 표기하는 것이 좋다고 생각하였다.

《자료론》에 있는 94개의 명제에 대한 빠른 참고를 위해서 이 책의 맨 뒤쪽 부록 C에 '정의와 명제의 목록'을 작성하여 제시하였다.

## ■ 추가 기호와 명제

유클리드의 《자료론》에 제시된 명제를 이해하기 위해서는 추가적인 기호와 축약어에 대한 이해가 필요하다. 독자의 이해를 돕기 위해 역자가 몇 가지 설명을 추가하고자 한다. 원문에 충실하기 위해 별도로 구분하여 제시한다.

### 1. 선결문제 요구

같은 말을 결론에서 되풀이하게 되는 것을 의미한다.

### 2. R'11

기호로 나타내면 Aδ>:B이고, 말로 표현하면 크기 A가 크기 B보다 주어진 비 만큼 더 크게 주어져 있음을 의미한다. 즉, (A − G) : B의 비가 주어진 비 δ가 되는 크기 G가 주어져 있음을 의미한다.

### 3. P : Q :: R : S로부터 비의 변형 I

| 용어 | 기호 | 《원론》 |
|---|---|---|
| 교대(enallax, alternando) 변형 | P : R :: Q : S | V.명제 16 |
| 전치(anapalin, invertendo) 변형 | Q : P :: S : R | V.정의 5 |
| 합성(synthenti, componendo) 변형 | (P + Q) : Q :: (R + S) : S | V.명제 18 |

### 4. P : Q :: R : S로부터 비의 변형 II

(단, 만약 P > Q이고 이것으로 인해 R > S인 경우에 한함)

| 용어 | 기호 | 《원론》 |
|---|---|---|
| 분리(dielonti, separando) 변형 | (P − Q) : Q :: (R − S) : S | V.명제 17 |
| 전환(anastrepsanti, convertendo) 변형 | P : (P − Q) :: R : (R − S) | |

### 5. 양등 변형(V.명제 22)

출발조건 A. P : Q :: R : S

출발조건 B. Q : U :: S : V

출발조건 A, B로부터 P : U :: R : V을 얻는 변형을 의미한다.

### 6. 공준 3

유클리드의 원론 제I권에 나오는 공준 3번을 의미한다.

# 서문

## '주어진 것(Givens)'의 이름 아래

유클리드의 《자료론》은 '주어진(given)'을 의미하는 중성 복수의 완전 수동 완료분사와 함께 시작하고 있다. 라틴어 원어의 형태인 《자료론》이라는 책 이름을 현재 컴퓨터 시대에 자료(data)라고 하면 매우 흔하고, 통속적인 단어가 된 이 상황에서도 그대로 사용하고 있다. 실제, 《자료론》 대신에 '주어진 것(givens)'이라고 변경하면 유클리드의 이 저작을 더 쉽게 이해할 수 있음에도 불구하고, 그 이름의 변경으로 생길 수 있는 혼돈을 막기 위해 여전히 《자료론》이라는 이름을 사용하고 있다.

《자료론》에서 유클리드가 연역적 증명을 통해 보이고자 한 것은 '어떤 일부의 대상들만 주어져[†] 있다고 가정할 때, 또 다른 대상들도 동일하게 주어진 것으로 볼 수 있다'는 사실에 대한 증명이었다.[‡]

오래 전, 처음 프톨레마이오스의 《알마게스트(Almagest)》를 읽었을 때, 나는 어떤 문제의 입력에 적용될 뿐만 아니라, 동시에 출력에도 적용이 되는 '주어진 것이다(is given)'의 사용에 대해 매우 이상해하고, 매우 궁금해 하였던 기억이 있다(Ptolemy-Heiberg I:38).

---

† [역자] 어떤 대상이 '주어져(given)' 있다는 것은 어떤 대상을 이미 알고 있거나 제시되어져 있다는 것으로 명제의 가정과 관련이 깊다. 어떤 대상이 '주어진(is given)'이란 어떤 대상을 잠정적으로 구할 수 있다는 것으로 명제의 결론과 관련이 깊다.

‡ [역자] 어떤 대상 A와 B를 알고 있다면, 다른 대상 C도 구할 수 있다는 의미이다.

> [현(chord)] 지름이 120인 원 위에 두 현 AB와 AC가 있고, 그 길이가 주어져 있다. 원 위의 두 점 B와 C를 연결하여 현 BC를 만든다. 그러면 현 BC의 길이도 역시 주어진 것이다.†

이 명제는 마니티우스(Ptolemy-Manitius, 29, 14)에 의해 번역되었다. 동일한 장(I:42)에서, 프톨레마이오스는 임의의 각에 대한 삼등분선의 작도 불가능성에 대해 언급하였다.

> 만약 원 위에 한 현이 주어져 있다고 한다면 …, 이 현에 대한 호의 길이를 삼등분하는 점을 기하학적인 방법‡으로 구할 수 없다.

마니티우스(Manitius)는 교묘한 방법으로 이를 피하고 있다. 마니티우스[70년 후에 '기하학적인 방법으로 찾을 수 없다'라고 한 투머(Toomer)도 마찬가지이다, Ptolemy-Toomer, p.54]는 현대의 수학자들 중에서 증명의 과정이나 발견의 과정에서 '주어진 것이다(is given)'라는 술어를 사용하는 경우는 거의 없다고 확신하고 있었다. 그러나 그리스 수학자들은 그렇지 않았다. 만약 우리가 유클리드의 《자료론》에 대해 정확하게 평가하기를 원하고, 또한 반드시 이해해야 하지만 우리에게 익숙하지 않은 개념 하나를 지적하라고 한다면, 나는 주저 없이 바로 '주어진(given)'에 대한 개념이라고 말할 것이다.

처음에 《자료론》을 번역하려고 시작하였을 때, 어떤 특정한 문구가 지속적으로 유지되는 아주 지루하고 긴 문구를 발견하였다. 그것은 '만약 이(this) 대상(item)이 주어져 있다면, 그(that) 대상도 역시 주어진 것이다'이었다. 이 내용은 모든 명제마다 여러 번 지속적으로 반복되고

---

† [역자] 앞의 조건에 의해서 현 BC의 길이를 구할 수 있다는 의미이다.

‡ [역자] 여기서는 유클리드 도구를 사용한 작도를 의미한다.

있다. 그래서 나는 모든 명제에서 '주어진' 혹은 '주어져'라는 문구를 제거하였고, 꼭 필요한 곳에서만 이들을 복원시켜 보았다. 하지만 그 결과 내가 발견한 사실은, 《자료론》의 핵심적인 본질은 사라지고 없어져 버렸다는 것이다. 결국 주어진 것(givens)은 쇠사슬처럼 얽혀 매달려 있었고, 어떤 명제의 목적은 이들 사이에 더 많은 연결고리를 만들려는 것임을 깨닫게 되었다.

### 《원론》의 시작에서 수학적인 생략

그리스 수학을 처음으로 접하는 사람이 직면하게 되는 최초의 수학적인 대상은 아마도 《원론》 I권 명제 1에 등장하는 '주어져 있는 선분'이다. 이것은 '선분'일 뿐 아니라, '주어져 있는 선분 AB'이다. 이 명제는 주어져 있는 선분을 한 변으로 하는 정삼각형을 작도하는 문제이다. 그런데 거기에는 원을 그리는 과정에서 '주어져 있는 선분'을 두 번이나 반복 사용하고 있다.

선분(직선)에 대한 반복적인 사용의 다른 예는 《원론》 I권 명제 2에 제시되어 있다. 명제 2는 '직선 위에 주어져 있는 한 점으로부터 주어져 있는 다른 한 선분과 같은 길이가 되도록 하는 직선 위의 다른 한 점을 잡을 수 있다'이다. 만약 A가 직선 위에 주어져 있는 점이고, 선분 BC가 주어져 있는 선분이라고 할 때, 선분 AD의 길이가 주어져 있는 선분 BC의 길이와 같도록 하는 점 D를 직선 위에 잡을 수 있다는 것을 의미한다.

여기서 주어져 있는 선분의 이동이 허용되어 있지도 않고, 어떤 이동을 위한 기구가 그곳에 존재하지도 않기 때문에 선분 BC를 점 A로 이동하는 것은 간단하지 않다.[1] 따라서 선분 BC는 위치가 주어져 있

---

1) I.명제 4(두 삼각형에서 대응하는 두 변의 길이가 같고, 그 사이의 끼인각이 같으면 나머지 한 변의 길이도 서로 같으며, 두 삼각형은 서로 합동이다. 따라서 대응하는 변에

는 것이기 때문에 반드시 그 위치, 그곳에 위치하고 있어야 한다. 규정되어져 있는 다른 직선 위의 한 점 A의 위치가 주어져 있기 때문에, 점 A는 그 위치에 있어야 한다. 여기서는《원론》I권·명제 2에 대한 풀이 전체를 제시하기보다는 작도를 위한 첫 번째 문장에만 초점을 맞추어 보자.

> 점 A로부터 점 B까지 선분을 그어 선분 AB를 만든다. 그리고 선분 AB 위에 정삼각형 ABD를 작도한다†.

《원론》I권 명제 1에서 주어져 있는 선분을 한 변으로 하는 정삼각형의 작도에 대해 공부하였다. 그리고 여기서 선분 AB는 외형상으로 명백하게 주어져 있던 것은 아니다. 점 A는 조건에서 이미 주어져 있는 것이고, 점 B도 주어져 있는 점이지만 이것만으로는 충분하지 않다. 유클리드는 선분 BC가 주어져 있기 때문에 그것의 양 끝점인 점 B와 점 C도 주어진 것으로 판단을 하였다. 따라서 점 A가 주어졌고, 점 B도 주어져 있기 때문에 이 두 점을 양 끝점으로 하는 선분 AB도 주어진 것으로 판단할 수 있다. 만약 이러한 것들이 수학적 생략이 아니라면, 그들은 적어도 논란이 될 만한 암묵적 가정이라고 볼 수밖에 없다.

## 암묵적 가정

《자료론》을 읽으면서 부딪히게 되는 이해의 어려움 중의 일부는 이 책

---

대한 대응각은 서로 같다.)에서는 확실히 제외되어 있지만,《자료론》의 134쪽에 있는 명제 25의 논평을 보아라.

† [역자] 유클리드의 컴퍼스는 오늘날의 컴퍼스와는 딱 한 부분이 다르다. 그것은 컴퍼스의 어느 쪽의 다리든 종이에서 떼어내는 순간 접혀져 직접적으로 길이를 옮길 수는 없다는 것이다.

안에서 직접적으로 언급되지 않는 그 무엇 때문에 발생하고 있는 것 같다. 암묵적 가정이라고 생각되는 상당수는 '모든 사람들이 알고 있거나 이해하고 있는 것'(예를 들어 공리 $0^*$를 통해 볼 때 어떤 점이나 어떤 거리든지 모두 주어진 것으로 아마 약속된 것으로 본다)으로 분류될 수 있다. 하지만 실제로는 일부만이 불가피한 생략이라고 볼 수 있다. 나의 생각으로는 《자료론》을 읽는 대부분의 독자는 모든 것이 자명하고 자연스럽게 이해될 수 있어서 그것의 수학적인 기초에 대해서 걱정하지 않아도 된다고 생각할 것이다. 그러나 정확하게 이러한 태도는 주어져 있는 것과 관련된 명제를 증명하려고 시도할 때, 문제가 발생하게 된다. 저자가 개선할 수 있는 증명 속으로 우리를 몰아넣었을 때, 우리는 정반대의 곤란한 문제에 직면하게 된다. 공리적 특성을 가진 명제(자명해 보이는 명제)는 나에게는 최소한 논란의 여지가 없는 것 같아 보이지만(예를 들면, 명제 25), 유클리드는 엄밀히 증명과정을 제시하고 있다.

또한, 사케리(Saccheri)가 'Naevi'라고 명명하였던 두 종류의 결점(유클리드 조차도 그것을 믿었다고 볼 수 없는)은 수학적이고 철학적인 사고방식을 통해 드러나고 있다. 결국, 유클리드는 다섯 번째 공준을 고안해내지 않았는가? 최근 일부 학자들은 그리스 시대 당시 누군가 《자료론》(최소한 기본적인 정리나 정의까지는 반드시)을 유클리드의 작품으로 공을 돌리려고 시도하였거나 혹은 유클리드가 젊었을 때 이 저작을 완성하였다고 주장하기도 한다. 그런데 만약 유클리드가 젊었을 때 이 작품을 저작하였다고 한다면, 왜 명제 94번에서 갑자기 저술을 그만 두었겠는가? 사망하지 않았다면, 그는 계속 저작을 하였을 것이다. 어느 것이든 어떤 시점에서 유클리드의 파피루스 두루마리가 모두 소진되어 버렸거나 그의 수학적 아이디어가 소진되어 버렸다고 판단할 수도 있다. 하지만 나의 생각으로는 오히려, 일부 정리는 《자료론》 속으로, 일부 명제는 다른 기하학적 저작(예를 들어, 자취론) 속으로 들어갔을 것으로 판단하는 것이 더 타당할 것으로 보인다.

**도구 상자**(tool box)

암묵적 가정은 암묵적 가정이 사용된 곳에서만 자세히 다루게 될 것이다. 그런데 암묵적 가정도 아니면서 다루어지지도 않고 언급되지도 않지만, 실제로는 역사적으로 중요한 의미를 가지는 전제 조건 한 가지를 제시하고자 한다. 나는 그것을 켄 사이또(Ken Saito)에 의해 고안된 이름인 도구 상자(tool box)라고 부르겠다.

> 도구 상자 : 《원론》 I권부터 VI권까지 제시된 어떠한 명제라도 《자료론》에서 사용될 수 있다.

《원론》 I권부터 VI권까지의 내용을 도구 상자라고 언급하였다고 해서 유클리드 《원론》에 있는 내용과 《자료론》의 내용이 겹칠 경우, 이 두 가지가 필연적으로 같은 의미를 가진다는 것은 아니다. 고대 그리스 당시 근본(elements)이라고 불리었던 지식은 유클리드가 저작 활동 이전에 이미 널리 퍼져 있었던 지식이었다. 나는 에우독소스(Eudoxus)의 연구결과를 소개해 놓은 《원론》 V권에 대한 《자료론》 편집자의 지식에 약간의 회의를 품고 있다. 《자료론》에서 '비(ratio)'에 대한 취급은 《원론》과는 다소 다른 측면을 지니고 있는 것이다. 어떻게 보면 더 초기의 형태를 지니고 있는 듯하다. 어떻든지 간에, 도구 상자에 대한 의문을 가지고 있다. 그것은 《자료론》에 있는 명제들에 대한 대전제가 될 만한 명제가 《원론》에 존재하고 있는가에 대한 의문이다. 앞에서 언급하였던 것과 같이 《원론》 I권 명제 2가 그러한 역할을 하고 있는 것 같다. 비어 있는 공백인 것처럼 우리에게 '주어진 것(givens)'

의 연구를 유발하고 촉발시키게 한 암묵적 가정에 해당하는 것이 바로 이것이 아닌가 싶다. 비록 크노르(Wilbur Knorr)가 다소 《자료론》에 대한 구체적인 설명을 다음과 같이 제시하기는 하였지만, 그것만으로 이러한 사실을 믿기에는 다소 공허함이 있다.

> 《자료론》은 《원론》의 보조적인 성격을 지니고 있다. 문제의 분석을 위해 매우 실용적인 형태로 바꾸어 놓은 것이다. 따라서 일부의 명제는 《원론》과 중복된 문제를 가지고 있기도 하다.

게다가 《자료론》은 《원론》과 유사한 성질을 가지지 않는 결과를 제시하는 경우가 매우 드물다(Knorr, 1989, pp. 106; Heath, 1921, pp. 421~422). 이처럼 《자료론》은 《원론》의 보조적인 성격을 지니고 있고, 매우 실용적인 형태를 가지고 있음을 구체적으로 논의하게 될 것이다. 명제 41번에 대한 개인적인 논평에서는 '유사한 결과'의 아이디어에 대해 고찰할 것이다.

# 1장 정의

## 정의 1 ~ 정의 4 : 기초

ὅρος 1 Δεδομένα τῷ μεγέθει λέγεται χωρία τε καὶ γραμμαὶ καὶ γωνίαι, οἷς δυνάμεθα ἴσα πορίσασθαι.

ὅρος 2 Λόγος δεδόσθαι λέγεται, ᾧ δυνάμεθα τὸν αὐτὸν πορίσασθαι.

ὅρος 3 Εὐθύγραμμα σχήματα τῷ εἴδει δεδόσθαι λέγεται, ὧν αἵ τε γωνίαι δεδομέναι εἰσὶ κατὰ μίαν καὶ οἱ λόγοι τῶν πλευρῶν πρὸς ἀλλήλας δεδομένοι.

ὅρος 4 Τῇ θέσει δεδόσθαι λέγονται σημεῖά τε καὶ γραμμαὶ καὶ γωνίαι, ἃ τόν αὐτὸν ἀεὶ τόπον ἐπέχει.

정의 1. 도형, 선분, 각의 크기가 주어졌다는 것은 우리(we)가 그것과 동일한 것을 규정할 수 있다는 것이다.

정의 2. 비가 주어졌다는 것은 우리가 그것과 동일한 것을 규정할 수 있다는 것이다.

정의 3. 다각형(선분으로 둘러싸인 도형)의 형태가 주어져 있다면, 모든 각의 크기 및 변들 사이의 길이의 비가 각각[2] 주어져 있다는 것이다.

정의 4. 점, 선분, 각의 위치가 주어졌다는 것은 항상 동일한 위치에 둘 수 있다는 것이다.

2) 문어적으로는 '하나 하나씩'을 의미한다. 히스(1956, II:254)에 따르면, 비록 '모양(shape)'이 주어진 것의 의미를 포함하고 있지만 개인적으로 '형태(form)'가 주어진 것

**논평 :** [3)]

위에서 제시된 처음 네 개의 정의는 유클리드 《자료론》에 있는 모든 내용의 기초가 된다.[4)] 정의 1, 3, 4에 따르면, 주어져 있는 점은 위치만 주어진 것이고, 소위 크기(선분, 각, 도형)라고 불리는 것은 위치와 크기 둘 다 주어진 것이라고 할 수 있다. 이런 의미에서 선분으로 둘러싸인 도형은 그 형태가 주어진 것이라고 할 수 있다. 반면에 정의 2는 '주어져 있는 비가 단순히 주어진 것'이라고 하였기 때문에 다른 세 정의와 구별된다. 기초 정의를 통해서 알 수 있듯이, 《자료론》 전반에 널리 퍼져 있는 제약이나 혹은 나누어진 내용들을 이해하기 위해서는 《자료론》이 수론에 대한 책이 아니라(비록 《원론》의 VII, IX권에는 수론의 내용이 많음에도 불구하고), 평면기하학에 관한 책이라는 것을 인지할 필요가 있다. 따라서 《자료론》은 《원론》 I권에서 VI권까지의 내용과 매우 밀접한 관계를 가지고 있다. 《원론》 I권에서 VI권에 있는 어떤 명제라도 《자료론》에서 이용될 수 있다는 암묵적 가정을 하고 있고, 앞에서 언급하였지만 《원론》의 이러한 명제들은 도구 상자의 역할을 하고 있다.[5)]

《자료론》의 첫 번째 정의는 기하학을 《원론》에서 지향하고 있는 사고-작업장(thinking-shop)[6)]으로부터 탈피하여 활동적인 수학자 실습의 작업장(workshop)으로 옮겨 놓았다. 즉, 《원론》이 수학적 이상이라면

---

이라는 것을 제안하고 있다([역자] 본 번역서에서는 모양과 형태를 상황에 따라 혼재할 것이다. 실제 유클리드도 혼란스럽게 사용했었다).

3) 이 논평은 정의 1~정의 4에 대한 공통된 내용이다.

4) 94개의 명제 중에서 정의 1은 명제 23에서, 정의 2는 명제 50에서 인용된다.

5) 《자료론》은 3차원 공간에 관해서 많이 부족하다. 그러나 가능하다면, 이런 문제는 그리스 기하학에서 평면인 것들로 축소했다. 그럼에도 불구하고, 《자료론》에 채택된 명제는 체계적이라기보다는 연습을 위한 보조적인 성격을 더 많이 가진 것으로 보인다.

6) Aristophanes, *Clouds* 94.

《자료론》은 수학교실로 볼 수 있다. 정의에서 '우리(we)'의 사용은 유클리드의 《원론》 서술 패턴과는 매우 다른 성격을 지닌 것이다. 《원론》에서는 작도의 과정이나 증명의 과정 어디에서도 인칭에 대한 사용은 없었고, 《자료론》에서도 내용을 강조하기 위해서 "I say that …." 이라는 문장을 삽입시킨 것을 제외하고는 《자료론》의 명제 어디에서도 인칭의 사용은 보이지 않는다. 그러나 정의 1, 정의 2에서는 정확하게 '우리'라는 인칭을 사용하고 있는데, 이것은 학습을 위한 새로운 국면의 설정 제시에 대한 실마리가 되는 것 같다. 따라서 수학 학습의 주체로서 '우리'는 수학적인 활동이 일어나는 교실에서는 학생에 해당하는 것이다.

'주어진(given)'이 어떤 의미를 가지는지는 너무나도 명확하다(부록 A 참고). 수학적 대상이 우리에게 주어졌다는 것은 이 수학적 대상을 여러 가지 관련 의미와 범위 내에서 수학적으로 처리할 수 있다는 것을 의미한다. 수학에서, 수학적 대상이 주어졌다는 것은 문제의 초기 조건에서 관용적으로 사용되었다는 것이다. 또한, 수학적 대상의 '주어짐'은 자신에게 맡겨진 수학적 대상을 이용할 수 있고, 주어진 대상들 사이의 관계성에 따라야만 하고, 동시에 주어져 있는 대상을 함부로 무시할 수도 없다. 만약 수학자들이 가장 보편적으로 알고 있을 만한 의미에서 '주어진'과 가장 유사한 단어를 찾는다면, 그것은 우리에게 익숙한 단어인 '알려진(known)'일 것이다. 그렇다면 《자료론》에서 '주어진' 대신에 '알려진'을 사용한다면 무엇이 잘못된 것일까? 물론 절대로 잘못된 것은 아니다. 실제 중세의 이슬람 수학자들은 《자료론》을 분석할 때, 일관되게 '알려진'이라는 단어를 사용하였다. 그러나 어떤 이유에서인지는 명확하지 않지만, 유클리드는 '알려진'이라는 단어를 사용하지 않았다.[7] 하지만 관련된 수학적 대상이나 정보를 설명하는데 더

---

7) 여러분의 추측은 나와 비슷할 것이다. 아마도 플라톤이 '지식(knowledge)'에 대해서

적절한 단어를 생각할 수 없는 경우가 생길 수 있기 때문에 나의 논평이나 설명에서는 종종 '알다(know)'라는 동사를 사용할 것이다. 만약 술어부에서 '주어진'을 사용하지 않는다면 정의는 필요로 하지 않으므로 정의가 무엇인지 명확히 할 수 있을까? 정의 1과 정의 2는 몇몇 다른 수학적 대상이 또한 주어져 있기를 요구하는 것처럼 보인다(분명하게 주어진 것 이외에).

### 평면

뮐러(Mueller)의 단일 평면 법칙(Single Plane Law)에 따라, 평면에서 대상이 위치하고 있다는 것은 무엇을 의미하는지 이해해야 한다 (Mueller 1981, 208).[8)]

> 일반적으로 평면에 대한 주제로 내용을 개발할 때 고려되는 모든 대상들은 한 평면 위에 놓여 있다는 것은 당연하다.

이런 사실을 강조하기 위해서 평면을 대문자 P로 적는다. 《자료론》에서 다루는 모든 명제들은 기하학을 설명하는 물리적인 평면으로부터 추출된다. 고려해야 하는 임의의 대상들이 물리적 평면 위에 존재한다는 것을 어떻게 알 수 있을까? 평면에서 기하학적 존재에 관한 힐베르트와 유클리드의 논의 차이에 대해 뮐러의 설명을 참조하면 될 것이다 (pp.14~16, pp.27~29). 여기에서는 완벽하게 《자료론》에 적합한 것

---

문제화하였기 때문일 수도 있다. 하지만 어떤 수학적 대상들이 작도는 가능함에도 불구하고 그들의 수치적인 값은 알려져 있지 않을 수 있기 때문에 '알려진'보다는 '주어진'이라는 표현을 사용하였을 것으로 추측된다. 이슬람 수학에서 '알려진'에 대한 여러 가지 토론과 발표가 있었다.

8) [참고] 주석 3(멘지, 261): 《원론》의 처음 여섯 권의 책에서와 같이, '주어진 것'의 이론은 한 평면 위에 놓여 있는 수학적 대상에 관한 것이다.

으로 보이는 뮐러의 결론을 간략하게 요약하는 것으로 대신하고자 한다.

《원론》의 I권에 있는 어떠한 공준도 점의 존재를 확립하기 위한 수단으로 사용될 수는 없다. 즉 유클리드는 그가 그것을(공리 0*) 필요로 할 때, 위치를 적용하는 것에 있어서 자유로웠다. 평면은 점들로 가득 채워져 있다고 가정하고, 그들 중 하나를 자유롭게 선택할 수 있었다. 직선과 선분에 대해서도 이와 유사한 정도의 자유로움을 가지고 있었다. 또한 선분도 무작위로 선택할 수 있다. 즉 양 끝점을 잡을 수 있을 것이고, 고맙게도 공준 1에 의해서 직선으로 연결할 수도 있을 것이다. 그리고 다음 단계는 어떤 다른 선분이 그곳에 있다는 것을 작도를 통하여 종종 확인할 수 있다. 이러한 임의의 모든 작도 활동은 전적으로 《원론》 I권의 공준 1, 공준 2 그리고 공준 3†을 활용함으로써 가능해진다. 뮐러(p.15)의 말을 언급해보자.

> 유클리드의 처음 세 개의 공준은 존재성과 작도 가능성을 동일시하는 것과 같은 것처럼 보일 수 있다. 하지만 그러한 동일성에 대한 명확한 설명의 부재 상황에서 '의식적 선택'의 문제로만 간주하고, 그것들을 단순히 동일하게 보는 것은 수학적 이해를 매우 어렵게 하고 있다.

---

† [역자]

공준 1. 한 점에서 또 다른 한 점으로 직선을 그릴 수 있다.

공준 2. 유한직선을 무한히 연장시킬 수 있다.

공준 3. 임의의 한 점을 중심으로 하고 그 중심으로부터 그려진 임의의 유한직선과 동일한 반지름을 갖는 원을 그릴 수 있다.

공준 4. 모든 직각은 서로 같다.

공준 5. 한 직선이 두 직선과 만날 때 어느 한쪽에 있는 내각의 합이 두 직각보다 작으면 이 두 직선을 무한히 연장할 때, 두 직각보다 작은 각이 이루어지는 쪽에서 두 직선은 반드시 만난다.

## 세 개의 의문과 하나

내가 《자료론》을 이해하기로는, 수학적 대상들의 존재성에 대해서는 요구하지도 않고 답도 제시하지 않고 있다. 그렇다면 어떤 종류의 문제를 제기할 수 있을까? 나는 세 가지 의문을 제기하겠다. 첫째, 수학적 대상이 어디에 있는가? 둘째, 이것은 얼마나 큰가? 셋째, 이것과 유사한 것은 무엇인가?

또한, 비(ratio)에 대해서는 단 하나의 의문을 가진다. 그것은 '이것은 어떤 비를 가지는가?'이다.

## 어디에 있는가?

점에 대해서, 우선 첫째 질문이 요구될 수 있다. 점을 안다는 것은 이것의 위치를 안다는 것이다. 정의 4가 말하고자 하는 것은 만약 이것이 하나이고 같은 장소에 머물러 있다면, 이것은 위치가 주어진 것이라고 할 수 있다는 것이다.

그런데 점에 관한 하나의 재미있는 특징은 좌표이다. 비록 점에 대한 재미있는 특성을 운운하는 것은 시대착오적이기는 하지만, 앞으로 좌표 없이 점의 주어진 위치를 말할 때 발생하는 어려움에 대해 마음의 준비를 하기 위한 목적으로 이 사실을 언급하고 넘어간다. 사실상 좌표체계는 우리를 속이고 있는 부분이 있다. 116쪽을 보아라.

## 얼마나 큰가?

크기를 아는 것은 이것이 얼마나 큰지, 즉 이것의 크고 작음을 아는 것이다. 크고 작음 없이 존재성만을 가지는 '점'과 '크기' 사이의 가장 큰 차이점은 크기의 비교 유무일 것이다. 일반적인 수학적 대상들은 크기를 비교할 수 있지만, 점은 그 크기를 비교할 수 없다.[9] 무엇을 센다는

---

9) 점들은 크기를 가지고 있지 않다. I.정의 1을 보면, 점은 부분을 가지지 않는 것이다.

것은 어딘가에 존재한다는 것이므로, 점들은 모두 똑같다. 크기는 같을 수도 있고 같지 않을 수도 있다. 크기를 안다는 것은 같다는 것을 알고 인식한다는 것이다. 어떤 대상이 얼마나 큰지를 말할 수 있다는 것은 첫째, 크기의 측정을 통해 대상들을 분류할 수 있다는 것, 둘째, 다른 종류의 대상과 그 크기를 비교할 수 있다는 것임에 틀림이 없다. 《자료론》에서는 이 두 가지 입장 중에서 《원론》과 동일하게 후자의 입장을 취하고 있다.[10] 만약 첫 번째 대상과 동일한 두 번째 대상이 규정된다면, 첫 번째 대상의 크기는 주어졌다고 말할 수 있다(정의 1). 《자료론》을 이해하기 위해서는 바로 이 첫 번째 대상을 필연적으로 받아들임으로써 시작할 수 있다. 즉, 첫 번째 대상의 크기가 주어져 있는 것으로 받아들이는 것이 《자료론》을 이해하는 출발점인 것이다. 비(ratio)에 대해서도 이와 유사하게 받아들여야 한다. 비를 안다는 것은 그것과 동일한 비를 가진다는 것을 인식하여야 한다. 즉 비가 주어졌다는 것은 우리가 그것과 동일한 비를 규정할 수 있다는 것이다(정의 2).

### 이것과 유사한 것은 무엇인가?

선분으로 둘러싸인 도형인 경우에, 우리가 물어볼 수 있는 셋째 질문이 가능하다. 이것에 대한 가장 쉬운 설명 방법은 바로 닮은 도형이다. 만약 그러한 도형들 중 어느 하나가 규정될 수 있다면, 도형의 모양은 주어진 것이라고 말할 수 있다. 정의 3에서 요구하는 것 대신에 그런 조건을 찾을 수 있도록 하기 위해서 VI. 정의 1에 따르면, 닮은 도형은 대응하는 변의 길이의 비는 일정하고, 대응하는 각의 크기도 같다.

---

하지만 점은 위치는 가지고 있다. 프로클로스(Friedlein, 95, 21)에 따르면, 피타고라스는 점을 '위치를 가지는 개체'라고 정의하였다.

10) 약분할 수 없는 문제 때문에, 측정하는 것은 유클리드 기하학으로부터 멀리하는 것이다. 선분과 넓이는 비교될 수 있고 똑같거나 같지 않다는 것을 알 수 있다.

### 여섯 개의 유사한 명제

이러한 의문들과 '주어진'이라는 개념 사이의 연결성은 《원론》과 《자료론》으로부터 여섯 개의 '유사한' 진술들을 비교하여 제시함으로써 설명될 수 있다.

첫 번째 한 쌍은, '얼마나 큰지'에 대한 질문과 정의 1에 대한 것이다. A가 주어진(혹은 A의 크기가 주어진, 혹은 주어져 있는 크기를 가지는 것이 주어진) 것이라고 말할 수 있다는 것은 $A = C$를 만족하는 크기 C가 존재하고 있다**(?)**는[†] 것이다. 따라서 A의 크기를 안다는 것으로부터 C의 크기를 알 수 있다. 이러한 아이디어는 공통개념 2를 이용하여 증명될 수 있는 명제 3에 의해서 명확해질 수 있다.

> 명제 3. 두 개의 크기가 주어져 있으면, 이 두 크기의 합도 주어진 것이다.
>
> 구체적인 예 : 만약 gvn. A 이고 gvn. B 이면 gvn. $A + B$ 이다.
>
> 공통개념 2. 만약 같은 것에 같은 것을 추가하면, 전체는 똑같다.
>
> 구체적인 예 : 만약 $A = C$ 이고 $B = D$ 이면 $A + B = C + D$ 이다.

명제 3(명제에 대한 설명에 있어서 우리가 평가할)의 '증명'을 보면, gvn. A는 $A = C$를 의미하고, gvn. B는 $B = D$를 의미하기 때문에, 이를 통해 $A + B = C + D$ 임을 보여주고 있다(공통개념 2). 그러므로 크기 $C + D$는 크기 $A + B$와 같기 때문에, 크기 $A + B$가 주어진 것이라고 결론을 내릴 수 있다. 몇몇 사람들은 명제 3은 공통개념 2를 표

---

† [역자] 원어에는 **there is(?)**라고 표현되어 있다. 본 해설서에는 가끔 '(?)' 표현을 사용하고 있다.

현하는 새로운 방법이라고 말하기도 한다.

두 번째 한 쌍은, 비와 정의 2에 대한 것이다. 비 A : B가 주어진 것이라고 말하는 것은 두 비 A : B와 D : E가 동일한 비가 되도록 하는 비 D : E가 존재하고 있다(?)는 것을 말한다. 따라서 비 D : E를 아는 것으로부터 비 A : B를 알 수 있다. 예를 들면 V. 명제 22를 통하여 명제 8이 증명된다.

명제 8. [크기] 동일한 것에 대한 비가 주어져 있으면, 이들 서로에 대한 비는 주어진 것이다.
구체적인 예 : 만약 gvn. A : B이고 gvn. B : C이면 gvn. A : C이다.[11)]

V. 명제 22. 만약 여러 개의 크기들이 있고, 다른 것들의 크기가 그들과 서로 같은, 즉 2개를 택하면 그 두 개가 같은 비로 존재한다면 그들은 또한 같은 비로 존재한다(양등).
구체적인 예 : 만약 A : B :: D : E이고 B : C :: E : F이면
A : C :: D : F이다.

명제 8의 증명이 말하고자 하는 것은 비 A : B가 주어진다는 것은 비 A : B와 비 D : E를 같아지도록 하는 비 D : E가 존재한다는 것을 의미하고, 비 B : C가 주어진다는 것은 비 B : C와 비 E : F를 같아지도록 하는 비 E : F가 존재한다는 것을 의미한다. 따라서 V. 명제 22에 의해서 비 A : C와 비 D : F는 같아진다. 그러므로 비 A : C와 같은 비 D : F가 존재하기 때문에 비 A : C는 주어진 것이라는 결론을 내릴 수 있다. 어떤 사람은 명제 8이 V. 명제 22를 나타내는 다른 표현 방법

---

11) 실제 《자료론》의 명제 8에서는 주어진 비에 대한 대칭을 다룬다. 만약 gvn. C : B이면 gvn. B : C이다로 기술되어져 있다.

이라고 말하기도 있다. 하지만 나는 이것에 대해 나중에 다시 생각해 볼 것이다.

세 번째 한 쌍은, 닮음에 관한 것이다. 삼각형 ABC의 모양이 주어졌다고 말하는 것은 두 각의 크기가 같은 삼각형 DEF가 존재한다(?)는 것을 의미한다고 볼 수 있다. 그런데 정의 3은 이것을 말하고자 하는 것이 아니라, 정의 1과 정의 2에 의해서 모양이 주어짐을 명확히 하고 있다. 하지만 명제에서 어떤 삼각형과 닮음인 삼각형에 대한 증명은 작도를 통해 이루어지고 있다. 따라서 명제 40은 VI.명제 6에 의해서 증명된다.

명제 41. 만약 삼각형의 한 각이 주어져 있고 주어져 있는 각을 만드는 두 변의 길이의 비가 주어져 있다면, 그 삼각형의 모양은 주어진 것이다.

구체적인 예 : 만약 gvn. ∡A이고 gvn.AB : AC이면 △ABC의 모양은 주어진 것이다.

VI.명제 6. 만약 두 삼각형에서 한 각이 서로 같고, 같은 각을 끼는 변이 비례한다면, 두 삼각형은 등각이고 대응하는 변에 대한 각은 같다.

구체적인 예 : 만약 ∡A = ∡D이고 AB : AC :: DE : DF이면 △ABC와 △DEF의 대응각은 서로 같다.

유사함이란 관점에서 조금은 색다른 내용이긴 하지만, 다음과 같은 의문을 제시할 수 있다. 정의에서 지속적으로 등장하는 규정된(provided)[†]이 의미하는 또 다른 의미가 존재하는 것은 아닐까?('소개되는', '요구되는', '그것이 만드는' 등등) 앞의 본문에서 제시되어 있는 물음표(?)에서 '있다(is)'가 의미하는 것은 무엇인가? 이러한 질문들은 《자료론》 전체에 대한 명확한 이해를 바탕으로 인해 믿어지거나 받아들여지는 암묵적인 것이라는 성격이 강하다. 따라서 이것을 믿든지 혹은 그렇지 않든지 명백한 해답을 쉽게 손에 넣기는 힘들다. 하지만 그것들 역시 주어진 것의 부류에 속한 것들이다.

우리가 가르쳐 오고 있는 것은 주어져 있는 크기, 비 그리고 형태, 모양 등에 대한 여러 가지 개념들이다. 그러나 주어진 것(주어져 있는 것)이 무엇인지에 대한 개념은 이 용어의 다양한 사용만큼이나 확실하지 않은(그리고 만약 내가 실수를 하지 않는다면, 정의를 내릴 수 없는) 상태로 남아 있다. 아마도 이 책을 끝까지 읽은 다음에 곰곰이 생각해 보아야 이해할 수 있을 것이다. 이것은 아마도 《자료론》에서 가장 명백히 해야 할 가장 중요한 개념임에 틀림없다. 명제를 면밀히 조사해보면 《자료론》에서는 적어도 세 가지 종류의 의미로 사용되고 있는 '주어진 것(givens)'을 발견할 수 있다. 기하학적 대상이 주어진 것은 다음 세 가지 속성을 가지고 있음을 의미한다.

1) 그것이 지배자(Master)[12]에 의해서 주어진 것이기 때문에, 유클리드적인 방법(작도)으로는 그것과 동일한 크기를 규정하는 것, 그것과 동일한 비를 규정하는 것, 그것과 동일한 모양을 규정하는 것이 가능하다는 것을 의미한다.
2) 주어진 것과 닮음인 것, 혹은 똑같은 것, 혹은 동일하다는 것을

---

† [역자] 이 책에서는 주어진(given)과 구분하여 규정된(provided)을 자주 사용한다. 역자는 'provided'를 '주어진'과는 구별하여 '규정된'이라는 용어를 사용하였다. 본 《자료론》에서 '규정된'은 이 용어를 번역한 것임을 기억해두자.

12) 좀 과장된 표현임.

보일 수 있다는 것을 의미한다.

3) 같은 것으로 규정되어지거나, 유사한 것으로 규정되어지거나, 주어진 것과 주어진 비를 가진다는 것이 규정되어지는 것을 의미한다.

여기에서 《원론》과 관련이 있다는 것이 명백해진다. 《원론》에서 정의되고 나타내고 있는 것처럼 유클리드적인 방법에 의해서 작도될 수 있다면 기하학적 크기는 주어진 것이기 때문이다. 위에서 첫 번째 한 쌍에 대해 다시 생각해보자. 우리가 알고 있는 공통개념 2는 크기가 서로 같다는 것을 의미한다. 하지만 명제 3은 위에서 제시된 주어진 것에 대한 세 가지 유형 중에서 최소한 하나(혹은 더 많은 것)의 속성을 지니고 있다. 따라서 명제 3은 단순히 공통개념 2를 표현하는 다른 방법만은 아니라고 보아야 한다. 이와 유사한 설명이 둘째, 셋째 쌍에 대한 속성에서도 동일하게 유지된다. 이것에 대해 더 많은 것을 말할 수 있지만, 우선은 《원론》과 관계가 있다는 것에 집중을 해보자. 《원론》과의 관련성을 설명하기 위해 다음 질문에 대한 답을 생각해보자. 동일함(같음)은 무엇이고 어떤 유익한 점이 있는가? 유클리드의 《원론》에서 보면, 이것에 대해 세 가지로 나누어 그것의 두드러진 역할을 제시하고 있다.

1) 크기의 같음이다. 예를 들어 길이가 같은 선분, 넓이가 같은 도형, 크기가 같은 각이다. 이것은 크기와 관련된 문제들의 유형이다.
2) 비의 동일성이다. 두 비가 '같은 것(the same)'이다(즉 비 15 : 24는 비 40 : 64와 같다). 비 40 : 64와 같은 비의 대표적인 표현은 비 5 : 8이고, 또한 비 15 : 24와 비 40 : 64에서 이들 4개는 '비례(proportion)' 혹은 '비례적(proportional)'이라고 부르며 이 네 개는 일괄적으로 생각한다[13](숫자를 사용한 예에서도 관계없다).
3) 도형의 닮음이다. 두 삼각형 혹은 두 다각형이 같게 혹은 유사해

보인다는 것을 의미한다. 《원론》의 VI권(특히 VI. 명제 4～명제 7)[†]은 완전하게 이런 도형들을 다루고 있다. 닮음은 (각에 관한) 같음과 (변에 관한) 비로 생각될 수 있다.

《자료론》의 정의 1은 크기의 같음을 매개체로 한 것으로 이해될 수 있다. 예를 들어, I. 명제 6에서 '만약 삼각형의 두 각이 서로 같으면, 같은 각에 대한 두 변도 서로 같다'는 것을 배웠다. 정의 1은 만약 그런 삼각형이 (여러 가지 이유나 다른 이유로) 바로 가까이에 존재하고 이 변들 중의 하나가 주어져 있다면, 나머지 변은 추가적으로 '주어진 것'처럼 '삽입할 수 있다'는 것이다. 유클리드가 그리스어로 'prosdedoménon'이라는 용어를 왜 사용하지 않았는지 모르겠다.

현대적인 생각으로, '상등 기호'인 '='와 관련하여, 이 기호는 상등 관계에 있는 한쪽 변의 값을 안다면 다른 쪽 변의 값을 또한 알 수 있다는 것을 의미한다. 그것은 같음을 증명하기 위한 존재 이유(raison d'être)인 것처럼 보인다. 사실상 한쪽 대상의 값을 얻기 위해 다른 쪽 대상을 수단으로 하여 매우 손쉽게(?) 구하고자 하는 대상의 값을 얻

---

13) 비(ratio)는 자연수처럼 자주 언급된다. 비는 '동일한 것(the same)'이라고 부르지, '같다(equal)'라고는 잘 말하지 않는다([역자] 영어와 한글의 차이로 인해 나타난 현상이다. 따라서 본 역서에서는 이 둘의 차이를 생각하지 않는다.).

† [역자]

VI. 명제 4. 두 삼각형의 각들이 각각 같으면 같은 각을 끼고 있는 변은 비례하고, 같은 각에 대한 변이 각각 대응된다.

VI. 명제 5. 만약 두 삼각형의 변이 비례한다면, 두 삼각형은 서로 등각이고 대응하는 변에 대한 각은 같다.

VI. 명제 6. 만약 두 삼각형의 한 각이 같고, 같은 각에 대한 변들이 비례한다면 그 삼각형들은 등각이고 대응하는 각의 반대쪽에 있는 각들도 같다.

VI. 명제 7. 만약 두 삼각형의 한 각이 서로 같고, 또 하나의 각을 끼는 변이 비례하며, 나머지 각이 두 삼각형 모두 직각보다 크거나 또는 작다면 두 삼각형은 등각이고 비례하는 두 변에 끼인각은 같다.

게 되는 것이다. 통상적으로 말하자면, 하나를 사면 다른 하나를 무료로 얻는 것과 같은 원리이다. 알려져 있지 않은 M의 크기는 이미 알려져 있으면서 M = N을 만족하는 N의 크기를 이용하면, 알려져 있지 않은 크기 M을 주어진 것으로 볼 수 있다.

N의 크기는 동일한 양을 가진 새로운 대상을 만들기 위해 필연적으로 알려져 있는 것임에 틀림이 없다. 이것을 아는 방법은 그다지 흥미롭지 않다. 이것은 지배자(Master)에 의해서 건네지든지, 작도되든지(막연히 '규정되는'이라고 부르기도 한다), 혹은 간단히 취하든지(대상의 크기가 놓여져 있다고 부르기도 한다) 간에 이러한 방법들 중에 한 가지 방법에 의해서 '크기가 주어진 것'으로 받아들일 수 있다.

정의 2는 동일한 비를 매개체로 하여 이해될 수 있다. 만약 동일한 비에 관한 하나의 전형이 '주어진 것'(여러 가지 방법으로 '규정되고' 따라서 즉시 쓸 수 있도록)이라면 다른 전형도 또한 '주어진 것'이라는 것은 확실하다.

정의 3은 도형의 닮음을 매개체로 하여 이해될 수 있다. 만약 두 개의 닮은 도형의 한 모양이 '주어진 것'이라면 다른 도형은 또한 '모양이 주어진 것'이다. 위에서 암시한 것처럼, 정의 3이 말하는 것이 무엇이고 이것을 실제로 이용하는 방법들 사이에 약간의 모순되는 부분도 있는 것 같다. 이것에 대한 설명은 명제 39와 다음의 명제들에 대한 논의나 설명에서 다루어질 것이다.

정의 4는 통찰하기가 매우 어렵다. 여기에서는 명백하게 동등함은 아무런 문제가 되지 않는다. 오히려 이것은 유일성에 대한 문제, 고정됨에 대한 문제를 다루고 있다. 또한, 어떤 대상이 평면의 어느 위치에 놓이는지 그리고 그것을 정말로 보증할 수 있는지에 대한 문제이다.[14) ]정의 4는 기하학적 대상이 어디쯤에 위치하는지에 얽힌 문제라고 볼

---

14) 11쪽을 보아라. 대문자 P를 찾아서 읽어보아라.

수 있다. 만약 그들이 한 평면 위에 있지 않다면 그들은 언제 혹은 어디에 있는가? 그리고 평면 자체, 그것은 어떤 것일까? 정의 4(명제 25 ~명제 29)를 포함하는 증명들은 가장 중요하면서도 《자료론》에서 가장 빈약한 것 중의 하나이다. 명제 25에서 이 문제에 대해 깊이 있게 탐구하게 될 것이고, 같지는 않지만(합동은 아니지만) 크기가 주어지는 것과 같은 동일한 개념적 수준에서 위치가 주어짐에 대한 문제(이것은 컴퓨터 프로그래머에게 다소 친숙하다)에 대해 조사할 것이다.

**숨은 동료**(latent co-actors)

정의 1~정의 4는 하나의 대상들에 관해 이야기를 하고 있는 것처럼 보인다. 하지만 이러한 생각은 단지 표면적인 느낌일 뿐이지 실제로는 그렇지 않다. 유클리드의 이 저작을 지속적으로 읽다보면, 각각의 정의에 대한 '숨은 동료'를 필요로 한다. 숨은 동료는 또 다른 크기 혹은 비, 도형이며, 이러한 제3의 대상을 필요로 한다. 이러한 숨은 동료의 필요가 명백해 보이는 정의 1과 정의 2 뿐만 아니라, (증명에서 나타나는 것처럼) 정의 3에서도 반드시 필요하다. 단지 정의 4에서만 동료(co-actor)없이, 단 하나(점, 선분, 각)만을 정의하고 있는 것처럼 보인다. 하지만 이러한 정의 4의 방식은 유클리드의 보편적인 행동과는 성격이 다르고, 평면과 기하학적 대상들에 관해 다소 익숙하지 못한 방식이다. 따라서 명제 25에서 정의 4를 사용할 때까지는 정의 4에 관한 설명을 보류하기로 한다.

《자료론》에서 무엇을 말하고 무엇을 말하지 않는지 알아보기 위해서, 다음 표현의 이해는 매우 유용할 것이다. $x$, $y$, $w$는 크기를 나타내고, $z$는 점을 의미하며, 이들 모두는 구해야 할 대상들이다. 이들의 상태는 처음부터 분명하지 않고, '상태(status)'의 존재가 정의될 수 있는 속성들을 나타내는데 부정확하게 사용된다. 또한, $a$, $b$, $f$는 크기를, $p$는 점을 나타낸다고 하자. 그러면 '주어진'의 사용없이 다음 진술이 가능하다.

> '$x$는 크기가 주어진 것이다'라는 진술은 '크기 $a$가 주어져 있고, $x$는 $a$와 같다'라는 것을 의미한다.
>
> '$w$의 모양이 주어진 것이다'라는 진술은 '다각형 $f$의 모양이 주어져 있고, $w$는 $f$와 닮았다'라는 것을 의미한다.
>
> '$z$의 위치가 주어진 것이다'라는 진술은 '평면에 점 $p$의 위치가 주어져 있고, $z$는 $p$와 일치한다'라는 것을 의미한다.
>
> '비 $x:y$가 주어진 것이다'라는 진술은 '비 $a:b$가 주어져 있고, $x:y$는 $a:b$와 동일한 비를 가진다'라는 것을 의미한다.

위와 같은 진술들에서 '주어진(given)'은 정의를 필요로 하는 것이 아니라, 매우 원초적인 요구라는 인상을 가지게 한다. 의도된 것은 '어떤 방법으로든 주어진(given)'이 되는 일부 항목들의 정의이다. 그러나 $x$, $y$, $w$, $z$에서 $a$, $b$, $f$, $p$로 관점을 옮기는 것 이외에 어떤 진술을 하고 있는가? 이러한 반복으로 얻을 수 있는 것은 무엇인가? 만약 '주어진'의 의미에 대한 정의를 유클리드에게 기대한다면, 이것은 꼬리에 꼬리를 무는 무한 고리(endless loop)의 시작이 될 수도 있다. 그러나 그는 결코 이러한 정의를 실행하지 않았기 때문에, 우리는 이러한 무한 고리에 빠지는 오류를 피할 수 있게 되었다. 그는 일부 대상들이(조심스럽게 말하자면) 주어진 것이라고 정의를 내렸다. 그밖에 무엇이 있을까? 게다가 이미 주어져 있다는 것은 지배자에 의해서 주어졌다거나 혹은 취하고 있다고 선언하고 있다. 그럼 이제, 암묵적 가정에 대한 공리(반드시 암묵적으로 인정하고 출발해야 하므로, 약속의 공리라고 볼 수도 있다)를 만들 수 있다.

공리 0* 평면에 있는 모든 점, 도형의 크기들은 주어져 있는 지정된 위치를 가진다.

평면에서 구체적인 예를 통해 살펴보자. 그럼, 실제로 평면에서 점과 선분을 취해보자. 《원론》에 제시된 명제들을 이용하면, 《자료론》에 제시된 대상들의 크기를 직접 산출해낼 수 있고, 결과적으로 얼마든지 선분으로 둘러싸인 도형을 그릴 수 있기 때문에, 평면에서 취해진 대상들은 모두 '주어진'이라고 부르게 된다. 이런 암묵적인 승인은 《자료론》에서 가장 중요한 것이고, 나아가 명제 5에서 다시 이용하게 될 것이다. 그런데 왜 《자료론》에서는 이것을 분명하게 명시하지 않았을까? 내 생각에는 오로지 한 개의 단일 평면 개념에서 생각을 한 유클리드의 입장에서는 이것이 너무 명백하고 자명한 것이었기 때문이다. 주어져 있는 것들의 역할은 주어져 있는(혹은 취할 수 있는) 어떤 것을 가지고 있음을 미리 가정하고 있는 것이다. 그런데 '취하는 것'과 '주어진 것'의 중요한 차이점이 무엇인지 생각해보자. 주어짐은 동일성 혹은 상등성을 이용하여 어떤 수학적 대상을 주어진 것으로(취하지는 않았지만) 간주할 수 있다는 것이다. 이러한 측면에서 《자료론》의 주어짐은 매우 중요한 의미를 지닌다.

'$x$는 $a$와 같다', '$w$는 $f$와 닮았다', '$z$는 $p$와 일치한다', '비 $x:y$는 비 $a:b$와 동일하다'라는 진술을 생각해보자. 《자료론》에 제시되어 있는 명제, 즉 주어진 것에 대한 진술에서 숨은 동료인 $a$, $f$, $p$, $a:b$는 보이지 않는다. 또한, 숨은 동료와의 관련성은 '크기가 주어진', '모양이 주어진', '위치가 주어진', 혹은 간단히 '주어진'이라는 진술로 표현되고 있을 뿐이다. 마치 만반의 준비를 하고 대기하고 있는 것처럼, 숨은 동료는 잠재적인 형태로만 거기에 존재한다. 이것은 크기나 모양 혹은 좌표(즉, 거리와 방향)에 대하여 걱정할 필요가 전혀 없다는 것을 의미한다. 이들을 제공하는 단순한 가능성으로도 충분하며, 언제든지 필요할 때 정할 수 있는 상태에 놓여 있기 때문에, 우리는 이것을 돕는 손길(helping hand)이라고 부를 것이다(29쪽을 보아라).

현대에 들어와서 어떤 대상의 크기가 주어졌다라고 말할 때, 대부분의 사람들은 상수, 수, 혹은 측정값을 먼저 떠올린다. 즉, '이것의 크기는 얼마입니까, 그것의 치수가 무엇인가요'와 같은 것이다. 그런데 자료론에서의 숨은 동료들은 이러한 간단한 진술만으로 결코 충분히 파악할 수 없고, 무엇인가 정보가 부족한 것처럼 느껴진다. 하지만 《자료론》에서 혼란스러운 상세한 설명 대신에 불충분한 정보를 통한 명제의 진술은 훨씬 더 실제적인 것처럼 보인다. 어쩌면 이러한 간략한 설명이 《자료론》의 목적으로도 비춰지기도 한다.

일부의 역사가들(예를 들어, Clemens Thaer)은 《자료론》에 제시된 명제들을 대수적인 공식들과 비교하기도 하였다. 대수적인 공식을 이용하게 되면, 성가신 작업을 간단하고 완전하게 이해하는데 도움이 된다. 또한, 각 명제의 자료(datum)[†]를 사용할 때, 그것의 주어짐(givenness)을 증명하는데 큰 도움이 되기도 한다.

주어진 명제의 진술을 통해 숨겨진 '동일함'이 무엇인지 명확하게 알기 위해서, 대부분의 현대 해설가들은 필요하다면 《자료론》을 해석하는데 도움이 되는 숨은 동료를 가져온다.[15] 그리스 원전에 존재하지 않는 내용을 원전의 해설에 삽입한다면, 숨은 동료의 역할은 무용지물이 되어 버린다고 할 수 있다. 우리는 유클리드가 어떻게 가정을 했는지 모르지만 그의 증명에서 숨은 상수(constants)의 사용은 종종 복잡한 계산식을 합리적으로 이끌어 준다. 주석에서 나는 이러한 것들 중 일부분을 제공할 것이다. 그럼에도 불구하고, 여전히 나는 이러한 명제들

---

† [역자] 명제의 조건이나 결론에 포함된 수학적 대상

15) Clemens Thaer는 명제의 정확한 뜻을 알기위해 '숨은 동료'를 사용하는 방법으로 《자료론》을 다룬다.

에서 변형된 설명들을 명료하게 하기 위해 명제 10～명제 21에서 약간의 숨은 동료들의 소개가 유익하다는 것을 발견했다. 절차를 간략하게 하기 위해 나는 이러한 숨은 동료들을 중괄호 기호인 '{ }' 안에 넣어서 제시할 것이다.

**정의 1, '규정하는 것'에 대한 논평 :**

정의 1(도형, 선분과 각의 크기가 주어졌다는 것은 우리(we)가 그것과 동일한 것을 규정할 수 있다는 것이다)은 '주어진'(회화체의 언어로써 잘 알려진 술어)을 정의하는 것이 아니라 '크기'라는 용어를 소개하는 것이다. 그리고 만약 어떤 조건이 충족된다면 기하학적 대상의 크기가 주어진 것이 될 뿐만 아니라 주어질 것이라는 것을 우리에게 말해주고 있다. 만약 두 기하학적 대상이 서로 동일하고[16], 그들 중 하나를 '규정하는 것'이 가능하다면 다른 기하학적 대상은 크기가 주어진 것이다. 정의 1이 암시하는 것이 무엇인지 알기 위해서, 도입부(전반부)에서 정의를 다루도록 하고 그에 대응하는 엑테시스(ekthesis)[†]를 후반부에 만들어 보자.

L을 직선(선분)이라고 하고[17], 직선 M을 L과 같도록 규정하는 것이

---

16) 도형들에서 사용되는 '같다'는 단지 '같은 넓이의', '같은 넓이를 가지는' 것을 의미한다. 이것은 '합동'을 의미하는 것이 아니다.

† [역자] 논리학에서 아리스토텔레스가 어떤 명제나 삼단논법의 타당성을 확립하기 위해 사용한 절차를 말한다. 특히 이것은 새로운 명사를 만들어내는 것을 가리킨다. 이 명사와 귀류법을 사용하면 원하는 결과를 연역할 수 있다.

17) 이 책의 전체에 걸쳐서 직선이 의미하는 것은 무한히 긴 직선을 제외한 대부분 선

가능하다고 하자. 그러면 나는 L의 크기는 주어진 것이라고 말한다.

M은 어떻게 되었는가? 확실하게 M은 L과 같든지 혹은 그 밖에 L이 규정하는 것 외에 여러 가지 속성을 가지고 있어야 한다. 터무니없기는 하지만, 등변의 길이가 주어지면 다른 한 변의 길이가 주어진다(왜냐하면, 두 변이 같기 때문이다).

그런 설명은 규정하는 절차에 초점을 두고 있음에 틀림없다. '규정하는'은 무엇을 의미하는가? 이것은 《자료론》을 설명하는데 있어 지극히 중요하다. 그러나 우선, 명제 5 이후로는 사용하지 않는다. 그래서 명제 6부터는 '만들다(make)', '일으키다(bring)'를 의미하는 다른 동사로 대체될 수도 있다. 유클리드는 확실하고 분명한 단어를 사용했다.[18] 예를 들면, '조달하다', '갖추다', '스스로 얻다'를 의미하는 일상적인 용어를 사용했다. 우리는 이것을 '평면 위에 존재하는 것을 얻다'로 번역할 것이다. 그런데 이것은 몇 가지 다른 의미를 내포하고 있다. 예를 들어, '규정한다(provide)'는 것은 삼각형을 작도하기 위해 '구성하다(put together)', 직선을 긋기 위해 '그리다(draw)', 원을 그리기 위해 '묘사하다(describe)', 비를 표현하기 위해 '만들다(make)' 혹은 '생성하다(produce)' 등으로 사용되고 있다.[†]

### 수학자들에게 허용되지 않는 혹은 허용된 도구들?

수학자들은 '규정하다(provide)'의 의미를 '만들기(making)' 혹은 '작도

---

분을 가리킨다.

18) 비록 고대 그리스인들에게는 '규정하는'이라는 단어가 자명한 것처럼 보일지 모르지만, 우리에게는 매우 모호한 것으로 다가온다(Muller 1981, 180).

† [역자] 이러한 단어의 구별은 영어 및 그리스 원서에 대한 것이다. 따라서 본 역서에서는 특별한 경우를 제외하면, 상황에 따라 가장 적절한 우리말을 사용한다.

하기(constructing)' 혹은 '창조하기(creating)' 등과 같은 의미로 쓰이는 것에 대해 개의치 않았다. 이러한 해석을 알기 위하여(그리고 받아들이기 위하여) 그리스 수학에서 작도와 작도 도구들에 대한 우리의 생각을 수정할 필요가 있다. 만약 이것이 '허용된 도구들이 자와 컴퍼스'라는 것이 사실이라면 《원론》에서 나타나는 단어 κανών와 διαβήτης를 기대할 수 있다. 어떤 점에서 유클리드와 그의 동시대 사람들은 이런 법칙을 따랐지만 《자료론》의 대부분을 이해하는데 중요한 전제조건으로 파악되는 필수적인 태도는 다음과 같다.

수학자들이 기하를 하고, 원을 그리고, 삼각형을 작도하고, 직선을 만들어 낼 때 그들은 대상을 창조할 뿐만 아니라 실제로 도형을 그리는 활동을 한다. 플라톤은 국가론에서 생생하게 그들을 설명하고 있다.

> '… 이런 과학은 숙련된 사람들에 의해 채택되는 언어와는 직접적인 모순이 있다. … 수학자 그들의 언어는 비록 어쩔 수 없을지라도 가장 바보 같다. 왜냐하면 그들은 그들이 무엇인가를 하고 있는 것처럼, 그리고 모든 언어가 행동을 향하여 나아가는 것처럼 말을 하고 있기 때문이다. 그들의 모든 언어는 제곱하고, 적용하고, 더하기 하는 것과 같은 것인 반면에, 실제로는 그들의 모든 연구의 본질적인 대상은 이런 행동이 아닌 순수한 이성적 지식이며, …(중략)… 그 지식은 항상 존재하는 것이며, 한 순간에 존재하다가 사라져 버리는 것은 아니다.'

실제활동은 이성적인 영역을 표현하는 행위이다. 유클리드의 《원론》 I 권의 공준 1은 다음과 같이 서술되어 있다.

> 한 점에서 또 다른 한 점으로 직선을 그릴 수 있다.

나는 이것을 다음과 같이 이해하고 있다.

> 임의의 두 점이 존재할 때마다, 그들을 연결하는 하나의(유일한 하나의) 직선이 존재한다.

우리는 다음과 같이 행동하도록 되어 있다. 즉, 그 직선에 대한 그림을 떠올리는 것이다. 또한 실제로 그것을 표시하기 위해서는 우리는 물론 '자'가 필요할 것이지만, 그것은 지능의 영역 이외의 또 다른 세계에서 일해야 하는 것이다. 유클리드의 《원론》 I권의 공준 3은 다음과 같이 서술되어 있다.

> 임의의 한 점을 중심으로 하고 그 중심으로부터 그려진 임의의 유한 직선과 동일한 반지름을 갖는 원을 그릴 수 있다.

나는 이것을 다음과 같이 이해하고 있다.

> 임의의 한 점과 어떤 한 구간이 있을 때마다, 임의의 한 점을 중심으로 하고, 그 구간[19)]을 반지름으로 하는 원이 존재한다.

우리는 그런 원을 고안해 낼 수 있다. 그러나 그림에 있는 원을 그리기 위해서는 일종의 컴퍼스를 요구할 것이고, 이것을 행동으로 드러내기 위해서는 지능의 영역에서 벗어나게 된다.

### 돕는 손길

직선을 그리고, 점을 잡고, 원을 그리고, 수선을 내리는 행위는 그리스 기하에서는 매우 잘 알려진 보조행위인데 이것을 돕는 손길(helping hand)이라고 하겠다. 완벽한 수동태적 구두적 표현 양식을 가진, '중심

---

19) 분리되어 있는(Fowler & Taisbak, 1999).

이 A이고 반지름이 AB인 원을 그렸다고 하자', '이것이 주어진 것으로 놓여 있다고 하자'와 같이 표현되고 있다. 그리스의 《원론》에 기초한 기하학 단원†을 공부했던 사람이라면 누구나 다음과 같은 것을 기억하고 있을 것이다. '꼭짓점 A로부터 중선을 그려라', 혹은 '만약 할선으로 원을 자른다면', '정사각형을 추가하자'처럼 수학교실에서 우리에게 익숙한 표현도 아마 없을 것이다. 유클리드 기하학을 배우는 교실에서는 항상 돕는 손길에 해당하는 활동이 종종 있어 왔음을 알 수 있고, 기하학적 대상의 조작을 용이하게 하기 위해 늘 행하여 왔다.

그렇지만, 돕는 손길은 신비한 힘을 가진 것은 아니다. 돕는 손길은 명제 혹은 공준, 공리에 합당한 수학적 행위만을 수행할 수 있다. 따라서 《원론》 I권의 공준 3에 의해서 원을 그릴 수 있도록 해주고, I.명제 1에 의해서 주어진 선분 위에 정삼각형을 그릴 수 있게 해주고, I.명제 10에 의해서 각을 이등분하게 해주지만, I.명제 10을 통해 각의 삼등분을 해줄 수는 없다(명제 29에 있는 논평을 보아라). 이것의 최대 효과와 흥미는 내가 할 수 있는 행동이 무엇인지를 각인시켜 주는 것이다. 따라서 그리스 기하학은 '네가 무엇을 할 수 있느냐'에 대해서가 아니라 '네가 할 수 있는 것이 무엇이냐'[20]에 대한 것이다.

### 기하학적 방법으로

나는 《원론》에서 보장되는 공리나 방법들에 의해서 '규정하다', '명시되지 않은 방법으로 규정하다'와 같은 의미로 동사 'provide'를 이해할 것을 제안하였다. 기하학적인 방법에 대한 단서는 프톨레마이오스를 통해 간략하게 살펴볼 수 있다. 주어진 호의 길이의 $\frac{1}{3}$을 기하학적 방

---

† [역자] 우리나라의 경우에는 중학교 1, 2, 3학년에 해당함.

20) 물론, 이것은 아직도 명확하게 표현되지 않는다.

법으로 구할 수는 없다. 그리고 나는 돕는 손길을 기대하는 기하학자나 그의 강의를 듣는 청중들은 정의 1과 정의 2에 있는 '우리(we)'를 수용하여야 한다. 다른 것과 마찬가지로, 정의 1은 쌍조건문으로 받아들여야 한다. 즉, 우리는 정의 1을 다음과 같이 다시 적을 수 있다.

> 도형, 선분, 각의 크기가 주어져 있다면, 반드시 그때에만, 우리(we)는 그것과 동일한 것을 규정할 수 있다.

새롭게 정의된 진술에서 '우리(we)'가 포함되는 것을 피하기 위해서, 나는 추가적인 수정을 제안하고 다음과 같이 진술할 수 있다.

> 도형, 선분, 각의 크기가 주어져 있다면 반드시 그때에만, 그것과 동일한 것을 규정할 수 있다.

그러나 언제 어떻게 동일한 것을 규정하는 것이 가능할까? 이를 위해 정의 1이 지닌 실제적 의미임에 틀림이 없는 다음 진술을 명제 39로부터 얻을 수 있다.

> 정의 $1^*$. 도형, 선분, 각의 크기가 주어져 있는 것이면, 반드시 그때에만, 그것이 주어져 있는 것(도형, 선분, 각의 크기)과 동일하다.

정의 1이 증명에서 인용될 때마다, 실제로는 정의 $1^*$이 사용되었음을 의미한다. 그리고 약속의 공리, 즉 공리 $0^*$은 바닥나버린 주어진 것으로부터 우리를 구해줄 것이다. 결국, 평면에 있는 도형의 크기나 점은 이미 그 크기와 위치가 주어진 것이다.

## 크기

점을 제외한 기하적 대상들은 '크기(maginitudes)'를 가지기 때문에 '주어진 크기'를 규정할 수 있다.[21] 크기에 관한 가장 중요한 특성은 연속적(continuous), 즉 무한히 나눌 수 있다는 점이다. 이산적인 수들은 매우 중요한 대상들이지만 크기도 아니고, 점도 아니다. 점은 I.정의 1에서, '점은 부분을 가지지 않는 것이다', 즉 나눌 수 없다고 명확하게 규정하고 있다.

《자료론》에서 고려되는 크기는 선분으로 둘러싸인 도형(choria[22]), 선분 그리고 각이다. 각은 비교할 수 있고 무한히 이등분할 수 있는 크기이다. 《원론》 I권에서처럼 하나는 다른 것의 부분이 되기 때문에, 그들은 같아지든지 혹은 다른 것들보다 더 작을 것이다. 그런데 각은 (명제 2 참고) 주의해서 취급해야 한다. 《원론》의 V권에 따르면, 선분을 잡았다고 한다면 자동으로 임의의 크기를 잡은 것과 같다. 그런데, 만약 어떤 대상에 대한 크기(예를 들어, 삼각형처럼)인지 조건으로써 주어져 있지 않는다면, 이것은 각이 아닌 선분[23]을 나타낸다는 것을 반드시 인식해야 한다. 선분들의 합과 차, 이등분, 삼등분 등은 명백한 방법을 통해 선분으로 표현 가능하지만, 각은 그렇지 않을 수도 있기 때문이다.

---

21) 유클리드는 분별없이 심지어 똑같은 교재에서도 다음과 같은 표현을 사용하고 있다. 명제 2에서처럼 'A는 크기가 주어진 것이다', 'A는 주어진 크기를 가진다'라고 사용한다. 일부 사람들(Alexander Jones & alii)은 차이가 있음을 주장한다. 하지만 나는 그러한 차이를 고려하지는 않는다. 나는 그 차이에 대해 확신할 수 없기 때문이다.

22) 정의 5 ~ 정의 8에서 원을 포함하지는 않는다.

23) 만약 덧셈이나 뺄셈과 관계가 있다면 양 끝점(종점)의 이름으로 하든지, 그렇지 않으면 단 하나의 문자로 표시된다. 후자의 경우에 어떤 도형에서든지 거의 필요하지 않다.

**시작점**(starting points)

정의 1의 논평을 종합하면, 직선이나 각은 크기가 주어진 것이라고 말할 수 있다.

1) 만약 초기부터 이것이 주어져 있는 것이라면, 곧 평면에서 취해진 것이므로 평면에 존재한다. 또한 이러한 크기를 가지는 대상을 《원론》에 제시된 방법을 통해 동일한 것을 복사해 나타낼 수 있다.
2) 만약 이것의 동일함을 항상 사용할 수 있다면, 평면에서 이것의 구체적인 예가 되는 실제적인 사례가 있다는 것이다.[24] 정의 1이 언급될 때마다, 정의 1은 공리 $0^*$에 의해서 정의 $1^*$을 의미한다.
3) 명제 2를 만들어 준다. 한 크기가 주어지고 이것과 다른 한 크기와의 비가 주어져 있다면, 다른 한 크기는 주어진 것이다.

무엇인가를 시작하기 위해서 점이나 선분들을 잡거나 놓을 수 있을 것이고 이것을 '주어져 있는 것'이라고 부른다. 이것은 프로그래밍 언어에서 구문(syntax) ':='와 필적한다. 이미 가지고 있는 어떤 것을 제외하고 모든 주어진 것(given)들은 정의와 명제에 의해서 추론된다. 그러나 용어 '주어진'을 '지정하는 것'은 무엇을 의미하는가? 그 질문은 다른 것과 밀접하게 연결된다. 그들이 주어진 것이 아닐 때 기하학적 대상은 어디에 있는가? 앞에서 언급된 개념안에서는 그들은 지정된 평면에서 잠재적으로 존재한다. 명제 25의 논평(134쪽을 보아라)에서 다루어지겠지만 그들이 다른 곳으로부터 오고 있다는 것을 알게 될 것이다.

---

24) 전형적인 한 예는 원에 반지름이 있다는 것이다. 그들이 주어진 것이라면, 반드시 그때에만, 그들 중의 한 개가 주어진 것이다.

**정의 2에 대한 논평 :**

정의 1에서 선분 L에 대한 두 문장, 즉 'L은 주어져 있는 것이다', 'L과 동일한 것을 규정할 수 있다'라는 의미를 고려해야 한다. 그리고 이 두 가지는 서로 동치이다. 정의 2(비가 주어졌다는 것은 우리가 그것과 동일한 것을 규정할 수 있다는 것이다)는 비 R와 유사한 어떤 것을 만들 수 있는 것처럼 보인다. 'R이 주어져 있는 것이다'라는 문장은 'R과 동일한 비를 규정할 수 있다'라는 문장과 동치이다. 그러나 중요한 논거로 정의 1에서 선분 L은 평면에서 다루어지는 크기인 반면, 정의 2의 비 R는 조작하기 어렵기 때문에, 이들 사이의 유사성(analogy)은 불완전하다. V.정의 3[†]에 따르면, 비는 동일한 두 종류의 크기(대상)와 밀접한 관련이 있지만 정의 2는 크기에 대해 언급하지 않고 있다.

어쨌든, 비라는 용어의 의미에 너무 중점을 두지 않는다면 우리는 두 대상이 있어야 비가 존재하다는 것에 동의할 것이다. 비를 다룬다는 것은 적어도 어떤 비(예를 들어, 비 A : B)를 항상 다룰 수 있다는 것이다(아래의 정의 5와 각주 13에서처럼). 따라서 어떤 비든지 한 쌍의 크기에 대한 동치류(equivalence class)[25)]를 생각할 수 있다. 평면 위에 존재하는 선분을 A, B, C, D라고 표현하여 다음을 약속하자.

V.정의 5[‡]에 따르면, A에 대한 B의 비(비 A : B라고 쓴다)라는

† [역자] V.정의 3. 비라는 것은 동일한 종류인 두 양 사이의 크기에 관한 상호 관계이다.

25) 추이의 법칙(V.11) 때문이다. 추이와 대칭(symmetry)은 고대로부터 당연한 것으로 생각했다. 시대착오적인 오류를 피하기 위해서 쌍에 관한 '집합족'이라고 말하도록 하자.

‡ [역자] V.정의 5. 네 개의 양에서 첫 번째($a$)와 두 번째($b$)의 비가 세 번째($c$)와 네 번째($d$)의 비가 같다는 것은 첫 번째와 세 번째에 같은 수를 곱하고(곱해진 결과를 각각 $a'$와 $c'$), 두 번째와 네 번째에 다른 어떤 수를 곱하면(곱해진 결과를 각각 $b'$와 $d'$), 전자들($a'$와 $c'$의 곱)은 후자들($b'$와 $d'$의 곱)보다 각각 더 크거나, 같거나, 더 작게 된다는 것이다.

> 것은 비 C : D가 비 A : B와 같아지는 한 쌍의 크기 C, D가 존재한다는 것이다. 이것을 A : B :: C : D라고 표시한다. 이때 비 A : B와 비 C : D는 동일한 집합족에 속한다.

그래서 비는 항상 동일한 비를 가지는 크기의 쌍들 중에서 대표적인 것만 나타낸다(예를 들면, 3 : 4 = 6 : 8이면 3 : 4를 대표적으로). 그러므로 '주어진 비'에 대한 개념은 주어진 크기에 대한 것과 동일한 의미를 가진다. 따라서 다음과 같은 정의를 이끌 수 있다.

> 정의 2X. 수학적 대상들의 크기의 비가 주어졌다는 것은 우리가 그것과 동일한 것을 규정할 수 있다는 것이다.

비교할 수 있는 두 크기[26]를 나타낼 때마다 그들은 비를 '가진다'라고 할 수 있다. 그리고 그러한 비가 주어진 것으로 말할 수 있다는 것은 크기가 주어진 것으로 받아들일 수 있다. 그럼에도 불구하고 유클리드는 정의 2X를 대신하여 명제 1로 표현하였다.

사실상, 정의 2는 정의 2X보다 엄밀하지 않지만 다른 그리스 원본보다는 더 많은 의미를 내포하고 있다. 명제 1과 2에 대한 논의는 그 정의들이 쌍조건문임을 보여준다. 따라서 정의 2를 다음과 같이 쓸 수 있다.

---

26) 만약 그리스인의 아이디어를 표현하는 것이 목적이라고 한다면, 이것을 실수(real number)와 동일시하는, 하나(single)의 문자로써 비를 '번역하는' 광범위한 경향은 잘못된 것이다. 《원론》의 취급에서 비의 상태에 대한 여러 가지 논의가 있다. 2×2 혹은 4×4 관계가 있느냐? (참고. Mueller 1981). 《자료론》에서는 의심할 여지가 없다. 이해하기 어렵지만, 비 A : B는 독립적인 항목이다. A와 B는 대개는 자주(그리고 최소한으로 문제가 되는) 선분이 존재하는 것으로 이해되는 크기이다. 누구든지 그것들을 양의 실수, 즉 선분의 길이로써 생각할 것이다. 그런데 그리스 기하학자들은 그런 수들에 대해 인식이 부족했기 때문에 그것과 같이 생각하지 않았을 것이라는 것을 기억해두자.

정의 2Y. 비가 주어져 있는 것이면, 반드시 그때에만, 그것과 동일한 것을 규정할 수 있다.

비를 A : B로 표현한다고 하자. 동형의 크기를 가지는 A와 B는 선분이라고 하면, 다음 두 가지 형태로 정의 2를 명확하게 밝힐 수 있다.

1) 만약 (예를 들어, V. 명제 5에서처럼 동일한 비에 관한 정의에 따르면)A : B :: C : D인 두 크기 C와 D가 주어져 있다면, 비 A : B는 주어진 것이다.
2) 만약 비 A : B가 주어져 있다면, A : B :: C : D를 만족하는 두 크기 C와 D는 주어진 것이다.

《자료론》의 명제 1은 위의 1)을 사용하고, 명제 2는 2)를 사용한다. 언급된 두 명제 1과 명제 2는 '규정한다'는 속성을 정의 2가 정의 1 만큼 의존한다는 것을 보여준다. 즉, 《원론》에서처럼 공리와 방법들로 규정하는 것이 일반적인 방법이다. 명제 5 뿐만 아니라 여러 명제에서 주어진 대상들(a given terms)에 대한 동일한 비(A : B)를 명확하게 규정함으로써, 동일한 비를 생성하는 것이 무엇을 의미하는지 유클리드는 보여주고 있다.

정의 2Z. 비가 주어졌다는 것은 두 크기와 동일한 것을 규정할 수 있다는 것이다.

정의 2는 정의 2Z의 의미로 종종 사용된다. 다시 말하자면, 정의 2가 사용될 때마다, 정의 2Z의 의미를 내포하고 있다. 그리고 공리 0* 로부터 정의 2를 생성할 수 있으므로 논리적 순환성에 대한 어려움을 해결할 수 있다. 따라서 다음 정의 $2^*$를 얻을 수 있다.

> 정의 $2^*$. 비가 주어졌다는 것은 주어진 비와 동일한 것이 있다는 것이다.

**정의 3에 관한 논평 :**

만약 정의 1과 정의 2를 이해했다면 정의 3(다각형, 즉 선분으로 둘러싸인 도형의 형태가 주어져 있다면, 모든 각의 크기와 변들 사이의 길이의 비가 각각 주어져 있다는 것이다)은 어렵지 않다. 정의 3은 처음 네 개의 정의들 중에서 《원론》과 가장 유사하다(예를 들면, VI. 정의 1에서는, '닮은 도형은 두 도형의 각의 크기가 서로 같고, 같은 각에 대한 변들의 길이가 비례하는 것이다'). 정의 3이 처음으로 사용된 것은 명제 39부터이다. 위치를 포함하는 두 개의 따름정리(lemma)들로 대체되는 것 같다.

> 정의 $3^*A'$. 삼각형의 세 꼭짓점의 위치가 주어져 있다면, 그 삼각형의 모양은 주어진 것이다.

> 정의 $3^*B'$. 닮은 삼각형의 모양이 주어져 있다면, 그 삼각형의 모양은 주어진 것이다.

정의 4에 의해 정의 $3^*A'$과 정의 $3^*B'$의 수학적 부담감은 완화된다. 닮은 도형을 지정할 수 있다면 도형이 어떻게 생겼는지 알 수 있다(14쪽을 보아라). 더 많은 것은 명제 39에서 다룰 것이다(171쪽을 보아라).

**정의 4에 대한 논평 :**

정의 4(점, 선분, 각의 위치가 주어졌다는 것은 항상 동일한 위치에 둘 수 있다는 것이다)는 명제 25~명제 30에서 사용된다. 이것은 수수께끼와 같다. 아마도 대상의 위치가 텅빈 상태 혹은 점유되어지지 않은 상태로 있지만, 그 대상을 특정 위치에 정확히 둘 수 있다는 것을 의미한다. '위치 정하기(place-holding)'라는 용어는 증명에서 이용되지 않는다. 그러나 어려운 질문을 제기하지는 않겠지만, 움직임을 포함하는 논쟁에서는 다루어 질 것이다. 명제 25에 관한 논평을 읽어보아라.

## 정의 5~정의 8 : 원

**ὅρος 5** Κύκλος τῷ μεγέθει δεδόσθαι λέγεται, οὗ δέδοται ἡ ἐκ τοῦ κέντρου τῷ μεγέθει.

**ὅρος 6** Τῇ θέσει δὲ καὶ τῷ μεγέθει κύκλος δεδόσθαι λέγεται, οὗ δέδοται τὸ μὲν κέντρον τῇ θέσει, ἡ δὲ ἐκ τοῦ κέντρου τῷ μεγέθει.

**ὅρος 7** Τμήματα κύκλων τῷ μεγέθει δεδόσθαι λέγεται, ἐν οἷς αἵ γωνίαι δεδομέναι εἰσὶ καὶ αἱ βάσεις τῶν τμημάτων τῷ μεγέθει.

**ὅρος 8** Τῇ θέσει δὲ καὶ τῷ μεγέθει τμήματα δεδόσθαι λέγεται, ἐν οἷς αἵ τε γωνίαι δεδομέναι εἰσὶ τῷ μεγέθει καὶ αἱ βάσεις τῶν τμημάτων τῇ θέσει καὶ τῷ μεγέθει.

정의 5. 원의 반지름의 크기가 주어져 있다면, 원의 크기가 주어진 것이라고 말한다.

정의 6. 원의 중심의 위치가 주어져 있고 반지름의 크기가 주어져 있다면, 원은 위치와 크기가 주어진 것이라고 말한다.

정의 7. 활꼴의 각[†]과 현의 크기가 주어져 있다면, 활꼴의 크기가 주어진 것이라고 말한다.

† [역자] III.정의 7에 따르면, 활꼴의 각은 현과 원호가 이루고 있는 각이다.

정의 8. 활꼴의 각의 크기가 주어져 있을 뿐만 아니라 현의 위치와 크기가 주어져 있다면, 활꼴의 크기와 위치는 주어진 것이라고 말한다.

**논평 :**

정의 5～정의 8은 원에 대한 것이다. 《자료론》에서 'choria'는 항상 '선분으로 둘러싸인 도형'을 의미하였지만, 여기서는 예외이다. 그리고 정의 1로 원을 다룰 수 없으므로 원과 관련된 다른 정의가 있어야 함에 틀림이 없다. 이러한 정의들은 단지 명제 87～명제 94에서만 이용된다. 모양이 주어진 것이라는 속성은 원에는 적용되지 않는다. 왜냐하면 그들은 모두 닮았기 때문이다. 정의 5와 정의 6은 거의 차이가 없기 때문에 하나의 정의처럼 생각될 수 있다. 정의 7과 정의 8에 대해서도 마찬가지이다. III.정의 6†에서 활꼴이 정의되어 있다. 활꼴은 현과 원호로 이루어진 도형을 의미한다. 정의 7과 정의 8에서 유클리드는 (《원론》에서처럼) 넓이가 있는 원으로 생각하였다. 반면에 정의 5와 정의 6은 원의 모양을 가지는 곡선에 관심을 가진다.

## 정의 9～정의 12 : 주어진 것만큼 더 큰 크기

**ὅρος 9** Μέγεθος μεγέθους δοθέντι μεῖζόν ἐστιν, ὅταν, ἀφαιρεθέντος τοῦ δοθέντος, τὸ λοιπὸν τῷ αὐτῷ ἴσον ᾖ.

**ὅρος 10** Μέγεθος μεγέθους δοθέντι ἔλασσόν ἐστιν, ὅταν, προστεθέντος τοῦ δοθέντος, τὸ ὅλον τῷ αὐτῷ ἴσον ᾖ.

† [역자] III. 정의 6. 활꼴은 할선(여기서는 활꼴의 밑변)과 원호로 이루어진 도형이다.

정의 9. 만약 주어져 있는 크기 [G]를 [M]으로부터 뺐을 때, 그 차가 [N]과 같다면, 크기 [M]은 크기 [N]보다 주어져 있는 크기 [G]만큼 더 크다고 한다.

정의 10. 만약 주어져 있는 크기 [G]를 [M]에 더했을 때, 그 합이 [N]과 같다면, 크기 [M]은 크기 [N]보다 주어져 있는 크기 [G]만큼 작다고 한다.

**논평 :**

정의 9와 정의 10은 주어진 크기의 차에 대해서 다룬다. 단지 명제 12에서만(그러나 연구할 가치가 있는) 정의 9를 사용하고 있다. 그리고 나는 이해를 돕기 위해 그리스 원전에는 없는 M과 N이라는 이름을 붙였다.

**ὅρος 11** Μέγεθος μεγέθους δοθέντι μεῖζόν ἐστιν ἢ ἐν λόγῳ, ὅταν, ἀφαιρεθέντος τοῦ δοθέντος , τὸ λοιπὸν πρὸς τὸ αὐτὸ λόγον ἔχῃ δεδομένον.

**ὅρος 12** Μέγεθος μεγέθους δοθέντι ἔλασσόν ἐστιν ἢ ἐν λόγῳ, ὅταν, προστεθέντος τοῦ δοθέντος, τὸ ὅλον πρὸς τὸ αὐτὸ λόγον ἔχῃ δεδομένον.

---

정의 11. 만약 어떤 크기에서 주어져 있는 크기를 뺀 차와 다른 크기와의 비가 주어져 있는 비와 동일하다면, 어떤 크기는 다른 크기보다 주어져 있는 비만큼 더 크다고 한다.

정의 12. 만약 어떤 크기에서 주어져 있는 크기를 더한 합과 다른 크기와의 비가 주어져 있는 비와 동일하다면, 어떤 크기는 다른 크기보다 주어져 있는 비만큼 더 작다.

**논평 :**

이러한 두 정의는 3장 명제 10～명제 21에서 다루어질 것이다. 75쪽을 보아라. 개인적으로는 자료론에서 가장 난해한 부분이라고 생각한다.

## 정의 13~정의 15 : 직선과 방향

**ὅρος 13** Κατηγμένη ἐστιν ἡ ἀπὸ δεδομένου σημείου ἐπὶ θέσει εὐθεῖαν ἀγομένη εὐθεῖα ἐν δεδομένῃ γωνίᾳ.

**ὅρος 14** ᾿Ανηγμένη ἐστιν ἡ ἀπὸ δεδομένου σημείου πρὸς θέσει εὐθείᾳ ἀγομένη εὐθεῖα ἐν δεδομένῃ γωνίᾳ.

**ὅρος 15** Παρὰ θέσει ἐστὶν ἡ διὰ δεδομένου σημείου θέσει εὐθεία παράλληλος ἀγομένη.

정의 13. 직선을 내린다는 것은 주어진 점에서 위치가 아래쪽 방향에 있는 주어진 직선까지 주어진 각으로 그려진다는 것이다.

정의 14. 직선을 올린다는 것은 주어진 점에서 위치가 위쪽 방향에 있는 주어진 직선까지 주어진 각으로 그려진다는 것이다.

정의 15 . 정해진 위치에서 직선을 평행하게 그린다는 것은 주어진 점을 지나면서 위치가 주어진 직선에 대해 평행하도록 그려진다는 것이다.

**논평 :**

정의 13~정의 15는 《자료론》에서 이용되지 않는 정의이다. 학자들은 이 세 정의를 아폴로니우스(Apollonius)가 서술한 것이라고 생각한다. 그리고 이 대상들의 방향('수직으로 내리는' 그리고 '수직으로 올리는')이 주어진 점에서부터 정의된다는 것이다. 그는 **παράλληλος** 에 대해서 **παρὰ** 를 자유롭게 사용한다. 그런 약어는 《자료론》 뿐만 아니라 《원론》(예를 들어, VI. 명제 2)에서 볼 수 있다. 어떤 것을 찾거나 작도(좋은 예로, 맥도웰과 소콜릭에 의해 번역된 책 p.185 ~ 203쪽을 보아라.)할 때마다 《자료론》을 이용한 아폴로니우스가 원뿔곡선에서 뛰어난 업적을 남겼다. 나는 아폴로니우스가 《자료론》을 서술했다는 것을 믿을 수 없다. 사실상 《자료론》의 서술은 원칙적으로는 그에게 어울리지 않는다. 그러나 일부의 내용에서는 그렇지 않은 부분도 있는 것 같다.

# 2장 크기와 비 I

## 명제 1~명제 4 : 네 개의 공리적(?) 기초

**Θε 1.** Τῶν δεδομένων μεγεθῶν ὁ λόγος ὁ πρὸς ἄλληλα δέδοται.

ἔστω δεδομένα μεγέθη τὰ Α, Β· λέγω, ὅτι τοῦ Α πρὸς τὸ Β λόγος ἐστὶ δοθείς.

ἐπεὶ γὰρ δέδοται τὸ Α, δυνατόν ἐστιν αὐτῷ ἴσον πορίσασθαι. πεπορίσθω καὶ ἔστω τὸ Γ. πάλιν, ἐπεὶ δεδομένον ἐστὶ τὸ Β, δυνατόν ἐστιν αὐτῷ ἴσον πορίσασθαι. πεπορίσθω καὶ ἔστω τὸ Δ. ἐπεὶ οὖν ἴσον ἐστὶ τὸ μὲν Α τῷ Γ, τὸ δὲ Β τῷ Δ, ἔστιν ἄρα ὡς τὸ Α πρὸς τὸ Γ, οὕτως τὸ Β πρὸς τὸ Δ· ἐναλλὰξ ὡς τὸ Α πρὸς τὸ Β, οὕτως τὸ Γ πρὸς τὸ Δ. τοῦ Α ἄρα πρὸς τὸ Β λόγος ἐστὶ δοθείς· ὁ αὐτὸς γὰρ αὐτῷ πεπόρισται ὁ τοῦ Γ πρὸς τὸ Δ.

명제 1. 두 개의 크기가 주어져 있으면, 이 두 크기의 비는 주어진 것이다.[†]

두 크기 A와 B[27]의 크기가 주어져 있다. 그러면 이 두 크기의 비 A : B는 주어진 것이라고 말한다.

크기 A가 주어져 있는(given) 것이기 때문에 그것과 동일한 것을 규정(provide)할 수 있다[정의 1]. A와 똑같은 것을 C라고 하자. 또한, B가 주어져 있는 것이기 때문에 그것과 똑같은 것을 규정할 수 있다

† [역자] 본 《자료론》의 모든 명제에서 가정 부분에 서술되어 있는 '주어져 있는(given)'은 '이미 알고 있다'로 이해하고, 결론 부분에 서술되어 있는 '주어진(given)'은 '구할 수 있다'로 이해하면 좋을 듯하다.

27) 두 대상 A, B의 크기는 가정에서 주어져 있는 것이다.

[정의 1]. B와 똑같은 것을 D라고 하자.

A ____________________ C ____________________

B _______________ D _______________

그러면 A = C이고, B = D이다. 즉, 비례식 A : C :: B : D가 성립한다. 교대 규칙(enallax)[28]에 의해 비례식 A : B :: C : D[V. 명제 16]이다. 따라서 A에 대한 B의 비와 동일한 비를 가지는 C에 대한 D의 비를 제시할 수 있기 때문에 비 A : B는 주어진 것이다[정의 2]. ■

**논평 :** gvn. A & gvn. B ⇒ gvn. A : B[29]

명제 1에 대한 나의 첫 반응은 '이렇게 분명하게 참인 것을 어떻게 증명할 수 있는가?'였고, 그 다음에는 '그것은 증명되어야만 하는가?, 그것은 공리가 아닌가?'라는 생각이었다. 기본적으로 이미 알고 있는 두 크기 사이의 비는 전형적으로 주어진 것으로 볼 수 밖에 없다. 즉, 앞에서 제시한 정의 2X(1장 참조)의 관점에서 보는 것이 좋을 것이라고 판단한다.

우리는 정의 2에서 비가 주어져 있다고 말할 수 있는 필요하고 충분한 조건으로 해석하였다. 따라서 명제 1은 정리가 아니라, 정의를 진술하는 다른 방법 중의 하나이다. 여기서 A와 B의 크기가 주어져 있다고 하자. 그러면 정의 1에 의해서 주어져 있는 A, B와 크기가 같은 C와 D가 각각 존재한다. 더 강력한 정의 $1^*$의 관점에서는 A, B와 동일한 것이 주어져 있어야만 한다. 따라서 A : B :: C : D(아래 설명

28) 전통적으로 '교대'라는 용어 대신에 'enallax'란 용어를 사용한다. 명제 5의 논평을 참조한다.

29) 읽을 때는 '만약에 A와 B가 주어져 있다면 A와 B의 비, 즉 A : B도 주어진 것이다'라고 읽는다. 이것은 기호 논리적인 관점에서 이해하기보다는 기호의 속기적인 측면에서 이해하도록 한다.

참조)이고, 비 C : D는 주어진 것의 관점(마치 정의 2*에 부합되는 것)에서 비 A : B와 동일한 값을 가지게 된다. 그러나 A와 B의 크기가 주어져 있었기 때문에, 첫 단계에서부터 이러한 비 A : B의 표현을 가질 수 있다. 따라서 명제 1은 정리가 아니라, 정의 2*와 동일한 것이라고 말할 수 있겠다.

> 나의 주장은 정의 1과 정의 2는 정의 1*와 정의 2*처럼 매우 엄밀하게 정의될 필요가 있다. 왜냐하면, 《자료론》의 전반에 깔려 있고 《자료론》을 지탱하고 있는 '주어진(given)'이라는 용어의 개념을 지키고 보호하기 위해서는 필수적인 작업이다.

《자료론》 명제 1에 대한 유클리드의 증명 과정을 살펴보자. 비 C : D에 대해, 이것은 비 A : B의 또 다른 표현일 뿐만 아니라, 주어져 있는 크기 A, B와 동일한[30] 크기 C, D라는 의미를 지니고 있기 때문에 즉각적으로 A : C :: B : D라고 결론내리고 있다. 그리고 해석가들은 V. 정의 5를 언급하면서 그 정의에 부합되면 옳은 것으로 간주하였다. 그러나 이러한 주장은 V. 정의 5가 아니더라도 어떠한 지적인 이론에 비추어도 옳은 주장이다.

다음 단계에서는 A : B :: C : D를 얻기 위해 V. 명제 16에서 제시하고 있는 교대 법칙을 사용하고 있다. 거의 증명이 필요하지 않는 사실을 증명하기 위해서 너무나도 강력한 논증수단을 사용하고 있는 듯하다. 결국 동일한 비에 대한 정의에 의해 A : B :: C : D는 V. 명제 7[31]에

---

30) 만약 A와 B가 선분이라면, 동일한 A와 B를 복제(clone)라고 부른다. 넓이의 경우에는 복제 없이도 동일한 값을 가지게 할 수 있지만, 선분은 합동이어야만 한다.

31) 두 번 적용해보자. 즉 만약 A = C이면 A : B :: C : B이다. 또한, 만약 B = D이면 C : B :: C : D이다. 따라서 추이율(V. 명제 11)에 의해서 A : B :: C : D이다.

의해 추론될 수 있다. 여기서는 오히려 교대 법칙이 증명(아마도 V.명제 7의 주장에서 사용해야 한다)하는 것보다 더 어려워 보인다. 이러한 증명은 조금은 필요 이상의 내용으로 보인다. 하지만 도구 상자(6쪽을 보아라)가 열려져 있다고 한다면, 그러한 최소한의 관점에서 이것을 채택하는 것은 적절치 않아 보인다.

**Θε 2.** ᾿Εὰν δεδομένον μέγεθος πρὸς ἄλλο τι μέγεθος λόγον ἔχῃ δεδομένον, δέδοται κᾀκεῖνο τῷ μεγέθει.

δεδομένον γὰρ μέγεθος τὸ Α πρὸς ἄλλο τι μέγεθος τὸ Β λόγον ἐχέτω δεδομένον· λέγω, ὅτι δέδοται καὶ τὸ Β τῷ μεγέθει.

ἐπεὶ γὰρ δέδοται τὸ Α, δυνατόν ἐστιν αὐτῷ ἴσον πορίσασθαι. πεπορίσθω καὶ ἔστω τὸ Γ. καὶ ἐπεὶ δέδοται ὁ τοῦ Α πρὸς τὸ Β λόγος· {οὕτως γὰρ ὑπόκειται·} δυνατόν ἐστιν αὐτῷ τὸν αὐτὸν πορίσασθαι. πεπορίσθω καὶ ἔστω ὁ τοῦ Γ πρὸς τὸ Δ λόγος. καὶ ἐπεί ἐστιν ὡς τὸ Α πρὸς τὸ Β, οὕτως τὸ Γ πρὸς τὸ Δ, ἐναλλὰξ ἄρα ἐστὶν ὡς τὸ Α πρὸς τὸ Γ, οὕτως τὸ Β πρὸς τὸ Δ. ἴσον δὲ τὸ Α τῷ Γ· ἴσον ἄρα καὶ τὸ Β τῷ Δ· δέδοται ἄρα τὸ Β μέγεθος· ἴσον γὰρ αὐτῷ πεπόρισται τὸ Δ.

명제 2. 한 개의 크기가 주어지고, 이것과 다른 크기와의 비가 주어져 있으면, 다른 크기는 주어진 것이다.[32)]

한 크기 A가 주어져 있고 이것과 다른 크기 B와의 비 A : B가 주어져 있다면, B의 크기는 주어진 것이라고 말한다.

A ______________________ C ______________________

B ________________ D ________________

32) 여기에서 사용된 크기(magnitude)라는 용어는 동일한 문장 내에서 두 가지의 서로 다른 의미로 사용될 수 있다. 하나는 실존하는 '기하학적인 크기'에 대한 구체적인 대상이고, 다른 하나는 '형태'와 '위치'와 대비되는 개념으로써 '크기와 관련된' 그 자체의 개념으로 사용된다.

A가 주어졌기 때문에, A와 크기가 같은 것을 규정할 수 있다[정의 1]. 그렇게 만들어진 것을 C라고 하자. 명제의 전제에서 비 A : B가 주어져 있기 때문에[33], 그것과 동일한 비를 가지는 것을 규정할 수 있다[정의 2]. 동일한 비가 규정되었다고 하고, 이것을 비 C : D라고 하자. A에 대한 B의 비는 C에 대한 D의 비와 같다. 위치를 바꾸어도, A에 대한 C의 비는 B에 대한 D의 비와 같다[V. 명제 16]. 그러나 A는 C와 같으므로 B는 D와 같다(논평을 보아라). 따라서 크기 D와 동일한 크기를 가지는 크기 B는 주어진 것이다[정의 1]. ■

**논평** : gvn. A : B & gvn. A ⇒ gvn. B (명제 1의 부분적인 역)
크기 A를 가지는 선분이 주어졌다고 가정하자. A가 가정에서 주어져 있기 때문에, A와 동일한 크기를 가지는 선분 C를 규정할 수 있으므로 C도 주어진 것이다(정의 1).[34] 여기서 선분 A의 위치가 주어져 있다고 볼 수 있을까? 전통적으로 파푸스는 크기를 다루고 있는 명제 1부터 명제 24까지는 위치가 없는 크기를 다루고 있다고 생각하였다. 그러나 평면에서 고정되어 있는 직선 없이 '크기 A'에 대한 기하학적인 언급을 하는 것이 가능한 것인가? 만약 A의 위치가 주어져 있지 않다고 한다면, A를 복사해서 C를 규정하는 것은 불가능할 것으로 생각된다. 하지만 이 명제에서 선분 A의 실제적인 위치는 중요한 문제가 아니다. 어느 위치에 있어도 명제의 참과 거짓에는 영향을 미치지 않기 때문이다. 따라서 A는 어느 위치에 있어도 관계없기 때문에 A는 어떤 고정된 위치가 주어져 있는 것은 아니라고 본다.

---

33) 이 부분은 전체적인 증명의 형태에 비추어 볼 때 보편적인 표현은 아니다. 주석으로 보는 것이 더 타당할 듯하다.

34) 《원론》 I.명제 1은 주어져 있는 것과 동일한 크기를 가지는 선분을 어떻게 만들 수 있는지를 보여주고 있다.

가정에서 A와 다른 크기 B와의 비가 주어져 있는 것으로 제시되어 있다. 따라서 A : B :: C : D를 만족하는 크기 D도 규정할 수 있다. 하지만 이 명제에서는 처음부터 B의 길이가 결정되어 있지는 않았다. 그렇다면 이로부터 다음과 관련된 의문점이 한 가지 생길 수 있다. 각각의 대상들에 대한 크기가 주어져 있지 않으면서, 명제의 가정에서 이것들의 비 A : B의 값이 주어져 있는 것(가정으로)으로 취급할 수 있는가 의 문제이다. 그것을 확실하게 표현하는 한 가지 방법은 그들을 한 개의 쌍으로 제시하여 주는 것이다. 다시 말하자면, 비 A : B가 주어져 있기 때문에, 주어진 비를 유지하는 선분 P와 Q의 크기가 주어져 있는 것으로 간주할 수 있다. 즉, A : B :: P : Q이다.

주어져 있는 비, 즉 C : D :: P : Q를 만족하는 비 C : D를 만드는 D를 찾아야 한다. P와 Q는 《자료론》에서 처음으로 만나게 되는 '숨은 동료(latent co-actor)'이다(1장 참조). P와 Q는 주어져 있는 비를 표현하기 위해 반드시 그 위치에 있어야 한다. C와 D가 이를 대신할 수 없다. 그럼, P와 Q의 위치는 주어져 있는 것인가? 물론 그들이 놓여 있는 평면 상의 위치가 어디인지는 문제가 되지 않는다. 그래서 우리는 아니라고 말한다. 비록 보이지 않는 대상이기는 하지만, 그들의 위치는 가지고 있어야 한다는 것이다. 나는 '위치가 주어져 있는'이라는 개념에 대한 약점을 보완하기 위해 이러한 퍼즐과 같은 질문을 제시하였다. 실제로 '위치가 주어져 있는'이라는 개념은 가장 중요한 의미를 가지고 있음에도 불구하고 《자료론》의 가장 취약한 약점이 되기도 한다.

세 값을 알고 있는 비례식에서 미지의 네 번째 값(제4의 비례항)을 항상 구할 수 있다는 것을 참으로 간주하는 것은 기하학적으로는 인정하기 어려운 점이 있다. 2차원 공간의 크기에서조차도 이 비를 만족하는 값을 찾는 것이 항상 가능한 것은 아니다(예를 들어, 각의 크기를[35]

다루는 경우에는 이러한 비례식을 만족하는 크기를 구하지 못하는 경우도 있다). 물론 주어진 크기가 모두 선분의 길이라고 한다면, VI. 명제 12에서 증명하고 있는 것처럼 이 비를 만족하는 네 번째 크기를 구하는 것은 큰 어려움이 없어 보인다. 다음 인용문을 제시한다(Mueller, 1981, p. 139).

> 그리스의 문헌 어디에서도 '네 번째 비의 존재에 대한 가정'을 의심할 만한 흔적을 찾을 수 없는 것은 분명하다. 아마도 이것은 그들이 이러한 문제에 대해 알아차리지 못했기 때문일 수도 있지만, 더 큰 이유는 그들이 가진 연속에 대한 직관적인 관점에서는 주어진 세 개의 기하학적 대상에 따른 네 번째 비의 존재성은 지극히 분명한 것이라고 간주하였기 때문일 것이다.

우리의 논점에서 너무 멀리 떨어져 나온 것 같다. 우리는 P : Q :: C : D임을 알고 있고, 따라서 A : B :: C : D는 분명하다(비에 대한 추이율에 의해서 성립한다. 예를 들어, V. 명제 11). 이제 마지막 단계로써, A = C이므로 B = D를 얻을 수 있다. 이것은 V. 명제 14에 의해서 얻어진 결론이 아니라, 교대 법칙(V. 명제 16)에 의해서 얻어진 결론이다. 이러한 결론은 명제 1에서와 같이, 동일한 비(same ratio)에 대한 어떤 정의로부터도 즉각적으로 얻을 수 있는 매우 강력한 정리인 것처럼 보인다.

진-루이스 가르디스(Jean-Louis Gardies)와 켄 샤이또(Ken Saito)[36)]

35) 글렌 판 브루멜렌(Glen van Brummelen)은 임의의 각의 삼등분이 가능하다는 사실을 '증명'하기 위해서 명제 2를 어떻게 사용할 것인지에 대한 제안하였다. 하지만 우리는 명제 29에서 이것이 소용없다는 것을 보이게 될 것이다. 예를 들면, 3 : 1 = 60° : D에서 D를 유클리드적인 방법으로 찾는 것은 불가능하다.

사이에 있었던 V.명제 14에 대한 논의에 따르면 명제 1과 명제 2를 평가하는데 있어서, V.명제 14는 매우 유익하다. 매우 강력한 도구인 V.명제 8[37]에 의해[†] 증명된, V.명제 14에 대해 간략하게 살펴보자. 우리는 부등식에 대한 내용을 생략하고, 등식에 대해서만 언급하도록 한다.

V.명제 14. 만약 A : B :: C : D이고 A = C이면 B = D이다.

좀더 편리하게, 켄 사이또는 V.명제 14a라는 이름을 붙여 다음과 같은 명제를 제시하고 있다. 역시 여기에서도 부등식 부분은 생략하고 등식 부분에 대해서만 살펴보자.

V.명제 14a. 만약 A : B :: C : D이고 A = B이면 C = D이다.

《원론》 V권에서 V.명제 14의 역할은 교대 법칙(V.명제 16)과 V.명제 18[38]을 증명하기 위한 것으로 제한되어 있다. 가르디스가 지적하고 있는 것과 같이 다양한 상황에서 적절하게 사용되어질 수 있었음에도 불구하고 유클리드는 V.명제 14를 사용하지 않았다. 다만, 교대 명제(enallax proposition)와 함께 명제 14a를 통한 간접적인 사용을 만들어냈다.

---

36) Revue d'Histoire Sciences(1991, 1994) 참조.

37) V.명제 8, 만약 A > B이면 A : C > B : C이고 C : B > C : A이다. 이것은 V.정의 4를 사용한다. [주의] Mueller(1981, pp.139~144)), Vitrac(1990, p.85) 참조.

† [역자] V.명제 8은 '주어진 두 양 중에서 큰 양은 작은 양보다 동일한 양에 대해서 큰 비를 가지며, 동일한 양은 작은 양에 대해서 큰 양에 대하는 것보다 큰 비를 가진다'를 의미한다.

38) V.명제 18, 만약 A : B :: C : D이면 (A + B) : B :: (C + D) : D이다.

켄 사이또는 V.명제 14를 포함하고 있지 않았던 유클리드 《원론》의 초기 모습으로써 이러한 간접적인 사용에 대한 이해를 제안하고 있다(왜냐하면, 내가 언급한 것처럼, V.명제 8을 포함하고 있지 않기 때문이다). 또한, 교대 정리(enallax theroem)는 에우독소스의 정의인 V.정의 5에 근거하여 증명되었다기보다는 다른 근거에 의해 증명된 것으로 보인다. 명제 1과 명제 2에 대한 나의 견해는 켄 사이또의 해석을 더욱 명확하게 뒷받침하고 있다. 명제 1에서 유클리드는 V.명제 14a의 부분적 역으로 볼 수 있는 다음 명제를 사용하고 있는 것으로 보인다.

V.명제 14a의 부분적 역. 만약 A = B이고 C = D이면 A : B :: C : D 이다.

유클리드는 이 명제를 교대 명제 다음에 사용하였다. 명제 2에서 유클리드는 교대 법칙을 도입한 다음, V.명제 14a를 적용하였다. 켄 사이또와 더불어 나는 유클리드가 임의로 V.명제 14a도 아니면서 V.정의 5도 아닌 새로운 것을 만들었다는 결론에 도달하였다.

명제 2에서 찾을 수 있는 특별한 점을 나열하면 다음과 같다.

1) B가 불확실한 상황에서 주어진 비 A : B를 구하기 위해서는 언급되지 않은 크기 P와 Q는 반드시 도입되어 있어야 하고, 비 C : D를 규정하기 위해서 P와 Q는 그 위치(여기서 위치는 명시적으로 분명하게 주어져 있을 필요는 없다)가 주어져 있어야 한다.
2) 동일한 비들끼리의 추이성(transitivity)이 사실임을 암묵적으로 받아들이고 있다. 그러나 P와 Q가 숨어 있기 때문에 거의 인식되지는 않는다.

3) 교대 법칙과 매우 밀접한 관련을 가진다.
4) $a:b::c:x$와 같은 비례식에서 항들이 모두 선분의 길이와 관련되어 있는 한, 비례식에서 어려움 없이 제4의 비례항의 값을 항상 구할 수 있다.

**Θε 3.** ʽΕὰν δεδομένα μεγέθη ὁποσαοῦν συντεθῇ, καὶ τὸ ἐξ αὐτῶν συγκείμενον δεδομένον ἔσται.

συγκείσθω γὰρ ὁποσαοῦν δεδομένα μεγέθη τὰ ΑΒ, ΒΓ· λέγω, ὅτι καὶ τὸ ἐκ τῶν ΑΒ, ΒΓ συγκείμενον τὸ ΑΓ δεδομένον ἐστίν.

ἐπεὶ γὰρ δέδοται τὸ ΑΒ, δυνατόν ἐστιν αὐτῷ ἴσον πορίσασθαι. πεπορίσθω καὶ ἔστω τὸ ΔΕ. πάλιν, ἐπεὶ δέδοται τὸ ΒΓ, δυνατόν ἐστιν αὐτῷ ἴσον πορίσασθαι. πεπορίσθω καὶ ἔστω τὸ ΕΖ. ἐπεὶ οὖν ἴσον ἐστὶ τὸ μὲν ΑΒ τῷ ΔΕ, τὸ δὲ ΒΓ τῷ ΕΖ, ὅλον ἄρα τὸ ΑΓ ὅλῳ τῷ ΔΖ ἐστιν ἴσον· δέδοται ἄρα τὸ ΑΓ: ἴσον γὰρ αὐτῷ πεπόρισται τὸ ΔΖ.

명제 3. 두 개의 크기가 주어져 있으면, 이 두 크기의 합도 주어진 것이다.

주어져 있는 두 개의 크기를 각각 AB와 BC라 하고, 이들이 서로 더해졌다고 하자. 그러면 AB와 BC의 결합으로 이루어진 AC의 크기는 주어진 것이라고 말한다.

AB가 주어져 있기 때문에 그것과 동일한 크기를 가지는 다른 대상을 규정할 수 있다[정의 1]. 여기서 AB와 동일한 대상을 DE라 하자. 또한, BC가 주어져 있기 때문에 그것과 동일한 크기를 가지는 다른 대상을 규정할 수 있다[정의 1]. 여기서 BC와 동일한 대상을 EZ라고 하자.

그러면 AB = DE이고, BC = EZ이기 때문에, AC 전체는 DZ 전체와 같아진다[공통개념 2]. 그러므로 AC는 주어진 것이라고 말할 수

있다. 왜냐하면, AC와 동일한 크기를 가지는 DZ를 규정할 수 있기 때문이다[정의 1]. ■

**논평** : gvn.P & gvn.Q ⇒ gvn.(P + Q)

명제 3은 선결문제요구(petitio principii)와 관련 있어 보인다. 'gvn.P'의 의미는 P와 동일한 크기를 가지는 R(R는 실제로 주어질 수 있고, 평면에서 실증될 수 있음)는 주어졌다는 것이고, 'gvn.Q'의 의미는 Q(Q도 실제로 주어질 수 있고, 평면에서 실증될 수 있음)와 동일한 크기를 가지는 S가 주어졌다는 것이다. 공통개념 2에 의해서 P + Q = R + S이다. 그럼 R + S는 주어진 것인가? 적어도, 평면에서 연속적인 크기일 때는 간단하게 증명될 수 있다. 즉, 명제 3의 경우에는 R와 S가 모두 주어져 있기 때문에 그들의 합인 R + S는 당연히 주어진 것으로 결론을 내릴 수 있다. 따라서 우리가 증명하고자 하는 것 또한 증명될 수 있다. 우리는 명제 3 역시 공리[39)]로써 받아들이는 것이 더 타당할 것 같다.

《원론》에 따르면, 만약 '2'라는 것이 일반성(보편성)에 대한 확신을 가지기에 충분하다면, 대상에 대한 '어떠한 수(any number)'라는 표현은 '2'를 의미한다.[40)] 이 명제 3에 포함되어 있는 '크기(사실은 명제 1부터 명제 23에 동일하게 포함되어 있음)'들은 매우 보편적이고 일반적인 상황을 의미하고 있지만, 《원론》 V권에서와 같이 이러한 크기들은

---

39) 렌 벌그렌(Len Berggren)은 다음과 같은 지적을 하고 있다. '유클리드는 주어진(given)이라고 말하지 않았고, 단지 규정되어진(be provided)'이라는 표현을 사용하였다. 우리는 두 용어를 혼합하여 사용하고자 하지만, 유클리드는 그러지 않은 것 같다. 그러나 명제 1에서의 논평을 되새겨 보자. 우리는 주어진(given)이라는 용어를 살리기 위해 정의 1, 정의 2를 정의 1*, 정의 2*를 통해 정교하게 다듬었음을 기억하자.

40) 비트락(B. Vitrac)은 이러한 유클리드적인 비-귀류법(Euclidean non-induction)에 대해 언급하였다.

선분 위에 표현될 수 있는 것들로 이해할 수 있다. 즉, 이들 두 선분의 '합' AC는 일직선[41] 위에서 두 선분의 양 끝점을 연결하는 방법을 통해 표현될 수 있다. 그리고 이들 두 선분의 '차'에 대한 표현도 다음 명제 4에서 매우 소박한 방법에 의해 표현될 수 있다. 명제 4에 제시된 용어인 '크기'에 대한 이러한 제한은 공통개념 2, 공통개념 3[42]을 만족시키는 한, 이론적으로는 별다른 문제점을 내포하지 않는다.

아마도 유클리드는 네 번째 비의 존재성과 같은 이러한 문제에 대해서는 크게 고민하지 않은 것 같다. 크기는 연속적인 것이고 한정된 대상이다. 선분 역시 연속적인 것이고 한정된 대상이다. 우리가 일반적으로 크기에 의해서 나누어지지 않는 선분의 어떤 특성들을 사용하지 않는한, 왜 우리는 다른 하나에 의해서 나머지 하나를 대표하는 것에 대해 주저해야 하는가? 사실, 여기에서 우리가 더욱 주목할 만한 것은, 《원론》의 산술 부분의 서술에서 선분을 이용하여 수를 자유롭게 표현하고 있다는 것이다.

**Θε 4.** ʼΕὰν ἀπὸ δεδομένου μεγέθους δεδομένον μέγεθος ἀφαιρεθῇ, τὸ λοιπὸν δεδομένον ἔσται.

ἀπὸ γὰρ δεδομένου μεγέθους τοῦ ΑΒ δεδομένον μέγεθος ἀφῃρήσθω τὸ ΑΓ· λέγω, ὅτι τὸ λοιπὸν τὸ ΓΒ δεδομένον ἐστίν.

---

41) 두 선분의 '합'은 한 선분을 두 개의 선분으로 분할하는 것으로써 정의될 수 있다.

42) 공통개념 2: 만약 동일한 것에서 동일한 것을 더하면 그 합은 서로 같다.
공통개념 3: 동일한 것에서 동일한 것을 빼면, 그 차는 서로 동일하다.

ἐπεὶ γὰρ δέδοται τὸ AB, δυνατόν ἐστιν αὐτῷ ἴσον πορίσασθαι. πεπορίσθω καὶ ἔστω τὸ ΔZ. πάλιν, ἐπεὶ δέδοται τὸ AΓ, δυνατόν ἐστιν αὐτῷ ἴσον πορίσασθαι. πεπορίσθω καὶ ἔστω τὸ ΔE. ἐπεὶ οὖν ἴσον ἐστὶ τὸ μὲν AB τῷ ΔZ, τὸ δὲ AΓ τῷ ΔE, λοιπὸν ἄρα τὸ BΓ λοιπῷ τῷ EZ ἐστιν ἴσον· δέδοται ἄρα τὸ BΓ· ἴσον γὰρ αὐτῷ πεπόρισται τὸ EZ.

명제 4. 두 개의 크기가 주어져 있으면, 이 두 크기의 차도 주어진 것이다.

주어져 있는 두 개의 크기를 각각 AB와 AC라 하자. 그러면, AB에서 AC를 빼서 얻은 크기 CB는 주어진 것이라고 말한다.

AB가 주어져 있기 때문에 그것과 동일한 것을 규정할 수 있다[정의 1]. 규정된 AB와 똑같은 것을 DZ라 하자. 다시 AC가 주어져 있기 때문에 그것과 똑같은 크기를 규정할 수 있고[정의 1], 규정된 그것을 DE라고 하자.

즉, AB는 DZ와 같고, AC는 DE와 같다. 따라서 각각의 크기에서 빼고 남은 부분인 CB는 EZ와 서로 같다[공통개념 3]. 따라서 남은 부분인 CB는 주어진 것이다. 왜냐하면, 그것과 동일한 크기를 가지는 EZ가 규정되어 있기 때문이다[정의 1]. ■

**논평 :** gvn.P & gvn.Q $\Rightarrow$ gvn.(P − Q)

다르게 표현하면, 'gvn.(P + Q)이고 gvn.P $\Rightarrow$ gvn.Q'로 표현할 수 있다. 따라서 명제 4는 명제 3의 부분적인 역인 것처럼 보인다. 고대의 수사적인 수학은 덧셈과 뺄셈을 위한 기호체계가 없었기 때문에 그러한 명제들의 대칭성이 눈에 잘 띄지 않고 사라지게 하는 경향이 있었다고 볼 수 있다. 하지만 현재 우리의 기호 체계에서는 명확하게 드러난다. 명제 4는 명제 3과 동일한 논리적인 결합을 가지고 있다. 즉,

'규정된(provided)'이 '주어진(given)'(정의 1*)을 의미하는 선결문제요구에 대한 명제라는 것이다.

현대적인 용어로 두 가지의 서로 다른 의미를 지닌다. 크기의 주어짐(givenness)은 덧셈과 뺄셈 아래에서도 보존된다. 이들은 《원론》에서는 공통개념 2, 공통개념 3에서 주어져 있는 덧셈과 뺄셈에 대한 성질로 다루어지지만, 《자료론》에서는 단순히 '같다(equal)' 대신에 '주어진(given)'으로 대체되며, 의미는 서로 거의 동일하다. 명제 3과 명제 4는 명제 1과 명제 2에 비해서 매우 간단한 명제이다. 따라서 명제 3과 명제 4는 비를 포함하고 있지 않기 때문에 《자료론》의 가장 기본이 되는 첫 명제라고 볼 수도 있을 것이다. 명제 1은 《자료론》의 94개의 명제 중에서 14개의 다른 명제에서 인용되고, 명제 2는 31번, 명제 3은 23번, 명제 4는 29번 인용된다.

## 명제 5~명제 9 : 비의 변형

명제 5부터 명제 9까지는 동일한 종류의 크기의 비인 'P : Q가 주어져 있는'이라는 공통의 가정을 가진 명제들이 나열되어 있다. 여기서 P는 항상 Q[43)]보다 더 큰 것을 의미하고, Q는 P의 일부분에 의해 만들어지는 것임을 보장하고 있다.

증명의 과정에는 V.정의 12~정의 16, V.명제 16~명제 18에서 정의되거나 부분적으로 증명에서 사용된 비의 변형의 일부를 포함하고 있다. 주어져 있는 비(ratio)를 바꾸거나 더하거나 빼거나 하는 활동을 통해 새로운 비를 어떻게 얻을 수 있는지를 보여준다. 나는 여기서 특

43) 로고스(logos)에 대한 그리스 이론에 따르면, 종종 전항(선행항)은 후항(후행항)보다 큰 것이 일반적이다.

별히 비트락이 제시한 V.정의 12에 대한 그의 논평을 소개하고자 한다(Vitrac, 1990). 《자료론》에 나타난 연산이나 증명과정에서는 그리스 언어로 된 용어만을 표현하고 있지만, 종종 그들은 라틴어 사본에서 사용된 용어를 사용하기도 한다. 하지만 이 책에서는 그리스 용어를 중심으로 사용할 것이다. 따라서 독자들의 편의를 위해 다음 용어를 참고로 하기 바란다. 우리는 명제 1, 명제 2에서 교대 변형에 대해 이미 살펴보았다.

| 이 책의 사용 | 라틴어 | 기호 | 비고 |
| --- | --- | --- | --- |
| 출발조건 | | $P : Q :: R : S$ | |
| 교대(enallax) | alternando | $P : R :: Q : S$ | V.명제 16 |
| 전치(anapalin) | invertendo | $Q : P :: S : R$ | V.정의 5 |
| 합성(synthenti) | componendo | $(P+Q) : Q :: (R+S) : S$[44] | V.명제 18 |

다음은 단지 만약 $P > Q$이고 그로 인해 $R > S$인 경우에만 적용한다.

| 이 책의 사용 | 라틴어 | 기호 | 비고 |
| --- | --- | --- | --- |
| 분리(dielonti) | separando | $(P-Q) : Q :: (R-S) : S$ | V.명제 17 |
| 전환(anastrepsanti) | convertendo | $P : (P-Q) :: R : (R-S)$ | |
| 출발조건 A | | $P : Q :: R : S$ | |
| 출발조건 B | | $Q : U :: S : V$ | |
| 양등(di'isou) | ex aequali | $P : U :: R : V$[45] | V.명제 22 |

44) 만약에 이 식을 대수적으로 표현한다면, 주어진 조건에서 양변에 1을 더한 것과 같은 결과를 얻을 수 있다. 하지만 그리스 수학자들이 단위인 1을 양변에 더하였다고 생각

덧셈과 뺄셈은 V.명제 12, V.명제 19, V.명제 24의 비와 관련되어 있다.

| | |
|---|---|
| 만약 P : Q :: R : S이면 (P+R) : (Q+S) :: P : Q이다. | V.명제 12 |
| 만약 P : Q :: R : S이면 (P−R) : (Q−S) :: P : Q이다. | V.명제 19 |
| 만약 P : Q :: R : S이고, U : Q :: V : S이면<br>(P+U) : Q :: (R+V) : S이다.[46] | V.명제 24 |

명제 5~명제 9[47]는 주어져 있는 비의 변형에 대한 다음 명제의 증명이다.

| | |
|---|---|
| 명제 5. 만약 gvn.P : Q이면 gvn.P : (P−Q)이다. | 전환(anastrepsanti) |
| 명제 6. 만약 gvn.P : Q이면 gvn.(P+Q) : P이고<br>gvn.(P+Q) : Q이다. | 전치(anapalin),<br>합성(synthenti) |
| 명제 7. 만약 gvn.P : Q이고 gvn.(P+Q)이면 gvn.P이고<br>gvn.Q이다. | |
| 명제 8. 만약 gvn.P : Q이고 gvn.R : Q이면<br>gvn.P : R이다. | 대칭에 따른 양등<br>(di'isou via<br>symmetry), 결합하<br>기(compounding) |
| 명제 9. 만약 gvn.P : Q : R :⋯:⋯이고<br>gvn.P : S, gvn.Q : T, gvn.R : U, ⋯이면<br>gvn.S : T : U :⋯:⋯이다. | 비의 주어짐의<br>연쇄성 |
| 명제 22. 만약 gvn.P : R이고 gvn.Q : R이면<br>gvn.(P+Q) : R이다. | |

---

한 것 같지는 않다. 그럼에도 불구하고, 클리멘스 타에르는 명제 6과 그 외의 곳에서도 그렇게 시행하였다.

45) V.명제 22는 결합(componendo)비의 중요한 성질을 증명하고 있다.

46) V.명제 24는 공통의 분모를 가지는 분수를 더하는 것에 대한 해석을 다루고 있다.

| 명제 23. 만약 gvn.(P+Q):(R+S)이고 gvn.P:R, gvn.Q:S이면 gvn.P:Q::R:S이다. | |
|---|---|

❁

**Θε 5.** 'Εὰν μέγεθος πρὸς ἑαυτοῦ τι μέρος λόγον ἔχῃ δεδομένον, καὶ πρὸς τὸ λοιπὸν λόγον ἕξει δεδομένον.

μέγεθος γὰρ τὸ AB πρὸς ἑαυτοῦ τι μέρος τὸ ΑΓ λόγον ἐχέτω δεδομένον· λέγω, ὅτι καὶ πρὸς τὸ λοιπὸν τὸ ΒΓ λόγον ἔχει δεδομένον.

κείσθω γὰρ δεδομένον μέγεθος τὸ ΔΖ. καὶ ἐπεὶ λόγος ἐστὶ δοθεὶς ὁ τοῦ ΒΑ πρὸς τὸ ΑΓ, ὁ αὐτὸς αὐτῷ πεπορίσθω ὁ τοῦ ΖΔ πρὸς ΔΕ. λόγος ἄρα ἐστὶν ὁ τοῦ ΖΔ πρὸς ΔΕ δοθείς. δοθὲν δὲ τὸ ΖΔ. δοθὲν ἄρα καὶ τὸ ΔΕ· καὶ λοιπὸν ἄρα τὸ ΕΖ δοθέν ἐστιν. {ἔστι δὲ καὶ τὸ ΔΖ δοθέν·} λόγος ἄρα τοῦ ΔΖ πρὸς τὸ ΖΕ δοθείς. καὶ ἐπεί ἐστιν ὡς τὸ ΔΖ πρὸς ΔΕ, οὕτως καὶ τὸ ΑΒ πρὸς ΑΓ, ἀναστρέψαντι ἄρα ἐστὶν ὡς τὸ ΔΖ πρὸς τὸ ΖΕ, οὕτως τὸ ΑΒ πρὸς τὸ ΒΓ. {λόγος δὲ τοῦ ΔΖ πρὸς ΖΕ δοθείς, ὡς δέδεικται}· λόγος ἄρα καὶ τοῦ ΑΒ πρὸς τὸ ΒΓ δοθείς.

명제 5. 전체 크기가 주어져 있고 전체에 대한 일부분의 크기와의 비가 주어져 있으면, 전체에 대한 나머지 부분과의 크기의 비는 주어진 것이다.

AB는 주어져 있는 전체 크기이고, AC가 이 크기의 일부분이라고 하자. 그러면 전체 크기 AB와 전체 크기에서 일부분을 제외한 나머지 부분 BC와의 크기의 비도 주어진 것이라고 말한다.

여기서 어떤 일정한 크기를 DZ로 나타내자(set out)[48][공리 0*].

그리고 AB와 AC와의 비가 주어졌기 때문에, DZ와 DE의 비가 이

47) 명제 22와 명제 23은 이 명제의 그룹 속에 포함되어야 한다. 우리는 그들을 적당한 단계에서 동일한 범주로 다루게 될 것이다.

48) 글자 그대로 '임의로 나타낸' 것을 의미한다.

것과 같도록 하는 점 E를 DZ 위에 규정할 수 있다[정의 2]. 따라서 비 DZ : DE는 주어진 것이므로, DZ도 주어진 것이다. 따라서 DE는 주어진 것이고[명제 2], 나머지 부분인 EZ도 역시 주어진 것이다[명제 4]. 따라서 DZ가 주어져 있기 때문에 비 DZ : ZE도 주어진 것이다[명제 1].

그리고 DZ : DE :: AB : AC로부터 전환(anastrepsanti)[49] [DZ : (DZ − DE) :: AB : (AB − AC)]에 의해 DZ : ZE :: AB : BC이다.

그리고 밝혀진 것과 같이 비 DZ : ZE가 주어져 있으므로, 비 AB : BC도 역시 주어진 것이다[정의 2*]. ■

**논평** : gvn.$x : y \Rightarrow$ gvn.$x : (x - y)$

용어색인 : $x = \mathrm{AB}$, $y = \mathrm{AC}$, $x - y = \mathrm{CB}$, $g = \mathrm{DZ}$, $h = \mathrm{DE}$, $g - h = \mathrm{EZ}$

명제 5는 실제로 중요한 의미를 가지는 《자료론》의 첫 번째 명제이다. 따라서 우리는 그것을 주의 깊게 고찰하여 《자료론》에 대한 우리의 이해를 개선할 필요가 있을 것으로 판단된다. 유클리드는 매우 강제적(imperative)이고 충격적인 방법으로 그의 증명을 시작하고 있음을 느낄 수 있다. 즉 그것은 '어떤 주어져 있는 크기를 나타낼 수 있음을 허용하는 것'이다. 유클리드는 주어져 있는 크기의 필요성이 있었고, 이로 인해 1차원(혹은 2차원, 3차원)적 크기를 나타내는 주어진 선분 DZ를 통해 그의 증명을 스스로 돕도록 하고 있다. 이것은 앞에서 언급한 돕는 손길(helping hand)의 이용이다(1장 참조). 이것을 통해 우리는 '만약 우리가 어떤 크기를 필요로 한다면, 그것은 특별한 고민 없이 그 크기를 가지는 것을 나타낼 수 있다'는 것을 의미한다. 여기

---

49) 《원론》 V권 명제 19의 따름명제. 라틴어로는 'convertendo'를 사용한다. 문자 그대로는 '주변을 돌아다니는'을 의미하는 것으로 여기서 '전환'하는 것으로 번역한다.

서 강제적인 나타냄(set out)이라는 것은 그리스어 keistho(혹은 ekkeistho)로써 위치(position)와 동일한 어원을 가지는 용어로써 '위치가 정해져 나타나는'이란 의미를 가지고 있다. 따라서 여기서 우리는 다음과 같은 사실을 확실하게 인식할 필요가 있다. 어떤 크기가 특정하게 주어져 있다는 것은 임의의 평면에 그 크기를 즉각적으로 표현할 수 있다는 것을 의미한다. 아마 유클리드는 이러한 문제에 대해 공리 0* 을 염두해 둔 것으로 판단된다. 또한 주어진 것이라는 말에는 정의되어 있지 않지만 가장 기본적으로 크기에 대한 '취함(taking)'과 위치에 대한 '정해짐(appointing)'이 존재하는 것으로 간주한다.

명제 5에서의 논증은 《원론》 V권에서 사용될 수 있도록 하기 위해서 특별한 '주어진 것(givens)'을 제공하고 있다. 주어져 있는 크기 DZ ($g$)를 필요로 하고, 주어져 있는 크기 DZ는 AB에서처럼 동일한 비로 분할된다(예를 들어, VI.명제 12).[50] 우리가 현재 사용하고 있는 기호로 증명과정을 요약하면 다음과 같다.

| 공리 0* | gvn. $g$ | [1] |
|---|---|---|
| VI.명제 12[51] | $g : h :: x : y$ | [2] |
| 정의 2* | gvn. $g : h$ | [3] |
| 명제 2, 명제 4 | gvn. $h$, gvn. $(g-h)$ | [4] |
| 명제 1 | gvn. $g : (g-h)$ | [5] |
| [2] | $g : h :: x : y$ | [6] |
| V.명제 19 따름정리 | $g : (g-h) :: x : (x-y)$ | [7] |
| 정의 2* | gvn. $x : (x-y)$ | [8] |

50) 네 번째 크기가 주어지고 세 번째 크기를 구하는 요구가 있을 때, VI.명제 12가 언급된다. 물론 이 명제는 선분의 길이에 대해서만 한정되고 있지만, 직사각형(VI.명제 1)에서도 동일하게 이루어진다.

51) VI.명제 12는 선분과 넓이에서 적용된다(Mueller, 1981, p.40).

유클리드는 주어져 있는 비 $x:y$와 동일한 비 $g:h$를 '규정함(providing)'으로써, 비 $x:y$를 [2]와 같이 확장하였다(숨은 동료로서 역할을 함, 다음 문장 참조). 하지만 $g:h$는 $x:y$와 똑같은 비를 가질 뿐만 아니라, $g$는 특정 크기가 주어져 있는 것이고 $h$도 정의 2에 의해서 주어진 것으로 볼 수 있으므로, 주어진 특정한 그 크기에 대해서 $x:y$와 동일한 비를 가진다(앞에서 언급한 정의 2, 정의 $2^*$의 보충 설명을 참조). 전환(anastrepsanti)이라는 비의 변형은 [2]에서부터 [7]까지 이끌어 준다. 따라서 $x:(x-y)$처럼 동일한 비를 가지는 $g:(g-h)$를 만들어 낸다. 즉, $g:(g-h)$가 주어져 있는 것이 되기 때문에, 나중에는 전적으로 $g:(g-h)$도 주어진 것이라고 부르게 된다.

그러나 $x$, $y$의 크기가 주어져 있는 것이 아니라고 한다면 비 $x:y$처럼 동일한 비를 가지는 비 $g:h$를 어떻게 규정할 수 있는가? 크기 $DZ$, 크기 $DE$, 크기 $EZ$가 주어져 있는 것(즉, 취하든지 또는 명제 2와 명제 4에서 증명되든지)이라고 하더라도, 크기 $AB$, 크기 $AC$, 크기 $BC$의 상태는 결정된 것은 아니다. 단지, 그들의 비만 주어진 것이지 그것들의 크기가 구성된 것은 아니다. 그들은 주어진 비에 의해서 어떠한 크기라도 가능할 것이다. 어떻게 그것이 가능한가? 주어진 대상들의 특정 크기의 제한 없이 비가 주어진 것이라고 할 수 있는가? 비례식에서 제4의 비례항을 구하기 위해서는 반드시 세 번째 항의 선분의 길이가 주어져 있어야 한다. 선분 $AB$와 선분 $AC$가 주어져 있는 크기를 의미한다면(즉, 비 $AB:AC$를 나타내는 크기) 비례식의 반대쪽에 숨어 있는 선분의 길이의 비 $u:v$는 언급하지 않았지만 주어진 것이라고 말하는 것이다. 즉, 《자료론》에서는 이러한 역할을 하는 숨은 동료(latent co-actor)가 매우 정교하게 사용되고 있음을 알 수 있다.

명제 5는 복잡한 비의 변형을 위해 유용한 전환(anastrepsanti) 규칙의 경우를 다루는 것에 매우 능숙하다. 《원론》에서는 그것이 증명되어 있지 않고, 단순히 V. 명제 19에서 부정명제(porism, 不定命題)로 언급하였다. 《원론》 V권에 따르면, 그것을 엄밀하게 증명하기보다는 간접적인 추론 방법을 일부 취하고 있는 정도이다(Vitrac, 1990 참조). 《자료론》에서 처음으로 소개된 명제 5에서는 더 간단한 형태의 전치(anapalin) 명제(만약 gvn. P : Q이면 gvn. Q : P이다)를 기대하였지만, 간단한 형태의 명제는 명제 5의 증명 과정에서 당연한 것으로 간주되어 증명없이 사용되고 있을 뿐이었다. 또한 분리(dielonti) 규칙의 경우에도 간단한 형태의 명제(만약 gvn. P : Q이면 gvn. (P − Q) : Q이다)는 증명없이 사용되고 있다(예를 들어, 명제 10).

하지만 명제 5를 다른 관점에서 보면 매우 단순하게 볼 수도 있다. 전환(anastrepsanti) 규칙을 현(chord)이나 화음에 적용하면 매우 기초적인 형태가 된다. 만약 그림 5.1에서와 같이 길이 4의 현을 비 4 : 3의 비로 분할하였다고 하자. 분할된 이 지점은 현을 비 4 : 1로 분할하는 지점이기도 하다. 따라서 뒤쪽의 비는 처음의 비에서 거꾸로 된 비로 볼 수 있다. 즉 비 4 : 3으로 나누는 지점과 4 : (4 − 3) = 4 : 1의 지점은 동일하다.

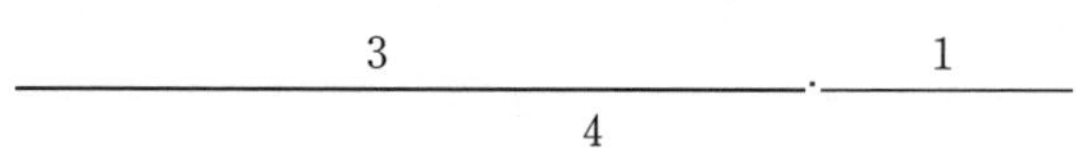


그림 5.1

**Θε 6.** ʼΕὰν δύο μεγέθη συντεθῇ πρὸς ἄλληλα λόγον ἔχοντα δεδομένον, καὶ τὸ ὅλον πρὸς ἑκάτερον αὐτῶν λόγον ἕξει δεδομένον.

συγκείσθω γὰρ δύο μεγέθη τὰ ΑΓ, ΓΒ, πρὸς ἄλληλα λόγον ἔχοντα δεδομένον· λέγω, ὅτι καὶ ὅλον τὸ ΑΒ πρὸς ἑκάτερον τῶν ΑΓ, ΓΒ λόγον ἔχει δεδομένον.

ἐκκείσθω γὰρ δεδομένον μέγεθος τὸ ΔΕ. καὶ ἐπεὶ λόγος ἐστὶ τοῦ ΑΓ πρὸς ΓΒ δοθείς, ὁ αὐτὸς αὐτῷ πεποιήσθω ὁ τοῦ ΔΕ πρὸς ΕΖ. ὁ ἄρα τοῦ ΔΕ πρὸς ΕΖ λόγος ἐστὶ δοθείς· δοθὲν δὲ τὸ ΔΕ· δοθὲν ἄρα καὶ τὸ ΕΖ· καὶ ὅλον ἄρα τὸ ΔΖ δοθέν ἐστιν. ἔστι δὲ ἑκάτερον τῶν ΔΕ, ΕΖ δοθέν· λόγος ἄρα τοῦ ΔΖ πρὸς ἑκάτερον τῶν ΔΕ, ΕΖ δοθείς. καὶ ἐπεί ἐστιν ὡς τὸ ΑΓ πρὸς ΓΒ, οὕτως τὸ ΔΕ πρὸς ΕΖ, συνθέντι ὡς τὸ ΑΒ πρὸς τὸ ΒΓ, οὕτως τὸ ΔΖ πρὸς ΖΕ· καὶ ἀναστρέψαντι ὡς τὸ ΑΒ πρὸς τὸ ΑΓ, οὕτως τὸ ΔΖ πρὸς ΔΕ. καὶ ἐπεὶ ὡς τὸ ΔΖ πρὸς ἑκάτερον τῶν ΔΕ, ΕΖ, οὕτως τὸ ΑΒ πρὸς ἑκάτερον τῶν ΑΓ, ΓΒ, λόγος ἄρα καὶ τοῦ ΑΒ πρὸς ἑκάτερον τῶν ΑΓ, ΓΒ δοθείς.

---

명제 6. 두 크기의 비가 주어져 있으면, 두 크기의 합과 각각의 부분의 크기와의 비는 주어진 것이다.

주어져 있는 두 크기를 AC, CB라고 하고, 이 두 선분의 크기가 서로 합해져 있다. 그러면 주어져 있는 전체 크기 AB와 각 부분인 AC, CB와의 크기의 비는 각각 주어진 것이라고 말한다.

여기서 어떤 일정한 크기를 가지는 선분 DE를 나타내자[공리 0*].

그리고 비 AC : CB는 주어져 있는 비이기 때문에, 비 DE : EZ는 비 AC : CB와 동일한 비를 갖도록 만들 수 있다.[52] 따라서 비 DE : EZ는 주어진 것이다[정의 2*]. 그리고 DE도 주어져 있는 것이므로, EZ도 주어진 것이다[명제 2]. 이를 통해 두 선분의 합인 DZ도 주어진 것이다[명제 3].

결국 DE, EZ도 각각 주어진 것이므로, (명제 1)에 의해서 DZ와 DE, EZ와의 각각의 크기의 비도 주어진 것이다. 그리고 AC:

52) 유클리드가 사용한 이 부분은 '만들어지도록 허용하는('let have been made', 문법적으로 옳지 않은 영어일지라도)'이라고 하는 것이 가장 타당할 것으로 보인다.

$CB :: DE : EZ$이기 때문에, 합성(synthenti) [즉, $(AC+CB) : BC :: (DE+EZ) : ZE$] $AB : BC :: DZ : ZE$[53](V.명제 18)이고, 전환(anastrepsanti) [즉, $AB : (AB-BC) :: DZ : (DZ-EZ)$]에 의해서 $AB : AC :: DZ : DE$[V.명제 19]이다.

그리고 DZ와 두 크기 DE, EZ와의 크기의 비는 AB와 두 크기 AC, CB와의 크기의 비와 동일하다. 따라서 AB에 대한 AC의 비, AB에 대한 CB의 비는 주어진 것이다[명제 2*]. ■

**논평 :** gvn. $x : y \Rightarrow$ gvn. $(x+y) : x$ & gvn. $(x+y) : y$

용어색인 : $x=AC$, $y=CB$, $x+y=AB$, $g=DE$, $h=EZ$, $g+h=DZ$

위에서 제시한 것과 같이 명제 6에서는 합성(synthenti)과 전환(anastrepsanti)에 의한 비의 변형이 사용되었다. 합성에 의한 변형 다음에는 명제 5에서 얻어진 결과를 사용하고 있다. 그러나 증명의 상황을 통해 볼 때 전환을 반복적으로 사용하는 것이 더 쉬워 보이기도 한다. 여기서 우리가 현재 사용하는 기호를 통해 증명과정을 요약하면 다음과 같다.

| | gvn. $x : y$ |
|---|---|
| 공리 0* | gvn. $g$ |
| VI.명제 12, 정의 2* | gvn. $g : h$로부터 $g : h :: x : y$ |
| 명제 2, 명제 3 | gvn. $h$이고 gvn. $(g+h)$ |
| 합성(synthenti) | $g : h :: x : y$이면 $(g+h) : h :: (x+y) : y$ |
| 명제 1, 정의 2* | gvn. $(x+y) : y$ |
| 전환(anastrepsanti) | $(g+h) : g :: (x+y) : x$ |

53) 라틴 사본에는 'componendo'라고 기록되어 있다.

| 명제 1, 정의 2* | gvn. $(x+y):x$ |
|---|---|

명제 5에서와 같이 AC($x$)와 CB($y$)의 상태에 대한 의문을 가지게 된다. 이들의 비는 주어진 것이다. 그러나 그들의 크기가 주어져 있는 것은 아니다. 왜냐하면 그들의 크기가 주어져 있는 것이라고 한다면, 명제 6은 명제 3과 명제 1에 의해서 즉각적으로 얻어지기 때문이다. 크기가 주어져 있지 않은 이러한 상황을 보충하기 위해서 이들과 같은 크기의 비를 가지고, 일직선 상에 존재하는 두 개의 선분의 크기를 도입하게 된다. 즉, 주어져 있는 비를 만들기 위해 VI. 명제 12†에 의해서 규정된(provided) 두 크기, 즉 한 크기 DE $= g$, 다른 한 크기 EZ $= h$를 도입한다. 그런데, 어떻게 그 비가 주어진 것이라고 할 수 있는가? 그것을 규정하기 위해서, U : V :: AC : CB와 같이 숨은 도움을 사용하고 있다. 그리고 증명 전체에서 AB의 크기와 그것의 부분의 크기 어느 것도 주어져 있지 않다.

**Θε 7.** ῾Εὰν δεδομένον μέγεθος εἰς δεδομένον λόγον διαιρεθῇ, ἑκάτερον τῶν τμημάτων δεδομένον ἐστίν.

δεδομένον γὰρ μέγεθος τὸ ΑΒ εἰς δεδομένον λόγον διῃρήσθω τὸν τοῦ ΑΓ πρὸς ΓΒ· λέγω, ὅτι ἑκάτερον τῶν ΑΓ, ΓΒ δοθέν ἐστιν.

ἐπεὶ γὰρ λόγος ἐστὶ τοῦ ΑΓ πρὸς ΓΒ δοθείς, λόγος ἄρα καὶ τοῦ ΑΒ πρὸς ἑκάτερον τῶν ΑΓ, ΓΒ δοθείς. δοθὲν δὲ τὸ ΑΒ· δοθὲν ἄρα καὶ ἑκάτερον τῶν ΑΓ, ΓΒ.

명제 7. 한 크기가 주어져 있고, 이 크기를 두 개로 분할하는 비가 주어져 있으면, 이 두 개의 각각의 부분의 크기는 주어진 것이다.

---

† [역자] VI. 명제 12는 '주어져 있는 세 선분에 대해서 제4의 비례항을 구하는 것이 가능하다'이다.

선분 AB의 크기가 주어져 있고, 이 선분이 분할되는 비 AC : CB가 주어져 있다. 그러면 AC, CB 각각의 크기는 주어진 것이라고 말한다.

A　　　　　　　C　　　　　B

비 AC : CB가 주어져 있기 때문에 AB와 AC의 비, AB와 CB의 비도 주어진 것이다[명제 6]. 그리고 AB가 주어져 있기 때문에 AC와 CB도 주어진 것이 된다[명제 2]. ■

**논평 :** gvn.$(x+y)$ & gvn.$x : y$ $\Rightarrow$ gvn.$x$ & gvn.$y$

용어색인 : $x = \text{AC}$, $y = \text{CB}$, $x+y = \text{AB}$

명제 6을 이용하면 쉽게 이해가 된다. 더군다나 $(x+y)$가 주어져 있는 것이면 명제 2에 의해서 $x$, $y$는 주어진 것이다. 현대적 기호를 사용하여 나타내면 다음과 같다.

| 명제 6 | gvn.$(x+y) : x$이고 gvn.$(x+y) : y$ |
|---|---|
| 명제 2 | gvn.$x$이고 gvn.$y$ |

명제 7은 《원론》에서의 명제나 공리, 공준의 언급이 없는 최초의 명제이다. 그러나 명제 7은 명제 6의 짧은 보조정리 정도 수준으로 볼 수 있다. 이러한 내적인 명제는 드물지 않게 나타나고 있다.[54] 더군다나 이 명제는 숨은 도움이 거의 필요가 없는 것으로 보이는 장점도 가지고 있다.[55] 하지만 명제 7에서 얻을 수 있는 정보는 거의 없는 것으로

54) 94개의 명제 중에서 13개의 명제가 이에 해당한다. 명제 7, 9, 10, 17, 22, 25, 26, 27, 29, 47, 49, 53, 명제 63이 그것이다.

55) 타에르(1962)는 그의 저서 p.66에서 이에 대해 언급하고 있다. 하지만 이에 대한

보이고, 명제 7의 내용에서 $a$, $b$를 주어져 있는 것으로 하여 대수적으로 표현하면 다음과 같다.

$$x+y=a\text{이고 } \frac{x}{y}=b\text{이면 } x=\frac{ab}{b+1}\text{이고 } y=\frac{a}{b+1}$$

실제로 클리멘스 타에르는 명제 7을 증명하는 각각의 단계에서 발견되는 수학적 의미는 거의 없다고 언급하고 있다. 주어져 있는 $x$, $y$ 이외에 다른 것은 거의 없다고 말한다. 명제 7은 《자료론》에서 명제 58에서 단 한 번만 언급되고 있을 뿐이고, 이것마저도 멘지는 주목하지 않고 있다.

명제 6 다음에 분리(dielonti)의 간단한 경우(gvn. P : Q ⇒ gvn. (P − Q) : Q)에 대한 증명이 나올 것으로 기대하였지만, 《자료론》 어디에도 이에 대한 증명은 소개되어 있지 않다. 이것은 그냥 받아들이는 것으로 보인다.

**Θε 8.** Τὰ πρὸς τὸ αὐτὸ λόγον ἔχοντα δεδομένον, καὶ πρὸς ἄλληλα λόγον ἕξει δεδομένον.

ἐχέτω γὰρ ἑκάτερον τῶν Α, Γ πρὸς τὸ Β λόγον δεδομένον· λέγω, ὅτι καὶ τὸ Α πρὸς τὸ Γ λόγον ἕξει δεδομένον.

ἔστω γὰρ δεδομένον μέγεθος τὸ Δ. καὶ ἐπεὶ λόγος ἐστὶ τοῦ Α πρὸς τὸ Β δοθείς, ὁ αὐτὸς αὐτῷ πεποιήσθω ὁ τοῦ Δ πρὸς τὸ Ε. δοθὲν δὲ τὸ Δ· δοθὲν ἄρα καὶ τὸ Ε. πάλιν, ἐπεὶ λόγος ἐστὶ τοῦ Β πρὸς τὸ Γ δοθείς, ὁ αὐτὸς αὐτῷ πεποιήσθω ὁ τοῦ Ε πρὸς τὸ Ζ. δοθὲν δὲ τὸ Ε· δοθὲν ἄρα καὶ τὸ Ζ. ἔστι δὲ καὶ τὸ Δ δοθέν· λόγος ἄρα τοῦ Δ πρὸς τὸ Ζ ἐστι δοθείς. καὶ ἐπεί ἐστιν ὡς μὲν τὸ Α πρὸς τὸ Β, οὕτως τὸ Δ πρὸς τὸ Ε, ὡς δὲ τὸ Β πρὸς τὸ Γ, οὕτως τὸ Ε πρὸς τὸ Ζ, διίσου ἄρα ἐστὶν ὡς τὸ Α πρὸς τὸ Γ, οὕτως τὸ Δ πρὸς τὸ Ζ. λόγος δὲ τοῦ Δ πρὸς τὸ Ζ δοθείς· λόγος ἄρα καὶ τοῦ Α πρὸς τὸ Γ δοθείς.

---

그의 언급을 난 이해하지 못하겠다. ([역자] 이 책의 저자인 테이즈벡은 타에르의 언급을 이해하지 못한다고 주석을 달고 있다.)

**명제 8.** [크기][56] 동일한 것에 대한 비가 주어져 있으면, 이들 서로에 대한 비는 주어진 것이다.

우선, 두 크기 A, C와 B에 대한 비가 각각 주어졌다고 하자. 그렇다면 A와 C에 대한 비도 주어진 것이라고 말한다.

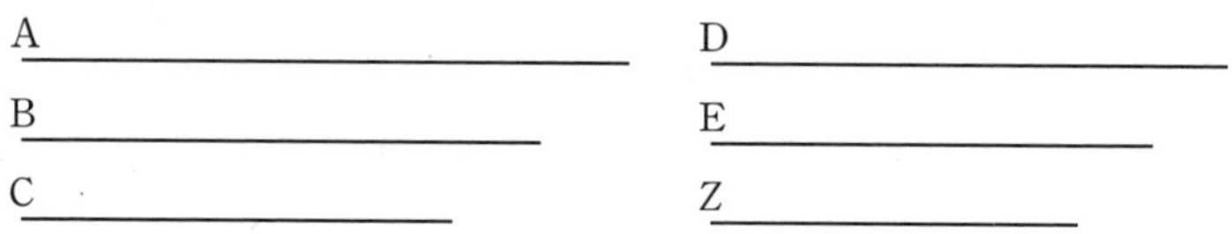


크기 D[57]가 주어져 있다고 하자[공리 0*]. 그리고, 비 A : B가 주어졌기 때문에, 이것과 동일한 비를 가지는 비 D : E가 만들어지는 것을 허용하게 된다[정의 2]. 그리고 D가 주어져 있기 때문에, E도 또한 주어진 것이다[명제 2].

비 B : C가 주어져 있기 때문에, 이것과 동일한 비를 가지는 비 E : Z가 만들어지는 것을 허용하게 된다. 그리고 E가 주어져 있는 것이므로, 이로 인해 Z도 주어진 것이 된다. 그리고 A와 D도 주어져 있기 때문에, 비 D : Z도 주어진 것이 된다[명제 1].

그리고 A : B :: D : E이고 B : C :: E : Z이기 때문에, 양등(di'isou)[58]에 의해서 A : C :: D : Z가 성립한다[V. 명제 22]. 그리고 비 D : Z가 주어져 있기 때문에, 비 A : C도 주어진 것이다[정의 2*]. ■

---

56) 공통개념 1과 같이 명제 8에서는 '크기'라는 단어로 표현된 것은 아니고, 어떤 대상들의 복수형으로 묘사되어 있다.

57) 그리스 원어에서는 △로 사용되었고, 원어적인 의미로는 '크기 D를 주어져 있는 대상으로 허용하자'라는 의미를 가진다.

58) 라틴어로는 'ex aequali'라고 한다. 명제 5의 비의 변형을 참조.

**논평** : $\text{gvn.}A:B\ \&\ \text{gvn.}B:C \Rightarrow \text{gvn.}A:C$[59)]
이 중요한 명제는 주어짐(givenness)이 연쇄적이라는 것을 증명하고 있다. 그리고 《원론》에 있는 추이성(transitivity)의 명제와 관련이 있다.

> 공통개념 1. 동일한 것과 같은 크기를 가지는 것은 동일하다(즉, $A=B$이고 $A=C$이면 $B=C$이다).
> I. 명제 30. 동일한 직선에 평행한 두 직선은 서로 평행하다.
> V. 명제 11. 동일한 비에 같은 비는 서로 같다.
> X. 명제 12. 동일한 단위로 측정할 수 있는 두 크기는 서로가 다른 것을 측정할 수 있다.

여기에 나타난 모든 명제는 대칭성을 가지고 있다.

명제 8에 대한 매우 중요한 보조정리가 양등(di'isou)으로 잘 알려진 V.명제 22이다. 명제가 성립하기 위해서는 주어진 비에서 세 개의 크기를 가지고 있어야만 한다. 즉, 명제 8에서는 D, E, Z가 규정[60)]되어 있다. 비 $A:C$가 비 $A:B$와 비 $B:C$의 '결합 비(compound ratio)'[61)] 이기 때문에 우리는 명제 8을 간단하게 다음과 같이 공식화할 수 있다.

> 명제 8*. 주어져 있는 비들은 서로 결합하여 새로운 비를 얻는다.

---

59) 여기서는 A, B, C를 $x$, $y$, $z$로 표현할 수는 없다. 왜냐하면, 여기서 의미하는 것은 선분의 끝점으로써의 A, B, C가 아닌 크기를 나타내는 문자이기 때문이다.

60) 만약 이들이 선분 혹은 직사각형 모양이라고 한다면 VI.명제 12에 의해서 규정된다. 《자료론》에서는 방법에 대한 것은 다루지 않는다. 즉, 만약 크기가 주어져 있다고 한다면, 그것을 규정할 수 있다.

61) 만약 $k:m::a:b$, $p:q::b:c$을 만족하는 크기 $b$가 주어져 있다면, 두 비 $k:m$, $p:q$로부터 비 $a:c$는 결합되었다고 말한다.

나는 '추이성(transitivity)' 혹은 '결합(compound)'으로 명제 8을 언급하고 싶다. 현대적 표현을 사용하여 나타내면 다음과 같다.

| | |
|---|---|
| 공리 0* | gvn. D |
| E 찾기(VI. 명제 12) | D : E :: A : B |
| 정의 2*, 명제 2 | gvn. D : E이고 gvn. E |
| Z 찾기(VI. 명제 12) | E : Z :: B : C |
| 정의 2*, 명제 2 | gvn. E : Z이고 gvn. Z |
| 명제 1 | gvn. D : Z |
| 앞의 사실에 의해서 | A : B :: D : E이고 B : C :: E : Z |
| 양등(di'isou, V. 명제 22) | A : C :: D : Z |
| 정의 2* | gvn. A : C |

**Θε 9.** 'Εὰν δύο ἢ πλείονα μεγέθη πρὸς ἄλληλα λόγον ἔχῃ δεδομένον, ἔχῃ δὲ τὰ αὐτὰ μεγέθη πρὸς ἄλλα τινὰ μεγέθη λόγους δεδομένους, [εἰ καὶ] μὴ τοὺς αὐτούς, κᾀκεῖνα τὰ μεγέθη πρὸς ἄλληλα λόγους ἕξει δεδομένους.

δύο γὰρ ἢ πλείονα μεγέθη τὰ Α, Β, Γ πρὸς ἄλληλα λόγον ἐχέτω δεδομένον, ἐχέτω δὲ τὰ αὐτὰ μεγέθη τὰ Α, Β, Γ πρὸς ἄλλα τινὰ μεγέθη τὰ Δ, Ε, Ζ λόγους δεδομένους, μὴ τοὺς αὐτοὺς δέ· λέγω, ὅτι καὶ τὰ Δ, Ε, Ζ, μεγέθη πρὸς ἄλληλα λόγον ἕξει δεδομένον.

ἐπεὶ γὰρ λόγος ἐστὶ τοῦ Α πρὸς τὸ Β δοθείς, τοῦ δὲ Α πρὸς τὸ Δ λόγος ἐστὶ δοθείς, καὶ τοῦ Δ ἄρα πρὸς τὸ Β λόγος ἐστὶ δοθείς. ἀλλὰ τοῦ Β πρὸς τὸ Ε λόγος ἐστὶ δοθείς· καὶ τοῦ Δ ἄρα πρὸς τὸ Ε λόγος ἐστὶ δοθείς. πάλιν, ἐπεὶ λόγος ἐστὶ τοῦ Β πρὸς τὸ Γ δοθείς, τοῦ δὲ Β πρὸς τὸ Ε λόγος ἐστὶ δοθείς, καὶ τοῦ Ε ἄρα πρὸς τὸ Γ λόγος ἐστὶ δοθείς. τοῦ δὲ Γ πρὸς τὸ Ζ λόγος ἐστὶ δοθείς· καὶ τοῦ Ε ἄρα πρὸς τὸ Ζ λόγος ἐστὶ δοθείς· τὰ Δ, Ε, Ζ ἄρα πρὸς ἄλληλα λόγον ἔχει δεδομένον.

명제 9. 두 개 혹은 여러 크기에 대한 서로의 연속한 비가 주어져 있고, 이들 각각의 크기들이 또 다른 크기와의 비가 주어져 있으면, 또 다른 두 개 혹은 여러 크기에 대한 서로의 연속된 비는 주어진 것이다.

크기 A, B, C에 대해 서로 연속된 비가 하나[62] 주어져 있고, A, B, C와 D, E, Z의 각각의 비가 주어졌다고 하자(이때, 각각의 크기는 서로 같지 않다). 그러면 크기 D, E, Z 사이의 서로 연속된 비 D : E : Z는 주어진 것이라고 말한다.

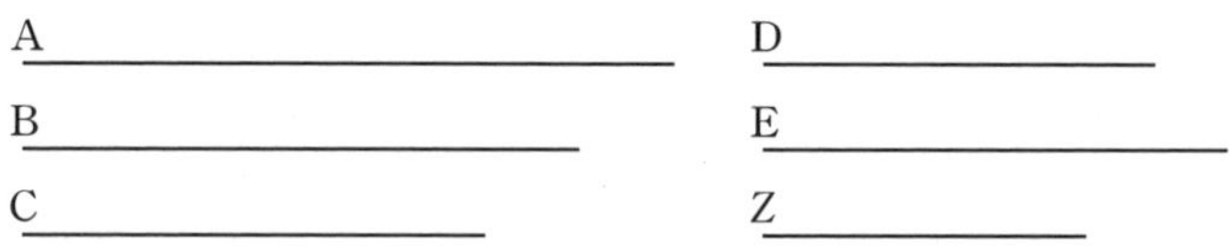


비 A : B는 주어져 있고, 비 A : D도 주어져 있다. 따라서 비 D : B는 주어진 것이다[명제 8]. 또한 비 B : E도 주어져 있는 것이다. 그러므로 비 D : E도 주어진 것이다.

또한, 비 B : C가 주어져 있고 비 B : E도 주어져 있기 때문에, 비 E : C도 주어진 것이다[명제 8]. 비 C : Z가 주어져 있으므로 비 E : Z도 주어진 것이다. 이들로부터 결국은 D, E, Z와의 서로 연속된 비 D : E : Z는 주어진 것이다. ■

**논평 :** gvn. A : B : C :⋯ & gvn. A : D, B : E, C : Z

⇒ gvn. D : E : Z :⋯

명제 8 이후 주어져 있는 비가 세 개 이상의 크기에 대한 것을 다루는 것은 의미가 있는 것이다. 비에 대한 명제 9의 주어짐(givenness)의 추이성(transitivity)은 임의의 개수의 크기(A : B : C : ⋯ : N)에 대해서도 확장될 수 있다. 이러한 임의의 개수로의 확장은 언제든지 가능하다. 만약 크기가 명확하게 드러나 있지 않다고 한다면(예를 들어, A : B : C와 A : B : C :: D : E : Z가 주어져 있으면 D : E : Z는 주어진

62) 본문에서 단수 명사로 사용하고 있다. 하지만 복수 형태로 사용하는 것이 더 적절한 형태로 보인다.

것이라는 것처럼), 명제가 성립하기 위해서는 '크기가 동일하지 않음'을 만족해야 한다. 그런데 명제 9가 사용된 예를 이후의 명제에서는 찾아볼 수 없다. 명제 7(명제 58에 사용되었을 가능성은 있지만)처럼 단지 여기에서만 제시되어 있다. 반면 명제 5, 명제 6, 특히 명제 8은 종종 사용되고 있다.

## 명제 1~명제 9의 연역적 구조

| 《자료론》 | 명제 1 | 명제 2 | 명제 3 | 명제 4 | 명제 5 | 명제 6 | 명제 7 | 명제 8 | 명제 9 |
|---|---|---|---|---|---|---|---|---|---|
| 공리 0* | · | · | · | · | + | + | · | + | · |
| 정의 1 | + | + | + | + | · | · | · | · | · |
| 정의 2 | + | + | · | · | + | + | · | + | · |
| 명제 1 | · | · | · | · | + | + | · | + | · |
| 명제 2 | · | · | · | · | + | + | + | + | · |
| 명제 3 | · | · | · | · | · | + | · | · | · |
| 명제 4 | · | · | · | · | + | · | · | · | · |
| 명제 6 | · | · | · | · | · | · | + | · | · |
| 명제 8 | · | · | · | · | · | · | · | · | + |

| 《원론》 | 명제 1 | 명제 2 | 명제 3 | 명제 4 | 명제 5 | 명제 6 | 명제 7 | 명제 8 | 명제 9 |
|---|---|---|---|---|---|---|---|---|---|
| 공통개념 2 | · | · | + | · | · | · | · | · | · |
| 공통개념 3 | · | · | · | + | · | · | · | · | · |
| V.정의 5 | ? | · | · | · | · | · | · | · | · |
| V.명제 14 | · | + | · | · | · | · | · | · | · |
| V.명제 16 | + | + | · | · | · | · | · | · | · |
| V.명제 18 | · | · | · | · | · | + | · | · | · |
| V.명제 19 | · | · | · | · | + | + | · | · | · |
| V.명제 22 | · | · | · | · | · | · | · | + | · |

위의 연역적 구조는 매우 간단하게 이해할 수 있다. 명제 5를 예를 들어 설명하면, 명제 5는 《자료론》에 제시된 공리 0*, 정의 2, 명제 1, 명제 2, 명제 4를 사용하였고, 《원론》에 제시된 V.명제 19를 사용하였다. 명제 5는 명제 1~명제 9의 어느 명제에도 사용되지 않았으나,

다음에 나오는 명제 10, 명제 11, 명제 23에서는 사용되었고, 그 이후에는 사용되지 않았다.

명제 7은 명제 6의 따름정리의 성격을 지니고 있고, 명제 9는 명제 8의 따름정리의 성격을 지닌다. 명제 1～명제 9는 《원론》 V권에 있는 중요한 정리들과 깊은 관련이 있다.

# 3장 주어져 있는 비만큼 더 큰 크기

## 정의 11

정의 11에 대한 아이디어가 좀더 명확하게 눈에 띄도록 하기 위해서 약간 우회적인 방법으로 정의 11을 표현해보자. 아마도 그리스 원어로 된 표현은 의미보다는 문법에 더 치중했기 때문에, 아래와 같이 표현하는 것은 좋지 않을 수 있다. 문학적으로 그것을 말하자면, 전혀 무의미한 것이다.

> 만약 어떤 크기에서 주어져 있는 어떤 값을 뺀 차와 다른 크기 [N]과의 비가 주어져 있는 비와 동일하다고 하면, 어떤 크기 [M]은 다른 크기 [N]보다 주어져 있는 비만큼 더 크다고 한다.

명제 10 ~ 명제 21에 의하면, 이것은 '크기 M은 크기 G보다 N과 주어져 있는 비를 갖는 크기 L만큼 더 크므로, M에서 G를 뺀 값(즉, L)과 N과의 비(즉, $M-G:N$)는 주어져 있는 비가 된다'로 이해할 수 있다(즉, $M=L+G$이고 주어진 비는 $L:N$과 동일한 것이다). 문장의 생략으로 정의 11(즉, 어떤 크기 [M]은 다른 크기 [N]보다 주어져 있는 비만큼 더 크다)과 같은 표현은 독자로 하여금 다소 큰 혼란을 초래할 수 있는 것으로 보인다. 왜냐하면, 크기 M은 크기 N보다 큰 것이 아니라, 크기 M은 N과 주어져 있는 비를 가지는 크기 L만큼 더 크다는 것을 의미하기 때문이다. 물론 이러한 혼란스러움이 있으나

양과 관련된 명제에서 사용될 때에는 전혀 영향을 미치지 않는다.

한편 이런 특별한 관계를 조사하기 위해서 우리는 V.명제 12와 V.명제 19가 필요하다.

V.명제 12. $\mathrm{P : Q :: R : S \Rightarrow (P+R) : (Q+S) :: P : Q}$

V.명제 19. $\mathrm{P : Q :: R : S \Rightarrow (P-R) : (Q-S) :: P : Q}$

($\mathrm{P > R}$이고 $\mathrm{Q > S}$)

즉, 어떤 비례식에서 전항(antecedent)과 후항(consequent)끼리 각각 더해서(혹은 빼서) 얻은 비는 처음 얻어진 비와 동일하다.[63)]

만약 누군가가 위의 두 명제에 대한 필요조건을 요구한다면, 명제 14와 명제 15를 찾아보길 권한다.

정의 2에 대한 우리의 분석에 따르면, 두 크기 $x$, $y$가 주어져 있는 비를 가진다고 할 때, 반드시 그때에만 비례식 $x : y :: a : b$를 만족하는 두 크기 $a$, $b$가 존재한다는 것이다. 명제 14는 주어져 있는 비 $x : y$에 주어져 있는 두 크기 $c$와 $d$를 전항과 후항에 각각 더해서 산출된 비 $(x+c) : (y+d)$에 대해 고찰한다. V.명제 12로부터 비 $c : d$가 비 $x : y$와 같다면 비 $(x+c) : (y+d)$도 또한 $x : y$와 같다는 결과를 얻을 수 있다. 만약 비 $c : d$가 비 $x : y$와 같지 않다면 어떻게 되겠는가?

먼저 $c : d > x : y$라고 가정해보자(V.정의 7에서 정의되어 있고 V.명제 8과 V.명제 10에서 상세히 설명하고 있다). 그럼, 이 관계가 성립한다면, 부등식에서 $c$의 크기에서 적당한 크기 $g$를 뺀 결과와 $d$와의 비가 비 $x : y$와 같아지도록 할 수 있다. 즉, $(c-g) : d :: x : y$를 만족하는 크기 $g$가 존재한다. $d$가 주어져 있고 그 비도 주어져 있기 때문에 $c-g$도 역시 주어진 것이고(명제 2), 따라서 $g$도 주어진 것이다

63) 기하학적으로, 이러한 사실은 VI.명제 24와 동치이다.

(명제 3). 즉, '크기 $c$는 주어져 있는 크기 $d$보다 크기 $g$만큼 더 큰데, $c$에서 $g$를 뺀 값과 $d$와의 비는 주어져 있는 비와 동일하다'는 상황에 직면하게 된다. 그런데 이 상황은 정확하게 정의 11과 똑같다.

이런 관계가 어떤 수학적 관련성이 있는지 알아보아야 하지만, 이것은 주어져 있는 비 $x:y$를 가지는 관계와 밀접한 관련성을 가지고 있다. 이러한 관련성은 다소 시대착오적†이기는 하지만 다음과 같은 현대적 기호로 시각적 표현이 가능하다. 비례식 $x:y::a:b$는 기울기가 $\frac{b}{a}$이고 원점 $(0, 0)$을 지나는 직선으로 표현될 수 있지만, 비례식 $(x-g):y::a:b$는 기울기가 $\frac{b}{a}$이고 $(g, 0)$을 지나는 직선으로 표현된다. 비록 내가 왜 그런 방정식을 상세히 조사해야 하는지는 모르겠지만,[64] 부정방정식 $bx-ay=0$과 $bx-ay=bg$ 사이의 비교도 동일한 상황이다.

말하자면, 이런 관계는 명제 14와 명제 15를 증명하기 위해 필요한 조건(V.명제 12와 V.명제 19)으로 이용된다. 이것은 주어진 비에 대한 개념의 공통된 성질이다. 예를 들어 명제 10과 명제 11에서 증명된 것처럼, 변형된(54쪽을 보아라) 한 형태이다. 이런 표현으로부터, 이들 사이의 순서 관계(order relation)가 명확히 되고, 명제 13, 명제 16~명제 19는 이러한 사실을 보여준다. V.정의 7‡에서 정의한 것처럼,

---

† [역자] 그리스 시대와는 부합되지 않는다는 의미임.

64) 클리멘스 타에르와 같은 대수학 연구자는 $a$, $b$와 $g$가 주어질 때 공식 $x=\frac{a}{b}y+g$처럼 했을 것이다.

‡ [역자] V.정의 7. 네 개의 양에서 첫 번째($a$)와 세 번째($c$)에 같은 수를 곱하고(곱해진 결과를 각각 $a'$와 $c'$), 두 번째($b$)와 네 번째($d$)에 다른 어떤 수를 곱했을 때(곱해진 결과를 각각 $b'$와 $d'$), 첫 번째의 곱($a'$)이 두 번째의 곱($b'$)보다 더 크고 세 번째의 곱($c'$)이 네 번째의 곱($d'$)보다 작다고 하자. 그러면 첫 번째($a'$)와 두 번째($b'$)의 비가 세 번째($c'$)와 네 번째($d'$)의 비보다 더 크다.

동순비(同順比, ordered ratio)는 《원론》의 산술 부분(VII권 ~ IX권)에서는 생략되어 있어 다루지 않지만, 에우독소스의 새로운 접근법 중의 하나로써 《원론》에 소개되고 있다.[65] 비만큼 더 크다는 것의 기준이 새로운 것이라고 할지라도, 이것의 개념적인 측면은 의심할 여지없이 새로운 것이 아니다. 결국 어떤 크기가 다른 크기보다 주어져 있는 비만큼 더 크다는 것을 다루는 한 방법이 정의 11에 언급되어 있는 것으로 보면 될 것이다.

나는 정의 11을 다음과 같이 R'11로 다루겠다. R'11은 매우 다양하고 폭넓게 사용될 것이고, 이것을 기호와 문장으로 나타내면 다음과 같다.

$$A\,\delta >: B$$

크기 A는 크기 B보다 주어져 있는 비만큼 더 크다.

이것에 대해 좀더 살펴보면, 비 $(A-C):B$가 주어져 있는 비와 동일하도록 하는 크기 C가 주어져 있다는 것을 의미한다. 《자료론》의 명제 10, 명제 11, 명제 13 ~ 명제 21은 매우 독립적인 내용을 담고 있으며, 실제로 이들 명제를 사용하는 정리는 명제 86이 유일하다. 이들 중의 하나가 아폴로니우스의 원으로 일반화되었지만,[66] 나는 어떻게 그런 관계가 발생하는지 모르겠다. 위와 같은 기호적인 표현 방법이 수학적 의미를 내포하고 있지는 않지만, 복잡한 관계를 나타내기에는 매

65) 정의 7은 정의 5에 대한 논리적 부정으로써, 《원론》 V권의 정의 5와 정의 7을 동시에 생각하도록 하는 것으로 보인다.

66) 1996년 7월 30일 ~ 8월 3일 그리스 델포이(Delphi)에서 열린 세미나의 프로시딩에 실린 나의 논문 〈Discovering Apollonius' Circle〉을 보아라. '평면에 주어진 두 점과 길이가 같지 않은 선분을 가진다면, 주어진 점들로부터 떨어진 선분을 가지는 원을 평면에 그릴 수 있다. 원의 원주로부터 구부러진 것은 서로 서로 주어진 비를 가진다([역자] $\overline{PA}:\overline{PB}=m:n\ (m\neq n)$이다.).

우 유용한 방법이라고 할 수 있다. 명제 12는 《자료론》에서 전혀 사용되지 않고 있으며, 정의 11이 차를 다룬다면 정의 12는 합을 다룬다는 점이 다르다. 즉, R'11과 대조적 의미로 정의하였고, $A\delta >: B$이면 $B\delta <: A$임을 쉽게 증명할 수 있기 때문에 이것은 사실 불필요한 정의라고 볼 수 있다. 그리고 $B\delta <: A$을 읽을 때는 '크기 B는 크기 A보다 주어져 있는 비만큼 더 작다'라고 읽는다.

## 명제 10~명제 21에 관한 개관

명제 10, 명제 11, 명제 13 ~ 명제 21(명제 12는 일종의 방해자이다) 중에서 어떤 것은 비의 변형(55쪽을 보아라)과 유사성이 있는 R'11에 관한 다양한 특성을 다루고, 수반되는 용어로써 '전항'과 '후항'이라는 용어를 사용할 것이다. 본 개관에서는 이것이 모두 무엇에 관한 것인지 설명할 것이고, 더불어 이러한 명제들의 일부는 수학적으로 자명하다는 것을 암시할 것이다. 또한 각 명제에 대한 증명 과정을 설명하기 위해 노력할 것이다. 그리스 원문에서는 모든 것이 기하학적 표현으로 나타나 있고, 그것들 중의 일부는 함축된 표현보다는 쉽게 이해하기 위해서 도식(diagrams: 간단히 직선들)적으로 나타내고 있다. 만약 크기가 실수(real number)라고 한다면 양의 실수임을 명심해야 한다. (명제 12에서)기호 ~는 두 크기의 차를 의미한다. 만약 마이너스 기호 −가 허용된다면, 감수가 피감수보다 더 작다는 것을 의미한다.

명제 10.1. 합성(synthenti) 변형(후항을 그대로 둔 상태에서 전항과 후항을 더하기)

$$x\,\delta >: y \Rightarrow (x+y)\,\delta >: y$$

명제 10.2. 분리(dielonti) 변형[†](명제 10.1의 역)

$(x+y)\ \delta >: y \Rightarrow x\ \delta >: y$ 혹은 (gvn. $(x+z)$와 gvn. $y:z$)

명제 11. 쌍조건문적 증명

$$x\ \delta >: y \Leftrightarrow x\ \delta >: (x+y)$$

명제 12. R'11과는 아무런 관계가 없다(다음에 나오는 보조 정리에서 조차도 다루지 않는).

gvn. $(x+y)$와 gvn. $(y+z) \Rightarrow x=z$ 혹은 gvn. $(x \sim z)$

명제 13. 불완전한 관계의 추이율

gvn. $x:y$와 $y\ \delta >: z \Rightarrow x\ \delta >: z$

(비교하기 $x=y$ 이고 $y>z$이면 $x>z$)

명제 14. 전항과 후항에 주어진 크기 더하기

gvn. $x:y$, gvn. $c$, gvn. $d \Rightarrow$ gvn. $(x+c):(y+d)$

혹은 $(x+c)\ \delta >: (y+d)$

[혹은 $(y+d)\ \delta >: (x+c)$][67)]

(비교하기 $x=y \Rightarrow x+c=y+d$ 혹은 $x+c>y+d$

혹은 $x+c<y+d$)

명제 15. 전항과 후항에서 주어진 크기 빼기

---

† [역자] 그것은 $x$가 주어져 있는 크기보다 더 큰 경우에만 작용한다.

67) '그들 중의 하나가 다른 것에 대한 비보다 더 큰 크기가 주어진다'라고 읽는다.

$$\text{gvn.}\, x : y,\ \text{gvn.}\, c,\ \text{gvn.}\, d \Rightarrow \text{gvn.}\, (x-c) : (y-d)$$
$$\text{혹은 } (x-c)\ \delta >: (y-d)$$
$$[\text{혹은 } (y-d)\ \delta >: (x-c)].$$

(비교하기 $x = y \Rightarrow x - c = y - d$ 혹은 $x - c > y - d$
혹은 $x - c < y - d$)

명제 16. 명제 14와 명제 15의 결합

$$\text{gvn.}\, x : y,\ \text{gvn.}\, c,\ \text{gvn.}\, d \Rightarrow \text{gvn.}\, (x+c)\ \delta >: (y-d).$$

(비교하기 $x = y \Rightarrow x + c > y - d$)

명제 17. $x\ \delta >: y$와 $z\ \delta >: y \Rightarrow \text{gvn.}\, x : z$ 혹은 $x\ \delta >: z$
[혹은 $z\ \delta >: x$]

(비교하기 $x > y$와 $z > y \Rightarrow x = z$ 혹은 $x > z$ 혹은 $x < z$)

명제 18. $x\ \delta >: y$와 $x\ \delta >: z \Rightarrow \text{gvn.}\, y : z$ 혹은 $y\ \delta >: z$
[혹은 $z\ \delta >: y$]

(비교하기 $x > y$와 $x > z \Rightarrow y = z$ 혹은 $y > z$ 혹은 $y < z$)

명제 19. 추이율

$x\ \delta >: y$와 $y\ \delta >: z \Rightarrow x\ \delta >: z$

(비교하기 $x > y$와 $y > z \Rightarrow x > z$)

명제 20. 명제 15의 유추

$$\text{gvn.}\, a,\ \text{gvn.}\, b,\ \text{gvn.}\, x : y \Rightarrow \text{gvn.}\, (a-x) : (b-y)$$
$$\text{혹은 } (a-x)\ \delta >: (b-y)$$
$$[\text{혹은 } (b-y)\ \delta >: (a-x)]$$

명제 21. 명제 14에 추가된 유추

$$\text{gvn.}a,\ \text{gvn.}b,\ \text{gvn.}x:y \Rightarrow \text{gvn.}(a+x):(b+y)$$

$$\text{혹은 } (a+x)\delta >: (b+y)$$

$$[\text{혹은 } (b+y)\delta >: (a+x)]$$

**Θε 10.** Ἐὰν μέγεθος μεγέθους δοθέντι μεῖζον ᾖ ἢ ἐν λόγῳ, καὶ τὸ συναμφότερον τοῦ αὐτοῦ δοθέντι μεῖζον ἔσται ἢ ἐν λόγῳ· καὶ ἐὰν τὸ συναμφότερον τοῦ αὐτοῦ δοθέντι μεῖζον ᾖ ἢ ἐν λόγῳ, καὶ τὸ λοιπὸν τοῦ αὐτοῦ ἤτοι δοθέντι μεῖζόν ἐστιν ἢ ἐν λόγῳ, ἢ τὸ λοιπὸν μετὰ τοῦ ἐξῆς, πρὸς ὃ τὸ ἕτερον λόγον ἔχει δεδομένον, δοθέν ἐστιν.

μέγεθος γὰρ τὸ ΑΒ μεγέθους τοῦ ΒΓ δοθέντι μεῖζον ἔστω ἢ ἐν λόγῳ· λέγω, ὅτι καὶ τὸ συναμφότερον τὸ ΑΓ τοῦ αὐτοῦ τοῦ ΓΒ δοθέντι μεῖζόν ἐστιν ἢ ἐν λόγῳ.

ἐπεὶ γὰρ τὸ ΑΒ τοῦ ΒΓ δοθέντι μεῖζόν ἐστιν ἢ ἐν λόγῳ, ἀφῃρήσθω τὸ δοθὲν μέγεθος τὸ ΑΔ· λοιποῦ ἄρα τοῦ ΔΒ πρὸς τὸ ΒΓ λόγος ἐστὶ δοθείς· καὶ συνθέντι τοῦ ΔΓ πρὸς τὸ ΒΓ λόγος ἐστὶ δοθείς. καί ἐστι δοθὲν τὸ ΑΔ· τὸ ΓΑ ἄρα τοῦ ΓΒ δοθέντι μεῖζόν ἐστιν ἢ ἐν λόγῳ.

πάλιν δὴ τὸ ΑΓ τοῦ ΓΒ δοθέντι μεῖζον ἔστω ἢ ἐν λόγῳ· λέγω, ὅτι τὸ λοιπὸν τὸ ΑΒ τοῦ αὐτοῦ τοῦ ΒΓ ἤτοι δοθέντι μεῖζον ἔσται ἢ ἐν λόγῳ, ἢ τὸ ΑΒ μετὰ τοῦ ἐξῆς, πρὸς ὃ τὸ ΒΓ λόγον ἔχει δοθέντα, δοθέν ἐστιν.

ἐπεὶ γὰρ τὸ ΑΓ τοῦ ΓΒ δοθέντι μεῖζόν ἐστιν ἢ ἐν λόγῳ, ἀφῃρήσθω τὸ δοθὲν μέγεθος. τὸ δὴ δοθὲν ἤτοι ἔλασσόν ἐστι τοῦ ΑΒ ἢ μεῖζον. ἔστω πρότερον ἔλασσον, καὶ ἔστω τὸ ΑΔ· λοιποῦ ἄρα τοῦ ΔΓ πρὸς ΓΒ λόγος ἐστὶ δοθείς· διελόντι ἄρα τοῦ ΔΒ πρὸς ΒΓ λόγος ἐστὶ δοθείς. καί ἐστι δοθὲν τὸ ΑΔ· τὸ ΑΒ ἄρα τοῦ ΒΓ δοθέντι μεῖζόν ἐστιν ἢ ἐν λόγῳ.

ἀλλὰ δὴ τὸ δοθὲν μεῖζον ἔστω τοῦ ΑΒ, καὶ κείσθω αὐτῷ ἴσον τὸ ΑΕ· λόγος ἄρα λοιποῦ τοῦ ΕΓ πρὸς τὸ ΓΒ ἐστι δοθείς· ὥστε καὶ ἀνάπαλιν τοῦ ΒΓ πρὸς τὸ ΕΓ λόγος ἐστὶ δοθείς· καὶ ἀναστρέψαντι ὁ τοῦ ΒΓ πρὸς ΒΕ λόγος ἐστὶ δοθείς. καί ἐστι τὸ ΕΒ μετὰ τοῦ ΒΑ δοθέν· ὅλον γὰρ τὸ ΑΕ δοθέν ἐστιν· τὸ ΒΑ ἄρα μετὰ τοῦ ἐξῆς, πρὸς ὃ τὸ ΒΓ λόγον ἔχει δοθέντα, δοθέν ἐστιν.

---

명제 10. 만약 크기 [M]이 크기 [N]보다 (주어진) 비만큼 더 크게 주어져 있다면,[68] 그 크기의 합 [M+N]은 크기 [N]보다 (주어진) 비만큼 더 크게 주어진 것이다. 그리고 만약 그 크기의 합 [M+N]이 크기 [N]보다 (주어진) 비만큼 더 크게 주어져 있다면, 크기 [M] 혹은 크기 [N]과 인접한 나머지는 크기 [N]보다 (주어진) 비만큼 더 크게 주어진 것이다.

크기 AB는 크기 BC보다 (주어진) 비만큼 더 크게 주어져 있다고 하자. 그러면 그 합의 크기 AC는 크기 CB보다 주어진 비만큼 더 큰 것으로 존재한다고 말한다.

[1] 크기 AB(M)는 크기 BC(N)보다 주어진 비만큼 더 크게 주어져 있기 때문에, 주어져 있는 크기($g$)와 (동일한) 크기 AD($g$)를 빼자. 그러면 크기 DB(L)와 크기 BC와의 비(DB : BC)는 주어져 있는 비(δ)가 된다[정의 11]. 그리고 합성에 의한 비[즉, (DB + BC) : BC] DC : BC는 주어진 것이다[명제 6]. 그리고 크기 AD는 주어진 것이다. 그러므로 크기 CA는 크기 CB보다 주어진 비만큼 더 크게 주어진 것이다.

[2] 다시 크기 AC(M + N)는 크기 CB(N)보다 주어진 비만큼 더 크게 주어져 있다고 하자. 크기 AB(M)은 크기 BC보다 주어진 비만큼 더 크게 주어질 것이다. 또는 크기 AB 혹은 CB에 인접한 나머지는 크기 CB보다 주어진 비만큼 더 크게 주어질 것이다.
따라서 크기 AC는 크기 CB에 대한 주어진 비보다 더 큰 것이 주어지기 때문에, 주어져 있는 크기를 빼도록 하자. 그러면 주어져 있는 AB보다 더 작든지 혹은 더 크다.

[2.a] 우선 작다고 하자. 주어져 있는 크기 AD($g$)가 AB보다 작은 경우를 생각해보자. 그러면 나머지 크기 DC(L)와 CB(N)에 대한 비는 주어진 것이다[정의 11]. 분리에 대한 비[즉, (DC − CB) : BC]

---

68) 조건절에 변수의 명칭을 제공하는 것은 매우 비그리스적(un-Greek)이다. 그러나 그럼에도 불구하고 이해를 돕기 위해 사용하였다. 설명을 효과적으로 하는 방향으로 번역하였다.

DB : BC는 주어진 것이다. 그리고 크기 AD는 주어져 있기 때문에, 크기 AB는 크기 CB보다 주어진 비만큼 더 크게 주어진 것이다.

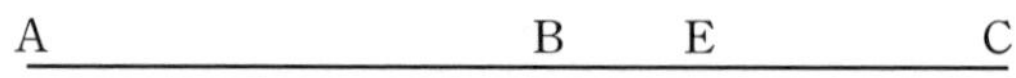


[2.b] 그러나 주어진 크기($h$)가 AB(M)보다 크다고 하자. 즉 주어진 크기($h$)를 AE라고 하자. 그러면 나머지 EC와 CB의 비는 주어진 것이다(정의 11). 그래서 전치에 대한 비 BC : EC는 주어진 것이다. 그리고 전환에 대한 비[즉, BC : (BC − EC)] BC : BE도 주어진 것이다(명제 5). 그리고 크기 AE는 주어져 있기 때문에, 크기 EB와 크기 BA를 더한 것은 주어진 것이다. 그러므로 크기 [BE]에 인접한 것, 즉 크기 BA는 크기 BC보다 주어진 비만큼 더 크게 주어진 것이다. ■

**논평 :**

앞 부분, 명제 10.1은 R'11에 대한 합성 변형을 증명한다. 만약 그것이 영향을 미친다면, 뒷 부분은 두 유형으로 나누어 분리 변형을 증명한 것이다.

{ } 안에 있는 비는 단지 관용구 '주어진 것이다(is given)'로써 표현되고, 그리스 원문과는 관련이 없음을 주의해야 한다. 그것은 숨은 동료(latent co-actor)(22쪽을 보아라)에 관한 유클리드의 관점인지 혹은 아닌지는 의문으로 남아 있다. 어쨌든, 비가 생성되는 것임에 틀림이 없다. 혼잡해 보이고 부적절해 보이는 변수와 연산들이 그리스적 사고에서는 억압되어 사용되지 않았지만, 아래에서는 좀더 읽기 쉬운 표기법을 만들기 위해 크기에 새로운 이름을 붙였고, 증명

과정을 요약하였다. 그리스 원문에 충실하면서 알파벳 순서는 내 임의대로 표현했다.

**10.1)** $x\ \delta >: y \Rightarrow (x+y)\ \delta >: y$

용어색인 : AB $= x$, BC $= y$, AC $= x+y$, AD $= g$, DB $= x-g$

앞 부분은 정의 11과 합성 변형(명제 6)만을 간단하게 사용하고 있다.

| | | |
|---|---|---|
| $x\ \delta >: y$ | | AB $\delta >:$ BC |
| $g$는 주어진 것이다(정의 11). | | gvn. AD |
| gvn. $(x-g) : y$ | $\{:: a : b\}$ | gvn. DB : BC |
| gvn. $(y+x-g) : y$(명제 6) | $\{:: (a+b) : b\}$ | gvn. DC : BC (합성) |
| $(x+y)\ \delta >: y$(정의 11) | | CA $\delta >:$ CB |

합성(gvn. P : Q $\Rightarrow$ gvn. (P + Q) : Q)에 대한 명제 6은 증명에서 효과적인 요소로 사용된다. 위에서 언급한 것처럼, 중괄호 $\{a$, $b$ 그리고 $a : b\}$ 속에 있는 크기와 비가 원문에서는 존재하지 않지만, 주어진 비가 존재한다는 진술이 잠재되어 있다. ([주의] 최종적으로 주어진 비 $\{(a+b) : b\}$의 값을 말하지는 않는다. 단지 그것의 비가 주어진 것이다.) 《자료론》에서는 수학적 의미에 대해서 말하는 것이지, 수학적 양(quantity)에 대해 다룬 것은 아니다. 앞에서 언급된 대수적 기호에 대한 해석은 아무런 수학적 의미가 담겨 있지 않다. 하지만 현대의 독자들로 하여금 논리를 이해하는데 도움이 되도록 하기 위해서, 이와 같은 기호적 표현을 사용한 번역이 가장 최선의 선택이라고 생각한다.

**10.2)** $(x+y)\ \delta >: y \Rightarrow x\ \delta >: y$

두 크기 AC(M + N)와 BC(N)가 주어져 있는 것으로 간주하는 뒷부분(10.1)은 앞 부분(10.2)의 역이다. 크기 AC는 여전히 두 크기의 합, 크기 BC는 나머지라고 부른다. 그러나 그 당시 유클리드는 음수 개념에 대한 이해의 부족으로 어려움에 직면했다. 그래서 증명할 때 두 가지 경우로 나누고 있다.

**10.2.a)** 첫 번째는 주어져 있는 크기 AD$(g)$가 크기 AB$(x)$보다 작은 경우이다. 그 증명에서는 정의 11과 《자료론》에서 증명되지 않은 분리 변형(gvn. P : Q ⇒ gvn. (P − Q) : Q)을 적용한 앞부분(명제 10.1)에 제시된 그림을 그대로 사용하고 있다.[69]

| | | |
|---|---|---|
| $(x+y)\ \delta >: y$ | | AC δ >: CB |
| $g$가 주어진 것이다(정의 11). | | gvn. AD |
| gvn. $(x+y-\mathrm{g}) : y$ | $\{:: a : b\}$ | gvn. DC : CB |
| $g < x$라고 가정하자. | | AD < AB |
| 분리 변형 gvn. $(x-g) : y$ | $\{:: (a-b) : b\}$ | gvn. DB : BC |
| $x\ \delta >: y$(정의 11) | | AB δ >: BC |

**10.2.b)** 용어색인 : AB $= x$, BC $= y$, AC $= x+y$, AE $= h$, BE $= h-x$

두 번째는 주어져 있는 크기 AE$(h)$가 크기 AB$(x)$보다 큰 경우이다. 그래서 $x+y-h < y$와 분리 연산을 적용하지 않는다. 유클리드는 비 $(h-x) : y$가 주어진 것이고, (명제 5가 적용되는) $x+(h-x)$가 주어진 것임을 증명하고 있다. 우리의 표기법에 의해서 우리에게 만큼이나 다이어그램 속의 유클리드에게도 후자의 것이 더 명백한 것이다. 왜냐하면 그것은 주어져 있는 선분 AE$(h)$와 똑같기 때문이다.

---

69) 멘지는 그의 번역판에서 전환 연산[gvn. P : Q는 gvn. P : (P − Q)를 이끌다]을 명제 5에 잘못 적용했다.

| $(x+y)\ \delta >: y$ | | AC $\delta$ >: CB |
|---|---|---|
| $h$가 주어진 것이다(정의 11). | | gvn. AE |
| gvn. $(x+y-h) : y$ | $\{:: a : b\}$ | gvn. EC : CB |
| $h > x$라고 가정하자. | | AE > AB |
| 교대 변형 gvn. $y : (x+y-h)$ | $\{:: b : a\}$ | gvn. BC : EC |
| gvn. $y : (h-x)$ (명제 5) | $\{:: b : (b-a)\}$ | gvn. BC : BE |
| $h-x=z$는 인접한 것(adjacent)임 | | BE는 인접한 것임 |
| $z+x=h$이므로 $z+x$는 주어진다. | | EB+BA=gvn. AE |

명제 5에서 전환(anastophe) 변형을 적용한 증명은 그리스의 관용적 표현은 포기하고, 크기 AB$(x)$와 나머지 BE$(h-x)$(사실 그것은 조건절로부터 주어져 있는 크기 $h$가 존재한다)를 더하여 크기 AE가 주어진 것으로 간주했다. 그리스 원문에서 그것은 '인접한 것' 혹은 '이웃'(즉, $x=$AB)을 의미한다. 이것은 처음에는 흥미 있어 보이는 용어[70]이다. 그러나 그림(drawing)으로 만들었을 때 크기 BE는 분명하게 이웃한다. 따라서 증명에서 도형(그림)은 논의의 필수적인 부분이다. 크기 AB는 크기 BC보다 주어진 비만큼 더 큰 음수의 크기로 존재하지 않는다. 이로인해, 우리는 명제의 뒷부분(명제 10.2)은 아래와 같이 두 유형으로 재진술할 수 있다.

명제 10*. 만약 크기의 합 (AC)가 크기 (BC)보다 더 크게 주어져 있다면, 나머지 (AB)는 크기 (BC)보다 주어진 비만큼 더 크게 주어진 것이다. 혹은 나머지 (AB)는 크기 (BC)보다 주어진 비만큼 더 작게 주어진 것이다.

---

70) 맥도웰/소콜릭은 번역하는 것을 포기하고 'that'이라고 썼다.

**Θε 11.** Ἐὰν μέγεθος μεγέθους δοθέντι μεῖζον ᾖ ἢ ἐν λόγῳ, τὸ αὐτὸ καὶ συναμφοτέρου δοθέντι μεῖζον ἔσται ἢ ἐν λόγῳ, καὶ ἐὰν τὸ αὐτὸ συναμφοτέρου δοθέντι μεῖζον ᾖ ἢ ἐν λόγῳ, τὸ αὐτὸ καὶ τοῦ λοιποῦ δοθέντι μεῖζον ἔσται ἢ ἐν λόγῳ.

μέγεθος γὰρ τὸ ΑΒ τοῦ ΒΓ δοθέντι μεῖζον ἔστω ἢ ἐν λόγῳ· λέγω, ὅτι καὶ τοῦ ΑΓ δοθέντι μεῖζόν ἐστιν ἢ ἐν λόγῳ.

ἐπεὶ γὰρ τὸ ΑΒ τοῦ ΒΓ δοθέντι μεῖζόν ἐστιν ἢ ἐν λόγῳ, ἀφῃρήσθω τὸ δοθὲν μέγεθος τὸ ΑΔ· λοιποῦ ἄρα τοῦ ΔΒ πρὸς τὸ ΒΓ λόγος ἐστὶ δοθείς. ἀνάπαλιν καὶ συνθέντι λόγος ἐστὶ τοῦ ΓΔ πρὸς τὸ ΔΒ δοθείς· ὁ αὐτὸς αὐτῷ γεγονέτω ὁ τοῦ ΑΔ πρὸς τὸ ΔΕ· λόγος ἄρα καὶ τοῦ ΑΔ πρὸς τὸ ΔΕ δοθείς· δοθὲν δὲ τὸ ΑΔ· δοθὲν ἄρα καὶ τὸ ΔΕ· ὥστε καὶ λοιπὸν τὸ ΕΑ δοθέν ἐστιν. ἔστι δὲ καὶ ὅλου τοῦ ΑΓ πρὸς ὅλον τὸ ΕΒ λόγος δοθείς· ὥστε καὶ τοῦ ΕΒ πρὸς ΑΓ λόγος ἐστὶ οθείς. καί ἐστι δοθὲν τὸ ΑΕ· τὸ ΒΑ ἄρα τοῦ ΑΓ δοθέντι μεῖζόν ἐστιν ἢ ἐν λόγῳ.

ἀλλὰ δὴ τὸ ΒΑ συναμφοτέρου τοῦ ΑΓ δοθέντι μεῖζον ἔστω ἢ ἐν λόγῳ· λέγω, ὅτι τὸ αὐτὸ τὸ ΑΒ καὶ τοῦ λοιποῦ τοῦ ΒΓ δοθέντι μεῖζον ἔσται ἢ ἐν λόγῳ.

ἐπεὶ γὰρ τὸ ΑΒ τοῦ ΑΓ δοθέντι μεῖζόν ἐστιν ἢ ἐν λόγῳ, ἀφῃρήσθω τὸ δοθὲν μέγεθος τὸ ΑΕ· λοιποῦ ἄρα τοῦ ΕΒ πρὸς τὸ ΑΓ λόγος ἐστὶ δοθείς· ὥστε καὶ τοῦ ΑΓ πρὸς τὸ ΕΒ λόγος ἐστὶ δοθείς· ὁ αὐτὸς αὐτῷ γεγονέτω ὁ τοῦ ΑΔ πρὸς ΕΔ· καὶ τοῦ ΔΑ ἄρα πρὸς ΕΔ λόγος ἐστὶ δοθείς· καὶ ἀναστρέψαντι τοῦ ΔΑ πρὸς ΑΕ λόγος δοθείς· καὶ ἀνάπαλιν τοῦ ΕΑ πρὸς τὸ ΑΔ λόγος ἐστὶ δοθείς. καὶ δοθὲν τὸ ΑΕ· δοθὲν ἄρα καὶ ὅλον τὸ ΑΔ. καὶ ἐπεὶ ὅλου τοῦ ΑΓ πρὸς ὅλον τὸ ΕΒ λόγος ἐστὶ δοθείς, ὧν τοῦ ΑΔ πρὸς τὸ ΔΕ λόγος ἐστὶ δοθείς, ἔσται καὶ λοιποῦ τοῦ ΓΔ πρὸς λοιπὸν τὸ ΔΒ λόγος δοθείς· καὶ διελόντι τοῦ ΓΒ πρὸς τὸ ΔΒ λόγος ἐστὶ δοθείς· ὥστε καὶ τοῦ ΔΒ πρὸς τὸ ΒΓ λόγος ἐστὶ δοθείς. καί ἐστι δοθὲν τὸ ΔΑ· τὸ ΑΒ ἄρα τοῦ ΒΓ δοθέντι μεῖζόν ἐστιν ἢ ἐν λόγῳ.

명제 11. 만약 어떤 크기($x$)가 다른 크기($y$)보다 주어진 비만큼 더 크게 주어져 있다면, 어떤 크기($x$)는 두 크기의 합($x+y$)보다 주어진 비만큼 더 크게 주어진 것이다. 그리고 만약 어떤 크기($x$)가 두 크기의 합($x+y$)보다 주어진 비만큼 더 크게 주어져 있다면, 어떤 크기는 다른 크기보다 주어진 비만큼 더 크게 주어진 것이다.

[1] 크기 AB가 크기 BC보다 주어진 비만큼 더 큰 크기로 주어져 있다고 하자. 그러면, 크기 AB는 크기 AC보다 주어진 비만큼 더 크게 주어진 것이라고 말한다.

크기 AB가 크기 BC보다 주어진 비만큼 더 크게 주어져 있기 때문에, 주어져 있는 크기 AD를 빼도록 하자. 그러면 나머지 DB와 크기 BC의 비는 주어진 것이다[정의 11]. 전치(anapalin)와 합성(synthenti) 변형을 적용하면 비 CD : DB[즉, (CB + BD) : DB]는 주어진 것이다[명제 6].

비 AD : DE는 비 CD : DB와 같다.[71] 그러므로 비 AD : DE는 주어진 것이다[정의 2*]. 그리고 크기 AD는 주어져 있으므로, 크기 DE는 주어진 것이다[명제 2]. 따라서 나머지 EA는 주어진 것이다(명제 4).

그리고 크기 AC[즉, AD + DC]와 크기 EB[즉, ED + DB]의 비는 주어진 것이다. 그래서 비 EB : AC은 주어진 것이다[V.명제 12, 정의 2*]. 그리고 크기 AE는 주어져 있으므로, 크기 BA는 크기 AC보다 주어진 비만큼 더 크게 주어진 것이다[정의 11].

[2] 그러나 크기 BA가 크기 AC보다 주어진 비만큼 더 크게 주어져 있다고 하자. 그러면, 동일한 크기 AB는 나머지 BC보다 주어진 비만큼 더 크게 주어진 것이라고 말한다.

크기 AB는 크기 AC보다 주어진 비만큼 더 크게 주어져 있기 때문에, 주어져 있는 크기 AE를 빼도록 하자. 그러면 나머지 EB와 크기 AC의 비는 주어진 것이다[정의 11]. 그래서 비 AC : EB는 주어진 것이다.

비 AD : ED도 앞과 동일한 방법을 적용하자. 그러면 비 DA : ED는 주어진 것이다. 그리고 전환에 대한 비 DA : AE는 주어진 것이다[명제 5]. 전치에 대한 비 EA : AD는 주어진 것이다. 그리고 크기 AE

---

71) 그리스어를 영어로 옮기는 과정에서 약간의 불확실성은 있다.

는 주어진 것이므로, 크기 AD는 주어진 것이다[명제 2].

그리고 크기 AC와 크기 EB의 비가 주어진 것이기 때문에 비 AD : DE는 주어진 것이다. 그러므로 크기 DC와 크기 DB의 비는 주어진 것이다[V. 명제 19, 정의 2]. 그리고 분리에 대한 비 CB : DB [즉, (DC − DB) : DB]는 주어진 것이므로, 비 DB : BC는 주어진 것이고, 크기 DA도 주어진 것이다. 따라서 크기 AB는 크기 BC보다 주어진 비만큼 더 크게 주어진 것이다. ■

**논평 :**

명제 11은 명제 10 ~ 명제 21 중에서 가장 의미 있는 것이다. 또 한편으로는 V. 명제 12와 V. 명제 19를 상기시키는데 도움이 된다(76쪽을 보아라). 이 두 명제는 명제 11 이후의 명제들에서 중요한 역할을 한다. 명제 11의 앞 부분은 $x\,\delta >: y \Leftrightarrow x\,\delta >: (x+y)$와 동치이고, 간단히 증명된다.

용어색인 : $\mathrm{AB}=x$, $\mathrm{BC}=y$, $\mathrm{AD}=g$, $\mathrm{AE}=h$,
$\mathrm{ED}=g-h=w$, $\mathrm{BD}=x-g$, $\mathrm{BE}=x-h$.

**11.1** $x\,\delta >: y \Rightarrow x\,\delta >: (x+y)$

발견술(Heuristics) :

| | |
|---|---|
| $x\,\delta >: y$ | 비 $(x-g):y$가 주어진 비 $\{a:b\}$를 만족하는 주어진 크기 $g$가 존재한다는 것을 의미한다. |
| $x\,\delta >: (x+y)$ | 비 $(x-h):(x+y)$가 주어진 비 $\{c:d\}$가 되도록 하는 주어진 크기 $h$가 존재한다는 것을 의미한다. |

따라서 문제는 주어져 있는 크기 $g$로부터 크기 $h$를 구하는 것이다.

그리고 적절한 변형과 기본적인 정리에 의하여, 숨은 동료인 주어져 있는 비 $\{a:b\}$로부터 숨은 동료인 주어져 있는 비 $\{c:d\}$를 구하는 것이다. 두 크기의 합으로 이루어진 후항 $x+y$를 얻기 위해 비를 거꾸로 하는, 즉 전치(anapalin)를 이용하여 비 $y:(x-g)$을 할 수 있고, $(x-g)$에 $y$를 더하는 합성(synthenti) 연산을 이용한다. 그러면 그것을 다시 되돌릴 수 있고 나중에 $g$를 소거하면 된다. 이러한 정리를 다루는데 능숙한 그리스 수학자들에게는 이것은 아마도 쉬운 작업이었을 것이다. 그러나 아마 이 책의 독자들이 이해하기 위해서는 몇 번이나 더 고민하고 노력해야 한다고 확신한다. 여기서 유클리드가 했던 것은 다음과 같다.

(또 한편 괄호 안에 숨은 동료 $\{a:b\}$를 인정해야 한다. 현대의 독자를 위해서 그것들이 무엇인지 간략하게 설명할 것이다. 그러나 이러한 숨은 동료는 결코 유클리드 원전에는 없었다는 것을 잊어서는 안된다.)

| | | | |
|---|---|---|---|
| $x$ δ >: $y$ | | AB δ >: BC | [1] |
| $g$가 주어진 것이다[정의 11] | | gvn. AD | [2] |
| gvn. $(x-g):y$ | $\{::a:b\}$ | gvn. DB : BC | [3] |
| 전치와 합성[명제 6] | | | |
| gvn. $(y+x-g):(x-g)$ | $\{::(b+a):a\}$ | gvn. CD : DB | [4] |
| $w$를 얻는다(비례식에서 네 번째 항) | | DE | [5] |
| 그래서 $g:w::(y+x-g):(x-g)$ | | AD : DE :: CD : DB | [6] |
| gvn. $g:w$ gvn. $w$ [정의 2*, 명제 2] | | gvn. AD : DE, gvn. DE | [7] |
| gvn. $(g-w)$ =gvn. $h$ [명제 4, 명명하기] | | gvn. EA | [8] |
| [$(x+y):(x-h)::g:w$ [5, V.12] | | AC : EB :: AD : DE] | [9] |
| gvn. $(x+y):(x-h)$ [정의 2*] | $\{::(b+a):a\}$ | gvn. AC : EB | [10] |

| | | | |
|---|---|---|---|
| 전치 gvn. $(x-h):(x+y)$ | $\{::a:(b+a)\}$ | gvn. EB : AC | [11] |
| gvn. $h$이므로 $x\,\delta >:(x+y)$ [정의 11] | | BA $\delta >$: AC | [12] |

설명 : [1]~[3]은 가정을 확장하기 위해서 정의 11을 이용한다. [4]는 전치 변형과 명제 6(합성 변형, 후항을 전항에 더하기)을 이용한다. 전항에서 크기 $g$를 소거함으로써 우리는 주어진 비 $g:w$를 얻을 수 있다(즉, 네 번째 항과 비례하는 $w$를 구한다). 그래서 크기 $w$는 주어진 것이고 크기 $g$보다는 작다. 따라서 비 $(x+y):(x-g+w)$, 즉 $(x+y):(x-h)$를 산출하기 위해서는 V.명제 12가 암묵적으로 이용된다. 마지막으로 다시 전치 변형과 정의 11로부터 결론은 명확해진다.

> 이것을 다른 관점, 즉 대수적으로 표현한 클리멘스 타에르의 결과와 비교할 수 있다. '만약 $x=\kappa y+c$, $z=y+x$ 라면, $x=\frac{z\kappa}{(\kappa+1)}+\frac{c}{(\kappa+1)}$이 된다.' 여기서 $\kappa$는 주어진 비 $a:b$를 의미한다.

**11.2** $x\,\delta >:(x+y) \Rightarrow x\,\delta >: y$

명제 11.2는 명제 11.1의 역(逆)이다. 따라서 그 증명은 명제 11.1의 역순으로 증명될 수 있다. 어쨌든, [6]부터는 유클리드가 약간 엉성하게 이해하고 있는 것처럼 보인다.

| | | | |
|---|---|---|---|
| $x\,\delta >:(x+y)$ | | BA $\delta >$: AC | [1] |
| $h$가 주어진 것이다[정의 11]. | | gvn. AE | [2] |
| gvn. $(x-h):(x+y)$ | $\{::a:b\}$ | gvn. EB : AC | [3] |
| 전치 gvn. $(x+y):(x-h)$ | $\{::b:a\}$ | gvn. AC : EB | [4] |
| [$w$, $g=h+w$를 얻는다. | | DE와 AD] | [5] |
| $g:w::(x+y):(x-h)$ | $\{::b:a\}$ | AD : ED :: AC : EB | [6] |
| gvn. $g:w$ [정의 2*] | $\{::b:a\}$ | gvn. DA : ED | [7] |

비는 주어진 것이다. 그러나 크기 AD와 크기 DE는 주어진 것일까? 이것을 유클리드는 전환(anastrepsanti) 변형이 적용된 명제 5를 이용하여 증명하였다. 그래서 그는 엉성하게 이해하고 있는 것이 아니다. 대수적으로 그는 '방정식' $g-w=h$(주어진 크기)와 $g:w::a:b$(주어진 비)로부터 크기 $g$와 크기 $w$를 구하는 것이다. 주어져 있는 크기 AE로부터 크기 DE(AD)가 어떻게 작도되는지, 즉 AH=AC와 HK=BE가 됨을 그림 11.1은 보여주고 있다.

| | | | |
|---|---|---|---|
| gvn.$g:(g-w)$, 즉 gvn.$g:h$ [명제 5] | $\{::b:(b-a)\}$ | gvn. DA : AE | [8] |
| 전치 gvn.$h:g$ | $\{::(b-a):b\}$ | gvn. EA : AD | [9] |
| [글자 그대로 명제 2를 이용하기 위해서 바꾼다] | | | |
| gvn.$g$ [명제 2] | | gvn. AD | [10] |
| [[6], V. 명제 19를 이용하면 $(x+y-g):(x-g)::g:w$이다. 왜냐하면 $x-h-w=x-(h+w)=x-g$] | | CD : DB :: AD : DE | [11] |
| gvn.$(x+y-g):(x-g)$ [정의 2*] | $\{::b:a\}$ | gvn. DC : DB | [12] |
| 분리 gvn.$y:(x-g)$ | $\{::(b-a):a\}$ | gvn. CB : DB | [13] |
| 전치 gvn.$(x-g):y$ | $\{::a:(b-a)\}$ | gvn. DB : BC | [14] |
| $x\,\delta >: y$ [정의 11] | | AB δ >: BC | [15] |

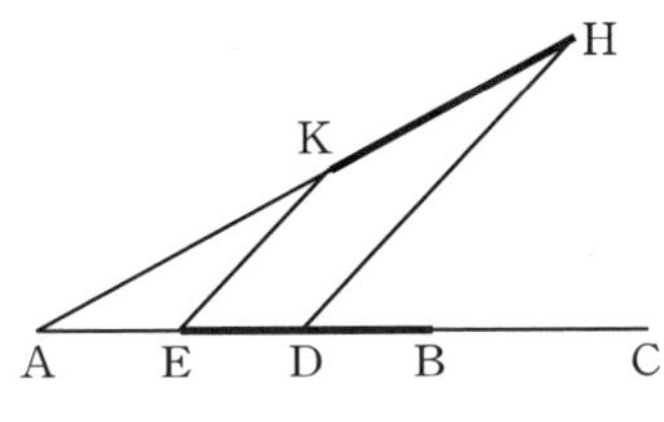

그림 11.1

클리멘스 타에르(Thaer 1962, 66)에 따르면, 수학적 가치를 가지고 있는 11.2 부분은 나중에 첨가된 것이라고 주장하고 있다. 왜냐하면 11.2 부분은 아라비아어 원문에는 없고 단계 11이 누락되어야 하기 때문이다. 그리스 기하학에서는 V.명제 19가 너무 자명해서 11단계는 즉각적으로 이해할 수 있는 부분이었다. 이 증명과정에서 가장 의미있는 '수학적 가치'는 [5], [6]에 있는 작도의 수행이라고 생각된다(그림 11.1 참조).

**Θε 12.** ᾿Εὰν ᾖ τρία μεγέθη καὶ τὸ μὲν πρῶτον μετὰ τοῦ δευτέρου ᾖ δοθέν, ᾖ δὲ καὶ τὸ δεύτερον μετὰ τοῦ τρίτου δοθέν, τὸ πρῶτον τῷ τρίτῳ ἤτοι ἴσον ἐστίν, ἢ τὸ ἕτερον τοῦ ἑτέρου δοθέντι μεῖζόν ἐστιν.

ἔστω τρία μεγέθη τὰ ΑΒ, ΒΓ, ΓΔ, καὶ τὸ μὲν ΑΒ μετὰ τοῦ ΒΓ δοθὲν ἔστω τὸ ΑΓ, τὸ δὲ ΒΓ μετὰ τοῦ ΓΔ δοθὲν ἔστω τὸ ΒΔ· λέγω, ὅτι τὸ ΑΒ τῷ ΓΔ ἤτοι ἴσον ἐστίν, ἢ τὸ ἕτερον τοῦ ἑτέρου δοθέντι μεῖζόν ἐστιν.

ἐπεὶ γὰρ δοθέν ἐστιν ἑκάτερον τῶν ΑΓ, ΒΔ, τὰ δὴ δοθέντα ἤτοι ἴσα ἐστὶν ἢ ἄνισα. ἔστω πρότερον ἴσα· ἴσον ἄρα ἐστὶ τὸ ΑΓ τῷ ΒΔ. κοινὸν ἀφῃρήσθω τὸ ΒΓ· λοιπὸν ἄρα τὸ ΑΒ λοιπῷ τῷ ΓΔ ἴσον ἐστίν.

μὴ ἔστω δὴ ἴσα, ἀλλ' ἔστω μεῖζον τὸ ΑΓ τοῦ ΒΔ, καὶ κείσθω τῷ ΒΔ ἴσον τὸ ΓΕ· δοθὲν δὲ τὸ ΒΔ· δοθὲν ἄρα καὶ τὸ ΓΕ. ἔστι δὲ καὶ ὅλον τὸ ΑΓ δοθέν· καὶ λοιπὸν τὸ ΑΕ δοθέν ἐστιν. καὶ ἐπεὶ ἴσον ἐστὶ τὸ ΕΓ τῷ ΒΔ, κοινὸν ἀφῃρήσθω τὸ ΒΓ· λοιπὸν ἄρα τὸ ΒΕ λοιπῷ τῷ ΓΔ ἴσον ἐστίν. καί ἐστι δοθὲν τὸ ΑΕ· τὸ ΑΒ ἄρα τοῦ ΓΔ δοθέντι μεῖζόν ἐστιν.

명제 12. 만약 세 개의 크기가 있는데, 첫 번째 크기 [P]와 두 번째 크기 [Q]의 합 [P+Q]이 주어져 있고 두 번째 크기 [Q]와 세 번째 크기 [R]의 합 [Q+R]이 주어져 있다면, 첫 번째는 세 번째와 크기가 같던지 혹은 첫 번째는 세 번째보다 크기가 얼마만큼 더 큰지가 주어진 것이다.

세 크기를 AB, BC, CD라고 하자. 그리고 두 크기의 합 AB+BC는 주어져 있는 크기 AC가 되고, 두 크기의 합 BC+CD는 주어져 있는 크기 BD가 된다고 하자. 그러면 크기 AB는 크기 CD와 같던지 혹은 크기 AB가 크기 CD보다 얼마만큼 큰지를 구할 수 있다고 말한다.

각각의 크기 AC, BD는 주어져 있기 때문에, 이 두 크기는 같던지 혹은 다르다.

[1] 첫째, 두 크기 AC, BD가 서로 같다고 하자. 이 두 크기에서 공통된 부분의 크기 BC를 빼자. 그러면 남은 부분의 두 크기는 AB와 CD가 된다[공통개념 3].

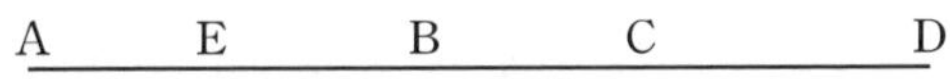


[2] 둘째, 두 크기 AC, BD는 다르고 크기 AC는 크기 BD보다 더 크다고 하자. 또한, 크기 CE가 크기 BD와 같도록 나타내자. 그러면, 크기 BD는 주어져 있으므로 크기 CE는 주어진 것이다[정의 1]. 게다가 크기 AC가 주어져 있기 때문에, 이 크기에서 크기 CE를 빼서 남은 부분의 크기 AE도 주어진 것이다[명제 4].

그리고 두 크기 EC와 BD에서 공통된 부분의 크기 BC를 빼면 남은 두 부분의 크기 BE와 CD는 서로 같다. 또한 크기 AE는 주어져 있으므로 크기 AB는 크기 CD보다 주어져 있는 크기 AE 만큼 더 크다[정의 9]. ■

**논평 :** $\text{gvn.}(P+Q)-\text{gvn.}(Q+R) \Rightarrow P=R$ 혹은 $\text{gvn.}(P-R)$.
명제 12는 R'11의 원리와는 전혀 관련이 없다. 명제 12는 아마도 명제 13과 명제 17 ~ 명제 19에서 '만약 세 개의 크기가 존재한다면'이라는 언어적 유사성 때문에 여기에 제시된 것처럼 보인다. 아라비아 원문에서는 명제 12를 명제 10 앞에 넣었다. 이 명제는 명제 4(두개의 크기가 주어져 있으면, 이 두 크기의 차도 주어진 것이다)의 확장이다.

명제 4로부터 두 크기의 차 $(P+Q)-(Q+R)$가 주어진 것이 확실하다. 그러나 문제는 크기의 차 P − R이 얼마인지 구하는 것이다. 그런데, 만약 P + Q = Q + R이라면, 크기 P − R은 0이 된다. 그리스 사람들은 이러한 상황을 고려하기 위해서 두 가지 경우로 구분하였다.

기하학적으로, 두 크기의 차를 결정하기 위해서는 작은 선분을 큰 선분의 일부분으로 나타내면 된다. 그래서 크기의 차 AE를 구하기 위해 선분 AB 위에 선분 EB를 포함시켜야 하는 이유가 여기에 있다. 대수적으로 명제 12는 매우 기본적인 명제이다. 하지만 후대에 개발된 기호를 배경으로 해서, 이 정리의 유용성을 과소평가해서는 절대로 안 된다. 왜냐하면, $x + y - (y + z)$와 같은 간단한 계산식에서 조차 '괄호 앞에 마이너스(−)가 있는 분배법칙'을 하도록 요구할 때 학생들은 그렇게 좋아하지 않기 때문이다. 반면, 그리스인들은 단지 선분 위에 나타내는 것으로 모든 것이 끝이 나버린다.

명제 12의 증명 과정을 다음과 같이 나타낼 수 있다.

가정 gvn. AC = AB + BC, gvn. BD = BC + CD
결론 AB = CD 혹은 gvn. (AB − CD)
증명 첫째, AC = BD라고 하자.
그러면 AC − BC = BD − BC
∴ AB = CD
둘째, AC > BD라고 하자.
CE = BD라고 하자.
gvn. CE이고 AE = AC − CE이다.
gvn. AE이다.
그러면 CE − BC = BD − BC, 즉 BE = CD
∴ AB − CD = AB − BE = AE

따라서 크기 AB는 크기 CD보다 주어져 있는 크기 AE만큼 더 크다.

**Θε 13.** ʽΕὰν ᾖ τρία μεγέθη, καὶ τὸ μὲν πρῶτον πρὸς τὸ δεύτερον λόγον ἔχῃ δεδομένον, τὸ δὲ δεύτερον τοῦ τρίτου δοθέντι μεῖζον ᾖ ἢ ἐν λόγῳ, καὶ τὸ πρῶτον τοῦ τρίτου δοθέντι μεῖζον ἔσται ἢ ἐν λόγῳ.

ἔστω τρία μεγέθη τὰ ΑΒ, ΓΔ, Ε, καὶ τὸ μὲν ΑΒ πρὸς τὸ ΓΔ λόγον ἐχέτω δεδομένον, τὸ δὲ ΓΔ τοῦ Ε δοθέντι μεῖζον ἔστω ἢ ἐν λόγῳ· λέγω, ὅτι καὶ τὸ ΑΒ τοῦ Ε δοθέντι μεῖζόν ἐστιν ἢ ἐν λόγῳ.

ἐπεὶ γὰρ τὸ ΓΔ τοῦ Ε δοθέντι μεῖζόν ἐστιν ἢ ἐν λόγῳ, ἀφῃρήσθω τὸ δοθὲν μέγεθος τὸ ΓΖ· λοιποῦ ἄρα τοῦ ΔΖ πρὸς τὸ Ε λόγος ἐστὶ δοθείς. καὶ ἐπεὶ λόγος ἐστὶ δοθεὶς τοῦ ΑΒ πρὸς τὸ ΓΔ, ὁ αὐτὸς αὐτῷ γεγονέτω ὁ τοῦ ΑΗ πρὸς τὸ ΓΖ· λόγος ἄρα καὶ τοῦ ΑΗ πρὸς τὸ ΓΖ δοθείς. δοθὲν δὲ τὸ ΓΖ· δοθὲν ἄρα καὶ τὸ ΑΗ· καὶ λοιποῦ τοῦ ΗΒ πρὸς λοιπὸν τὸ ΔΖ λόγος ἐστὶ δοθείς. τοῦ δὲ ΔΖ πρὸς τὸ Ε λόγος ἐστὶ δοθείς· καὶ τοῦ ΗΒ ἄρα πρὸς τὸ Ε λόγος ἐστὶ δοθείς. καί ἐστι δοθὲν τὸ ΑΗ· τὸ ΑΒ ἄρα τοῦ Ε δοθέντι μεῖζόν ἐστιν ἢ ἐν λόγῳ.

명제 13. 만약에 세 개의 크기가 있고, 첫 번째와 두 번째의 크기의 비가 주어져 있고, 두 번째는 세 번째 크기보다 주어진 크기만큼 더 크게 주어져 있다면, 첫 번째 크기는 세 번째 크기보다 주어져 있는 비만큼 더 크게 주어진 것이다.

세 크기를 AB, CD, E라고 하자. 그리고 크기 AB와 크기 CD의 비가 주어져 있다. 그리고 크기 CD가 크기 E보다 주어져 있는 비만큼 더 크다고 하자. 그러면 크기 AB가 크기 E보다 주어져 있는 비만큼 더 크다고 말한다.

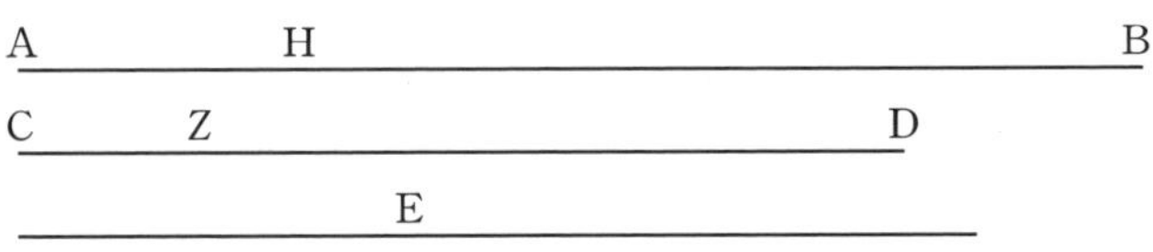


크기 CD는 크기 E보다 주어져 있는 비만큼 더 크기 때문에, 주어져 있는 CZ를 빼자. 그러면 남은 부분의 크기 DZ와 크기 E에 대한 비는 주어진 것이다.

그리고 비 AB : CD는 주어져 있기 때문에, 이것과 같은 비

AH : CZ를 가지게 하는 AH를 잡을 수 있다. 따라서 비 AH : CZ는 주어진 것이다[정의 2*]. 그리고 CZ는 주어져 있는 것이므로 AH는 주어진 것이다[명제 2]. 그리고 남은 부분의 두 크기들의 비 HB : DZ도 주어진 것이다[V. 명제 19].

그리고 비 DZ : E가 주어져 있으므로 비 HB : E는 주어진 것이다[명제 8]. 또한 크기 AH는 주어져 있기 때문에 크기 AB는 크기 E보다 주어진 비만큼 더 크다[정의 11]. ■

**논평** : gvn. $x : y$ & $y\,\delta >: z \Rightarrow x\,\delta >: z$

명제 13은 불완전한 '추이율'을 이용해서 증명된다. 이 명제는 다음과 같이 해석될 수 있다. 두 번째 조건 $y\,\delta >: z$는 비 $(y-g) : z$가 주어지도록 하는 (숨은 동료 $a : b$를 말한다) 주어져 있는 크기 $g$가 존재한다는 것을 의미한다(정의 11). 결론인 $x\,\delta >: z$가 참이라고 가정해보자. 그러면 비 $(x-h) : z$를 만족하는 크기 $h$가 주어진 것이어야 한다. 명제 8에 의해 비 $(x-h) : (y-g)$는 주어진 것이다. 이것이 비 $x : y$와 똑같은 비 $h : g$가 존재해야 하므로(V. 명제 19에 의해), 이 비 또한 주어진 것이다. 따라서, 우리는 주어져 있는 비 $x : y$와 동일한 비 $h : g$를 구할 수 있게 된다. 이 과정을 간단한 표현으로 나타내어 보자.

| | | |
|---|---|---|
| $y\,\delta >: z$ | | CD $\delta >:$ E |
| $g$가 주어진 것이다[정의 11] | | gvn. CZ |
| gvn. $(y-g) : z$ | $\{:: b : c\}$ | gvn. DZ : E |
| $h : g :: x : y$인 $h$를 가진다 | | AH : CZ :: AB : CD |
| gvn. $h : g$ [정의 2*] | $\{:: a : b\}$ | gvn. AH : CZ |
| gvn. $h$ [명제 2] | | gvn. AH |
| [$(x-h) : (y-g) :: x : y$ [V. 명제 19] | | HB : DZ :: AB : CD] |
| gvn. $(x-h) : (y-g)$ [정의 2*] | $\{:: a : b\}$ | gvn. HB : DZ |

| | | |
|---|---|---|
| gvn. $(x-h):z$ [명제 8, 추이율] | $\{::a:c\}$ | HB : E |
| $x\ \delta >: z$을 의미한다[정의 11]. | | AB δ >: E |

명제 13은 R'11의 추이율을 이용한 명제 19와 비교된다. 몇몇 과정에 변경을 가해서 만든 유사한 증명과정(mutatis mutandis)을 보여주고 있다.

**Θε 14.** Ἐὰν δύο μεγέθη πρὸς ἄλληλα λόγον ἔχῃ δεδομένον, καὶ προστεθῇ ἑκατέρῳ αὐτῶν δεδομένον μέγεθος, τὰ ὅλα πρὸς ἄλληλα ἤτοι λόγον ἕξει δεδομένον, ἢ τὸ ἕτερον τοῦ ἑτέρου δοθέντι μεῖζόν ἐστιν ἢ ἐν λόγῳ.

δύο γὰρ μεγέθη τὰ ΑΒ, ΓΔ πρὸς ἄλληλα λόγον ἐχέτω δεδομένον, καὶ προσκείσθω ἑκατέρῳ αὐτῶν δεδομένον μέγεθος, τό τε ΑΕ καὶ τὸ ΓΖ· λέγω, ὅτι τὰ ὅλα τὰ ΕΒ, ΖΔ πρὸς ἄλληλα ἤτοι λόγον ἔχει δεδομένον, ἢ τὸ ἕτερον τοῦ ἑτέρου δοθέντι μεῖζόν ἐστιν ἢ ἐν λόγῳ.

ἐπεὶ γὰρ δοθέν ἐστιν ἑκάτερον τῶν ΕΑ, ΖΓ, λόγος ἄρα τοῦ ΕΑ πρὸς τὸ ΖΓ δοθείς. καὶ εἰ μὲν ὁ αὐτὸς τῷ τοῦ ΑΒ πρὸς ΓΔ, ἔσται καὶ ὅλου τοῦ ΕΒ πρὸς ὅλον τὸ ΖΔ λόγος δοθείς.

μὴ ἔστω δὴ ὁ αὐτὸς καὶ πεποιήσθω ὡς τὸ ΑΒ πρὸς ΓΔ, οὕτως τὸ ΗΑ πρὸς ΓΖ· λόγος ἄρα καὶ τοῦ ΗΑ πρὸς τὸ ΖΓ δοθείς. δοθὲν δὲ τὸ ΖΓ· δοθὲν ἄρα καὶ τὸ ΗΑ. ἔστι δὲ καὶ τὸ ΕΑ δοθέν· καὶ λοιπὸν ἄρα τὸ ΕΗ δοθέν ἐστιν. καὶ ἐπεὶ ὡς τὸ ΑΒ πρὸς τὸ ΓΔ, οὕτως τὸ ΗΑ πρὸς τὸ ΖΓ, λόγος ἄρα καὶ τοῦ ΗΒ πρὸς ΖΔ δοθείς. καί ἐστι δοθὲν τὸ ΕΗ· τὸ ΕΒ ἄρα τοῦ ΖΔ δοθέντι μεῖζόν ἐστι ἢ ἐν λόγῳ.

---

명제 14. 만약 두 크기의 비가 주어져 있고 주어져 있는 크기에 서로 다른 두 크기를 각각 더한다면, 각각의 두 크기의 합에 대한 비는 주어진 것이거나 한 크기의 합은 다른 크기의 합보다 주어져 있는 비만큼 더 크다.

두 크기 BA, DC는 주어져 있고, 두 크기의 비도 주어져 있다고 하자. 주어져 있는 크기에 서로 다른 두 크기를 각각 더할 크기를 AE와 CZ라고 하자. 그러면, 각각의 두 크기의 합 EB, ZD는 비가 주어진 것이거나 그들 중 한 크기가 다른 크기보다 주어져 있는 비만큼 더 크다고 말한다.

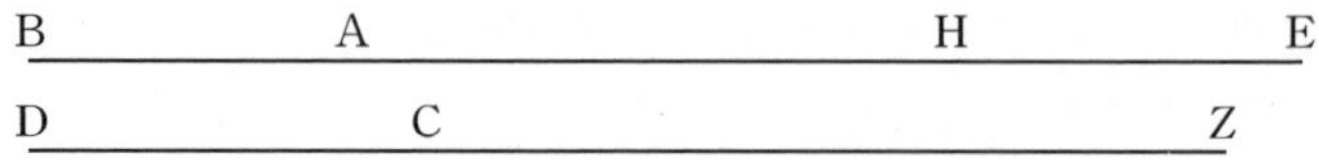


두 크기 EA, ZC가 주어져 있기 때문에, 비 EA : ZC는 주어진 것이다[명제 1].

[1] 만약 비 EA : ZC가 비 AB : CD와 같다면, 두 크기의 합 EB, ZD의 비는 주어진 것이다[V. 명제 12, 정의 2*].

[2] 만약 이 비가 서로 다르다고 하자. 그러면 HA : CZ :: AB : CD가 만들어진다고 할 수 있다. 따라서 비 HA : ZC는 주어진 것이다. 그리고 크기 ZC는 주어져 있는 것이므로 크기 HA는 주어진 것이다[명제 2]. 또한, 크기 EA는 주어져 있기 때문에 남은 부분의 크기 EH는 주어진 것이다[명제 4].

그리고 AB : CD :: HA : ZC이기 때문에, 비 HB : ZD는 주어진 것이다[V. 명제 12, 정의 2*]. 또한, 크기 EH는 주어진 것이므로, 크기 EB는 크기 ZD보다 주어져 있는 비만큼 더 크게 주어진 것이다[정의 11]. ■

**논평 :** gvn. $x : y$, gvn. $c$, gvn. $d$ $\Rightarrow$ gvn. $(x+c) : (y+d)$

혹은 $(x+c)\,\delta >: (y+d)$

[혹은 $(y+d)\,\delta >: (x+c)$]

V. 명제 12와 V. 명제 19(76쪽을 보아라)는 '만약 추가된 크기가 주어진 비로 존재한다면 주어진 비의 전항과 후항에 주어진 크기를 더한 것(혹은 뺀 것)은 똑같은 비가 된다'는 것을 증명하고 있다. 명제 14와

명제 15는 앞 두 명제의 필요조건을 확인시켜주고 있다. 명제 14와 명제 15는 두 크기들의 합의 비가 주어져 있는 비와 동일한 비를 가지기 위한 필요조건이 무엇인지를 명확히 하고 있다. 즉 두 크기의 비가 주어져 있는 비와 동일하다면 연산한 결과도 주어져 있는 비와 똑같다. 비록 이것은 자명한 삼분법(trivial trichotomy)[†]을 '증명한' 것처럼 보이지만, 이 명제들은 중요한 의미를 가진다.

이들의 직접적인 목적은 자명한 삼분법을 사용한 명제 17과 18의 보조정리(lemma)로서 사용되는 것이다. 명제 17과 명제 18의 보조정리는 각각 명제 14와 명제 15이다. 삼분법은 증명하는 과정에서 상세히 설명되는 것이 아니다. 예를 들어, 명제 14에서처럼 '각각의 두 크기의 합에 대한 비는 주어진 것이거나 한 크기의 합은 다른 크기의 합보다 주어져 있는 비만큼 더 크다…', 즉 그들 중 어느 것이 더 크다는 결론은 없다는 것이 문맥 속에 숨겨져 있다. 명제 14는 명제 21에서 반복되고, 명제 15는 음의 크기를 가지지 않는 범위 내에서 명제 20에서 반복된다.

| | |
|---|---|
| gvn. $c$, gvn. $d$이므로 | gvn. AE, gvn. CZ |
| $\therefore$ gvn. $c:d$ [명제 1] | gvn. EA : ZC |
| 만약 $c:d::x:y$라면 | EA : ZC :: AB : CD라면 |
| $(x+c):(y+d)::c:d$이다[V.12]. | EB : ZD :: AE : CZ이다. |
| gvn. $(x+c):(y+d)$ [정의 2*] | gvn. EB : ZD |
| 다음으로 $e:d::x:y$인 $e$를 얻는다. | HA : CZ :: AB : CD인 AH를 얻는다. |
| gvn. $e:d$ [정의 2*] | gvn. HA : ZC |

† [역자] 두 크기 $a$, $b$가 있을 때, $a=b$, $a>b$, $a<b$와 같이 세 경우로 나누는 것을 삼분법이라고 한다.

| | |
|---|---|
| gvn. $e$ [명제 2] | gvn. HA |
| [암묵적 가정 $c>e$] | [A와 E 사이에 H] |
| gvn. $(c-e)$ $(=h)$[명제 4, $h$라 하자] | gvn. EH |
| [$(x+e):(y+d)::e:d$ [명제 6, V. 명제 12] | BH : DZ] |
| gvn. $(x+e):(y+d)$ [정의 2*] | |
| 즉, gvn. $(x+c-h):(y+d)$ | gvn. HB : ZD |
| $(x+c)\,\delta >: (y+d)$ [정의 11] | EB δ >: ZD |

만약 H가 선분 BE의 연장선 위에 있고 $c$(AE)가 $e$(AH)보다 더 작다면 무슨 일이 일어나는가? 유클리드는 그런 경우를 다루지 않지만[72], 아마도 C와 Z 사이에 H가 있는 AE : CH :: AB : CD를 만들 수 있다. 그리고 우리의 표시법 $(y+d)\,\delta >: (x+c)$, 즉 DZ δ >: EB로 끝나는 것과 똑같은 절차가 뒤따르게 된다. 그러므로 이것은 한 크기가 다른 크기보다 주어져 있는 비만큼 더 크게 주어진다는 것과 동일하다.

**Θε 15.** Ἐὰν δύο μεγέθη πρὸς ἄλληλα λόγον ἔχῃ δεδομένον καὶ ἀφαιρεθῇ ἀπὸ ἑκατέρου αὐτῶν δεδομένον μέγεθος, τὰ λοιπὰ πρὸς ἄλληλα ἤτοι λόγον ἕξει δεδομένον, ἢ τὸ ἕτερον τοῦ ἑτέρου δοθέντι μεῖζόν ἐστιν ἢ ἐν λόγῳ.

δύο γὰρ μεγέθη τὰ AB, ΓΔ πρὸς ἄλληλα λόγον ἐχέτω δεδομένον, καὶ ἀφῃρήσθω ἀφ' ἑκατέρου αὐτῶν δεδομένον μέγεθος, ἀπὸ μὲν τοῦ AB τὸ EA, ἀπὸ δὲ τοῦ ΓΔ τὸ ΓΖ· λέγω, ὅτι τὰ λοιπὰ τὰ EB, ΖΔ πρὸς ἄλληλα ἤτοι λόγον ἕξει δεδομένον, ἢ τὸ ἕτερον τοῦ ἑτέρου δοθέντι μεῖζόν ἐστιν ἢ ἐν λόγῳ.

ἐπεὶ γὰρ ἑκάτερον τῶν AE, ΓΖ δοθέν ἐστι, λόγος ἄρα τοῦ AE πρὸς ΓΖ δοθείς. καὶ εἰ μὲν ὁ αὐτός ἐστι τῷ τοῦ AB πρὸς ΓΔ, ἔσται καὶ λοιποῦ τοῦ EB πρὸς λοιπὸν τὸ ΖΔ λόγος δοθείς.

72) 《원론》에서는 정리에서 가능한 모든 경우를 다루지 않는다.

μὴ ἔστω δὴ ὁ αὐτός, καὶ πεποιήσθω ὡς τὸ ΑΒ πρὸς ΓΔ, οὕτως τὸ ΑΗ πρὸς τὸ ΓΖ. λόγος δὲ τοῦ ΑΒ πρὸς τὸ ΓΔ δοθείς· λόγος ἄρα καὶ τοῦ ΑΗ πρὸς τὸ ΓΖ δοθείς· δοθὲν δὲ τὸ ΓΖ· δοθὲν ἄρα καὶ τὸ ΑΗ. ἔστι δὲ καὶ τὸ ΑΕ δοθέν· καὶ λοιπὸν ἄρα τὸ ΕΗ δοθέν ἐστιν. καὶ ἐπεὶ ὡς τὸ ΑΒ πρὸς τὸ ΓΔ, οὕτως τὸ ΑΗ πρὸς τὸ ΓΖ, λοιποῦ ἄρα τοῦ ΗΒ πρὸς λοιπὸν τὸ ΖΔ λόγος ἐστὶ δοθείς. καί ἐστι δοθὲν τὸ ΕΗ· τὸ ΕΒ ἄρα τοῦ ΖΔ δοθέντι μεῖζόν ἐστιν ἢ ἐν λόγῳ.

---

명제 15. 만약 두 크기의 비가 주어져 있고 주어져 있는 크기에 서로 다른 두 크기를 각각 뺀다면, 각각의 두 크기의 차에 대한 비는 주어진 것이거나 한 크기의 차는 다른 크기의 차보다 주어져 있는 비만큼 더 크다.

두 크기 AB, CD는 주어져 있고, 두 크기의 비도 주어져 있다고 하자. 주어져 있는 크기에 서로 다른 두 크기를 각각 빼자. 즉 AB에서 AE를 빼고, CD에서 CZ를 빼자. 그러면, 남은 부분의 두 크기 EB, ZD는 비가 주어진 것이거나 그들 중 한 크기가 다른 크기보다 주어져 있는 비만큼 더 크다고 말한다.

두 크기 AE, CZ가 주어져 있기 때문에, 비 AE : CZ는 주어진 것이다[명제 1].

[1] 만약 비 AE : CZ가 비 AB : CD와 같다면, 두 크기의 차 EB, ZD의 비는 또한 주어진 것이다[V. 명제 19, 정의 2*].

[2] 만약 이 비가 서로 다르다고 하자. 그러면 AH : CZ :: AB : CD가 만들어 진다고 할 수 있다. 따라서 비 AB : CD는 주어진 것이다. 그리고 비 AH : CZ는 또한 주어진 것이다. 그리고 크기 CZ는 주어진 것이므로 크기 AH는 주어진 것이다[명제 2]. 크기 AE는 주어져 있기

때문에 남은 부분의 크기 EH는 주어진 것이다[명제 4].

그리고 AB : CD :: AH : CZ이기 때문에, 비 HB : ZD는 주어진 것이다[V. 명제 19, 정의 2*]. 또한 크기 EH가 주어져 있으므로 크기 EB는 크기 ZD보다 주어져 있는 비만큼 더 크게 주어진 것이다[정의 11]. ■

**논평** : $\text{gvn.}\, x : y,\ \text{gvn.}\, c,\ \text{gvn.}\, d \Rightarrow \text{gvn.}\, (x-c) : (y-d)$

혹은 $(x-c)\ \delta >: (y-d)$

[혹은 $(y-d)\ \delta >: (x-c)$]

명제 15는 명제 14의 증명과정에서 몇몇의 변경을 가한 유사한 증명과정(mutatis mutandis)을 보이고 있다. 만약 전항과 후항에 뺀 크기가 이것들보다 더 크다면, 음의 크기는 정의할 수 없기 때문에 유클리드는 명제를 다른 방법으로 공식화했을 것임에 틀림없다. 그리고 명제 20에서도 마찬가지이다. 이것과 별개의 문제이지만, 명제 20은 명제 15와 동일하게 다루고 있다. 음수의 문제가 영향을 미치지 않는 범위 내에서 그는 명제 14가 중복되도록 할 필요를 느낀 것처럼 보인다. 그래서 명제 21에서도 거의 동일하게 명제 14가 반복되고 있다. 이런 중복을 무엇 때문에 만들었는가? 이것은 더 이상의 개정판이 없는 미완성된 초안의 영향인 것처럼 보인다. 유클리드는 그가 다루고 있는 유사한 명제들 사이의 관계성을 이해하고 있었을까? 명제 15는 자명한 명제인가? 삼분법과 비교해 보아라.

$$x = y \Rightarrow x - c = y - d \text{ 또는 } x - c > y - d \text{ 또는 } x - c < y - d$$

**Θε 16.** Ἐὰν δύο μεγέθη πρὸς ἄλληλα λόγον ἔχῃ δεδομένον, καὶ ἀπὸ μὲν τοῦ ἑνὸς αὐτῶν δεδομένον μέγεθος ἀφαιρεθῇ, τῷ δὲ ἑτέρῳ αὐτῶν δεδομένον μέγεθος προστεθῇ, τὸ ὅλον τοῦ λοιποῦ δοθέντι μεῖζον ἔσται ἢ ἐν λόγῳ.

δύο γὰρ μεγέθη τὰ ΑΒ, ΓΔ λόγον ἐχέτω δεδομένον, καὶ ἀπὸ μὲν τοῦ ΓΔ δεδομένον μέγεθος ἀφῃρήσθω τὸ ΓΕ, τῷ δὲ ΑΒ δεδομένον μέγεθος προσκείσθω τὸ ΖΑ. λέγω, ὅτι ὅλον τὸ ΖΒ τοῦ λοιποῦ τοῦ ΕΔ δοθέντι μεῖζόν ἐστιν ἢ ἐν λόγῳ.

ἐπεὶ γὰρ λόγος ἐστὶ τοῦ ΑΒ πρὸς ΓΔ δοθείς, ὁ αὐτὸς αὐτῷ γεγονέτω τοῦ ΑΗ πρὸς τὸ ΓΕ· λόγος ἄρα καὶ τοῦ ΑΗ πρὸς τὸ ΓΕ δοθείς· δοθὲν δὲ τὸ ΓΕ· δοθὲν ἄρα καὶ τὸ ΑΗ. ἔστι δὲ καὶ τὸ ΑΖ δοθέν· ὅλον ἄρα τὸ ΖΗ δοθέν ἐστιν. καὶ ἐπεὶ ὡς τὸ ΑΒ πρὸς τὸ ΓΔ, οὕτως τὸ ΑΗ πρὸς ΓΕ, καὶ λοιποῦ τοῦ ΗΒ πρὸς λοιπὸν τὸ ΕΔ λόγος ἐστὶ δοθείς. καί ἐστι δοθὲν τὸ ΗΖ· τὸ ΖΒ ἄρα τοῦ ΕΔ δοθέντι μεῖζόν ἐστιν ἢ ἐν λόγῳ.

명제 16. 만약 두 크기가 주어져 있는 비를 가지고, 그 중 한 크기에서 주어져 있는 크기를 빼고 다른 크기에는 주어져 있는 크기를 더한다면, 더해서 얻은 크기는 빼서 얻은 크기보다 주어져 있는 비만큼 더 크다.

두 크기 AB, CD는 주어져 있는 비를 가진다고 하자. 그리고 크기 CD에서 주어져 있는 크기 CE를 빼고, 크기 AB에 주어져 있는 크기 ZA를 더하자. 그러면, 더해서 얻은 크기 ZB는 빼서 얻은 크기 ED보다 주어져 있는 비만큼 더 크다고 말한다.

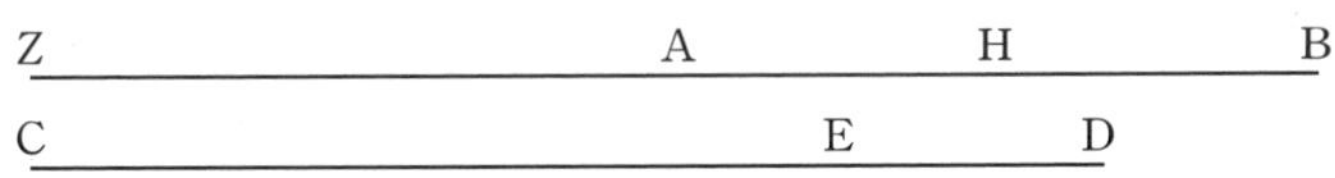


비 AB : CD는 주어져 있기 때문에, 비 AB : CD와 똑같은 비 AH : CE를 만들 수 있다. 그러면 비 AH : CE는 주어진 것이다[정의 2]. 그리고 크기 CE는 주어져 있기 때문에 크기 AH 또한 주어진 것이다[명제 2]. 크기 AZ는 주어져 있기 때문에 크기 ZH도 주어진 것이다[명제 3].

그리고 AH : CE :: AB : CD이기 때문에, 남은 부분의 두 크기 HB, ED의 비 또한 주어진 것이다[V. 명제 19, 정의 2]. 그리고 크기 HZ는 주어져 있기 때문에 크기 ZB는 크기 ED보다 주어져 있는 비만큼 더

크게 주어진 것이다[정의 11]. ■

**논평 :** gvn.$x:y$, gvn.$c$, gvn.$d$ $\Rightarrow$ $(x+c)\,\delta >:(y-d)$
명제 14와 15의 혼합이다. 주어져 있는 비의 전항에 한 크기를 더하고 후항에는 다른 크기를 빼는 것은 확실히 R'11과 관계가 있다. 이것은 자명한가? $x=y \Rightarrow x+c>y-d$와 비교하여 보자.

| | | |
|---|---|---|
| gvn.$x:y$ | $\{::a:b\}$ | gvn.AB : CD |
| $e:d::x:y$인 $e$를 얻는다 | | AH : CE :: AB : CD인 AH를 얻는다. |
| gvn.$e:d$ [정의 2*] | | gvn.AH : CE |
| gvn.$e$ [명제 2] | | gvn.AH |
| gvn.$c+e$ [명제 3] | | gvn.ZH |
| [[2], V.명제 19 $(x-e):(y-d)::x:y$ | | HB : ED :: AB : CD] |
| gvn.$(x-e):(y-d)$ [정의 2*] | $\{::a:b\}$ | gvn.HB : DE |
| $[x-e=x+c-(c+e)]$ | | |
| $(x+c)\,\delta >:(y-d)$ [정의 11] | | ZB δ >: ED |

$a:b=\kappa$라 놓자. 이것으로부터 클리멘스 타에르는 '만약 $x=\kappa y$라면 $(x+c)=\kappa(y-d)+(c+\kappa d)$'와 같이 표현하고 있다. 물론($e=\kappa d$이기 때문에), 이것이 《자료론》의 원문에 나타나 있는가? 다른 명제에서도 이와 같은 대수적 표현을 만들 수 있다. 즉 다음에 나오는 4개의 명제(명제 17 ~ 명제 20)에서도 일차식 $\{ax+b \mid a, b\in \mathbb{R}\}$으로 나타낼 수 있다고 주장한다. 나는 그가 말하려는 의미를 이해하지 못하는 것은 아니지만 확신할 수는 없다. 그리고 《자료론》도 나에게 확신을

주지 못하고 있으므로 유클리드도 또한 이러한 표현을 이해하지 못했을 것으로 생각된다.

**Θε 17.** ʼΕὰν ᾖ τρία μεγέθη, καὶ τὸ πρῶτον τοῦ δευτέρου δοθέντι μεῖζον ᾖ ἢ ἐν λόγῳ, ᾖ δὲ καὶ τὸ τρίτον τοῦ αὐτοῦ δοθέντι μεῖζον ἢ ἐν λόγῳ, τὸ πρῶτον πρὸς τὸ τρίτον ἤτοι λόγον ἕξει δεδομένον, ἢ τὸ ἕτερον τοῦ ἑτέρου δοθέντι μεῖζον ἔσται ἢ ἐν λόγῳ.

ἔστω τρία μεγέθη τὰ ΑΒ, Γ, ΔΕ, καὶ ἑκάτερον τῶν ΑΒ, ΔΕ τοῦ Γ δοθέντι μεῖζον ἔστω ἢ ἐν λόγῳ· λέγω, ὅτι τὰ ΑΒ, ΔΕ ἤτοι πρὸς ἄλληλα λόγον ἔχει δεδομένον ἢ τὸ ἕτερον τοῦ ἑτέρου δοθέντι μεῖζόν ἐστιν ἢ ἐν λόγῳ.

ἐπεὶ γὰρ τὸ ΔΕ τοῦ Γ δοθέντι μεῖζόν ἐστιν ἢ ἐν λόγῳ, ἀφῃρήσθω τὸ δοθὲν μέγεθος τὸ ΔΗ· λοιποῦ ἄρα τοῦ ΗΕ πρὸς τὸ Γ λόγος ἐστὶ δοθείς. διὰ τὰ αὐτὰ δὴ καὶ τοῦ ΖΒ πρὸς τὸ Γ λόγος ἐστὶ δοθείς· καὶ τοῦ ΖΒ ἄρα πρὸς τὸ ΗΕ λόγος ἐστὶ δοθείς. καὶ πρόσκειται αὐτοῖς δεδομένα μεγέθη τὰ ΑΖ, ΔΗ· τὰ ὅλα ἄρα τὰ ΑΒ, ΔΕ πρὸς ἄλληλα ἤτοι λόγον ἔχει δεδομένον, ἢ τὸ ἕτερον τοῦ ἑτέρου δοθέντι μεῖζόν ἐστιν ἢ ἐν λόγῳ.

명제 17. 만약 세 크기가 있고, 첫 번째 크기가 두 번째 크기보다 주어져 있는 비만큼 더 크고 세 번째 크기가 두 번째 크기보다 주어져 있는 비만큼 더 크다면, 첫 번째 크기와 세 번째 크기의 비는 주어진 것이거나 한 크기는 다른 크기보다 주어져 있는 비만큼 더 크다.

세 크기를 AB, C, DE라고 하자.[73] 그리고 두 크기 AB, DE는 크기 C보다 각각 주어져 있는 비만큼 더 크다고 하자. 그러면 비 AB : DE가 주어진 것이거나 그들 중의 한 크기는 다른 크기보다 주어져 있는 비만큼 더 크다고 말한다.

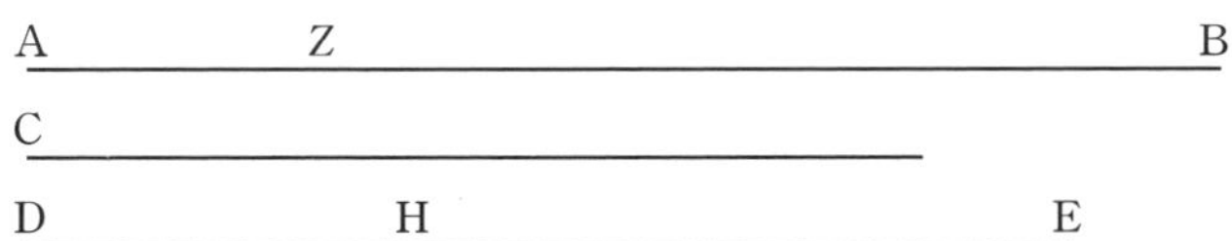


73) 이름의 절약 : 만약 선분의 크기가 증명과정에서 분리된다면, 선분의 양끝점으로 이름을 붙였고, 그렇지 않다면 문자 한 개로 이름을 붙였다.

크기 DE는 크기 C보다 주어져 있는 비만큼 크게 주어져 있기 때문에, 주어져 있는 크기 DH를 뺄 수 있다. 그러면 남은 부분의 크기 HE와 크기 C의 비는 주어진 것이다[정의 11]. 동일한 방법으로 남은 부분의 크기 ZB와 크기 C의 비는 주어진 것이다. 그러므로 비 ZB : HE는 주어진 것이다[명제 8]. 그리고 전항에 크기 AZ를, 후항에 크기 DH를 각각 더한다. 그러면 두 크기를 더한 합 AB, DE의 비가 주어진 것이거나 그들 중 한 크기는 다른 크기보다 주어져 있는 비만큼 더 크게 주어진 것이다[명제 14]. ■

**논평** : $x\ \delta >: y,\ z\ \delta >: y \Rightarrow$ gvn.$x : z$ 혹은 gvn.$x\ \delta >: z$ [혹은 $z\ \delta >: x$]

명제 19는 R'11에 순서관계가 있음을 증명한다. 그리고 명제 17은 '동일한 크기와 관계를 가지는 다른 두 개의 크기에 대한 작도 가능성'에 대한 결론을 내리지 못함을 증명하고 있다.† 증명과정은 암묵적 가정을 가지고 있는 명제 14를 이용한다.

$x > y,\ z > y \Rightarrow x = z$ 혹은 $x > z$ 혹은 $z > x$와 비교하여 보자.

**Θε 18.** ᾿Εὰν ᾖ τρία μεγέθη, ἓν δὲ αὐτῶν ἑκατέρου τῶν λοιπῶν δοθέντι μεῖζον ᾖ ἢ ἐν λόγῳ, τὰ λοιπὰ δύο πρὸς ἄλληλα ἤτοι λόγον ἕξει δεδομένον, ἢ τὸ ἕτερον τοῦ ἑτέρου δοθέντι μεῖζόν ἐστιν ἢ ἐν λόγῳ.

ἔστω τρία μεγέθη τὰ AB, ΓΔ, EZ, ἓν δὲ αὐτῶν τὸ ΓΔ ἑκατέρου τῶν λοιπῶν τῶν AB, EZ δοθέντι μεῖζον ἔστω ἢ ἐν λόγῳ. λέγω, ὅτι τὸ AB πρὸς τὸ EZ ἤτοι λόγον ἔχει δεδομένον, ἢ τὸ ἕτερον τοῦ ἑτέρου δοθέντι μεῖζόν ἐστιν ἢ ἐν λόγῳ.

---

† [역자] $a>b$, $c>b$이면 $a$, $c$는 대소비교를 할 수 없다.

ἐπεὶ γὰρ τὸ ΓΔ τοῦ ΑΒ δοθέντι μεῖζόν ἐστιν ἢ ἐν λόγῳ, ἀφῃρήσθω τὸ δοθὲν μέγεθος τὸ ΓΗ. λοιποῦ ἄρα τοῦ ΗΔ πρὸς τὸ ΑΒ λόγος ἐστὶ δοθείς. ὁ αὐτὸς αὐτῷ γεγονέτω ὁ τοῦ ΓΗ πρὸς τὸ ΑΘ. λόγος ἄρα καὶ τοῦ ΓΗ πρὸς τὸ ΑΘ δοθείς. δοθὲν δὲ τὸ ΓΗ. δοθὲν ἄρα καὶ τὸ ΑΘ. καὶ ὅλου τοῦ ΓΔ πρὸς ὅλον τὸ ΘΒ λόγος ἐστὶ δοθείς.

πάλιν, ἐπεὶ τὸ ΓΔ τοῦ ΕΖ δοθέντι μεῖζόν ἐστιν ἢ ἐν λόγῳ, ἀφῃρήσθω τὸ δοθὲν μέγεθος τὸ ΓΚ. λοιποῦ τοῦ ΚΔ πρὸς ΕΖ λόγος ἐστὶ δοθείς. ὁ αὐτὸς αὐτῷ γεγονέτω ὁ τοῦ ΓΚ πρὸς ΛΕ. λόγος ἄρα καὶ τοῦ ΓΚ πρὸς ΛΕ δοθείς. δοθὲν δὲ τὸ ΓΚ. δοθὲν ἄρα καὶ τὸ ΛΕ. καὶ ὅλου τοῦ ΓΔ πρὸς ὅλον τὸ ΛΖ λόγος ἐστὶ δοθείς.

τοῦ δὲ ΓΔ πρὸς ΘΒ λόγος ἐστὶ δοθείς. καὶ τοῦ ΘΒ ἄρα πρὸς ΛΖ λόγος ἐστὶ δοθείς. καὶ ἀφῄρηται ἀπ' αὐτῶν δεδομένα μεγέθη τὰ ΘΑ, ΛΕ. τὰ ΑΒ, ΕΖ ἄρα ἤτοι πρὸς ἄλληλα λόγον ἕξει δεδομένον, ἢ τὸ ἕτερον τοῦ ἑτέρου δοθέντι μεῖζόν ἐστιν ἢ ἐν λόγῳ.

---

명제 18. 만약 세 개의 크기가 있고, 세 개의 크기 중 한 크기가 다른 두 크기들보다 각각 주어져 있는 비만큼 더 크다면, 다른 두 크기의 비는 주어진 것이거나 다른 두 크기 중 한 크기는 다른 크기보다 주어져 있는 비만큼 더 크다.

세 크기를 AB, CD, EZ라고 하자. 그리고 크기 CD가 다른 두 크기 AB, EZ보다 주어져 있는 비만큼 더 크다고 하자. 그러면, 두 크기 AB, EZ의 비가 주어진 것이거나 그들 중 한 크기가 다른 크기보다 주어져 있는 비만큼 더 크다고 말한다.

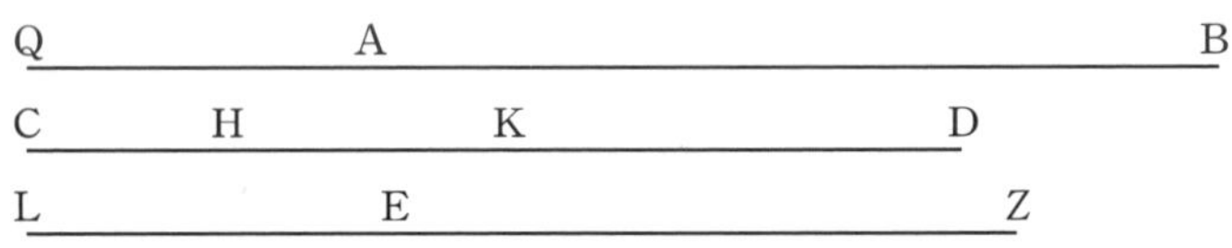


크기 CD는 크기 AB보다 주어져 있는 비만큼 더 크게 주어져 있기 때문에, 주어져 있는 크기 CH를 뺄 수 있다. 그러면 남은 부분의 두 크기 HD와 AB의 비는 주어진 것이다[정의 11].

비 CH : AQ를 비 HD : AB와 똑같도록 점 H를 잡자. 그러면 비 CH : AQ는 주어진 것이다[정의 2]. 그리고 크기 CH가 주어져 있으므로, 크기 AQ도 주어진 것이다[명제 2]. 따라서 두 크기 CD, QB의 비는 주어진 것이다[V.명제 12, 정의 2].

크기 CD는 크기 EZ보다 주어져 있는 비만큼 더 크게 주어져 있기 때문에, 주어져 있는 크기 CK를 뺄 수 있다. 그러면 남은 부분의 두 크기 KD와 EZ의 비는 주어진 것이다[정의 11].

비 CK : LE를 비 KD : EZ와 똑같도록 점 K를 잡자. 그러면 비 CK : LE는 주어진 것이다[정의 2]. 그리고 크기 CK가 주어져 있으므로, 크기 LE도 주어진 것이다[명제 2]. 따라서 두 크기 CD, LZ의 비는 주어진 것이다[V. 명제 12, 정의 2].

그리고 비 CD : QB는 주어져 있기 때문에 비 QB : LZ는 주어진 것이다[명제 8]. 그리고 전항과 후항에 두 크기 QA, LE를 각각 뺀다. 그러면 두 크기 AB, EZ의 비는 주어진 것이거나 그들 중 한 크기는 다른 크기보다 주어져 있는 비만큼 더 크다[명제 15]. ■

**논평** : $x\,\delta >: y$ 그리고 $x\,\delta >: z \Rightarrow$ gvn. $y : z$ 혹은 $y\,\delta >: z$

[혹은 $z\,\delta >: y$].

자명한 명제이며, 쉽게 증명된다.

$x > y$ 그리고 $x > z \Rightarrow y = z$ 혹은 $y > z$[혹은 $y < z$]와 비교하여 보자.

**Θε 19.** Ἐὰν ᾖ τρία μεγέθη, καὶ τὸ μὲν πρῶτον τοῦ δευτέρου δοθέντι μεῖζον ᾖ ἢ ἐν λόγῳ, ᾖ δὲ καὶ τὸ δεύτερον τοῦ τρίτου δοθέντι μεῖζον ἢ ἐν λόγῳ, καὶ τὸ πρῶτον τοῦ τρίτου δοθέντι μεῖζον ἔσται ἢ ἐν λόγῳ.

ἔστω τρία μεγέθη τὰ ΑΒ, ΓΔ, Ε, καὶ τὸ μὲν ΑΒ τοῦ ΓΔ δοθέντι μεῖζον ἔστω ἢ ἐν λόγῳ, τὸ δὲ ΓΔ τοῦ Ε δοθέντι μεῖζον ἔστω ἢ ἐν λόγῳ. λέγω, ὅτι καὶ τὸ ΑΒ τοῦ Ε δοθέντι μεῖζόν ἐστιν ἢ ἐν λόγῳ.

ἐπεὶ γὰρ τὸ ΓΔ τοῦ Ε δοθέντι μεῖζόν ἐστιν ἢ ἐν λόγῳ, ἀφῃρήσθω τὸ δοθὲν μέγεθος τὸ ΓΖ· λοιποῦ ἄρα τοῦ ΖΔ πρὸς τὸ Ε λόγος ἐστὶ δοθείς. πάλιν, ἐπεὶ τὸ ΑΒ τοῦ ΓΔ δοθέντι μεῖζόν ἐστιν ἢ ἐν λόγῳ, ἀφῃρήσθω τὸ δοθὲν μέγεθος τὸ ΑΗ· λοιποῦ ἄρα τοῦ ΗΒ πρὸς τὸ ΓΔ λόγος ἐστὶ δοθείς. ὁ αὐτὸς αὐτῷ γεγονέτω τοῦ ΗΘ πρὸς τὸ ΓΖ· λόγος

**ἄρα καὶ τοῦ ΗΘ πρὸς τὸ ΓΖ δοθείς. δοθὲν δὲ τὸ ΓΖ· δοθὲν ἄρα καὶ τὸ ΗΘ. ἔστι δὲ καὶ τὸ ΗΑ δοθέν· καὶ ὅλον ἄρα τὸ ΘΑ δοθέν ἐστιν. καὶ ἐπεὶ ὡς τὸ ΗΒ πρὸς τὸ ΓΔ, οὕτως τὸ ΗΘ πρὸς τὸ ΓΖ, καὶ λοιποῦ τοῦ ΘΒ πρὸς λοιπὸν τὸ ΖΔ λόγος ἐστὶ δοθείς. τοῦ δὲ ΖΔ πρὸς τὸ Ε λόγος ἐστὶ δοθείς· καὶ τοῦ ΘΒ ἄρα πρὸς τὸ Ε λόγος ἐστὶ δοθείς. καὶ δοθὲν τὸ ΘΑ· τὸ ΒΑ ἄρα τοῦ Ε δοθέντι μεῖζόν ἐστιν ἢ ἐν λόγῳ.**

---

명제 19. 만약 세 개의 크기가 있고, 첫 번째 크기는 두 번째 크기보다 주어져 있는 비만큼 더 크고 두 번째 크기는 세 번째 크기보다 주어져 있는 비만큼 더 크다면, 첫 번째 크기는 세 번째 크기보다 주어져 있는 비만큼 더 크다.

세 크기를 AB, CD, E라고 하자. 그리고 크기 AB는 크기 CD보다 주어져 있는 비만큼 더 크다고 하고, 크기 CD는 크기 E보다 주어져 있는 비만큼 더 크다고 하자. 그러면, 크기 AB는 크기 E보다 주어져 있는 비만큼 더 크다고 말한다.

크기 CD는 크기 E보다 주어져 있는 비만큼 더 크게 주어져 있기 때문에, 주어져 있는 크기 CZ를 뺄 수 있다. 그러면 남은 부분의 크기 ZD와 크기 E와의 비는 주어진 것이다[정의 11].

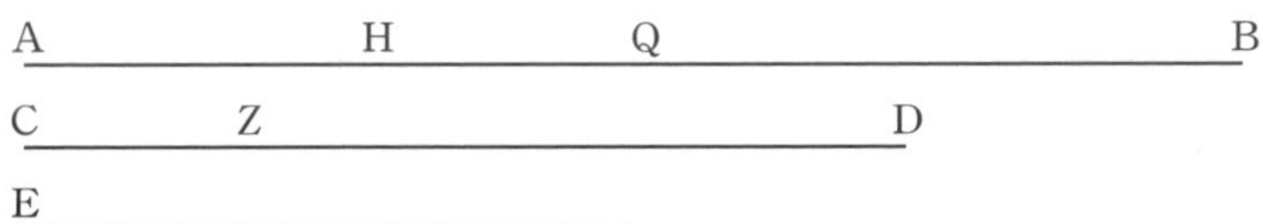


한편, 크기 AB는 크기 CD보다 주어져 있는 비만큼 더 크게 주어져 있기 때문에, 주어져 있는 크기 AH를 뺄 수 있다. 그러면 남은 부분의 크기 HB와 크기 CD의 비는 주어진 것이다[정의 11].

비 HQ : CZ를 비 BH : CD와 똑같도록 하는 점 Q를 잡자. 그러면 비 HQ : CZ는 주어진 것이다. 그리고 크기 CZ는 주어져 있기 때문에 크기 HQ는 주어진 것이다[명제 2]. 그리고 크기 HA는 주어져 있기 때문에, 크기 QA도 주어진 것이다[명제 3].

그리고 HB : CD :: HQ : CZ이기 때문에, 남은 부분의 두 크기 QB, ZD의 비는 주어진 것이다[V.명제 19, 정의 2]. 그리고 비 ZD : E는 주어져 있기 때문에, 크기 QB와 크기 E의 비도 주어진 것이다[명제 8]. 또한, 크기 QA는 주어져 있으므로, 크기 BA는 크기 E보다 주어져 있는 비만큼 더 크게 주어진 것이다[정의 11]. ■

**논평** : $x\delta >: y$ 그리고 $y\delta >: z \Rightarrow x\delta >: z$

| | | |
|---|---|---|
| $y\delta >: z$ | | CD $\delta >:$ E |
| $g$가 주어진 것이다[정의 11] | | gvn. CZ |
| gvn. $(y-g):z$ | $\{::b:c\}$ | gvn. DZ : E |
| $x\delta >: y$ | | AB $\delta >:$ CD |
| $h$가 주어진 것이다[정의 11] | | gvn. AH |
| gvn. $(x-h):y$ | $\{::a:b\}$ | gvn. BH : CD |
| $k:g::(x-h):y$인 $k$를 얻는다. | | HQ : CZ :: BH : CD를 얻는다. |
| gvn. $k:g$ [정의 2*] | $\{::a:b\}$ | gvn. HQ : CZ |
| gvn. $k$ [명제 2] | | gvn. HQ |
| gvn. $h+k$ [명제 3] | | gvn. AQ |
| [V.명제 19, $(x-(h+k):(y-g)::k:g]$ | | |
| gvn. $(x-(h+k)):(y-g)$ | $\{::a:b\}$ | gvn. BQ : DZ |
| gvn. $(x-(h+k)):z$ [명제 8] | $\{::a:c\}$ | gvn. BQ : E |
| $x\delta >: z$ [정의 11] | | AB $\delta >:$ E |

$x > y,\ y > z \Rightarrow x > z$와 비교해보자. 그리고 '불완전한' 추이율 명제 13에 관한 증명을 상기시켜 보아라.

멘지의 번역판 부록의 앞쪽(p.190)에서, 멘지는 타에르의 의견을 받아들여 아라비아 전통에서 발견되고 있는 다른 증명 방법을 소개하고 있다. 이것은 좀더 간결하며, 동일한 추이율을 이용한 명제 13보다는 체계적이라고 할 수 있다. 그 증명방법을 소개하면 아래와 같다.

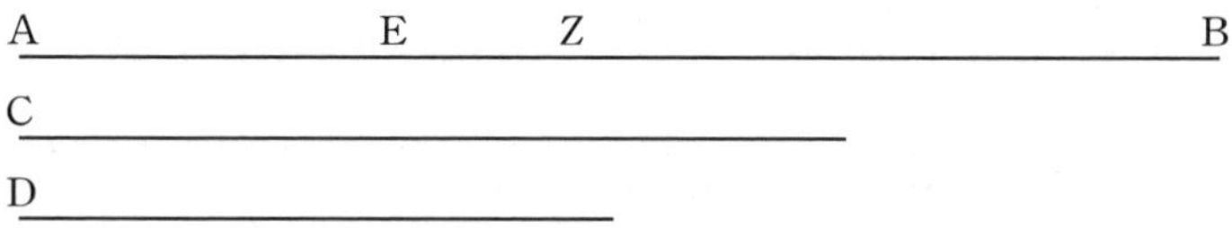


### 명제 19의 다른 증명 방법

| | |
|---|---|
| $x\,\delta >: y$ | AB $\delta$ >: C |
| $g$가 주어진 것이다[정의 11] | gvn. AE |
| gvn. $(x-g):y$ | gvn. EB : C |
| gvn. $(x-g):y$ & $y\,\delta >: z$ | gvn. EB : C & C $\delta$ >: D |
| $(x-g)\,\delta >: z$ [명제 13] | EB $\delta$ >: D |
| $h$가 주어진 것이다[정의 11] | gvn. EZ |
| gvn. $((x-g)-h):z$ | gvn. ZB : D |
| gvn. $(g+h)$ [명제 3] | gvn. AZ |
| $x\,\delta >: z$ [정의 11] | AB $\delta$ >: D |

나는 명제 15의 논평에서 주장한 것처럼, 다음 명제 20과 명제 21은 명제 14와 명제 15를 반복하고 있다.

**Θε 20.** ᾿Εὰν ᾖ δύο μεγέθη δεδομένα, καὶ ἀφαιρεθῇ ἀπ' αὐτῶν μεγέθη πρὸς ἄλληλα λόγον ἔχοντα δεδομένον, τὰ λοιπὰ πρὸς ἄλληλα ἤτοι λόγον ἕξει δεδομένον, ἢ τὸ ἕτερον τοῦ ἑτέρου δοθέντι μεῖζόν ἐστιν ἢ ἐν λόγῳ.

ἔστω δύο μεγέθη δεδομένα τὰ ΑΒ, ΓΔ, καὶ ἀπὸ τῶν ΑΒ, ΓΔ ἀφῃρήσθω μεγέθη τὰ ΑΕ, ΓΖ λόγον ἔχοντα πρὸς ἄλληλα δεδομένον· λέγω, ὅτι τὰ ΕΒ, ΖΔ πρὸς ἄλληλα ἤτοι λόγον ἔχει δεδομένον, ἢ τὸ ἕτερον τοῦ ἑτέρου δοθέντι μεῖζόν ἐστιν ἢ ἐν λόγῳ.

ἐπεὶ γὰρ δοθέν ἐστιν ἑκάτερον τῶν ΑΒ, ΓΔ, λόγος ἄρα τοῦ ΑΒ πρὸς ΓΔ δοθείς. καὶ εἰ μὲν ὁ αὐτός ἐστι τῷ τοῦ ΑΕ πρὸς ΓΖ, ἔσται καὶ λοιποῦ τοῦ ΕΒ πρὸς λοιπὸν τὸ ΖΔ λόγος δοθείς. μὴ ἔστω δὴ ὁ αὐτός, καὶ πεποιήσθω ὡς τὸ ΕΑ πρὸς ΓΖ, οὕτως τὸ ΑΗ πρὸς ΓΔ. λόγος δὲ τοῦ ΑΕ πρὸς ΓΖ δοθείς· λόγος ἄρα καὶ τοῦ ΑΗ πρὸς ΓΔ δοθείς. δοθὲν δὲ τὸ ΓΔ· δοθὲν ἄρα καὶ τὸ ΑΗ. ἔστι δὲ καὶ τὸ ΑΒ δοθέν· καὶ λοιπὸν ἄρα τὸ ΗΒ δοθέν ἐστιν. καὶ ἐπεί ἐστιν ὡς τὸ ΑΕ πρὸς ΓΖ, οὕτως τὸ ΑΗ πρὸς τὸ ΓΔ, καὶ λοιποῦ τοῦ ΗΕ πρὸς λοιπὸν τὸ ΖΔ λόγος ἐστὶ δοθείς· δοθὲν δὲ τὸ ΗΒ· τὸ ΕΒ ἄρα τοῦ ΖΔ δοθέντι μεῖζόν ἐστιν ἢ ἐν λόγῳ.

---

명제 20. 만약 두 크기의 비가 주어져 있고 주어져 있는 크기에 서로 다른 두 크기를 각각 뺀다면, 각각의 두 크기의 차에 대한 비는 주어진 것이거나 한 크기의 차는 다른 크기의 차보다 주어져 있는 비만큼 더 크다.

두 크기를 AB, CD라고 하자. 주어져 있는 이 두 크기 AB, CD의 비에 각각 두 크기 AE, CZ를 빼자. 그러면, 두 크기 EB, ZD의 비가 주어진 것이거나 그들 중 한 크기는 다른 크기보다 주어져 있는 비만큼 더 크다고 말한다.

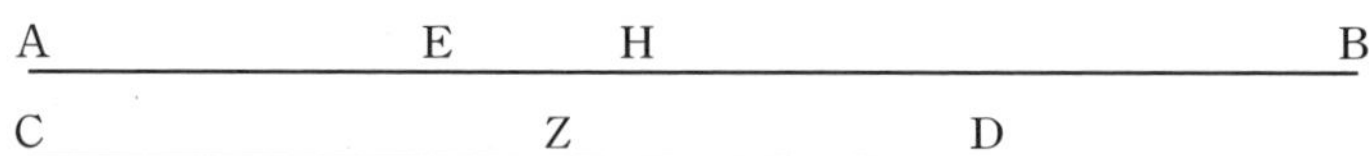

두 크기 AB, CD는 주어져 있기 때문에, 비 AB : CD는 주어진 것이다[명제 1]. 그리고 만약 비 AB : CD가 비 AE : CZ와 같다면, 남은 부분의 두 크기 EB, ZD의 비는 주어진 것이다[V. 명제 19, 정의 2].

반대로 비 AB : CD가 비 AE : CZ와 다르다고 하자. 비 AE : CZ와 똑같은 비 AH : CD가 되도록 점 H를 잡자. 비 AE : CZ는 주어져 있기 때문에, 비 AH : CD는 주어진 것이다[정의 2]. 그리고 크기 CD는 주어져 있기 때문에, 크기 AH는 주어진 것이다. 또한 크기 AB는 주어져 있기 때문에, 남은 부분의 크기 HB도 주어진 것이다[명제 4].

그리고 AE : CZ :: AH : CD이기 때문에, 남은 부분의 두 크기 HE, ZD의 비는 주어진 것이다[V. 명제 19, 정의 2]. 그리고 크기 HB는 주어져 있으므로 크기 EB는 크기 ZD보다 주어져 있는 비만큼 더 크게 주어진 것이다[정의 11]. ■

**논평** : gvn. $c$, gvn. $d$, gvn. $x:y \Rightarrow$ gvn. $(c-x):(d-y)$

혹은 $(c-x)\delta >: (d-y)$

[혹은 $(d-y)\delta >: (c-x)$]

주어진 크기 $c$와 $d$가 각각 $x$와 $y$보다 더 크다면 명제 20은 명제 15를 대신하고 있음에 틀림없다.

**Θε 21.** Ἐὰν ᾖ δύο μεγέθη δεδομένα, καὶ προστεθῇ αὐτοῖς μεγέθη πρὸς ἄλληλα λόγον ἔχοντα δεδομένον, τὰ ὅλα πρὸς ἄλληλα ἤτοι λόγον ἕξει δεδομένον ἢ τὸ ἕτερον τοῦ ἑτέρου δοθέντι μεῖζόν ἐστιν ἢ ἐν λόγῳ.

ἔστω δύο μεγέθη δεδομένα τὰ ΑΒ, ΓΔ, καὶ προσκείσθω αὐτοῖς μεγέθη τὰ ΑΕ, ΓΖ λόγον ἔχοντα πρὸς ἄλληλα δεδομένον· λέγω, ὅτι τὰ ὅλα τὰ ΕΒ, ΖΔ πρὸς ἄλληλα ἤτοι λόγον ἕξει δεδομένον, ἢ τὸ ἕτερον τοῦ ἑτέρου δοθέντι μεῖζόν ἐστιν ἢ ἐν λόγῳ.

ἐπεὶ γὰρ δοθέν ἐστιν ἑκάτερον τῶν ΑΒ, ΓΔ, λόγος ἄρα τοῦ ΑΒ πρὸς τὸ ΓΔ δοθείς. καὶ εἰ μὲν ὁ αὐτός ἐστι τῷ τοῦ ΕΑ πρὸς τὸ ΓΖ, ἔσται καὶ ὅλου τοῦ ΕΒ πρὸς ὅλον τὸ ΖΔ λόγος δοθείς. ἔστι δὲ καὶ τὸ ΑΒ δοθέν· καὶ λοιπὸν ἄρα τὸ ΗΒ δοθέν ἐστιν. καὶ ἐπεί ἐστιν ὡς τὸ ΕΑ πρὸς ΖΓ, οὕτως τὸ ΑΗ πρὸς τὸ ΓΔ, καὶ ὅλου τοῦ ΕΗ πρὸς ὅλον τὸ ΖΔ λόγος ἐστὶ δοθείς. καὶ δοθὲν τὸ ΗΒ· τὸ ΕΒ ἄρα τοῦ ΖΔ δοθέντι μεῖζόν ἐστιν ἢ ἐν λόγῳ. εἰ δὲ οὔ, πεποιήσθω ὡς τὸ ΑΕ πρὸς ΓΖ, οὕτως τὸ ΗΑ πρὸς τὸ ΓΔ· λόγος ἄρα τοῦ ΗΑ πρὸς τὸ ΓΔ δοθείς. δοθὲν δὲ τὸ ΓΔ· δοθὲν ἄρα καὶ τὸ ΗΑ. ἔστι δὲ καὶ τὸ ΑΒ δοθέν· καὶ λοιπὸν ἄρα τὸ ΗΒ δοθέν ἐστιν. καὶ ἐπεὶ ἐστιν ὡς τὸ ΕΑ πρὸς τὸ ΖΓ, οὕτως τὸ ΑΗ πρὸς τὸ ΓΑ, καὶ ὅλου τοῦ ΕΗ πρὸς ὅλον τὸ ΖΔ λόγος ἐστι δοθείς. καί δοθὲν τὸ ΗΒ· τὸ ΕΒ ἄρα τοῦ ΖΔ δοθέντι μεῖζόν ἐστιν ἢ ἐν λόγῳ.

명제 21. 만약 두 크기의 비가 주어져 있고 주어져 있는 크기에 서로 다른 두 크기를 각각 더한다면, 각각 두 크기의 합에 대한 비는 주어진 것이거나 한 크기의 합은 다른 크기의 합보다 주어져 있는 비만큼 더 크다.

두 크기를 AB, CD라고 하자. 주어져 있는 이 두 크기의 비에 두 크기 AE, CZ를 각각 더하자. 그러면, 두 크기의 합 EB, ZD의 비는 주어진 것이거나 그들 중 한 크기는 다른 크기보다 주어져 있는 비만큼 더 크다고 말한다.

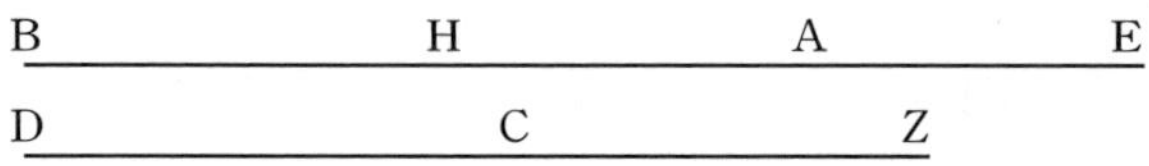


두 크기 AB, CD는 주어져 있기 때문에 비 AB : CD는 주어진 것이다[명제 1]. 그리고 비 AB : CD가 비 EA : CZ와 같다면, 두 크기의 합 EB, ZD의 비는 주어진 것이다[V.명제 12, 정의 2].

반대로, 비 AB : CD가 비 EA : CZ와 같지 않다고 하자. 그리고, HA : CD :: AE : CZ가 되도록 하는 점 H를 잡자. 그러면 비 HA : CD는 주어진다. 그리고 크기 CD는 주어져 있기 때문에, 크기 HA는 주어진 것이다[명제 2]. 또한 크기 AB는 주어져 있기 때문에, 남은 부분의 크기 HB도 주어진 것이다. 그리고 EA : ZC :: AH : CD이기 때문에, 두 크기의 합 EH, ZD의 비는 주어진 것이다[V.명제 12, 정의 2]. 또한, 크기 HB가 주어져 있으므로, 크기 EB는 크기 ZD보다 주어져 있는 비만큼 더 크게 주어진 것이다[정의 11]. ■

**논평 :** gvn.$c$, gvn.$d$, gvn.$x : y$ $\Rightarrow$ gvn.$(c+x) : (d+y)$

혹은 $(c+x)\,\delta >: (d+y)$

[혹은 $(c+y)\,\delta >: (d+x)$]

우리의 기호 표기를 통해 볼 때, 명제 14에서처럼 명제 21은 참임이 증명된다. 왜냐하면, 덧셈은 교환법칙이 성립하기 때문이다. 비록 모든 그리스 필사본에서는 명제 21이 제시되어져 있지만, 아라비아의 전통적인 원문에는 명제 21은 존재하지 않는다. 따라서, 클리멘스 타에르는 이것은 위조된 것이라고 주장한다. 하지만 이러한 주장에 대해 내가 유클리드를 '구해주거나 도와주기'에는 너무나 시간적으로 먼 시대에 살고 있다고 생각된다. 《자료론》은 체계적(예를 들어, 《원론》에서처럼)으로 만들어져 있지 않고, 아라비아인들은 반복을 싫어하기 때문에 이것을 세련되게 하려고 약간의 수정을 하였을 것이다. 하지만 아무도 진실이 무엇인지는 알 수 없다.

# 4장 크기와 비 II

이 장에 제시된 명제들은 명제 12처럼 배치의 측면에서 다소 문제점이 있는 것 같다. 명제 22, 명제 23은 명제 8 다음에 즉각적으로 제시하는 것이 더 타당한 것으로 보인다. 이들 명제들은 《원론》 VI권에서 처음으로 다루어지고, 또한 앞장에서 다룬 '주어져 있는 비만큼 더 큰 크기'에 소개된 명제들과 관련이 거의 없을 뿐만 아니라 다음 장에 다루어질 위치, 도형에 대한 명제와도 아무 관계가 없는 것처럼 보인다. 하지만 매우 어렴풋하게나마 명제 14와 명제 21이 관련되어 있어 보이기도 한다. 왜냐하면 두 개의 서로 다른 비에 대한 덧셈 연산을 다루고 있기 때문이다. 반면, 명제 24는 삼각형 이론에 대한 명제(명제 39 ~ 명제 48) 이후로 미뤄서 다루어져야 할 것으로 보인다.

**Θε 22.** Ἐὰν δύο μεγέθη πρός τι μέγεθος λόγον ἔχῃ δεδομένον, καὶ τὸ συναμφότερον πρὸς τὸ αὐτὸ λόγον ἕξει δεδομένον.

δύο γὰρ μεγέθη τὰ ΑΒ, ΒΓ πρός τι μέγεθος τὸ Δ λόγον ἐχέτω δεδομένον· λέγω, ὅτι καὶ τὸ συναμφότερον τὸ ΑΓ πρὸς τὸ αὐτὸ τὸ Δ λόγον ἔχει δεδομένον.

ἐπεὶ γὰρ ἑκάτερον τῶν ΑΒ, ΒΓ πρὸς τὸ Δ λόγον ἔχει δεδομένον, λόγος ἄρα καὶ τοῦ ΑΒ πρὸς τὸ ΒΓ δοθείς· καὶ συνθέντι τοῦ ΑΓ πρὸς τὸ ΒΓ λόγος ἐστὶ δοθείς. τοῦ δὲ ΒΓ πρὸς Δ λόγος ἐστὶ δοθείς· καὶ τοῦ ΑΓ ἄρα πρὸς τὸ Δ λόγος ἐστὶ δοθείς.

명제 22. 만약 두 크기와 어떤 크기와의 비가 각각 주어져 있으면, 두 크기의 합과 어떤 크기와의 비도 주어진 것이다.

두 크기 AB, BC는 어떤 다른 크기 D와의 각각의 크기의 비가 주어져 있다. 그러면 이들 두 크기의 합 AC와 어떤 크기 D와의 비는 주어진 것이라고 말한다.

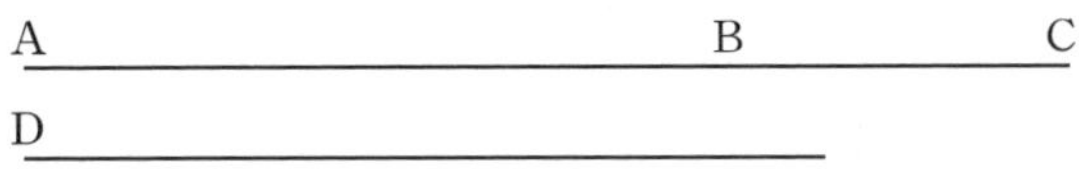


크기 AB와 크기 D와의 비, 크기 BC와 크기 D와의 비가 주어져 있으므로, 비 AB : BC는 주어진 것이다[명제 8]. 그리고 비의 합성(synthenti)[즉, 비 (AB + BC) : BC]에 의해서 비 AC : BC도 주어진 것이다[명제 6]. 또한 비 BC : D는 주어져 있다. 따라서 비 AC : D도 주어진 것이다[명제 8]. ■

**논평 :** gvn.$x : z$ 그리고 gvn.$y : z$ $\Rightarrow$ gvn.$(x + y) : z$
명제 22는 명제 6의 확장이다. 이 명제는 양등 변형(di'isou metamorphosis)과 명제 8에 의해서 쉽게 증명될 수 있다. 이 명제와 매우 유사한 V. 명제 24에 의해 정확하게 증명될 수 있다. V. 명제 24는 다음과 같이 바꾸어 서술할 수 있다. 즉, '만약 두 비가 주어져 있는데, 이 두 비의 후항이 서로 동일하다면, 두 비의 전항을 더한 것과 후항의 비는 구할 수 있다'로 나타낼 수 있다. 이것을 기호로 나타내면 다음과 같다.

V. 명제 24. gvn.$x : z :: a : c$이고 gvn.$y : z :: b : c$
$\Rightarrow$ gvn.$(x + y) : z :: (a + b) : c$

이것은 '비의 합'으로 정의되어 사용될 수도 있겠지만, 크기와 수에 관한 고대 그리스 이론에서는 결코 그렇지 않았다(Vitrac, vol 2, p.125). '공통 분모'에 대한 개념은 그리스 기하학에서 생각할 수 없었던 부분이다. V. 명제 24의 증명은 양등(di'isou)에 대한 정리(V. 명제 22)가 포함되어 있다. 여기에는 마치 '비의 곱'으로 해석될 수 있는 것이 내재되었다고 볼 수 있다. 마치 비의 합 이전에 비의 곱이 선행하는 것과 같은 것으로 보인다. V.명제 24의 증명은 아래와 같이 개략적으로 정리될 수 있다.

| 기본 전제 | $x:z::a:c$이고 $y:z::b:c$ |
|---|---|
| 전치(anapalin) | $x:z::a:c$이고 $z:y::c:b$ |
| 양등(di'isou), V.명제 22 | $x:y::a:b$ |
| 합성(synthenti), V.명제 18 | $(x+y):y::(a+b):b$ |
| 기본 전제, 양등(di'isou), V.명제 22 | $(x+y):z::(a+b):c$ |

명제 22의 증명은 다음과 같이 유사하게 정리될 수 있다.

| 가정 | gvn.$x:z$, gvn.$y:z$ | gvn.AB : D, gvn.BC : D |
|---|---|---|
| 명제 8 | gvn.$x:y$ | gvn.AB : BC |
| 명제 6 | gvn.$(x+y):y$ | gvn.AC : BC |
| 명제 8 | gvn.$(x+y):z$ | gvn.AC : D |

**Θε 23.** ᾿Εὰν ὅλον πρὸς ὅλον λόγον ἔχῃ δεδομένον, ἔχῃ δὲ καὶ τὰ μέρη πρὸς τὰ μέρη λόγους δεδομένους, μὴ τοὺς αὐτοὺς δέ, καὶ πάντα πρὸς πάντα λόγους ἕξει δεδομένους.

ἐχέτω γὰρ ὅλον τὸ ΑΒ πρὸς ὅλον τὸ ΓΔ λόγον δεδομένον, ἐχέτω δὲ καὶ τὰ ΑΕ, ΕΒ μέρη πρὸς τὰ ΓΖ, ΖΔ μέρη λόγους δεδομένους, μὴ τοὺς αὐτοὺς δέ· λέγω, ὅτι καὶ πάντα πρὸς πάντα λόγους ἕξει δεδομένους.

ἐπεὶ γὰρ λόγος ἐστὶ τοῦ ΑΕ πρὸς ΓΖ δοθείς, ὁ αὐτὸς αὐτῷ γεγονέτω ὁ τοῦ ΑΒ πρὸς ΓΗ· λόγος ἄρα καὶ τοῦ ΑΒ πρὸς ΓΗ δοθείς. ἔσται καὶ λοιποῦ τοῦ ΕΒ πρὸς λοιπὸν τὸ ΖΗ λόγος δοθείς. τοῦ δὲ ΕΒ πρὸς τὸ ΖΔ λόγος ἐστὶ δοθείς· καὶ τοῦ ΖΔ ἄρα πρὸς ΖΗ λόγος ἐστὶ δοθείς· καὶ ἀναστρέψαντι τοῦ ΖΔ πρὸς ΔΗ λόγος ἐστὶ δοθείς. καὶ ἐπεὶ λόγος ἐστὶ τοῦ ΑΒ πρὸς ἑκάτερον τῶν ΔΓ, ΓΗ, καὶ τοῦ ΔΓ ἄρα πρὸς τὸ ΓΗ λόγος ἐστὶ δοθείς· ἀναστρέψαντι καὶ τοῦ ΓΔ πρὸς ΔΗ λόγος ἐστὶ δοθείς. ἀλλὰ τοῦ ΗΔ πρὸς ΔΖ λόγος ἐστὶ δοθείς· καὶ τοῦ ΓΔ ἄρα πρὸς ΔΖ λόγος ἐστὶ δοθείς· ὥστε καὶ τοῦ ΓΖ πρὸς τὸ ΖΔ λόγος ἐστὶ δοθείς. ἀλλὰ τοῦ μὲν ΓΖ πρὸς ΑΕ λόγος ἐστὶ δοθείς, τοῦ δὲ ΖΔ πρὸς ΒΕ λόγος ἐστὶ δοθείς· ὥστε πάντων πρὸς πάντα λόγος ἐστὶ δοθείς.

**명제 23.** 두 크기의 합으로 이루어진 두 전체 크기의 비가 주어져 있고, 두 전체를 구성하는 각각의 부분들끼리의 비가 주어져 있으면, 부분들 사이의 모든 비는 주어진 것이다.

전체 AB와 전체 CD의 비는 주어져 있고, 그들의 각각의 부분 AE, EB와 CZ, ZD의 서로 서로의 비가 각각 주어져 있다. 그러면 모든 부분들 사이의 비는 주어진 것이라고 말한다.

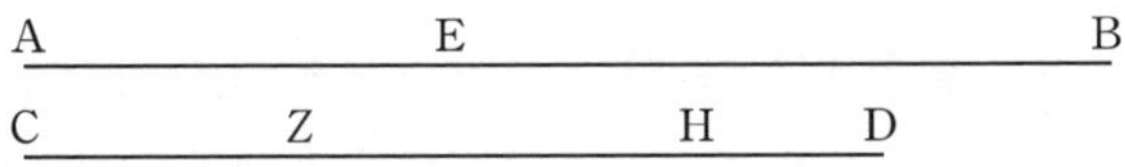


비 AE : CZ는 주어졌기 때문에, 비 AB : CH가 이와 동일한 비를 가지도록 하는 점 H를 잡을 수 있다. 그러면 AB : CH는 주어진 것이다[정의 2]. 또한 AB : CH가 주어져 있으므로 선분의 남은 부분의 비 EB : ZH도 주어진 것이다[V. 명제 19]. 그리고 비 EB : ZD도 주어져 있으므로 비 ZD : ZH도 주어진 것이다[명제 8].

그리고 전환(anastrepsanti)에 의해서[비 ZD : (ZD − ZH)], 비 ZD : DH도 주어진 것이다[명제 5]. 그리고 AB와 DC, AB와 CH의 비가 각각 주어져 있기 때문에 비 DC : CH도 역시 주어진 것이다[명제 8]. 전환(anastrepsanti)에 의해서 비 CD : DH도 주어진 것이다[명제 5].

비 HD : DZ도 주어져 있으므로 비 CD : DZ는 주어진 것이다[명제 8]. 이를 통해서 비 CZ : ZD도 주어진 것이다. 또한 비 CZ : AE가 주어진 것이고, 비 ZD : BE가 주어진 것이므로 전체를 구성하는 부분들 사이의 각각의 크기의 비는 모두 주어진 것이라고 말할 수 있다. ■

**논평 :** gvn. $(x+y):(u+v)$, gvn. $x:u$이고 gvn. $y:v \Rightarrow$ gvn. $u:v$

이 명제는 비의 합에 대한 명제이다. 특별히 비의 전항은 전항끼리 더하고, 후항은 후항끼리 더하는 것과 관련되어 있다. 구체적으로 두 비의 연산 결과(여기서는 전항끼리, 후항끼리의 합)에 대한 비가 주어져 있고, 이들이 연산되기 전의 각각의 비가 주어져 있으면, 전체를 구성하는 임의의 크기들에 대한 서로 서로의 크기의 비도 주어진 것과 같다는 것을 의미한다.

결론적으로 말하자면, '전체를 구성하는 부분들 사이의 모든 크기의 비가 주어진 것'으로 표현할 수 있다. 그러나 유클리드는 $u:v$가 주어진 것이라는 것을 밝힌 다음에 더 이상의 증명을 진행하지 않고 멈추고 있다. 비에 대한 추가적인 증명에 대한 생략은 매우 교묘한 수법으로 볼 수 있지만, 수학적으로는 명백한 증명기법은 아닌 것으로 보인다.

| | | | |
|---|---|---|---|
| 가정 | gvn. AB : CD | gvn. $(x+y):(u+v)$ | [0] |
| | gvn. AE : CZ | gvn. $x:u$ | [1] |
| | gvn. EB : ZD | gvn. $y:v$ | [2] |
| 결론 | gvn. CZ : ZD | gvn. $u:v$(모든 크기의 비) | |
| [증명] | | | |
| 만들기 | AB : CH :: AE : CZ | $(x+y):(u+p)::x:u$인 $p$[74]를 잡음 | [3] |
| [1], 정의 2* | gvn. AB : CH | gvn. $(x+y):(u+p)$ | [4] |
| V. 명제 19 | gvn. EB : ZH | $[y:p::x:u]$, gvn. $y:p$ | [5] |
| [2], 명제 8 | gvn. ZD : ZH | gvn. $v:p$ | [6] |

74) 이것은 매우 의미 있고 탁월한 아이디어다. V. 명제 19에서와 같이 $y$가 주어진 비을 가지는 또 다른(새로운) 크기를 취하는 것은 수학적으로 의미 있는 것이다. 비를 매우 잘 다루는 것으로 해석할 수 있다.

| | | | |
|---|---|---|---|
| 명제 5 | gvn. ZD : DH | gvn. $v:(v-p)$[75], 전환 | [7] |
| [0], [3], 명제 8 | gvn. DC : CH | gvn. $(u+v):(u+p)$ | [8] |
| 명제 5 | gvn. CD : DH | gvn. $(u+v):(v-p)$, 전환 | [9] |
| [7], 명제 8 | gvn. CD : DZ | gvn. $(u+v):v$ | [10] |
| 명제 6 | gvn. CZ : ZD | gvn. $u:v$, 분리(dielonti) | [11] |
| [1], [2], 명제 8 | gvn.(모든 비) | 예를 들면, gvn. $x:y$, gvn. $x:v$, gvn. $y:u$ | |

이 명제에서 비의 크기에 대한 구체적인 언급은 발견되지 않고 있다. 따라서 클리멘스 타에르의 언급처럼, 만약 $kx+ly=m(x+y)$이면 $x=\frac{l-m}{m-k}y$이라는 것은 그가 임의로 추측하여 만들어낸 것이다. 따라서 이러한 표현과 같은 형태의 것을 그리스 원문에서 찾으려고 하는 것은 매우 헛된 것이다.

**Θε 24.** ʼΕὰν τρεῖς εὐθεῖαι ἀνάλογον ὦσιν, ἡ δὲ πρώτη πρὸς τὴν τρίτην λόγον ἔχῃ δεδομένον, καὶ πρὸς τὴν δευτέραν λόγον ἕξει δεδομένον.

ἔστωσαν τρεῖς εὐθεῖαι ἀνάλογον αἱ Α, Β, Γ, ὡς ἡ Α πρὸς τὴν Β, οὕτως ἡ Β πρὸς τὴν Γ, ἡ δὲ Α πρὸς τὴν Γ λόγον ἐχέτω δεδομένον· λέγω, ὅτι καὶ πρὸς τὴν Β λόγον ἕξει δεδομένον.

75) 암묵적 가정 $(x+y):(u+v)<x:u$, 그래서 $(x+y):(u+v)<(x+y):(u+p)$이다. 따라서 $p<v$이다. 만약에 그렇지 않다면, 선분 AB와 선분 CD는 서로 바뀌어야 한다.

ἐκκείσθω γὰρ δοθεῖσα ἡ Δ. καὶ ἐπεὶ λόγος ἐστὶ τῆς Α πρὸς τὴν Γ δοθείς, ὁ αὐτὸς αὐτῷ γεγονέτω ὁ τῆς Δ πρὸς τὴν Ζ· λόγος ἄρα καὶ τῆς Δ πρὸς τὴν Ζ δοθείς· δοθεῖσα δὲ ἡ Δ· δοθεῖσα ἄρα καὶ ἡ Ζ. εἰλήφθω τῶν Δ, Ζ μέση ἀνάλογον ἡ Ε· τὸ ἄρα ὑπὸ τῶν Δ, Ζ ἴσον ἐστὶ τῷ ἀπὸ τῆς Ε. δοθὲν δὲ τὸ ὑπὸ τῶν Δ, Ζ· δοθεῖσα γὰρ ἑκατέρα αὐτῶν· δοθὲν ἄρα καὶ τὸ ἀπὸ Ε· δοθεῖσα ἄρα ἐστὶν ἡ Ε. ἔστι δὲ καὶ ἡ Δ δοθεῖσα· λόγος ἄρα ἐστὶ τῆς Δ πρὸς τὴν Ε δοθείς. καὶ ἐπεί ἐστιν ὡς ἡ Α πρὸς τὴν Γ, οὕτως ἡ Δ πρὸς τὴν Ζ, ἀλλ' ὡς μὲν ἡ Α πρὸς τὴν Γ, οὕτως τὸ ἀπὸ τῆς Α πρὸς τὸ ὑπὸ τῶν Α, Γ, ὡς δὲ ἡ Δ πρὸς τὴν Ζ, οὕτως τὸ ἀπὸ τῆς Δ πρὸς τὸ ὑπὸ τῶν Δ, Ζ, ὡς ἄρα τὸ ἀπὸ τῆς Α πρὸς τὸ ὑπὸ τῶν Α, Γ, οὕτως τὸ ἀπὸ τῆς Δ πρὸς τὸ ὑπὸ τῶν Δ, Ζ. ἀλλὰ τῷ μὲν ὑπὸ τῶν Α, Γ ἴσον ἐστὶ τὸ ἀπὸ τῆς Β· αἱ γὰρ Α, Β, Γ ἀνάλογόν εἰσιν· τῷ δὲ ὑπὸ τῶν Δ, Ζ ἴσον ἐστὶ τὸ ἀπὸ τῆς Ε· ὡς ἄρα τὸ ἀπὸ τῆς Α πρὸς τὸ ἀπὸ τῆς Β, οὕτως τὸ ἀπὸ τῆς Δ πρὸς τὸ ἀπὸ τῆς Ε· καὶ ὡς ἄρα ἡ Α πρὸς τὴν Β, οὕτως ἡ Δ πρὸς τὴν Ε. λόγος δὲ τῆς Δ πρὸς τὴν Ε δοθείς· λόγος ἄρα καὶ τῆς Α πρὸς τὴν Β δοθείς.

명제 24. 세 크기가 비례적이고, 첫 번째 크기에 대한 세 번째 크기의 비가 주어져 있으면, 첫 번째에 대한 두 번째 크기의 비도 주어진 것이다.

세 크기가 비례적이므로(V. 정의 9) A : B :: B : C를 만족하는 세 크기 A, B, C가 주어져 있고, 크기 A와 크기 C의 비가 주어져 있다. 그러면 크기 A와 크기 B의 비도 주어진 것이라고 말한다.

주어져 있는 크기 D를 설정하자[공리 0*].

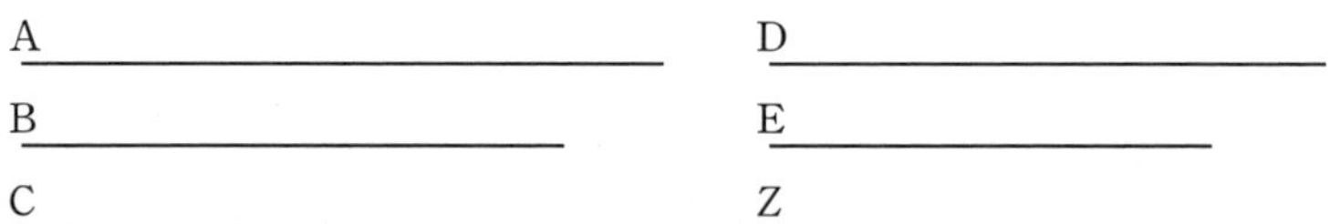


비 A : C가 주어져 있기 때문에 이와 동일한 비를 가지는 비 D : Z를 만들 수 있다[VI. 명제 12]. 따라서 비 D : Z도 주어진 것이다[정의 2*]. 그리고 크기 D는 주어져 있기 때문에 크기 Z도 주어진 것이다[명제 2].

크기 D와 크기 Z에 대한 비례중앙(등비중앙) 크기 E를 만들자[VI. 명제 13]. 그러면 ㄷㄱ D, Z = □E 이다[VI. 명제 17]†. 크기 D와 크기

† [역자] ㄷㄱ D,Z는 가로의 길이가 D, 세로의 길이가 Z인 직사각형의 넓이를 의미하고, □E는 한 변의 길이가 E인 정사각형을 의미한다.

Z가 주어져 있기 때문에 ⊏⊐ D,Z는 주어진 것과 같다[명제 24*A]. 따라서 □E도 주어진 것과 같다. 따라서 크기 E도 주어진 것이다[명제 24*B]. 그리고 크기 D가 주어져 있는 것이므로, 비 D : E도 주어진 것이다[명제 1].

게다가 A : C :: D : Z이고 A : C :: □A : ⊏⊐ A,C이며, D : Z :: □D : ⊏⊐ D,Z[VI.명제 1]이기 때문에 □A : ⊏⊐ A, C :: □D : ⊏⊐ D, Z[V.명제 11]이다. 그런데 A, B, C가 비례적이므로 ⊏⊐ A,C = □B이다[VI.명제 17]. ⊏⊐ D,Z = □E이므로 □A : □B :: □D : □E이고, 따라서 A : B :: D : E[명제 24*C]이다.

비 D : E가 주어져 있는 것이므로, 결국 비 A : B도 주어진 것이다.

■

**논평 :** gvn. A : B :: B : C & gvn. A : C ⇒ gvn. A : B

등비수열에서 선분의 크기에 대한 이러한 명제는 일반적인 양의 크기에 대한 명제에서 성립된다는 것을 유클리드는 언급하지 않고 남겨 두고 있다. 선분의 길이에 대한 초기의 명제에서는 특정한 종류의 크기에 대해서만 설명을 하고 있고, 기하학적인 연산은 덧셈, 뺄셈 혹은 선분의 분할에만 제한되어 있었다. 명제 24의 직사각형과 정사각형은 《원론》 VI권에 제시된 명제들을 암시하고 있는 것으로 보인다.

《원론》 VI권 명제 20으로부터 우리는 A : B :: B : C이면 A : C :: □A : □B임을 나타내고 있다. 따라서 비 A : C가 주어져 있으면 □A : □B도 주어진 것이다. 이로부터 명제는 다음과 같이 재진술될 수 있다.

명제 24*A. 만약 두 정사각형의 넓이의 비가 서로 주어져 있으면, 정사각형의 변의 길이의 비도 주어진 것이다.

시대착오적이기는 하지만, 우리는 현대적인 의미로 명제 24를 재해석할 수 있다. 즉, 비를 실수(real number)로 '번역'하여 재진술할 수 있다. 구체적으로 말하면, '만약 양의 실수가 주어져 있으면, 그것의 양의 제곱근도 역시 주어진 것이다'라 할 수 있다. 또는 어떤 수의 양의 제곱근으로 결정되는 수는 유일하다는 것으로 재진술될 수 있다.

명제 24는 위치의 구성에서 약간의 문제가 있는 것으로 보인다. 상식적으로 명제 24가 활용되는 특별한 경우에 해당하는 명제 54 앞에 증명되어야 한다는 것이다. 또한 명제 24는 명확하게 참이기는 하지만 증명의 과정이 매우 빈약한 것으로도 유명하다[76]. 《자료론》 어디에서도 증명되어 있지 않지만 다음과 같은 엄격한 진술이 가능하다.

명제 24*B. 만약 두 선분의 크기가 주어져 있으면, 이 두 선분에 의해 만들어지는 직사각형의 넓이는 주어진 것이다(명제 52의 특별한 경우).

명제 24*C. 만약 정사각형의 넓이가 주어져 있으면, 정사각형을 만드는 한 변의 길이는 주어진 것이다(명제 55의 특별한 경우).

명제 24*D. 만약 □A : □B :: □D : □E 이면 A : B :: D : E 이다.

명제 24에서 증명의 누락은 매우 두드러진 증명의 공백처럼 보이며, 미완성 혹은 동질적이지 못한 작업의 결과라는 강한 인상을 심어주고 있다. 결국, 명제 24는 명제 3, 명제 4의 예와 같이 매우 기초적인 명제로 보인다. 그러나 명제 24는 《원론》 VI권 명제 22에서 누락된 것처럼 직관적으로 명확한 것이다. 이것에 대해서는 각주 76을 참조하도록 한다.

---

76) Heath (1956)의 책 246쪽 참조.

**분석 :**

명제 24의 증명에서 누락된 부분을 제시하기 이전에 명제 24에 대해 분석해보자. 가정에서 주어져 있는 것으로 A : B :: B : C, 비 A : C가 있고, 결론에는 주어진 것으로 비 A : B가 제시되어 있다. 이것은 정의 2에 의해서, A : B :: D : E를 만족하는 두 선분 D, E가 존재한다는 것을 의미한다.

| | |
|---|---|
| VI. 명제 1. | □A : ⊏ ⊐ A,B :: □D : ⊏ ⊐ D,E |
| 이고, | ⊏ ⊐ A,B : □B :: ⊏ ⊐ D,E : □E |
| V. 명제 22. | □A : □B :: □D : □E (양등에 대한 정리) |

가정에서 주어져 있는 A : B :: B : C로부터 □B = ⊏ ⊐ A,C(A와 C를 두 변으로 하는 직사각형)를 얻을 수 있다(VI.명제 17). 따라서 한 변의 길이가 D인 직사각형과 동일한 넓이를 가지는 □E를 만들 수 있다면, 즉 우리가 D : E :: E : Z의 비를 만족하는 D, E와 비례적인 관계를 가지는 Z를 작도할 수 있다고 하면, □E = ⊏ ⊐ D,Z이다. 또한, 분석의 마지막 줄은 □A : ⊏ ⊐ A,C :: □D : ⊏ ⊐ D,Z가 되고, VI.명제 1에 의해 A : C :: D : Z가 된다.

이러한 분석은 다음과 같은 사실을 보여준다. 만약에 주어진 비 A : C를 가지는 두 선분 D, Z가 주어져 있고, 이들의 비례중앙 E가 주어져 있다고 한다면, 비 A : B는 비 D : E와 동일한 비를 가지고 있으며, 그 값은 주어진 것으로 볼 수 있다. 유클리드는 만약 D와 Z가 주어져 있다고 한다면 E가 주어진 것이라고 생각하였고, 이러한 가정은 곧 명제 24에서 증명하려고 하였던 그것과 동치인 것이다. 이것은 앞에서 언급하였지만 증명을 하지 않은 명제 24*B, 명제 24*C, 명제 24*D를 얻을 수 있게 한다.

명제 24*B의 증명은 명제 48과 명제 52를 모방하여 증명할 수 있다. 만약 동일한 선분 위에 만들어진 정사각형과 직사각형이 주어져 있다고 하면, 그들의 비는 서로 주어진 것이다. 즉, 만약 한 선분이 주어져 있다면, 이 선분을 한 변으로 하는 정사각형의 크기가 주어진 것임을 확인하는 것과 동일하다. 나는 이것을 공리로 다룰 것을 제안하였다. 하지만 정의 1에서는 넓이에 대한 부분은 다루지 않고 있다.

선분 AB와 선분 BC가 주어져 있는 선분이다. 그러면 AB와 BC를 두 변으로 하는 직사각형과 AB를 한 변으로 하는 정사각형의 넓이의 비는 BC : AB와 동일하다. 따라서 명제 1에서 선분이 주어져 있기 때문에 비도 주어진 것이 된다. 명제 2에 의해서 □AB의 크기가 주어져 있다면, ⊏⊐ ABC도 크기가 주어진 것이다. 그리고 우리의 공리에 의해서 □AB의 크기는 주어진 것이다.

명제 24*C는 명제 39와 같은 방법으로 증명될 수 있다. 그러나 이러한 명제들은 공리로 받아들이는 것이 훨씬 타당할 것으로 보인다. 그것은 명제 54의 방법을 사용한 명제 55의 특별한 경우로 보인다.

명제 24*D를 증명하기 위해서는 두 선분 A, B와 명제 '□A = □B이면 A = B'라는 명제를 사용하여야 한다. 이 명제는 프로클로스(Proclus)에 의해 증명되었다(Friedlein 424～425, Morrow 337 참조).

명제 24*D는 《원론》 VI권 명제 22의 매우 소박한 형태라고 볼 수 있다. 이것은 일반적인 형태인 《원론》 VI권 명제 22보다 복잡하지 않다. 《원론》에서는 이 명제에 대한 역을 처음으로 증명하고 있는데, 분석결과는 아래와 같다.

만약 A : B :: D : E이면
□A : ⊏⊐ A,B :: □D : ⊏⊐ D,E이다.

그리고 $\sqsubset\sqsupset$ A,B : □B :: $\sqsubset\sqsupset$ D,E : □E 이다.

따라서(양등에 대한 정리) □A : □B :: □D : □E 이다.

명제 24*D 에 대한 증명 : 네 크기 A, B, D, H 에 대한 비례식이 주어져 있다고 하자.

만약 A : B :: D : H 이면

□A : □B :: □D : □H 이다. [위에서 증명함]

또한, 가정에 의해서 □A : □B :: □D : □E [가정]

따라서 □E = □H 이고, [V. 명제 9]

또한, E = H 이다. [Proclus]

프로클로스의 증명법(그림 24.1)

가정 : □(BD) = □(BE)

결론 : AB = BC

$\angle$AZB = $\angle$CHB = $\frac{1}{2}\angle$R 이다.

《원론》 I권 명제 27에 의해서 AZ ∥ CH 이다.

《원론》 I권 명제 34에 의해서 △ABZ = △CBH = $\frac{1}{2}$□ABZD 이다.

공통개념 2에 의해서 △AZC = △HCZ 이다.

《원론》 VI권 명제 1에 의해서 AH ∥ CZ 이다.

《원론》 I권 명제 34에 의해서 AZ = CH 이다.

《원론》 I권 명제 26에 의해서 △ABZ ≡ △CBH 이다.

따라서 AB = BC 이다.

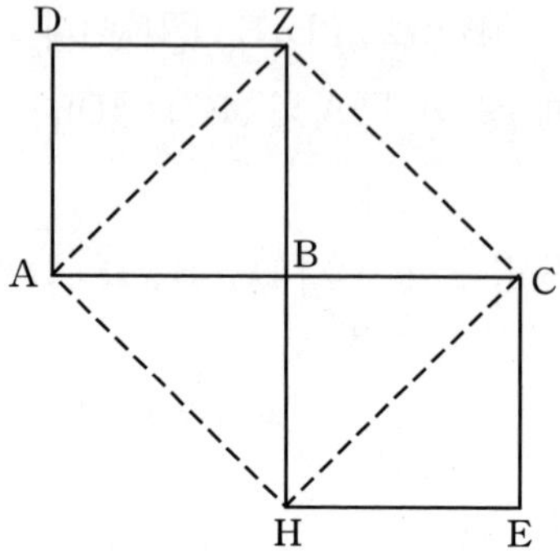


그림 24.1

## 명제 10~명제 24의 연역적 구조

| 《자료론》 \ 명제 | 10 | 11 | 12 | 13 | 14 | 15 | 16 | 17 | 18 | 19 | 20 | 21 | 22 | 23 | 24 |
|---|---|---|---|---|---|---|---|---|---|---|---|---|---|---|---|
| 정의 1* | · | · | + | · | · | · | · | · | · | · | · | · | · | · | · |
| 정의 2* | · | + | · | + | + | + | + | · | + | + | · | + | · | + | + |
| 정의 9 | · | · | + | · | · | · | · | · | · | · | · | · | · | · | · |
| 정의 11 | + | + | · | + | · | + | + | + | + | + | + | + | · | · | · |
| 명제 1 | · | · | · | · | + | + | · | · | · | · | + | + | · | · | + |
| 명제 2 | · | + | · | + | + | + | + | · | + | + | + | · | · | · | + |
| 명제 3 | · | · | · | · | · | · | + | · | · | + | · | · | · | · | · |
| 명제 4 | · | + | + | · | + | + | · | · | · | · | + | + | · | · | · |
| 명제 5 | + | + | · | · | · | · | · | · | · | · | · | · | · | + | · |
| 명제 6 | + | + | · | · | · | · | · | · | · | · | · | · | + | + | · |
| 명제 8 | · | · | · | + | · | · | · | + | + | + | · | · | · | + | · |
| 명제 14 | · | · | · | · | · | · | · | + | · | · | · | · | · | · | · |
| 명제 15 | · | · | · | · | · | · | · | · | + | · | · | · | · | · | · |

| 《원론》 \ 명제 | 10 | 11 | 12 | 13 | 14 | 15 | 16 | 17 | 18 | 19 | 20 | 21 | 22 | 23 | 24 |
|---|---|---|---|---|---|---|---|---|---|---|---|---|---|---|---|
| 공통개념 3 | · | · | + | · | · | · | · | · | · | · | · | · | · | · | · |
| V. 명제 11 | · | · | · | · | · | · | · | · | · | · | · | · | · | · | + |
| V. 명제 12 | · | + | · | · | + | · | · | · | + | · | · | + | · | · | · |
| V. 명제 19 | · | + | · | + | · | + | + | · | · | + | + | · | · | · | · |
| VI. 명제 1 | · | · | · | · | · | · | · | · | · | · | · | · | · | · | + |
| VI. 명제 13 | · | · | · | · | · | · | · | · | · | · | · | · | · | · | + |
| VI. 명제 17 | · | · | · | · | · | · | · | · | · | · | · | · | · | · | + |
| VI. 명제 22 | · | · | · | · | · | · | · | · | · | · | · | · | · | · | + |

명제 10, 명제 11, 명제 13 ~ 명제 21은 V.명제 19와 정의 11(명제 86과는 분리됨)의 사용이라는 측면에서 한 개의 공통그룹으로 묶을 수 있다(반면, V.명제 12는 명제 45, 명제 46, 명제 93에서 다시 사용되어짐). 이들은 정의 2(정의 2$^*$)의 중요성을 보여주는 명제들이고, 또한 5장에 제시될 명제 25 ~ 명제 30의 '위치에 대한 명제'를 제외한 상당수의 명제들을 지지하고 있는 명제 1 ~ 명제 6, 명제 8이 매우 기본적인 역할을 하고 있음을 보여준다. 명제 14와 명제 15는 명제 17과 명제 18의 증명을 가능하게 하고 있다. 명제 22는 명제 6의 확장된 명제이다. 명제 24는 다소 독립적인 모습을 하고 있고, 중요하지만 증명은 다소 빈약해 보인다.

명제 25~명제 38

# 5장 위치 : 거리, 방향, 평행

**Θε 25.** ῾Εὰν δύο γραμμαὶ τῇ θέσει δεδομέναι τέμνωσιν ἀλλήλας, δέδοται τὸ σημεῖον, καθ' ὃ τέμνουσιν ἀλλήλας, τῇ θέσει.

δύο γὰρ γραμμαὶ τῇ θέσει δεδομέναι αἱ AB, ΓΔ τεμνέτωσαν ἀλλήλας κατὰ τὸ E σημεῖον. λέγω, ὅτι δοθέν ἐστι τὸ E σημεῖον.

εἰ γὰρ μή, μεταπεσεῖται τὸ E σημεῖον. μεταπεσεῖται ἄρα καὶ μιᾶς τῶν AB, ΓΔ ἡ θέσις. οὐ μεταπίπτει δέ. δοθὲν ἄρα ἐστὶ τὸ E σημεῖον.

명제 25. 만약 위치가 주어져 있는 두 직선이 서로 만나고 있다면, 두 직선의 교점의 위치는 주어진 것이다.

위치가 주어져 있는 두 선분 AB와 CD가 점 E에서 서로 다른 것을 나누고 있다. 그러면 두 선분이 만나는 점 E의 위치는 주어진 것이라고 말한다.

만약에 점 E의 위치가 주어진 것이라고 말할 수 없다면, 점 E의 위치는 변할 수 있다. 그렇다면, 선분 AB와 선분 CD의 위치도 역시 변할 수 있다. 그러나 선분 AB와 선분 CD의 위치는 주어져 있으므로, 두 선분의 위치는 변할 수 없다. 따라서 점 E의 위치는 주어진 것이다[정의 4]. ■

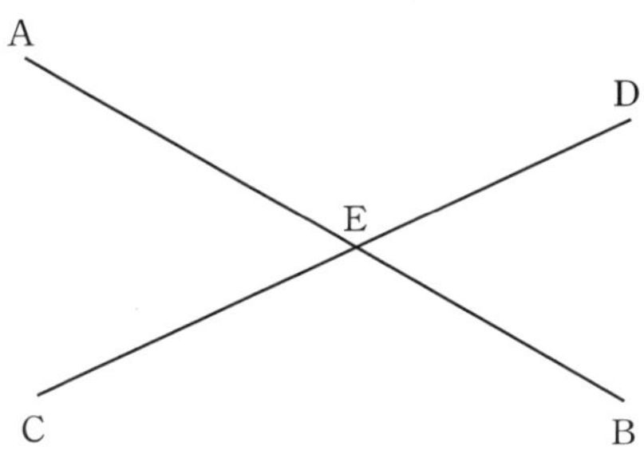

그림 25.1

**논평 :**

명제 25 ~ 명제 38은 정의 4에서 '정의한' 위치의 주어짐에 대한 개념을 다루고 있고, 앞에서 제시된 다른 명제들과는 서로 독립적이다. 위치의 주어짐이란 점, 선분, 각을 항상 동일한 위치에 잡아 둘 수 있다는 것을 의미한다.

동일한 위치에 잡아 둘 수 있다는 것은 무엇을 의미하는가? 또한 항상 그 위치에 잡아 둘 수 있다는 것은 무엇을 의미하는가? 이 개념이 구체적으로 사용되고 있는 증명과정을 통해 살펴보면, 정의 4와 같이 직설적인 표현 대신, 개념적으로는 동치인 아래 부정문을 사용하여 나타내고 있다.

> 정의 4*A. 위치가 주어져 있다는 것은 점, 선분, 각의 위치가 임의의 '다른 곳에 위치(metapipt)'하지 않는다는 것이다.

'다른 곳에 위치(metapipt)'의 어원을 보면, '표시된 곳 이외의 곳에 떨어지다', '잘못된 위치에 두다', 혹은 '먼 곳으로 가다' 등이 있다. 리델(Liddell)과 스콧(Scott)에 따르면, metapipt의 수동적인 의미로는 '멀리 던지다', '변화를 만들다' 등으로 사용된다고 한다. 또한 그것은 영어로는 'move'로 번역되곤 한다. '다른 곳에 위치(metapipt)'에서 'pt'의 어원을 살펴보면, '비행(flying)' 혹은 '낙하(falling)'의 의미를 내포하고 있다. 또한 'pt'는 기하학적 대상이 평면으로부터 나와 어떤 곳에 놓이게 되는 것을 의미하고 있다. 즉, 어떤 특별한 이유 혹은 다른 것에 의해서 잘못된 곳에 위치하게 된 것이다. 그런데 그것은 아르키메데스의 나선(helix)처럼 연속적인 움직임을 의미하는 것은 아니다. 단지 그 점은 '옮겨진' 것에 불과하다. 이 책에서 잠시 그리스 문자인 'metapipt'를 인용한 것은 우리에게 매우 유익하고 편리한 용어였다고 생각된다. 우리가 정리에서 다루게 될 것이지만, '위치를 바꾸다'라고 번역한 것은 '위치가 주어져 있는'[77]과 대조적인 의미로 사용된 것이다.

《자료론》에 제시된 위치(position)에 대한 표현법은 《원론》 I권 명제 4에서처럼 위치에 대한 유클리드의 일반적인 태도에 혼란을 야기시키는 것 같다. 또한, 다음과 같은 문맥의 틀 안에서 이해되고 기억되고 있다.

> '항상' 위치가 유지되고 있는 장소는 동일한 한 평면(뮐러의 'Single Plane Law' p.19 참조)이고, I.명제 4 및 위치와 관련된 《자료론》의 명제에 제시된 '움직임'은 주어진 평면 밖에서부터 그 평면 안으로의 이동을 의미한다.

만약 I.명제 4에서 한 삼각형을 다른 삼각형 위쪽에 포개어 위치시킬 수 있다고 한다면, 그것은 그와 같은 방법으로 위치시키기 이전에 그들이 동일한 한 평면 안에 있지 않아야 한다는 것을 의미하기 때문이다. 기하학에서는 이러한 관점을 지지하고 있으며, '왜 두 삼각형이 서로 떨어져 동일한 평면 위에 두는 것 대신, 어떤 한 개를 다른 것 위에 포개어 올려놓으면 안 되는가?'라고 묻고 있다. 그리고 유클리드는 실제로 그렇게 했다.

이상하게도 동일한 도형일 때는, 《원론》 VI권의 여러 곳에서 이와 같은 혼돈이 나타나지 않았다. 예를 들어, 히스의 번역본에 따르면 VI.명제 14를 다음과 같이 진술하고 있다.

> 평행사변형 AB와 평행사변형 BC는 넓이가 서로 같고, 각 B에서

---

77) 렌 벌그렌이 제시한 것을 살펴보면, 증명에서는 그것이 위치이었지만, 명제 26에서는 선분의 길이라고 보는 것이 더 타당하다.

동일한 각을 가지고 있다. 그리고 선분 DB와 선분 BE는 동일한 직선 위에 있다.

이것의 의미는, 처음에는 평행사변형의 위치가 아직 결정되어 있지 않았고, 단지 그 이름만 주어져 있다는 것이다. 따라서 그들은 그노몽(gnomon)[78)]을 사용하여 한 평면에 이들 평행사변형을 위치시켰다.

《자료론》에서 점 혹은 직선의 위치가 주어져 있다고 한다면, 그것은 외부의 다른 평면으로부터 주어진 평면 안으로 그 대상을 특정 위치에 톡 떨어뜨려 놓는 것을 의미한다. 암묵적으로 평면은 잠재적인 위치의 연속체로서 간주되고 있는 것이다. 《자료론》에서의 이러한 취급은 다음과 같은 공리를 설정할 수 있다.

(공리 0*) 모든 점들은 주어져 있는 지정된 위치를 가진다.

즉, 어떤 지점(topos)에 위치하고 있고, 그곳에 머무를 수 있음을 의미한다. 그것은 명제의 증명과정의 어떤 단계에서도 다른 위치에 머무르게 하거나 다른 점이 그 위치를 차지하는 것은 불가능하다. 한 점은 항상 동일한 지점에 처음부터 끝까지 존재하는 것이다. 임의의 '다른 곳에 위치(metapipt)'시킬 수 없고, 다른 지점(topos)으로 옮겨 다닐 수도 없다. 현대적인 언어로 표현하면, 유일하고 분간된 것이다. 그리고 그것은 항상 그 위치에 머물러 있어야 한다. 그 명제의 증명이 완전히 마무리되는 그 시점까지 그 위치는 유지된다.

정의 1 ~ 정의 3에 대해 언급할 때, 우리는 숨은 도움을 발견했다. 만약 (숨은)크기가 그것과 같다면 그 크기는 주어진 것이다. 만약 (숨은)비가 그것과 같다면 그 비는 주어진 것이다. 만약 (숨은)형태가 그

---

78) Mueller(1981)의 153쪽 인용.

것과 유사하다면 그 형태는 주어진 것이다(우리는 명제 39에 있는 형태에 도달할 것이다). 이 접근 방법이 위치의 주어짐에도 사용될 수 있을까? 약간 수정되기는 하지만 사용될 수 있다. 만약 평면에서 잠재적인 위치들 중 한 위치가 지정된다면, 점 A의 위치는 주어진 것이다. 이 위치는 움직일 수 없으므로, 점이나 선분이 고정되고 전혀 활동을 시작할 수 없다. 공리 0*은 할당의 공리(axiom of assignment)라고 불리는 것이 더 낫고, 우리는 위치의 주어짐에 대한 생각을 다음과 같이 재진술할 수 있다.

정의 4*B. 만약 평면 안에 있는 어떠한 점도 점 P라고 주장할 수 없으면서 평면 안에 그 점이 지정된다면, 반드시 그때에만, 점 P의 위치가 주어진 것이라고 말한다.
만약 평면 안에 있는 어떠한 직선도 직선 L이라고 주장할 수 없으면서 평면 안에 그 직선이 지정된다면, 반드시 그때에만, 직선 L의 위치가 주어진 것이라고 말한다.

(예를 들어 보자. 만약 직선 L이 주어진 점 P를 지나면서 주어진 직선 M과 평행하다면, 점 P를 지나 직선 M과 평행한 또 다른 직선은 이 평면 위 어디에도 존재할 수 없다. 명제 28의 증명 참조).

점과 직선에 대한 할당의 개념은 '존재성'과 더불어 수학의 두 가지 핵심적인 개념에 속하는 '유일성'이라는 속성으로 인식될 수 있다. 그러나 유클리드가 생각한 유일성에 대해 뮐러는 다음과 같이 언급하고 있다(Mueller, 1981).

유클리드가 유일성과 관련이 있다는 것을 보여주기 위해 논의하는 것은 불가능하다.

이러한 이유로 인해, 나는 유일성에 대한 논의를 시작하는 것이 무척 부담스럽지만 유클리드의 《자료론》은 이러한 문제가 관심사 중의 하나였음을 언급하고자 한다. 아니 오히려, 《자료론》의 중요한 이슈들 중 하나는 얼마나 유일성이 기하학적 분석에 있어서 중요한 역할을 하는지를 그 속성이 한 개인에서부터 다른 개인에게 어떻게 전달되는지 증명함으로서 보여주는 것이다.

《자료론》은 뜻밖에 많은 발생학적인 특징들을 보여주고 있다. 《자료론》은 유일성 개념에 대한 이론의 첫 접근법을 담고 있는 것으로 알려져 있다. 《자료론》에 많이 사용된 '*viz. dedomenon*(주어진)'이라는 단어는 자명한 선택은 아니다. 그 용어는 그것의 하찮은 의미 '양도되어졌다(handed over)'로 확대되어 왔고, 그 용어는 관용어적인 문제에 대해 'input', 'output'과 함께 사용된다. 그리고 그것은 '획득된(taken)', '선택된(chosen)'으로 사용된 것으로 보여진다. 즉, '제공된(offered)' 혹은 '부여된(granted)'과는 반대의 의미로 사용되고 있다.

답을 할 수 없을지라도 중요한 질문은 해야만 한다. 그것은 '한 평면에 그들이 존재하지 않는다면, 기하학적 대상들은 어디에 있는 것인가?' 이다(예를 들면, I. 명제 4에 있는 삼각형). 내가 알기로 그리스 수학 어디에서도 이 질문에 대한 답은 없다. 철학자들은 수학의 기원과 소재에 대한 논쟁에 시간을 할애하였다. 유클리드의 《원론》 I권에 대한 프로클로스의 주석 도입부를 읽어 보아라(Friedlein 3-17, Morrow 3-14). 수학에 관한 존재론적인 논의로 들어가는 것도 없이, 우리는 《자료론》에서 무슨 일이 일어났는지에 대한 타당한 인상을 주기 위해서 다음과 같은 청사진을 제공하고자 한다.

평면[79]은 기하학자가 기하학적 대상들 특히, 점이나 직선을 순차적

79) 평면은 이중적인 상태를 가진다. 수학적으로 존재하는 평면은 공간에 존재하는 수많은 평면들의 중의 임의의 한 개이지만, 《자료론》에서 의미하는 평면은 위치가 고정된

으로 만들어 놓아두는 장소이다. 이 점과 직선들 중 몇몇은 위치가 주어져서 다른 곳에는 돌아다닐 수 없는 것으로 분류된다. 그들은 평면의 지정된 위치만 기다리고 있다. 또한, 직선과 모양이 위치를 가지게 되는 것은, '오직' 그들에게 크기만이 주어진 경우이다. 모양은 점과 선분으로부터 이미지가 만들어지기 시작하고, 모양과 형태는 명확하게 결정된다. 명제 39와 같은 한 종류의 도형이 사실상 결정된다. 위치에 관한 《자료론》의 명제들은 어떻게 다른 점, 다른 직선, 다른 형태로부터 기하적 대상들이 주어짐의 속성을 획득하였는지를 증명하고 있다. '점의 위치'의 주어짐은 다음 세 가지로 나타나고,

1. 만약 공리 0*에서 그랬던 것처럼 주어졌거나 할당되었거나 결정되어져 있다면, 점이 주어진 것이다. '그동안 가져왔던 주어진 점을 그냥 두어라.'
2. 만약 주어져 있는 두 직선이 만나서 결정되어진 점은 주어짐의 속성을 물려 받으므로, 이 점은 주어진 것이다(명제 25).
3. 만약 위치가 주어져 있는 점으로부터 거리와 방향이 주어져 있다면, 이 점은 주어진 것이다(명제 27).

'직선의 위치'의 주어짐은 다음과 같다.

1. 만약 그것이 주어짐을 가지고 있다면(공리 0*), 직선의 위치는 주어진 것이다.
2. 만약 주어져 있는 두 점에 의해서 결정된 직선은 주어짐의 속성을 물려 받으므로, 그 직선은 주어진 것이다(명제 26).
3. 만약 위치가 주어진 직선으로부터 거리와 방향이 주어져 있다면,

---

한 평면을 의미한다.

그 직선은 주어진 것이다(명제 28).[80)]

만약 각의 위치가 주어져 있다면, 반드시 그때에만, 각을 만드는 각각의 변의 위치가 주어져 있다(명제 25, 명제 29).

나는 '점 P는 위치가 주어진 것이다'라는 것이 절대적이고, 보편적인 관념이라는 주장은 다소 어긋난 것이라고 생각한다. 몇몇의 점이 주어진 위치에 있고 상대적으로 수정된 원점에서 같은 자리를 차지할 때 우리는 대략적으로 정해진 좌표 시스템으로 조정되기 쉽다고 말한다. 그러나 그리스 수학에서는 좌표 시스템을 통해 점을 표현하는 아이디어를 가지지 못했다. 그렇다면, '실제의 문제와 아무런 관련이 없는 두 직선 축'을 통해 우리가 얻을 수 있는 이점이 무엇인가? 어떤 점이라도 좌표평면의 원점이 될 수 있고, 어떤 점, 어떤 직선도 위치가 주어진 것처럼 간주할 수 있다. 적절한 추론에 의해서, 다른 것들도 그들이 가진 것이 주어진 것이라고 증명될 수 있다.[81)] 현대 수학자의 관점에서 볼 때는 《자료론》에 나타난 정보는 너무나도 적을 수 있다. 그리스의 표현에서는 크기도 없고, 좌표도 없고, 기울기도 없고, 방향도 없다. 반면, 우리가 가진 좌표체계에서는 이러한 문제의 본질적인 부분은 위장되어 있다.

우리가 좌표 시스템을 만들 때 우리는 항상 동일한 위치에 있어야만 하는 원점을 정한다. 이 점은 끝까지 원점이 되어야 한다. 그리고 우리는 좌표축을 결정하고, 우리의 선택으로 단위길이 1과 방향을 결정한다. 그리스 기하학에서는 거리와 방향의 개념은 불명확하고, 애매한 개념으로 사용되고 있다. 이렇게 되면, 점과 직선 사이의 관계는 매우 불명확하게 되고, 우리에게는 직관만 남아 있게 된다. 그러나 수학의 역

80) 명제 28의 일반화된 형태이다.

81) 《원론》 X권의 내용과 상대적으로 유사하다(Taisbak, 1982).

사를 통해 볼 때, 직관은 기하학을 가장 안정하게 바라보지는 않더라도 가장 풍부함을 가져오게 하는 것임에는 틀림없다.

만약 점이나 선, 각의 위치를 변경할 수 없을 때, 그들의 위치가 주어진 것이라고 한다면, 그것은 그들이 유일하다는 것을 의미한다. 다른 수학적인 규율에 따르면, 이것들은 다른 것을 만들기 위해 공리적인 명제가 되어야 하고, 만약 불명확한 움직임을 허용하지 않는다고 한다면, '다른 곳에 위치(metapipt)'와 관련된 개념을 포함하는 명제들은 공리처럼 인정하여야만 한다. 이에 대한 명제들로는 명제 25, 명제 26, 명제 27, 명제 29가 있고, 반면에 명제 28과 명제 30(비록 metapipt를 사용되었음에도 불구하고)은 평행선 공준과 I.명제 16으로부터 추론된 것으로 보인다. 명제 25 ~ 명제 27에 대한 나의 관점은 이들은 유용성에도 불구하고 예를 제시하여 설명하는 것 이외에는 설명할 수 없는, 증명이 불가능한 자명한 공리라는 것이다.

공리 25*. 만약 위치가 주어져 있는 두 개의 직선이 서로 교차하고 있다면, 그들의 교점의 위치는 주어진 것이다.

공리 26*A. 만약 직선 위에 선분의 양 끝점의 위치가 주어져 있다면, 이 선분의 위치와 크기는 주어진 것이다.

공리 27*. 만약 직선 위에 있는 선분의 한 쪽 끝점의 위치가 주어져 있고 그 크기가 주어져 있다면, 그 선분의 다른 쪽 끝점의 위치는 주어진 것이다.

공리 26*A와 공리 27*은 위치와 크기 사이의 중요한 연결성을 보여준다. 비록 이것이 정의로부터 명백하지 않을지라도, 그것은 위치와 크기 둘 중에 위치가 더 필수적이라는 것을 옹호하는 관점을 취하고 있다. 그것은 위치에 대한 대부분 진술들이 공리적인 특성을 띠고 있다는 것을 의미한다.

명제 25는 공리 25*의 구체적인 예시 그 이상이 될 수 없다. 점의 부동성은 직선의 부동성만큼이나 공리적인 것이다. 사실, 이것은 유클리드의 《원론》에서 보이는 것처럼 유클리드 평면에서 가장 기초적인 성질 중의 하나이다. 즉, 움직이는 것은 금지된 것이다.[82] 즉, 일단 위치가 한 번 정해지면, 기하학적 대상들은 절대로 움직일 수가 없다. 그럼, 명제 25는 일반적으로 두 개의 직선이 오직 하나의 점만을 공통으로 가질 수 있다는 사실을 증명하고 있는 것인가? 나는 그렇다고 생각하지 않는다. 두 직선이 서로 공유하고 있는 부분이 유일하다는 것은 힐베르트가 그러했던 것처럼 유클리드에게도 공리인 것이다(공통개념 9를 참조하라.[83] 두 직선은 한 공간을 형성할 수 없다). 명제 25는 어떤 영역의 점이 그것을 생성한 직선들에 의해서 주어진 것임을 보여준다. 만약 직선이 '알려진(known)' 것(예를 들어, 유일하게 결정된 것)이라면, 그들에 의해서 만들어지는 점 역시 '알려진' 것이고 유일하게 결정되는 것이다. 만나는 교점의 속성은 두 직선의 공통부분이 한 점을 가진다는 것으로부터 얻어진다.

명제 25에 대한 증명 방법은 귀류법적인 방법을 취하고 있다. 하지만 만약 '다른 곳에 위치(metapipt)'가 단지 '위치가 주어지는 것'에 대한 부정이라면, 귀류법의 증명 방식은 작동되지 않는다. 만약 '위치가 주어진 것'에 대한 부정(명제의 부정으로서의 ~)이 아니라고 한다면, 점의 위치가 주어진 것이라는 명제는 항상 참인 항진명제가 된다. 우리는 metapipt에 대한 유용한 정의를 필요로 한다. 게다가 우리는 그

---

82) 공간에서는 다르다. 원뿔은 직각삼각형을 회전시켜서 생성하고, 구는 반원을 회전시켜서 생성한다.

83) 현재는 공통개념 9가 사이넣기법이라고 합의되어 있다.

것을 오직 직선과 점들에 대한 공리로 제한하려는 경향이 있다. 그러나 그것은 원에 대해서도, 아폴로니우스의 원추곡선에 대해서도 역시 동일한 의미를 가지게 됨이 밝혀졌는데, 사실상 그 정도가 아니라, 그것의 가장 중요한 사용이 직선에 의한 원의 절단과 관련이 있다(예를 들면, 명제 31). 여기서의 우리의 논쟁은 잠시 멈추고, 이에 대한 내용은 명제 31에서 다시 다룰 것이다.

**Θε 26.** ʼΕὰν εὐθείας γραμμῆς τὰ πέρατα ᾖ δεδομένα τῇ θέσει, δέδοται ἡ εὐθεῖα τῇ θέσει καὶ τῷ μεγέθει.

εὐθείας γὰρ γραμμῆς τὰ πέρατα τὰ Α, Β δεδομένα ἔστω τῇ θέσει. λέγω, ὅτι δέδοται ἡ ΑΒ τῇ θέσει καὶ τῷ μεγέθει.

εἰ γὰρ μένοντος τοῦ Α μεταπεσεῖται τῆς ΑΒ εὐθείας ἤτοι ἡ θέσις ἢ τὸ μέγεθος, μεταπεσεῖται καὶ τὸ Β σημεῖον. οὐ μεταπίπτει δέ. δέδοται ἄρα ἡ ΑΒ εὐθεῖα τῇ θέσει καὶ τῷ μεγέθει.

명제 26. 만약 선분의 양 끝점의 위치가 주어져 있다면, 그 선분의 위치와 크기는 주어진 것이다.

선분의 양 끝점 A, B의 위치가 주어져 있다고 하자. 그러면 곧은 선분 AB[84]의 위치와 크기는 주어진 것이라고 말한다.

만약 점 A가 고정된 상황에서 선분 AB의 위치 혹은 크기가 metapipt하게 되었다고 가정해 보자. 그러면 점 B의 위치도 metapipt하게 될 것이다. 그러나 점 B는 가정에 의해서 metapipt하지 않다[정의 4]. 따라서 선분 AB의 위치와 크기도 주어진 것이다. ■

84) 어떤 논문에서 AB는 대상을 결정하기에 충분하므로 선분이라고 부른다.

**논평 :**

비록 이것이 엄밀하게 논리적인 증명은 아니지만, 설득력이 있는 주장으로서 가장 적절한 예라고 생각된다. 선분의 양 끝점은 선분의 위치와 크기를 결정한다. 따라서 이 명제는 공리적인 성격을 지니고 있고, 다음과 같이 확장될 가치가 충분이 있다.

> 공리 26*B. 만약 두 점이 주어져 있다면, 이 두 점을 양 끝점으로 하는 선분의 크기와 위치는 주어진 것이다.

마지막으로, 명제 26은 정의 6(원의 중심의 위치가 주어져 있고 반지름의 크기가 주어져 있다면, 원은 위치와 크기가 주어진 것이라고 말한다)에 귀결될 수 있다. 명제 26은 I. 명제 2에서 이미 사용되었거나 예견된 것으로 볼 수 있다.

**Θε 27.** ᾿Εὰν εὐθείας γραμμῆς τῇ θέσει καὶ τῷ μεγέθει δεδομένης τὸ ἓν πέρας δοθὲν ᾖ, καὶ τὸ ἕτερον δοθήσεται.

εὐθείας γὰρ γραμμῆς τῇ θέσει καὶ τῷ μεγέθει δεδομένης τῆς AB τὸ ἓν πέρας τὸ A δοθὲν ἔστω. λέγω, ὅτι καὶ τὸ B δοθέν ἐστιν.

εἰ γὰρ μένοντος τοῦ A σημείου μεταπεσεῖται τὸ B σημεῖον, μεταπεσεῖται ἄρα καὶ τῆς AB εὐθείας ἤτοι ἡ θέσις ἢ τὸ μέγεθος. οὐ μεταπίπτει δέ. δοθὲν ἄρα ἐστὶ τὸ B σημεῖον.

명제 27. 위치와 크기가 주어져 있는 선분의 한 끝점이 주어져 있다면, 그 선분의 다른 한 끝점도 주어진 것이다.

위치와 크기가 주어져 있는 선분 AB의 한 끝점 A가 주어져 있다. 그러면 선분 AB의 다른 쪽 한 끝점인 점 B는 주어진 것이라고 말한다.

만약에 점 A가 고정된 위치에 있고, 점 B가 metapipt할 수 있다고 가정해보자. 그러면 선분 AB의 크기 혹은 위치가 metapipt하게 될 것이다. 그러나 점 A와 선분 AB의 크기와 위치는 metapipt하지 않다. 따라서 선분 B의 위치는 주어진 것이다[정의 4]. ■

**논평 :**

명제 26과 명제 27에서는 선분의 위치 뿐만 아니라, 선분의 크기에 대해서도 metapipt라는 용어를 사용하고 있다. 어떤 번역을 보면 metapipt를 '성장하거나 오그라들다', '크지거나 작아지다' 등으로 사용되어진다. 하지만 어떤 의미를 가지느냐에 상관없이 명제 26과 명제 27은 공리로서 받아들이는 것이 타당할 것이다.

**Θε 28.** Ἐὰν διὰ δεδομένου σημείου παρὰ θέσει δεδομένην εὐθεῖαν εὐθεῖα γραμμὴ ἀχθῇ, δέδοται ἡ ἀχθεῖσα τῇ θέσει.

διὰ γὰρ δεδομένου σημείου τοῦ Α παρὰ θέσει δεδομένην εὐθείαν τὴν ΒΓ εὐθεῖα γραμμὴ ἤχθω ἡ ΔΑΕ. λέγω, ὅτι δέδοται ἡ ΔΑΕ τῇ θέσει.

εἰ γὰρ μή, μένοντος τοῦ Α σημείου μεταπεσεῖται τῆς ΔΑΕ ἡ θέσις. διαμενούσης τῆς ΒΓ παραλλήλου μεταπιπτέτω καὶ ἔστω ἡ ΖΑΗ. παράλληλος ἄρα ἐστὶν ἡ ΓΒ τῇ ΖΑΗ. ἀλλὰ ἡ ΒΓ τῇ ΔΑΕ ἐστι παράλληλος. καὶ ἡ ΔΑΕ ἄρα τῇ ΗΑΖ παράλληλός ἐστιν. ἀλλὰ καὶ συμπίπτει· ὅπερ ἐστὶν ἄτοπον. οὐκ ἄρα μεταπεσεῖται τῆς ΔΑΕ ἡ θέσις. θέσει ἄρα ἐστὶν ἡ ΔΑΕ.

명제 28. 만약 위치가 주어져 있는 직선에 평행하고[85] 주어져 있는 한 점을 지나는 직선을 작도할 수 있다면, 작도된 직선의 위치는 주어진 것이다.

---

85) 평행이라는 용어에 대한 그리스어 용어 해설이 다루어지고 있다. 이러한 표현은 아

위치가 주어져 있는 직선 BC에 평행하면서 점 A를 지나는 직선을 DAE라고 하자. 그러면 직선 DAE는 위치가 주어진 것이라고 말한다.

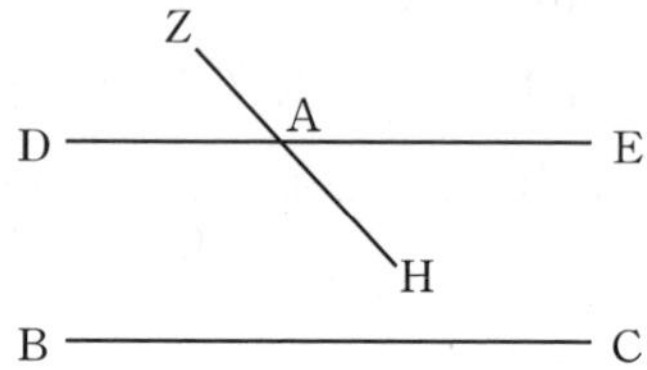

그림 28.1

만약 점 A가 부동점이 아니라면, 직선 DAE의 위치는 metapipt 시킬 수 있게 될 것이다. 하지만 직선 DAE가 metapipt 시킬 수 있다고 하더라도 점 A의 위치는 변하지는 않는다. 그렇다면 주어진 직선 BC에 평행이고, 점 A를 지나는 새로운 직선이 존재하게 된다. 즉, 임의의 다른 위치에 존재하는 새로운 직선 ZAH가 존재한다. 그러면 직선 CB는 직선 ZAH와 평행이다. 그러나 직선 BC는 이미 직선 DAE와 평행이다. 따라서 직선 DAE와 직선 ZAH도 서로 평행이어야 한다[I. 명제 30]. 그런데 평행인 두 직선이 한 점 A에서 서로 만나고 있어야 하므로 이것은 논리적으로 모순이 있다.

그러므로 직선 DAE는 metapipt 시킬 수 없다. 즉 임의의 다른 위치를 가지게 할 수 없다. 그러므로 직선 DAE는 위치가 주어진 것이다[정의 4]. ■

**논평 :**

이 명제의 증명은 서로 평행인 두 직선이 한 점만을 공유하거나 한 점만을 공유하는 서로 동일한 직선이 존재할 수 없다는 사실에 전적으로

---

폴로니우스에 의해서도 종종 사용되었다고 한다.

의존하고 있다. 이러한 사실은 유클리드의 《원론》에도 명확하게 나타나 있지는 않다. 하지만 《원론》 I. 명제 29(즉, 공준 5로부터)에 근거해서는 참으로 보인다. 또한, 이 명제는 프로클로스의 《원론》 I권 명제 31에 대한 언급에서 볼 수 있듯이 고대 그리스 시대 이래로 매우 잘 알려져 있는 사실이기도 하다. 명제 28은 정확하게 증명하는 것으로 이해될 수도 있다. 하지만 그것이 실제로 가능한가? 명제 28은 사실을 증명하고 있는가 아니면 사실을 사용하고 있는가에 대해 생각해 보아야 한다.

우리는 점 A를 지나는 평행한 두 직선 DAE와 직선 ZAH를 두 개의 서로 다른 위치에 실제로 두 직선을 그림으로써 이 정리를 다시 생각해 볼 수도 있다. 즉, 한 그림에 두 개의 위치를 보여주기 위해 한 쪽 그림을 다른 쪽 그림 위에 겹치게 올려 놓는 것이다. 그러나 그림 28.1에 대한 이러한 설명은 I. 명제 30에 의해서 불가능한 것이다. 동일한 것에 평행한 것은 서로 평행하다. 그런데 직선 DAE와 직선 ZAH는 점 A에서 만나기 때문에 서로 동일할 수밖에 없다.

우리는 명제 28로부터 다음과 같은 사실을 얻을 수 있다.

> 'L의 위치를 metapipt 시킬 수 있다는 것은 두 개의 서로 다른 대상이 L이라는 이름으로 불린다'는 것이다. 하지만 L의 위치가 주어져 있다면 그것은 불가능하다.

이러한 해석에 의해서, 'L의 위치가 주어져 있다'는 것은 'L은 유일하다'는 것과 동의어이다. 만약 L이 점 혹은 선분이라고 하면, 그 점과 선분의 위치가 어디에 있는지 명확하게 알 수 있다는 것이다. 궁극적으로는 그것의 크기도 주어진 것이라고 볼 수 있다[명제 26].

**Θε 29.** 'Εὰν πρὸς θέσει δεδομένῃ εὐθείᾳ καὶ τῷ πρὸς αὐτῇ σημείῳ δεδομένῳ εὐθεῖα γραμμὴ ἀχθῇ δεδομένην ποιοῦσα γωνίαν, δέδοται ἡ ἀχθεῖσα τῇ θέσει.

πρὸς θέσει γὰρ δεδομένῃ εὐθείᾳ τῇ ΑΒ καὶ τῷ πρὸς αὐτῇ σημείῳ δεδομένῳ τῷ Γ εὐθεῖα ἤχθω ἡ ΓΔ δεδομένην ποιοῦσα γωνίαν τὴν ὑπὸ ΒΓΔ. λέγω, ὅτι θέσει ἐστὶν ἡ ΓΔ.
εἰ γὰρ μή, μένοντος τοῦ Γ σημείου μεταπεσεῖται τῆς ΓΔ ἡ θέσις διατηροῦσα τῆς ὑπὸ τῶν ΒΓΔ γωνίας τὸ μέγεθος. μεταπιπτέτω καὶ ἔστω ἡ ΓΕ. ἴση ἄρα ἐστὶν ἡ ὑπὸ τῶν ΔΓΒ γωνία τῇ ὑπὸ ΕΓΒ, ἡ μείζων τῇ ἐλάσσονι· ὅπερ ἄτοπον. οὐκ ἄρα μεταπεσεῖται τῆς ΔΓ ἡ θέσις. θέσει ἄρα ἐστὶν ἡ ΓΔ.

---

명제 29. 위치가 주어져 있는 한 직선과 이 직선 위에 위치가 주어져 있는 한 점이 있고 이 점에 주어져 있는 크기의 각을 만든다면, 각을 만드는 반직선의 위치는 주어진 것이다.

선분 AB의 위치는 주어져 있고, 선분 AB 위에 점 C의 위치도 주어져 있다. 주어져 있는 크기의 각 BCD를 만드는 반직선 CD를 그린다. 그러면 반직선 CD의 위치는 주어진 것이라고 말한다. 만약에 그렇지 않다면, 각 BCD의 크기를 유지한 상태에서 직선 CD의 위치는 metapipt 시킬 수 있게 될 것이다.

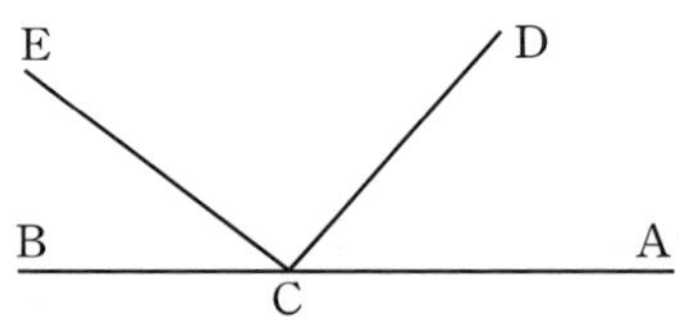


그림 29.1

직선 CD의 위치를 metapipt 시켜 만들어진 반직선을 CE라고 하자. 그러면, 각 DCB의 크기는 각 ECB의 크기와 같다. 하지만 이것은 모순이다. 따라서 반직선 CD의 위치는 metapipt 시킬 수는 없다. 즉, 반직선 CD의 위치는 주어진 것이다[정의 4]. ■

**논평 :**

명제 29는 앞의 명제 25~명제 27처럼 공리적 성격을 지니고 있다. 만약 고정된 한 점에서 각의 크기가 주어져 있다고 한다면, 각의 다른 한 변도 유일한 위치를 가지므로 주어진 것과 마찬가지다. 즉, 위치가 주어진 것으로 보아야 한다. 이것은 각을 언급한 첫 번째 명제이기 때문에, 각에 대한 의미를 명확하게 소개하고 있는 것으로 적절해 보인다. 나는 주어져 있는 한 점으로부터 결정되는 각을 만들기 위한 왼쪽 변, 오른쪽 변, 그리고 각의 꼭짓점에 대해 말할 것이다. 고대의 어떤 문헌에서도 이와 관련하여 알려진 근원은 존재하지 않는다. 그러나 VI.명제 22를 비롯한 도처에 존재하는 유사한 위치(similarly positioned)라는 문구의 정확한 의미가 주어진다면 이 명제를 이해하는데 도움이 될 것으로 보인다.

이것에 대한 의문은 명제 2에서 언급하였다. 그들은 크기도 주어진 것으로 할 수 있었다. 그러나 그리스 기하학의 틀에서 180° 이상은 불가능하다. 그들은 다른 것들과 함께 비례적으로 사용해야만 하였다. 명제 2를 사용한 매우 유명한 실수 중의 하나가 각주 35에서 제시한 임의의 각에 대한 삼등분이 가능하다고 증명한 것이다.

> 각 ABC가 주어져 있다. 이 각의 크기의 $\frac{1}{3}$을 크기로 가지는 각 ABD가 있다. 그러면, $\angle ABC : \angle ABD$의 비 $3:1$이 주어져 있고, $\angle ABC$가 주어져 있기 때문에 $\angle ABD$도 주어진 것이다. 따라서 선분 AB의 위치가 주어져 있고, $\angle ABD$가 주어져 있기 때문에, 선분 BD의 위치도 주어진 것이다(명제 29).

그러나 명제 29가 어떤 행위를 실제적으로 확실하게 실현시켜 줄 수 있는 것은 아니다. 다음을 보자.

만약 직선이 주어진 각을 만들면서 그릴 수 있다고 한다면, 그것은 그려진 직선의 위치가 이미 주어진 것이다.

따라서 우리는 직선으로 주어진 각을 만들면서 그릴 수 있다는 것의 의미를 명확하게 해야만 한다. 그리고 우리가 알고 있거니와 프톨레마이오스가 알고자 했던 것처럼, 그것은 기하학적인 방법으로는 불가능한 것일 수도 있다는 것이다. 하지만 주어진 각의 $\frac{1}{3}$이 되는 것의 존재성과 유일성을 의심하는 것은 아니다. 단지, 유클리드적인 방법으로 작도가 불가능할 뿐이다.

명제 29를 명확하게 만들기 위해서는, 아래와 같은 공리로 재진술되어야 한다.

공리 29*. 주어져 있는 각에서 그것의 꼭짓점과 각을 이루는 한 변의 위치가 주어져 있으면, 각의 다른 변의 위치는 주어진 것이다.

이것의 증명을 위해서는 각을 구성하는 남은 한 변이 다른 어떠한 직선과도 동일하게 불릴 수 없다는 것을 증명하여야 한다. 즉, 다른 직선이 존재한다면 주어져 있는 크기의 각보다 더 크거나 작은 각을 만들게 되는데, 이것은 있을 수 없다. 다시 말해, 위에 제시된 공리는 기하학적 직관에 의존해서 증명될 수 있다.

**Θε 30.** ’Εὰν ἀπὸ δεδομένου σημείου ἐπὶ θέσει δεδομένην εὐθεῖαν εὐθεῖα γραμμὴ ἀχθῇ δεδομένην ποιοῦσα γωνίαν, δέδοται ἡ ἀχθεῖσα τῇ θέσει.

ἀπὸ γὰρ δεδομένου σημείου τοῦ Α ἐπὶ θέσει δεδομένην εὐθεῖαν τὴν ΒΓ εὐθεῖα γραμμὴ ἤχθω ἡ ΑΔ δεδομένην ποιοῦσα γωνίαν τὴν ὑπὸ τῶν ΑΔΓ. λέγω, ὅτι θέσει ἐστὶν ἡ ΑΔ.

εἰ γὰρ μή, μένοντος τοῦ Α σημείου μεταπεσεῖται τῆς ΑΔ ἡ θέσις διατηροῦσα τῆς ὑπὸ ΑΔΓ γωνίας τὸ μέγεθος. μεταπιπτέτω καὶ ἔστω ἡ ΑΖ. ἴση ἄρα ἐστὶν ἡ ὑπὸ τῶν ΑΔΓ γωνία τῇ ὑπὸ τῶν ΑΖΓ, ἡ μείζων τῇ ἐλάττονι· ὅπερ ἐστὶν ἀδύνατον. οὐκ ἄρα μεταπεσεῖται τῆς ΑΔ ἡ θέσις. θέσει ἄρα ἐστὶν ἡ ΑΔ.

명제 30. 주어져 있는 점에서부터 위치가 주어져 있는 직선까지 주어져 있는 각을 만드는 선분을 긋는다면, 이 선분의 위치는 주어진 것이다.

주어져 있는 점 A에서부터 위치가 주어져 있는 직선 BC까지 직선 AD를 작도하고 주어져 있는 각 ADC를 만든다. 그러면 직선 AD의 위치는 주어진 것이라고 말한다.

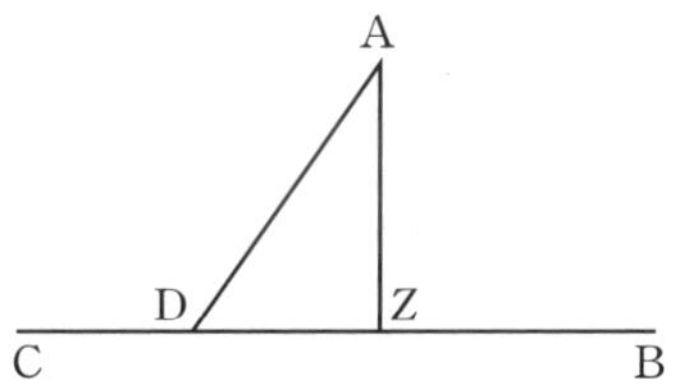


그림 30.1

만약에 위치가 주어진 것이 아니라고 가정해보자. 각 ADC의 크기를 유지하면서 선분 AD의 위치가 metapipt 하게 되고, 그 위에 점 A가 위치하게 된다.

위치가 metapipt하여 얻은 한 선분을 AZ라고 하면, 각 ADC의 크기는 각 AZC의 크기와 같다. 하지만 이것은 불가능하다[I. 명제 16]. 따라서 선분 AD의 위치는 metapipt 하지 않다. 그러므로, 선분 AD의 위치는 주어진 것이다[정의 4]. ■

**논평 :**

명제 30은 I. 명제 16을 기초로 한 철저한 연역법이다. 점 A를 지나면서 위의 조건을 만족시키는 두 직선 AD와 AZ를 긋는 것이 가능하다고 하자. 그러면 I. 명제 16과 모순이 되는 삼각형이 발생하게 된다. 왜냐하면 삼각형에서 한 외각은 이웃하지 않는 두 내각의 크기의 합과 같아지기 때문이다. 넌지시 주어져 있는 크기의 각이 오른편에 선분 AD를 갖는다고 가정해보자. 다시 말해, 점 B의 방향 쪽에 조건에 부합되는 각을 만들었다고 해보자. 그래도 역시 동일한 상황이 만들어지므로 모순이 발생한다. 이제 metapipt에 대해 생각해보자. 'AD의 위치는 metapipt 시킬 수 없다'에 대한 해석을 확실히 해야 한다. 그것의 의미는 '어떤 다른 선분을 긋더라도 그 선분의 이름이 선분 AD가 되도록 할 수 없다'는 것을 의미한다.

멘지 판의 부록에서는 명제 30에 대한 새로운 증명 세 가지를 No.4, No.5, No.6의 번호를 붙여서 제시하고 있다. 이 세 증명 모두에서 명제 29(우리 책에서는 공리로써 취한 것)가 사용되었기 때문에, 그것들이 명제 30보다는 다소 약한 것으로 생각할 수 있다. 그들은 또한 명제 28을 수단으로 하여 No.4와 No.5를 평행선 공준으로 만들고, 삼각형의 세 각의 합을 수단으로 하여 No.6을 평행선 공준으로 만들었다(I. 명제 32).

**Θε 31.** Ἐὰν ἀπὸ δεδομένου σημείου ἐπὶ θέσει δεδομένην εὐθεῖαν εὐθεῖα γραμμὴ προσβληθῇ δεδομένη τῷ μεγέθει, δέδοται καὶ τῇ θέσει.

ἀπὸ γὰρ δεδομένου σημείου τοῦ Α ἐπὶ θέσει δεδομένην εὐθεῖαν τὴν ΒΓ εὐθεῖα γραμμὴ ἤχθω δεδομένη τῷ μεγέθει. λέγω, ὅτι καὶ τῇ θέσει δέδοται.

κέντρῳ γὰρ τῷ Α, διαστήματι δὲ τῷ ΑΔ κύκλος γεγράφθω ὁ ΕΔΖ. θέσει ἄρα ἐστὶν ὁ ΕΔΖ κύκλος· δέδοται γὰρ αὐτοῦ τὸ Α κέντρον τῇ θέσει καὶ ἡ ἐκ τοῦ κέντρου ἡ ΑΔ

**τῷ μεγέθει. θέσει δὲ καὶ ἡ ΒΓ εὐθεῖα. ἐὰν δὲ δύο γραμμαὶ τῇ θέσει δεδομέναι τέμνωσιν ἀλλήλας, δέδοται τὸ σημεῖον, καθ' ὃ τέμνουσιν ἀλλήλας· δοθὲν ἄρα ἐστὶ τὸ Δ. ἔστι δὲ καὶ τὸ Α δοθέν. θέσει ἄρα ἐστὶν ἡ ΑΔ.**

---

명제 31. 위치가 주어져 있는 점에서부터 위치가 주어져 있는 직선에 주어져 있는 크기의 선분을 긋는다면, 이 선분의 위치도 주어진 것이다.

주어져 있는 점 A에서 위치가 주어져 있는 직선 BC에 크기가 주어져 있는 선분 AD를 그렸다고 하자. 그러면 선분 AD의 위치는 주어진 것이라고 말한다.

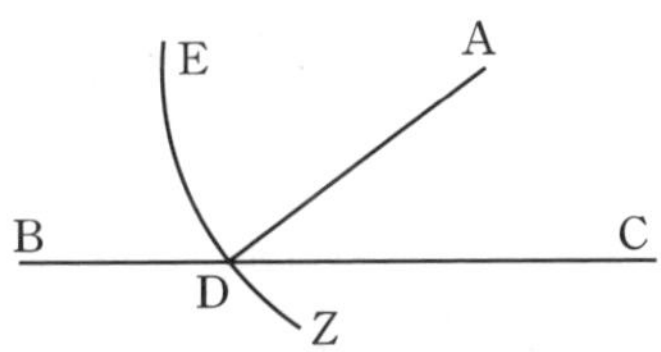


그림 31.1

중심을 점 A로 하고 반지름의 길이를 AD로 하는 원 EDZ를 그린다[공준 3]. 그러면 원 EDZ의 위치는 주어진 것이다. 왜냐하면 점 A는 위치가 주어져 있는 점이고, 반지름 AD는 크기가 주어져 있기 때문이다[정의 6].

직선 BC는 위치가 주어져 있다. 그리고 만약 두 선(직선 BC와 원 EDZ)이 서로 교차하고 있다면, 서로를 절단하는 그 점의 위치는 주어진 것이다. 따라서 점 D는 주어진 것이다[명제 25]. 이미, 점 A는 주어져 있기 때문에 직선 AD도 위치가 주어진 직선이다[명제 26]. ■

**논평 :**

명제가 거짓이거나 혹은 '위치가 주어진'은 유일성을 의미하지는 않아야 한다. 왜냐하면 '주어진 위치'를 대칭적 위치(Marinus Neapolitanus, p.244)에 놓인 경우를 생각할 수 있기 때문이다. 다음의 문제를 생각해 보자.

> ‘주어져 있는 점 A로부터 위치가 주어져 있는 직선 BC 위에 주어져 있는 크기의 선분 AD긋기’.

**분석 :**

중심 A와 반지름[86) ] AD를 가지는 원 DEZ를 그려보자. 점 A에서 직선 BC에 내린 수선을 AH라 하자. 그러면, 세 가지 가능성이 있다.

1. AD가 AH보다 작다면, 문제는 답이 없다.
2. AD가 AH와 같다면, 문제는 한 개의 답을 가진다.
3. AD가 AH보다 크다면, 원이 BC와 D, D* 두 점에서 만나기 때문에 두 개의 답을 가진다. AD와 AD*는 AH에 대하여 대칭적인 위치에 있다.

명제 31의 본문은 세 번째 경우를 설명하고 있다. 명제 31은 ‘반복 작도(repeated construction)’라고 불리는 것의 예이다. 명제 31에서 엑테시스(ekthsis, 논리학에서 새로운 명사를 만드는 것 혹은 논리적 절차)는 그것이 어떻게 그렇게 그려지는지에 대한 깊은 고민 없이 ‘돕는 손길’을 통해 선분 DA[87)]가 점 A에서 직선 BC로 그려지길 요구한다. 그런데 이러한 측면에서 유클리드가 어떻게 ‘중심 A와 반지름의 크기를 가지는 원’을 수단으로 하는 작도는 그렇게 상세하게 할 수 있었는

---

86) 그리스어에서는 반지름에 대한 용어가 두 가지로 나누어진다. 하나는 컴퍼스를 벌리기 위한 반지름이고, 다른 하나는 원의 중심에서 원주 상의 임의의 한 점까지의 거리이다.

87) 그리스 원서에서는 AD라고 표현하고 있는데, DA가 더 타당하다고 멘지 판에서 언급하고 있다.

지는 꽤 놀랍다.[88] 하지만 이미 유클리드는 명제 25와 공리 25*A를 증명하기 위해 원을 필요로 했다고 보아야 할 것이고, 이 상황에 매우 익숙했을 것으로 추측할 수 있다.

이중 위치는 무엇인가? 유클리드는 불명확하게 알고 있었거나 혹은 '위치의 주어짐'에 대한 그의 개념이 대칭적이지 않았을까? 유클리드가 보다 일반적인 단어인 **ἐκβάλλω** 대신에 **προσβάλλω**를 사용한 것은 다소 혁신적인 단어선택이다. 전자는 선분의 도착점에 관심을 가지고 직선을 작도하는 것이고, 후자는 출발점에 관심을 가지고 직선을 작도하는 의미를 지닌다. 이러한 단어선택에서 볼 때, **προσβάλλω**의 사용은 목적지에 도착한다는 사실을 강조하기 위해 사용된 것으로 볼 수 있다. 즉, '만약 선이 그려진다면', 가능한 선들 중 하나가 선택된 것을 의미한다. 명제 31은 《자료론》의 어디에도 사용되지 않고 있다. 따라서 우리는 이것의 사용으로부터 무엇인가 배운다는 것조차 불가능하다.

**Θε 32.** ᾿Εὰν εἰς παραλλήλους τῇ θέσει δεδομένας εὐθείας εὐθεῖα γραμμὴ ἀχθῇ δεδομένας ποιοῦσα γωνίας, δέδοται ἡ ἀχθεῖσα τῷ μεγέθει.

εἰς γὰρ παραλλήλους τῇ θέσει δεδομένας εὐθείας τὰς ΑΒ, ΓΔ εὐθεῖα γραμμὴ ἤχθω ἡ ΕΖ δεδομένας ποιοῦσα γωνίας τὰς ὑπὸ ΒΕΖ, ΕΖΔ. λέγω, ὅτι δέδοται ἡ ΕΖ τῷ μεγέθει.

εἰλήφθω γὰρ ἐπὶ τῆς ΓΔ δοθὲν σημεῖον τὸ Η, καὶ διὰ τοῦ Η τῇ ΕΖ παράλληλος ἤχθω ἡ ΗΘ. ἐπεὶ παράλληλός ἐστιν ἡ ΗΘ τῇ ΕΖ καὶ εἰς αὐτὰς εὐθεῖα ἐμπέπτωκεν ἡ ΓΔ, ἴση ἄρα ἐστὶν ἡ ὑπὸ ΕΖΔ τῇ ὑπὸ ΘΗΔ. δοθεῖσα δὲ ἡ ὑπὸ τῶν ΕΖΔ· δοθεῖσα ἄρα καὶ ἡ ὑπὸ ΘΗΔ.

ἐπεὶ οὖν πρὸς θέσει δεδομένῃ εὐθείᾳ τῇ ΓΔ καὶ τῷ πρὸς αὐτῇ σημείῳ δεδομένῳ τῷ Η εὐθεῖα γραμμὴ ἦκται ἡ ΗΘ δεδομένην ποιοῦσα γωνίαν τὴν ὑπὸ ΘΗΖ, θέσει ἄρα ἐστὶν ἡ ΗΘ. θέσει δὲ καὶ ἡ ΑΒ. δοθὲν ἄρα ἐστὶ τὸ Θ σημεῖον. ἔστι δὲ καὶ τὸ Η δοθέν. δοθεῖσα ἄρα ἐστὶν ἡ ΗΘ τῷ μεγέθει· καί ἐστιν ἴση τῇ ΕΖ. δοθεῖσα ἄρα ἐστὶ καὶ ἡ ΕΖ τῷ μεγέθει.

---

88) 명제 43에서도 반복되고 있다.

명제 32. 위치가 주어진 평행한 두 직선 사이에 주어져 있는 크기의 각을 만드는 선분을 그으면, 이 선분의 크기는 주어진 것이다.

위치가 주어져 있는 두 평행선 AB와 CD가 있고, 이 평행한 직선 사이에 주어져 있는 각의 크기와 같은 각 BEZ와 각 EZD가 되도록 직선 EZ를 긋는다. 그러면 선분 EZ의 크기는 주어진 것이라고 말한다.

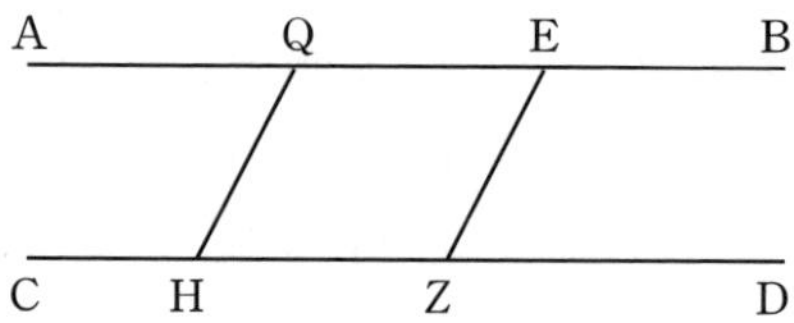

그림 32.1

직선 CD 위에 점 H를 잡고 점 H를 지나면서 직선 EZ에 평행한 직선 HQ를 긋는다[I. 명제 31]. HQ는 EZ와 평행하기 때문에 각 EZD의 크기는 각 QHD의 크기와 같다[I. 명제 29].

그리고 각 EZD는 주어져 있기 때문에, 각 QHD도 주어진 것이다[정의 1].

위치가 주어져 있는 직선 CD와 그 위에 주어져 있는 점 H를 지나, 주어져 있는 크기의 각을 가지는 각 QHZ를 만드는 선분 HQ의 위치는 주어진 것이다[명제 29]. 그리고 AB의 위치가 주어져 있기 때문에, 점 Q의 위치도 주어진 것이다[명제 25]. 점 H 또한 주어져 있기 때문에, 선분 HQ의 크기는 주어진 것이다[명제 26]. 그런데 선분 HQ의 크기는 선분 EZ의 크기와 같다[I. 명제 34]. 따라서 선분 EZ의 크기는 주어진 것이다[정의 1]. ■

**논평 :**

명제 32와 명제 33은 평행한 두 직선과 관련이 있는 명제 28을 따르고 있다. 그들은 공리적 성격을 지니는 명제 25, 명제 26, 명제 29를 사용한다. 이 세 명제의 핵심은 다음과 같이 요약될 수 있다(그림 32.2 참조).

만약 점 A와 직선 CD의 위치가 주어졌다고 하면, 명제 28과 I.명제 30에 의해서 AB의 위치는 주어진 것이다. 그리고 만약 각 ACD가 주어진 각이면, 명제 32에 의해서 AC의 크기는 주어진 것이다.

명제 33은 이것의 역이다.

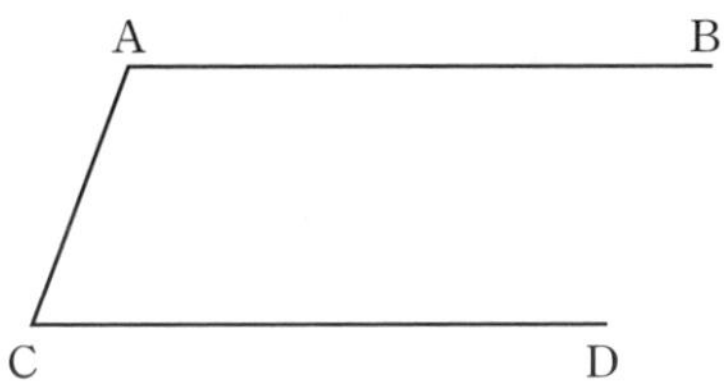


그림 32.2

삼각비의 성질에 의해서, 두 직선이 평행하다는 것은 두 직선 사이의 거리가 항상 일정한 것을 의미한다. $\sin\angle ACD = AH : AC$이므로, 이들 중 하나를 안다면 다른 하나도 알 수 있다.

**Θε 33.** ʽΕὰν εἰς παραλλήλους τῇ θέσει δεδομένας εὐθείας εὐθεῖα γραμμὴ ἀχθῇ δεδομένη τῷ μεγέθει, δεδομένας ποιήσει γωνίας.

εἰς γὰρ παραλλήλους τῇ θέσει δεδομένας εὐθείας τὰς ΑΒ, ΓΔ εὐθεῖα γραμμὴ ἤχθω ἡ ΕΖ, δεδομένη τῷ μεγέθει. λέγω, ὅτι δεδομένας ποιήσει γωνίας τὰς ὑπὸ τῶν ΒΕΖ, ΕΖΔ.

εἰλήφθω γὰρ ἐπὶ τῆς ΑΒ δοθὲν σημεῖον τὸ Η καὶ διὰ τοῦ Η τῇ ΕΖ παράλληλος ἤχθω ἡ ΗΘ. ἴση ἄρα ἐστὶν ἡ ΖΕ τῇ ΗΘ. δοθεῖσα δὲ ἡ ΕΖ· δοθεῖσα ἄρα καὶ ἡ ΗΘ. καί ἐστι τὸ Η δοθέν. ὁ ἄρα κέντρῳ μὲν τῷ Η, διαστήματι δὲ τῷ ΗΘ κύκλος γραφόμενος ἔσται τῇ θέσει. γεγράφθω καὶ ἔστω ὁ ΚΘΛ. θέσει ἄρα ἐστὶν ὁ ΚΘΛ. θέσει δὲ καὶ ἡ ΓΔ. δοθὲν ἄρα ἐστὶ τὸ Θ σημεῖον. ἔστι δὲ καὶ τὸ Η δοθέν· θέσει ἄρα ἐστὶν ἡ ΗΘ. θέσει δὲ καὶ ἡ ΓΔ. δοθεῖσα ἄρα ἐστὶν ἡ ὑπὸ τῶν ΗΘΔ γωνία. καί ἐστι τῇ ὑπὸ τῶν ΕΖΔ ἴση. δοθεῖσα ἄρα καὶ ἡ ὑπὸ τῶν ΕΖΔ. καὶ λοιπὴ ἄρα ἡ ὑπὸ τῶν ΖΕΒ δοθεῖσά ἐστιν.

**명제 33. 위치가 주어져 있는 평행인 두 직선 사이에 크기가 주어져 있는 선분을 긋는다면, 선분과 직선이 이루는 각의 크기는 주어진 것이다.**

위치가 주어져 있는 평행한 두 직선 AB와 CD 사이에, 주어져 있는 크기를 가지는 선분 EZ를 그린다. 그러면 선분 EZ와 두 평행선이 만드는 각 BEZ와 각 EZD는 주어진 것이라고 말한다.

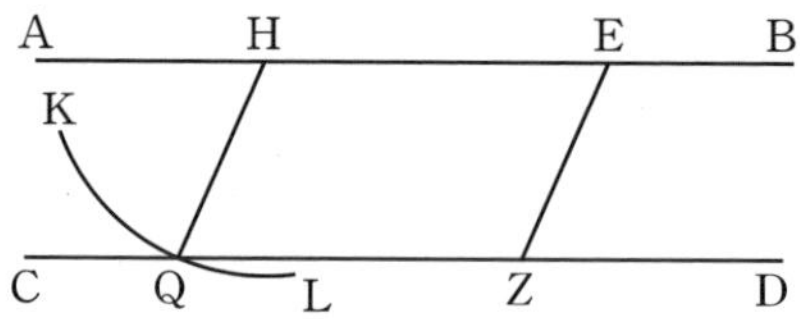


그림 33.1

직선 AB 위에 주어진 점 H를 잡고, 주어져 있는 선분 EZ와 평행인 직선 HQ을 그린다. 그러면 ZE = HQ이다[I. 명제 34]. EZ가 주어져 있기 때문에 HQ의 크기도 주어진 것이다[정의 1]. 점 H는 주어져 있는 것이므로, 점 H를 중심으로 하고 반지름을 HQ로 하는 원이 그려진다[정의 6].

이 원을 KQL이라고 하면 원 KQL의 위치도 주어진 것이다. 그리고 직선 CD의 위치도 주어져 있기 때문에서 원과의 교점 Q도 주어진 것이다[명제 25]. 점 H의 위치도 주어져 있으므로, 직선 HQ의 위치도 역시 주어진 것이다[명제 26].

또한 직선 CD와 직선 HQ의 위치가 주어져 있으므로, 각 HQD도 주어진 것이다. 그런데 각 HQD의 크기는 각 EZD의 크기와 같다. 따라서 각 EZD도 역시 주어진 것이다. 마지막으로 남은 각 ZEB도 주어진 것이다[I. 명제 29]. ■

**논평 :**

명제 32의 논평을 읽어보자. 멘지 번역본의 그림에서는 CD는 원 KQL의 접선으로 표현하고 있다. 즉, 각 EZD는 직각이다. 따라서, 멘지 번역본의 경우에는 문제 이면에 숨어 있는 나머지 두 경우(예각, 둔각)도 만들어 보아야 한다.

**Θε 34.** ʼΕὰν εἰς παραλλήλους τῇ θέσει δεδομένας εὐθείας ἀπὸ δεδομένου σημείου εὐθεῖα γραμμὴ ἀχθῇ, εἰς δεδομένον λόγον τμηθήσεται.

εἰς γὰρ παραλλήλους τῇ θέσει δεδομένας εὐθείας τὰς ΑΒ, ΓΔ ἀπὸ δεδομένου σημείου τοῦ Ε εὐθεῖα γραμμὴ ἤχθω ἡ ΕΖΗ. λέγω, ὅτι λόγος ἐστὶ τῆς ΕΖ πρὸς ΖΗ δοθείς.

ἤχθω γὰρ ἀπὸ τοῦ Ε σημείου ἐπὶ τὴν ΓΔ κάθετος ἡ ΕΚΘ. ἐπεὶ ἀπὸ δεδομένου σημείου τοῦ Ε ἐπὶ θέσει δεδομένην εὐθεῖαν τὴν ΓΔ εὐθεῖα γραμμὴ ἦκται ἡ ΕΘ δεδομένην ποιοῦσα γωνίαν τὴν ὑπὸ τῶν ΕΘΗ, θέσει ἄρα ἐστὶν ἡ ΕΘ· θέσει δὲ καὶ ἑκατέρα τῶν ΑΒ, ΓΔ· δοθὲν ἄρα ἐστὶν ἑκάτερον τῶν Κ, Θ. ἔστι δὲ καὶ τὸ Ε δοθέν· δοθεῖσα ἄρα ἐστὶν ἑκατέρα τῶν ΕΚ, ΚΘ. λόγος ἄρα τῆς ΕΚ πρὸς τὴν ΚΘ δοθείς. καί ἐστιν ὡς ἡ ΕΚ πρὸς τὴν ΚΘ, οὕτως ἡ ΕΖ πρὸς τὴν ΖΗ. λόγος ἄρα καὶ τῆς ΕΖ πρὸς τὴν ΖΗ δοθείς.

명제 34. 주어져 있는 점으로부터 위치가 주어져 있는 두 평행한 직선 사이에 직선을 그으면, 잘려진 부분의 비는 주어진 것이다.

위치가 주어진 두 평행선 AB, CD가 주어져 있고 이 두 직선의 맞은편에 있는 주어져 있는 점 E를 지나는 직선 EZH를 긋자. 그러면 비 EZ : ZH는 주어진 것이라고 말한다.

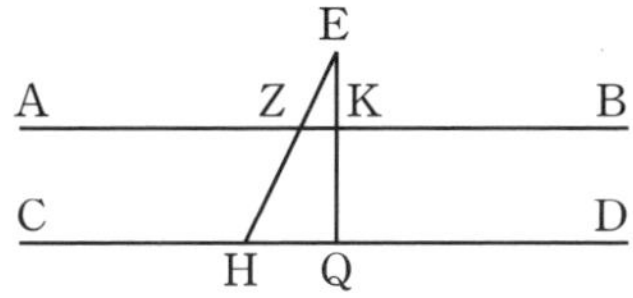


그림 34.1

점 E에서부터 CD에 수선 EKQ를 긋자. 주어져 있는 점 E에서부터 위치가 주어져 있는 직선 CD까지 내린 수선은 주어져 있는 각(직각)을 만들므로, EQ의 위치는 주어진 것이다[명제 30]. 두 직선 AB, CD의 위치가 각각 주어져 있으므로, 점 K, Q도 주어진 것이다[명제 25]. 점 E의 위치가 주어져 있으므로, 직선 EK, KQ의 위치도 주어진 것이다[명제 26]. 따라서 비 EK : KQ도 주어진 것이다[명제 1]. 그런데 EK : KQ :: EZ : ZH이므로[VI. 명제 2], 비 EZ : ZH는 주어진 것이다[정의 2*]. ■

**논평 :**

명제 34~명제 38은 다음과 같이 평행선 사이의 선분의 길이의 비로 요약될 수 있다. 네 직선이 있다. EZ는 위치가 주어져 있고, AB와 CD는 그것과 평행이고, 네 번째 직선 HQ는 세 직선에 의해 세 점으로 절단된다(그림 34.2 참조). 6개의 진술로 5개의 명제가 생성될 수 있다.

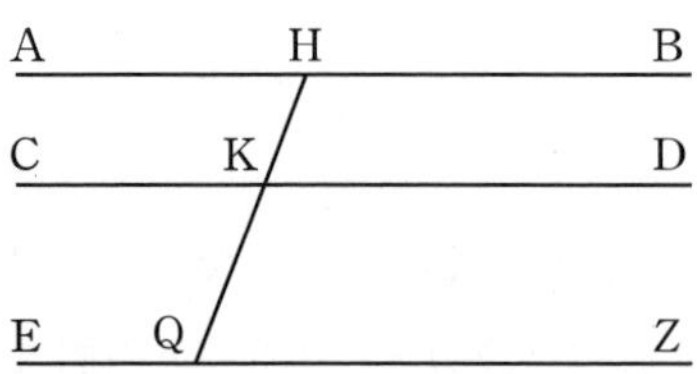

그림 34.2

(0) pos. EZ, AB // CD // EZ
(1) H는 위치가 주어진 것이다.
(2) K는 위치가 주어진 것이다.
(3) AB는 위치가 주어진 것이다.
(4) CD는 위치가 주어진 것이다.
(5) 비 HK : KQ는 주어진 것이다.

명제 34는 '(1)과 (4)이면 (5)임'을 증명한다. 주어진 점 H를 지나는 횡단선 HQ는 위치가 주어진 두 직선 CD와 EZ를 지나므로, 비 HK : KQ는 주어진 것이다.

명제 35는 '(1)과 (5)이면 (4)임'을 증명한다. 명제 34의 부분적 역이다.

명제 36은 '(2)와 (5)이면 (3)임'을 증명한다. 증명은 명제 35의 변형이다. 두 증명은 다음의 원리에 의해 동시에 증명된다. 만약 주어져 있는 점 H(또는 K)를 지나는 횡단선 HQ가 점 K(또는 점 H)에 의해서 주어진 비로 잘린다면, 평행선 AB(또는 CD)의 위치는 주어진 것이다.

명제 34~명제 36은 VI.명제 2와 반대의 경우이다.

명제 37은 '(3)과 (5)이면 (4)'임을 증명한다.

명제 38은 '(4)와 (5)이면 (3)임'을 증명한다. 명제 37의 부분적 역이다. 두 증명은 다음의 원리에 의해 동시에 증명된다. 두 평행선 사이의 간격을 주어진 비로 나누고 나뉜 점을 지나는 평행선이 그려진다면, 그 평행선의 위치는 주어진 것이다.

당연히 증명은 매우 비슷하다. 명제 25와 그것의 결과인 명제 26~명제 28, 명제 30에 바탕을 두고 있다. 즉, 명제 26은 주어져 있는 두 점을 지나는 직선의 유일성, 명제 27은 위치와 크기가 주어진 선분의 끝점은 유일하다는 것, 명제 28은 주어져 있는 점을 지나는 평행선은 유일하다는 것, 명제 30은 한 점에서 주어져 있는 직선에 내린 수선의 유일성을 의미한다.

명제 35와 명제 37에서는 명제 6의 합성(synthenti)이 사용된다. 원론 VI권 명제 2와 명제 4와 관련이 있다. 그리스의 문헌들은 동일한 내용을 설명하는 그림임에도 불구하고, 서로 다른 명제에 제시된 경우 점들의 이름을 서로 다르게 붙이는 전통이 있었다. 이러한 전통은 문헌을 이해하는데 불필요한 복잡함을 만들었다. 네츠(Netz, 1999)에 따르면, 그리스의 문헌은 증명에서 점 또는 선이 나타나는 순서에 따라 알파벳순으로 표기하였기 때문이라고 설명을 한다. 나의 주석에서도 그리스 원문과 동일한 그림을 사용하였고, 오늘날과 같은 동일한 그림에 동일한 표기의 사용은 피하려고 노력하였다.

버나드 비트락(Bernard Vitrac)은 VI. 명제 2와 VI. 명제 4의 중요성을 강조하고 있다. 왜냐하면, 비와 평행성 사이의 직접적 관련을 수립해주기 때문이다.

**Θε 35.** Ἐὰν ἀπὸ δεδομένου σημείου ἐπὶ θέσει δεδομένην εὐθεῖαν εὐθεῖα γραμμὴ ἀχθῇ καὶ τμηθῇ εἰς δεδομένον λόγον, διὰ δὲ τῆς τομῆς παρὰ τὴν θέσει δεδομένην εὐθεῖαν εὐθεῖα γραμμὴ ἀχθῇ, δέδοται ἡ ἀχθεῖσα τῇ θέσει.

ἀπὸ γὰρ δεδομένου σημείου τοῦ Α ἐπὶ θέσει δεδομένην εὐθεῖαν τὴν ΓΒ εὐθεῖα γραμμὴ ἤχθω ἡ ΑΔ καὶ τετμήσθω εἰς δεδομένον λόγον τὸν τῆς ΔΕ πρὸς ΕΑ, καὶ ἤχθω διὰ τοῦ Ε τῇ ΒΓ παράλληλος ἡ ΖΕΗ. λέγω, ὅτι θέσει ἐστὶν ἡ ΖΕΗ.

ἤχθω γὰρ ἀπὸ τοῦ Α ἐπὶ τὴν ΒΓ κάθετος ἡ ΑΘ. ἐπεὶ ἀπὸ δεδομένου σημείου τοῦ Α ἐπὶ θέσει δεδομένην εὐθεῖαν τὴν ΒΓ εὐθεῖα γραμμὴ ἦκται ἡ ΑΘ δεδομένην ποιοῦσα γωνίαν τὴν ὑπὸ τῶν ΑΘΔ, θέσει ἄρα ἐστὶν ἡ ΑΘ. θέσει δὲ καὶ ἡ ΒΓ· δοθὲν ἄρα τὸ Θ σημεῖον. ἔστι δὲ καὶ τὸ Α δοθέν. δοθεῖσα ἄρα ἐστὶν ἡ ΑΘ. καὶ ἐπεὶ λόγος τῆς ΔΕ πρὸς τὴν ΕΑ δοθείς, ὡς δὲ ἡ ΔΕ πρὸς τὴν ΕΑ, οὕτως ἡ ΘΚ πρὸς τὴν ΚΑ, λόγος ἄρα καὶ ὁ τῆς ΘΚ πρὸς τὴν ΚΑ δοθείς. συνθέντι ἄρα λόγος ἐστὶ τῆς ΘΑ πρὸς ΑΚ δοθείς. δοθεῖσα δὲ ἡ ΘΑ· δοθεῖσα ἄρα καὶ ἡ ΑΚ. ἀλλὰ καὶ τῇ θέσει. καί ἐστι τὸ Α δοθέν· δοθὲν ἄρα καὶ τὸ Κ. ἐπεὶ οὖν διὰ δεδομένου σημείου τοῦ Κ παρὰ θέσει δεδομένην εὐθεῖαν τὴν ΒΓ εὐθεῖα γραμμὴ ἦκται ἡ ΖΗ, θέσει ἄρα ἐστὶν ἡ ΖΗ.

명제 35. 만약 주어져 있는 점을 지나고 위치가 주어져 있는 직선과 만나는 직선을 그었을 때, 이 주어진 점과 만나는 점 사이의 선분의 길이의 비를 주어져 있는 비로 나누는 점을 지나, 주어져 있는 직선에 평행한 직선의 위치는 주어진 것이다.

주어져 있는 점 A에서부터 위치가 주어져 있는 직선 BC를 지나는 직선 AD를 긋고, 선분 AD의 길이를 주어져 있는 비 DE : AE로 나누는 점을 E, 점 E를 지나서 직선 BC에 평행인 직선을 직선 ZEH라고 하자. 그러면 직선 ZEH의 위치는 주어진 것이라고 말한다.

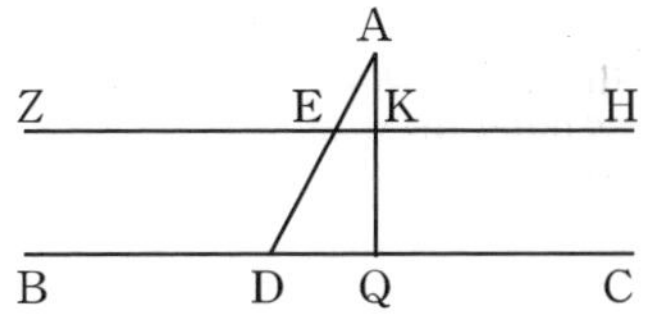

그림 35.1

점 A로부터 직선 BC에 수선 AQ를 긋는다[I. 명제 12].

주어져 있는 점 A에서 위치가 주어져 있는 직선 BC에 그은 직선 AQ는 주어져 있는 각인 직각을 만들므로 각 AQD는 주어진 것이다. 따라서 선분 AQ는 위치가 이미 주어진 것이다[명제 30].

그리고 직선 BC의 위치가 주어져 있기 때문에 점 Q는 주어진 것이다[명제 25]. 또한 점 A가 주어져 있으므로 직선 AQ도 주어진 것이다[명제 26].

그리고 비 DE : EA가 주어져 있으므로, DE : EA :: QK : KA이다[VI. 명제 2]. 따라서 QK : KA의 비도 주어진 것이다[정의 2]. 합성을 통한 비의 변형을 통해서, 비 QA : AK [즉 비 (QK+KA) : AK]도 이미 주어진 것이다[명제 6]. 그리고 QA는 주어져 있기 때문에 AK도 역시 주어진 것이다. 물론 AK의 위치는 주어진 것이다. 또한 점 A가 주어져 있기 때문에 점 K도 이미 주어진 것이다[명제 27].

따라서 주어져 있는 점 K를 지나서 주어져 있는 직선 BC에 평행한 직선 ZH는 그 위치가 주어진 것이다[명제 28]. ■

**Θε 36.** ᾿Εὰν ἀπὸ δεδομένου σημείου ἐπὶ θέσει δεδομένην εὐθεῖαν εὐθεῖα γραμμὴ ἀχθῇ καὶ προστεθῇ τις αὐτῇ εὐθεῖα λόγον ἔχουσα πρὸς αὐτὴν δεδομένον, διὰ δὲ τοῦ πέρατος τῆς προστεθείσης παρὰ τὴν τῇ θέσει δεδομένην εὐθεῖαν εὐθεῖα γραμμὴ ἀχθῇ, δέδοται ἡ ἀχθεῖσα τῇ θέσει.

ἀπὸ γὰρ δεδομένου σημείου τοῦ Α ἐπὶ θέσει δεδομένην εὐθεῖαν τὴν ΒΓ εὐθεῖα γραμμὴ ἤχθω ἡ ΑΔ, καὶ προσκείσθω τῇ ΑΔ ἡ ΑΕ λόγον ἔχουσα πρὸς τὴν ΑΔ δεδομένον, διὰ δὲ τοῦ Ε τῇ ΒΓ παράλληλος ἤχθω ἡ ΖΚ. λέγω, ὅτι θέσει ἐστὶν ἡ ΖΚ.

ἤχθω γὰρ ἀπὸ τοῦ Α ἐπὶ τὴν ΒΓ κάθετος ἡ ΑΘ καὶ διήχθω ἐπὶ τὸ Η. ἐπεὶ ἀπὸ δεδομένου σημείου τοῦ Α ἐπὶ θέσει δεδομένην εὐθεῖαν τὴν ΒΓ εὐθεῖα γραμμὴ ἧκται ἡ ΑΘ δεδομένην ποιοῦσα γωνίαν τὴν ὑπὸ ΑΘΓ, θέσει ἄρα ἐστὶν ἡ ΘΑΗ. θέσει δὲ καὶ ἡ ΒΓ· δοθὲν ἄρα ἐστὶ τὸ Θ σημεῖον. ἔστι δὲ καὶ τὸ Α δοθέν· δοθεῖσα ἄρα ἐστὶν ἡ ΑΘ. καὶ ἐπεὶ λόγος ἐστὶ τῆς ΔΑ πρὸς τὴν ΑΕ δοθείς, ὡς δὲ ἡ ΔΑ πρὸς τὴν ΑΕ, οὕτως ἡ ΘΑ πρὸς τὴν ΑΗ, λόγος ἄρα καὶ τῆς ΘΑ πρὸς τὴν ΑΗ δοθείς. δοθεῖσα δὲ ἡ ΘΑ· δοθεῖσα ἄρα καὶ ἡ ΑΗ. ἀλλὰ καὶ τῇ θέσει. καί ἐστι δοθὲν τὸ Α· δοθὲν ἄρα καὶ τὸ Η. ἐπεὶ οὖν διὰ δεδομένου σημείου τοῦ Η παρὰ θέσει δεδομένην εὐθεῖαν τὴν ΒΓ εὐθεῖα γραμμὴ ἧκται ἡ ΖΗΚ, θέσει ἄρα ἐστὶν ἡ ΖΗΚ.

명제 36. 만약 주어져 있는 점에서부터 위치가 주어져 있는 직선까지 선분을 긋고 이 작도된 선분을 주어져 있는 비만큼 연장한다면, 연장된 선분의 끝점을 지나고 위치가 주어져 있는 직선에 평행한 직선은 그 위치가 주어진 것이다.

주어져 있는 점 A에서부터 위치가 주어져 있는 직선 BC까지 선분 AD를 작도하고, AD를 주어져 있는 비를 만족하도록 연장한 선분을 AE라 하자. 점 E를 지나면서 직선 BC에 평행한 직선 ZK를 작도하자. 그러면 ZK의 위치는 주어진 것이라고 말한다.

점 A에서 BC에 수직인 직선 AQ를 작도하고, 그 연장선 위에 있는 점을 H라고 하자. 점 A에서부터 위치가 주어져 있는 직선 BC에 그은 수선 AQ는 주어져 있는 각 AQC를 만든다. 따라서 직선 QAH는 위치가 주어진 것이다[명제 30].

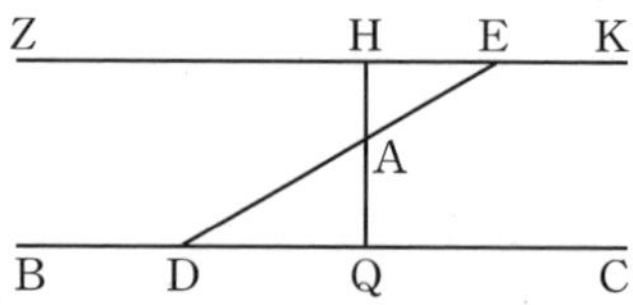


그림 36.1

또한, BC의 위치가 주어져 있으므로 점 Q는 주어진 것이다[명제 25]. 점 A 또한 주어져 있으므로 직선 AQ는 주어진 것이다[명제 26].

그리고 비 DA : AE가 주어져 있으므로, DA : AE :: QA : AH이다[VI. 명제 4]. 따라서 비 QA : AH도 주어진 것이다. 또한 QA가 주어져 있으므로 AH도 주어진 것이다[명제 2]. 물론, 이것의 위치도 주어진 것이다. 점 A가 주어져 있으므로, 점 H 또한 주어진 것이다[명제 27].

지금까지의 결과로부터 직선 ZHK는 위치가 주어진 직선 BC에 평행하면서 주어져 있는 점 H를 지나도록 작도된 것이다. 따라서 ZHK의 위치는 주어진 것이다[명제 28]. ■

**Θε 37.** ᾿Εὰν εἰς παραλλήλους τῇ θέσει δεδομένας εὐθείας εὐθεῖα γραμμὴ ἀχθῇ καὶ τμηθῇ εἰς δεδομένον λόγον, διὰ δὲ τῆς τομῆς παρὰ τὰς τῇ θέσει δεδομένας εὐθείας εὐθεῖα γραμμὴ ἀχθῇ, δέδοται ἡ ἀχθεῖσα τῇ θέσει.

εἰς γὰρ παραλλήλους τῇ θέσει δεδομένας εὐθείας τὰς ΑΒ, ΓΔ εὐθεῖα γραμμὴ ἤχθω ἡ ΕΖ καὶ τετμήσθω εἰς δεδομένον λόγον τὸν τῆς ΖΗ πρὸς τὴν ΗΕ, καὶ διήχθω διὰ τοῦ Η ὁποτέρᾳ τῶν ΑΒ, ΓΔ παράλληλος ἡ ΘΚ. λέγω, ὅτι θέσει ἐστὶν ἡ ΘΚ.

εἰλήφθω γὰρ ἐπὶ τῆς ΑΒ δοθὲν σημεῖον τὸ Λ, καὶ κατήχθω ἀπὸ τοῦ Λ ἐπὶ τὴν ΓΔ κάθετος ἡ ΛΝ. ἐπεὶ ἀπὸ δεδομένου σημείου τοῦ Λ ἐπὶ θέσει δεδομένην εὐθεῖαν τὴν ΓΔ εὐθεῖα γραμμὴ ἦκται ἡ ΛΝ, δεδομένην ποιοῦσα γωνίαν τὴν ὑπὸ τῶν ΛΝΔ, θέσει ἄρα ἐστὶν ἡ ΛΝ. θέσει δὲ καὶ ἡ ΓΔ· δοθὲν ἄρα τὸ Ν σημεῖον. ἔστι δὲ καὶ τὸ Λ δοθέν· δοθεῖσα ἄρα ἐστὶν ἡ ΛΝ. καὶ ἐπεὶ λόγος ἐστὶ τῆς ΖΗ πρὸς τὴν ΗΕ δοθείς, ὡς δὲ ἡ ΖΗ πρὸς τὴν ΗΕ, οὕτως ἡ ΝΜ πρὸς τὴν ΜΛ, λόγος ἄρα καὶ τῆς ΝΜ πρὸς τὴν ΜΛ δοθείς· ὥστε καὶ τῆς ΝΛ πρὸς τὴν ΜΛ ἐστι δοθεὶς λόγος. δοθεῖσα δὲ ἡ ΝΛ. δοθεῖσα ἄρα καὶ ἡ ΛΜ. ἀλλὰ καὶ τῇ θέσει. καί ἐστι δοθὲν τὸ Λ· δοθὲν ἄρα καὶ τὸ Μ. ἐπεὶ οὖν διὰ δεδομένου σημείου τοῦ Μ παρὰ θέσει δεδομένην εὐθεῖαν τὴν ΓΔ εὐθεῖα γραμμὴ ἦκται ἡ ΘΚ, θέσει ἄρα ἐστὶν ἡ ΘΚ.

명제 37. 만약 위치가 주어져 있는 두 평행선 사이를 지나는 선분을 긋고, 이 선분을 주어져 있는 비로 나누는 점을 지나면서 처음 두 평행선과 평행인 직선을 긋는다면, 나중에 새로 그어지는 직선의 위치는 주어진 것이다.

위치가 주어져 있는 두 직선 AB, CD가 서로 평행이고, 두 평행선을 지나는 직선이 두 평행선 사이에 만들어지는 선분 EZ를 주어져 있는 비 ZH : HE로 나눠도록 한다. 점 H를 지나서 두 직선 AB, CD와 평행인 직선 QK를 긋는다. 그러면 직선 QK의 위치는 주어진 것이라고 말한다.

직선 AB 위에 주어져 있는 점 L을 취하자[공리 0*]. 점 L을 지나고 직선 CD에 내린 수선 LN을 긋는다[I. 명제 12].

위치가 주어져 있는 점 L에서 위치가 주어져 있는 직선 CD로 그은 직선 LN은 주어져 있는 각 LND를 만든다. 따라서 직선 LN의 위치는 주어진 것이다[명제 30].

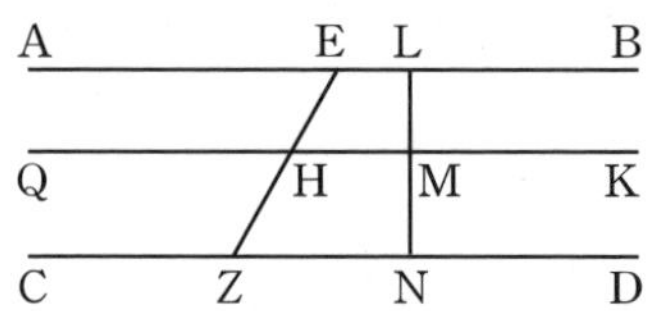


그림 37.1

그리고 직선 CD는 위치가 주어져 있으므로 점 N의 위치도 주어진 것이다[명제 25]. 점 L이 주어져 있으므로 직선 LN도 주어진 것이다[명제 26].

그리고 비 ZH : HE가 주어져 있으므로 ZH : HE :: NM : ML이 성립한다[VI. 명제 2]. 따라서 비 NM : ML이 주어진 것이므로, 비 NL : ML도 주어진 것이다[명제 6]. 그리고 NL이 주어져 있으므로, LM도 역시 주어진 것이다[명제 2]. 물론 그것의 위치도 역시 주어진 것이다. 그리고 점 L이 주어져 있으므로 점 M도 주어진 것이다[명제 27].

지금까지의 사실로부터, 주어져 있는 점 M을 지나면서 위치가 주어져 있는 직선 CD에 평행한 직선 QK를 작도할 수 있다. 따라서 직선 QK는 위치가 주어진 것이다[명제 28]. ■

**Θε 38.** ᾿Εὰν εἰς παραλλήλους τῇ θέσει δεδομένας εὐθείας εὐθεῖα γραμμὴ ἀχθῇ καὶ προστεθῇ τις αὐτῇ εὐθεῖα λόγον ἔχουσα πρὸς αὐτὴν δεδομένον, διὰ δὲ τοῦ πέρατος παρὰ τὰς τῇ θέσει δεδομένας παράλληλος εὐθεῖα γραμμὴ ἀχθῇ, δέδοται ἡ ἀχθεῖσα τῇ θέσει.

εἰς γὰρ παραλλήλους τῇ θέσει δεδομένας εὐθείας τὰς AB, ΓΔ εὐθεῖα γραμμὴ ἤχθω ἡ EZ, καὶ προσκείσθω τις αὐτῇ εὐθεῖα ἡ EH λόγον ἔχουσα πρὸς τὴν EZ δεδομένον, διὰ δὲ τοῦ H ὁποτέρᾳ τῶν AB, ΓΔ εὐθειῶν παράλληλος εὐθεῖα γραμμὴ ἤχθω ἡ ΘK. λέγω, ὅτι θέσει ἐστὶν ἡ ΘK.

εἰλήφθω γὰρ ἐπὶ τῆς AB δοθὲν σημεῖον τὸ N, καὶ ἤχθω ἀπὸ τοῦ N ἐπὶ τὴν ΓΔ κάθετος εὐθεῖα γραμμὴ ἡ NM καὶ διήχθω ἐπὶ τὸ Λ. ἐπεὶ ἀπὸ δεδομένου σημείου τοῦ N ἐπὶ θέσει δεδομένην εὐθεῖαν τὴν ΓΔ εὐθεῖα γραμμὴ ἧκται ἡ NM δεδομένην ποιοῦσα γωνίαν τὴν ὑπὸ NMΔ, θέσει ἄρα ἐστὶν ἡ ΛNM. θέσει δὲ καὶ ἡ ΓΔ. δοθὲν ἄρα ἐστὶ τὸ M σημεῖον. ἔστι δὲ καὶ τὸ N δοθέν. δοθεῖσα ἄρα ἐστὶν ἡ NM. καὶ ἐπεὶ λόγος ἐστὶ τῆς ZE πρὸς τὴν EH δοθείς, ὡς δὲ ἡ ZE πρὸς τὴν HE, οὕτως ἡ NM πρὸς τὴν NΛ, λόγος ἄρα καὶ τῆς MN πρὸς τὴν NΛ δοθείς. δοθεῖσα δὲ ἡ NM· δοθεῖσα ἄρα καὶ ἡ NΛ. ἀλλὰ καὶ τῇ θέσει. καί ἐστι τὸ N δοθέν· δοθὲν ἄρα καὶ τὸ Λ. ἐπεὶ οὖν διὰ δεδομένου σημείου τοῦ Λ παρὰ θέσει δεδομένην εὐθεῖαν τὴν AB εὐθεῖα γραμμὴ ἧκται ἡ ΘK, θέσει ἄρα ἐστὶν ἡ ΘK.

명제 38. 만약 위치가 주어져 있는 두 평행한 직선을 지나는 선분을 작도하고 그 선분의 한 끝점을 중심으로 주어져 있는 비를 만족하는 길이만큼 연장한 선분의 끝점을 지나면서 처음 두 평행선과 평행인 직선을 긋는다면, 나중에 새로 그어지는 직선의 위치는 주어진 것이다.

위치가 주어져 있는 두 평행한 직선 AB, CD 사이에 선분 EZ를 작도하고, 선분 EZ에 대해 주어져 있는 비를 만족하는 선분 EH를 EZ에 연장하자. 그리고 점 H를 지나면서 AB, CD에 평행한 직선 QK를 긋는다. 그러면 직선 QK의 위치는 주어진 것이라고 말한다.

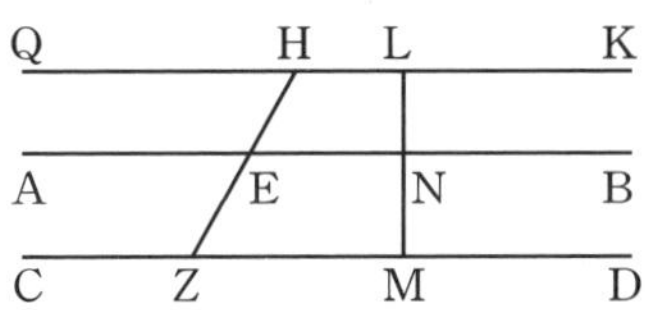


그림 38.1

직선 AB 위에 주어져 있는 점 N을 취하자[공리 0*]. 점 N에서부터 직선 CD에 내린 수선 NM을 작도하고, 그 위에 점 L을 잡는다. 위치가 주어져 있는 점 N에서 위치가 주어져 있는 직선 CD에 내린 수선 NM은 주어져 있는 각 NMD를 만든다. 따라서 직선 LNM의 위치는 주어진 것이다[명제 30].

그리고 직선 CD는 위치가 주어져 있으므로 점 M의 위치도 주어진 것이다[명제 25]. 점 N이 주어져 있으므로 직선 NM도 주어진 것이다[명제 26]. 그리고 비 ZE : EH가 주어져 있으므로, ZE : EH :: NM : NL이 성립한다[VI. 명제 2]. 따라서 비 NM : NL은 주어진 것이다. 그리고 NM이 주어져 있으므로, NL도 역시 주어진 것이다. 물론 그것의 위치도 역시 주어진 것이다. 그리고, 점 N이 주어져 있으므로, 점 L도 역시 주어진 것이다[명제 27].

지금까지의 사실로부터, 주어져 있는 점 L을 지나면서 위치가 주어져 있는 직선 AB에 평행한 직선 QK를 작도할 수 있다. 따라서 직선 QK는 위치가 주어진 것이다[명제 28]. ■

# 명제 25~명제 38의 연역적 구조

| 《자료론》 \ 명제 | 25 | 26 | 27 | 28 | 29 | 30 | 31 | 32 | 33 | 34 | 35 | 36 | 37 | 38 |
|---|---|---|---|---|---|---|---|---|---|---|---|---|---|---|
| 정의 1* | · | · | · | · | · | · | + | + | · | · | · | · | · | · |
| 정의 2* | · | · | · | · | · | · | · | · | · | + | + | + | + | + |
| 정의 4*A | + | + | + | + | + | + | · | · | · | · | · | · | · | · |
| 정의 6 | · | · | · | · | · | · | + | · | + | · | · | · | · | · |
| 명제 1 | · | · | · | · | · | · | · | · | · | + | · | · | · | · |
| 명제 2 | · | · | · | · | · | · | · | · | · | · | + | + | + | + |
| 명제 4 | ·· | · | · | · | · | · | · | · | + | · | · | · | · | · |
| 명제 6 | · | · | · | · | · | · | · | · | · | · | + | · | + | · |
| 명제 25 | · | · | · | · | · | · | + | + | + | + | + | + | + | + |
| 명제 26 | · | · | · | · | · | · | + | + | + | + | + | + | + | + |
| 명제 27 | · | · | · | · | · | · | · | · | · | · | + | + | + | + |
| 명제 28 | · | · | · | · | · | · | · | · | · | · | + | + | + | + |
| 명제 29 | · | · | · | · | · | · | · | + | · | · | · | · | · | · |
| 명제 30 | · | · | · | · | · | · | · | · | · | + | + | + | + | + |

| 《원론》 \ 명제 | 25 | 26 | 27 | 28 | 29 | 30 | 31 | 32 | 33 | 34 | 35 | 36 | 37 | 38 |
|---|---|---|---|---|---|---|---|---|---|---|---|---|---|---|
| 공준 2 | · | · | · | · | · | · | · | · | · | · | · | + | · | + |
| I. 명제 12 | · | · | · | · | · | · | · | · | · | + | · | + | · | · |
| I. 명제 16 | · | · | · | · | · | + | · | · | · | · | · | · | · | · |
| I. 명제 29 | · | · | · | · | · | · | · | + | + | · | · | · | · | · |
| I. 명제 30 | · | · | · | + | · | · | · | · | · | · | · | · | · | · |
| I. 명제 34 | · | · | · | · | · | · | · | + | + | · | · | · | · | · |
| VI. 명제 2 | · | · | · | · | · | · | · | · | · | + | + | · | + | + |
| VI. 명제 4 | · | · | · | · | · | · | · | · | · | · | · | + | · | · |

명제 25 ~ 명제 27, 명제 29는 정의 4와 명제 28, 명제 30, 《원론》 I권 명제 16과 명제 30 등을 근거로 하였고, 공리적인 성격을 가지고 있다. 이들은 명제 31 ~ 명제 38에서 매우 중요한 역할을 하고 있다. 하지만 이들 명제들은 《자료론》의 다른 곳에서는 사용되지 않는다.

# 6장 모양 : 삼각형과 다각형

## 정의 3

직관적으로, 각과 비를 다루는 평면도형에서 많은 사람들은 평면도형이 자신과 똑같은 형태(figure), 어떤 것과는 다른 형태, 다른 것들과 닮은 형태라는 것이 무엇을 의미하는 안다. 그래서 '모양(form)이 주어진'이라는 《자료론》의 정의는 조금도 놀라운 것이 아니다. 정의 3은 VI.정의 1의 형식을 따른다.

| *Data*, Def. 3 | *Elements* VI, def. 1 |
|---|---|
| Εὐθύγραμμα σχήματα τῷ εἴδει δεδόσθαι λέγεται, ὧν αἵ τε γωνίαι δεδομέναι εἰσὶ κατὰ μίαν καὶ οἱ λόγοι τῶν πλευρῶν πρὸς ἀλλήλας δεδομένοι. | Ὅμοια σχήματα εὐθύγραμμά ἐστιν, ὅσα τάς τε γωνίας ἴσας ἔχει κατὰ μίαν καὶ τὰς περὶ τὰς ἴσας γωνίας πλευρὰς ἀνάλογον. |
| 《자료론》 정의 3<br>다각형(선분으로 둘러싸인 도형)의 형태가 주어져 있다면, 모든 각의 크기 및 변들 사이의 길이의 비가 각각 주어져 있다는 것이다. | 《원론》 VI.정의 1<br>닮은 다각형이라고 하는 것은 각의 크기가 서로 같고, 같은 각을 끼는 변들이 서로 비례하는 것이다. |

두 정의의 이러한 유사성으로부터 다음과 같은 따름정리 혹은 정의를 이끌어 낼 수 있다(37쪽을 보아라).

정의 3*B. 닮은 다각형의 모양이 주어져 있다면, 그 다각형의 모양은 주어진 것이다.

정의 1에 대한 우리의 논의를 기억해보자. 그것은 정의 1*에서 '만약 주어져 있는 것과 동일한 크기를 가진다면, 그것의 크기는 주어진 것'이라는 결론이다. 이것은 공리 0*, 즉 '평면에 있는 어떠한 점, 선분, 각이든 주어져 있는 위치를 가지고 있다'는 것에 의해 순환논리의 모순으로부터 벗어나게 해준다. 그래서 크기가 주어졌다는 것은, 평면에 이미 존재하고 고정되어 있는 그것과 동일한 대상이 있다는 것을 의미한다. 정의 1과 동일한 상황이 정의 3에서도 나타나고 있다.

정의 3*A. 다각형의 각각의 꼭짓점의 위치가 주어져 있다면, 그 다각형의 모양은 주어진 것이다.

결론적으로 다각형의 각각의 변들의 위치와 크기가 주어져 있다는 것이다(공리 26*A)†. 앞에서 제시한 정의 3*A, 정의 3*B 둘 다, 다각형을 만드는 각각의 각의 크기가 주어져 있고 변들 사이의 길이의 비가 주어져 있으므로, 정의 3을 만족시키고 있다. 비록 언급하거나 인용을 하지는 않겠지만, 명제를 증명할 때 정의 3을 적극적으로 이용해야 하는 상황에서 정의 3*A와 정의 3*B를 자주 사용할 것이다. 이것은 마치 도형의 위치가 도형의 모양을 함축하고 있음을 유클리드가 인식하고 있는 것처럼 보이지만, 모양이 주어짐은 위치가 주어짐보다 '더 포괄적인' 개념이기 때문에 그것을 정의의 범주 안에 포함시킬 수 없다. 후자(위치의 주어짐)는 전자(모양의 주어짐)에 포함된다. 다음 추

† [역자] 공리 26*A를 참고하는 것이 아니라 공리 26*A라고 함.

론에서 증명은 생략되어 있지만, 이해하는데 어려움이 전혀 없다. 말하자면 다음과 같다(예를 들어, 명제 40).[89)]

> 만약 도형의 꼭짓점들이 주어져 있다면, 변들은 위치와 크기가 주어진 것이다(공리 26*A). 그러므로 각들은 위치와 크기가 주어지고 변들 사이의 길이의 비도 주어진 것이다(명제 1).

우리는 주어져 있는 각에 대한 공리가 필요하지만, 이것에 대한 공리나 어떠한 내용도 《자료론》에 마련되어 있지 않다.

> 정의 1*A. 각의 위치와 크기가 주어졌다는 것은 이것의 꼭짓점과 각각의 변 위의 한 점의 위치가 주어진 것이다.

삼각형 혹은 다각형의 모양이 주어졌다는 것을 알게 될 때(명제 48 참조), '오직 이 경우'에 정의 3이 사용된다. 즉 다각형의 모양이 주어졌다고 한다면, 다각형의 각은 주어진 것이고 변들 사이의 길이의 비도 주어진 것이다.

## 명제 55 핵심 정리?

126쪽에서 나는 모양과 크기의 주어짐에 대한 《자료론》의 가장 일반적인 주장 중에서 특별한 경우인 명제 24*C(만약 정사각형의 넓이가 주어져 있으면, 정사각형을 만드는 한 변의 길이는 주어진 것이다)를

---

89) 비록 어떤 것도 그 영향에 대해 말할 수는 없지만, 두 직각보다 더 큰 각이 없으므로 《자료론》과 《원론》에서 모든 직선으로 둘러싸인 도형들은 볼록다각형이라고 가정한다.

제시하였다. 이것을 환언하면 다음과 같다.

명제 55. 만약 다각형의 모양과 크기가 주어져 있다면, 이것의 변들의 크기 또한 주어진 것이다.

이 정리의 성질을 파악하기 위해서, 우리는 발견적인 방법으로 논평할 것이다. 만약 다각형 P의 모양이 주어져 있다면, 이 도형의 각의 크기가 주어진 것이고 이 도형의 변들 사이의 길이의 비도 주어진 것이다(정의 3). 만약 도형의 형태는 바꾸지 않고 커진다면, 변들도 서로 보조를 맞추어 동시에 커진다. 고대 그리스 시대와는 어울리지 않지만, 한 변(결국은 모든 변)의 길이와 다각형의 넓이 사이에는 함수관계가 존재하고 있다. 물론, 그 반대의 경우도 만찬가지다.

이제 나는 명제 55에 대해 분석하고자 한다. 도형 P는 모양이 주어진 다각형이다(정의 3에서 나타낸 것처럼). 그리고 $a$는 도형 P의 임의의 한 변이다. 만약 한 변이 주어져 있다면 다른 변들 모두가 존재하기 때문에(정의 3), 명제 55는 도형 P의 한 변의 크기가 주어진 것이라는 것만을 증명하면 충분하다. 그래서 우리는 만약 mag. P이면 mag. $a$라는 것을 증명하고자 한다.

우선, 결론이 참이라고 가정하자. 즉 도형 P의 임의의 한 변 $a$의 크기가 주어져 있다고 하자. 이때 $b$를 위치가 주어져 있는 선분이라고 하면, 그 크기 역시 주어져 있는 것이다(공리 26*A).

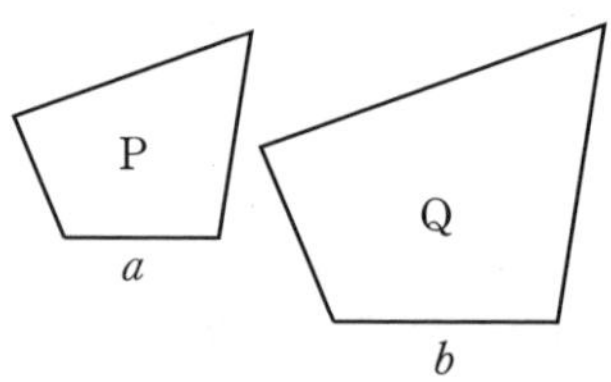


그림 55.1

그러면 비 $a:b$는 주어진 것이다(명제 1). 선분 $b$ 위에 도형 P와 닮은 도형 Q(단, 두 변 $a$와 $b$가 서로 대응하도록 한다)를 작도하자. 그러면 도형 Q는 모양이 주어진 것이다(정의 3*B).

VI. 명제 20[†]의 따름정리에 의해 비 P : Q는 비 $a:b$의 '제곱'[‡]이 될 것이다. 그러므로 주어진 비의 '제곱'이 주어져 있기 때문에(명제 8, 양 등), gvn. P : Q는 주어진 것이다. 그리고 도형 P는 크기가 주어져 있기 때문에, 도형 Q의 크기 또한 주어진 것이다(명제 2). 우리는 분석 결과를 다음과 같이 단계별로 나타낼 수 있다.

전제: mag. P, frm. P, Q $\backsim$ P, mag. $b$, 가정: mag. $a$

(1) mag. $a$ & mag. $b$ $\Rightarrow$ gvn. $a:b$ [명제 1]

(2) P : Q $= a^2 : b^2$ $\Rightarrow$ gvn. P : Q [VI. 명제 20, 명제 8]

(3) mag. P $\Rightarrow$ mag. Q [명제 2]

명제 55를 반대로 생각해보자. 명제 48~명제 54에서 제시될 몇 가지 보조정리들이 요구된다.

전제: mag. P, frm. P, Q $\backsim$ P, mag. $b$, 결론: mag. $a$

(3) mag. $b$, frm. Q $\Rightarrow$ mag. Q [명제 52, 명제 55의 역]

(2) mag. P $\Rightarrow$ gvn. P : Q [명제 1]

(1) P : Q $= a^2 : b^2$ $\Rightarrow$ gvn. $a:b$ [명제 54, 명제 24]

---

† [역자] 닮음인 다각형은 같은 수의 다각형(예를 들어, 오각형은 오각형끼리, $n$각형은 $n$각형끼리 닮았다)이고 전체와 같은 비를 가지는 삼각형으로 나눌 수 있으며 대응하는 변에 대한 제곱의 비를 가진다.

‡ [역자] 제곱은 흔히 square로 나타내지만 이 책에서는 double로 나타내고 있다.

(0) mag. $b$ ⇒ mag. $a$ [명제 2]

6장의 연역적 구조(218, 219쪽)에 대한 그림을 보면, 연속된 명제 49～명제 54가 차츰 어떻게 명제 55에 다가가는지를 보여준다. 명제 8(양등 변형)은 이들 명제에 가장 중요한 도움을 제공하고 있다. 명제 24에 의해 제기되는 문제들은 앞의 4장 '126쪽'을 참고하기 바란다.

두 도형 P와 Q는 모양이 주어져 있는 임의의 서로 다른 다각형이 아니라 닮았기 때문에, 명제 50은 명제 55의 증명에서는 이용되지 않지만 명제 51(명제 54의 역)을 형성하는데 도움을 제공한다. 변 $a$와 $b$가 서로 대응하는 변일 때, 명제들에 대한 개관을 다음과 같이 순차적으로 나타낼 수 있다.

명제 49. 만약 두 도형 P와 Q가 동일한 선분 $b$ 위에 그려진다면, gvn. P : Q이다.

명제 50. 만약 gvn. $a : b$ & P ∽ Q이면, gvn. P : Q이다.

명제 51. 만약 gvn. $a : b$이면, gvn. P : Q이다.

명제 52. 만약 mag. $a$이면, mag. P이다.

명제 53. 만약 한 쌍에 대해 gvn. $a : b$이면, 다른 한 쌍 $c$, $d$에 대해서도 gvn. $c : d$이다.

명제 54. 만약 gvn. P : Q이면, gvn. $a : b$ 이다(명제 51의 역).

명제 55. 만약 mag. P이면, mag. $a$ 이다(명제 52의 역).

위의 명제들에 대한 기초적인 고찰을 간단히 수행한 다음, 이러한 순서의 구성에 관해 구체적으로 밝힐 것이다.

## 삼각형

명제 49는 삼각형에 대해 다루고 있는 명제 48을 일반화한 것이다. 정의 3은 직선으로 둘러싸인 도형, 즉 다각형에 대해 언급하고 있다. 그러나 모양이 주어져 있는 다각형은 명제 47에 의해 모양이 주어져 있는 삼각형으로 변형될 수 있다. 따라서 삼각형이 다각형보다 더 간단한 도형이므로 명제 55의 증명에 도움이 된다. 주어져 있는 두 각, 한 각과 이 각을 만드는 두 변의 길이의 비, 세 변 사이의 길이의 비는 모양이 주어짐을 확실하게 보장한다. 다음 표에서 알 수 있듯이, 명제 40~명제 46은 이들 사이의 관계를 명확하게 하고 있다. VI.명제 4~VI.명제 7과의 관계는 맨 오른쪽 열에 나타내었다.

| ∡A | ∡B | $a:b$ | $b:c$ | $(a+b):c$ | $(b+c):a$ | 《자료론》 | 《원론》 |
|---|---|---|---|---|---|---|---|
| gvn | gvn | | | | | 40 | VI.4 |
| gvn | | | gvn | | | 41 | VI.6 |
| 직각 | | gvn | | | | 43 | |
| gvn | | gvn | | | | 44 | VI.7 |
| | | gvn | gvn | | | 42 | VI.5 |
| gvn | | | | | gvn | 45 | |
| gvn | | | | gvn | | 46 | |

명제 42를 제외한 모든 정리에서, 한 각(∡A)이 주어져 있고 더불어 다른 조건이 한 개 더 주어져 있다.

실제로, 명제 40에서는 나머지 각 중의 하나인 ∡B가 주어져 있다. 그런데 삼각형의 세 각의 합은 180°(I.명제 32)이므로, 마지막 한 각 ∡C도 또한 주어진 것이다. 결국, 명제 40에서는 세 각이 모두 주어져 있는 것을 다루는 것과 같다.

명제 41에서는 주어져 있는 각을 만드는 변들 사이의 길이의 비가 주어져 있고, 명제 43과 명제 44에서는 주어진 각이 아닌 다른 각을 만드는 변들 사이의 길이의 비가 주어져 있다. 명제 44에는 의심스러운 점이 있지만, VI.명제 7에서처럼 전제 조건으로 인해 명확하게 할 수 있다.[90] 마지막으로, 명제 45와 명제 46에서는 두 변의 합($a+b$ 혹은 $b+c$)과 나머지 한 변($c$ 혹은 $a$) 사이의 길이의 비가 주어져 있다. 이것은 기대했던 것보다 더 유용하게 사용되고 있다.

우리의 논의를 더 잘 이해하기 위해서 명제 39, 명제 42를 먼저 다루고, 그 다음에 명제 40, 명제 41을 다루도록 하겠다.

**Θε 39.** ᾿Εὰν τριγώνου ἑκάστη τῶν πλευρῶν δεδομένη ᾖ τῷ μεγέθει, δέδοται τὸ τρίγωνον τῷ εἴδει.

τριγώνου γὰρ τοῦ ΑΒΓ ἑκάστη τῶν πλευρῶν δεδομένη ἔστω τῷ μεγέθει· λέγω, ὅτι τὸ ΑΒΓ τρίγωνον δέδοται τῷ εἴδει.

ἐκκείσθω γὰρ εὐθεῖα τῇ θέσει δεδομένη ἡ ΔΜ, πεπερατωμένη μὲν κατὰ τὸ Δ, ἄπειρος δὲ κατὰ τὸ λοιπόν, καὶ κείσθω τῇ μὲν ΑΒ ἴση ἡ ΔΕ· δοθεῖσα δὲ ἡ ΑΒ· δοθεῖσα ἄρα καὶ ἡ ΔΕ· ἀλλὰ καὶ τῇ θέσει· καί ἐστι δοθὲν τὸ Δ· δοθὲν ἄρα καὶ τὸ Ε· τῇ δὲ ΒΓ ἴση ἡ ΕΖ· δοθεῖσα δὲ ἡ ΒΓ· δοθεῖσα ἄρα καὶ ἡ ΕΖ· ἀλλὰ καὶ τῇ θέσει· καί ἐστι δοθὲν τὸ Ε· δοθὲν ἄρα καὶ τὸ Ζ· τῇ δὲ ΑΓ ἴση ἡ ΖΗ. δοθεῖσα δὲ ἡ ΑΓ· δοθεῖσα ἄρα καὶ ἡ ΖΗ. ἀλλὰ καὶ τῇ θέσει. καί ἐστι δοθὲν τὸ Ζ· δοθὲν ἄρα καὶ τὸ Η. καὶ κέντρῳ μὲν τῷ Ε, διαστήματι δὲ τῷ ΕΔ κύκλος γεγράφθω ὁ ΔΚΘ· θέσει ἄρα ἐστὶν ὁ ΔΚΘ. πάλιν κέντρῳ μὲν τῷ Ζ, διαστήματι δὲ τῷ ΖΗ κύκλος γεγράφθω ὁ ΗΚΛ· θέσει ἄρα ἐστὶν ὁ ΗΚΛ· θέσει δὲ καὶ ὁ ΔΘΚ κύκλος· **δοθὲν ἄρα ἐστὶ καὶ τὸ Κ σημεῖον. ἔστι δὲ καὶ ἑκάτερον τῶν Ε, Ζ δοθέν· δοθεῖσα ἄρα ἐστὶν ἑκάστη τῶν ΚΕ, ΕΖ, ΖΚ τῇ θέσει καὶ τῷ μεγέθει· δέδοται ἄρα τὸ ΚΕΖ τρίγωνον τῷ εἴδει. καί ἐστιν ἴσον τε καὶ ὅμοιον τῷ ΑΒΓ· δέδοται ἄρα τὸ ΑΒΓ τρίγωνον τῷ εἴδει.**

---

명제 39. 만약 삼각형의 세 변들의 크기가 주어져 있다면, 그 삼각형의 모양은 주어진 것이다.

90) 만약 (사본에 있는 도형들에서 자주 나타나는 경우이고 고대 관습에서도 볼 수 있는) 비에서 전항(項)이 후항보다 더 크다면, 명제 44에서의 애매함이 발생하지 않는다.

△ABC의 각 변들의 크기가 주어져 있다고 하자. 그러면 △ABC의 모양은 주어진 것이라고 말한다.

한 쪽 끝점이 D이고 다른 방향으로는 무한히 뻗어 있는 위치가 주어진 직선 DM을 준비하자[공리 0*]. 그리고 선분 DM 위에 선분 AB와 같도록 하는 선분 DE를 잡자. 선분 AB는 크기가 주어져 있으므로, 선분 DE 또한 크기가 주어진 것이다[정의 1]. 물론 위치도 역시 주어진 것이다[선분 DM의 위치가 주어져 있기 때문이다]. 그리고 점 D가 주어져 있기 때문에 점 E도 또한 주어진 것이다[명제 27].

그리고 선분 EZ를 선분 BC와 같도록 잡자. 선분 BC가 주어져 있으므로 선분 EZ의 크기 또한 주어진 것이다. 물론 위치도 역시 주어진 것이다. 점 E도 주어져 있으므로 점 Z 또한 주어진 것이다.

그리고 선분 ZH를 선분 AC와 같도록 잡자. 선분 AC가 주어져 있으므로 선분 ZH는 주어진 것이다. 물론, 위치도 역시 주어진 것이다. 점 Z가 주어져 있으므로 점 H 또한 주어진 것이다.

그리고 중심을 점 E로 하고, 반지름을 ED로 하는 원 DKQ를 그리자. 그러면 원 DKQ는 위치가 주어진 것이다[정의 6].

다시 중심을 점 Z로 하고, 반지름을 ZH로 하는 원 HKL을 그리자. 그러면 원 HKL의 위치는 주어진 것이다. 그런데 원 DKQ는 위치도 주어져 있으므로, 점 K는 주어진 것이다[명제 25].

그리고 두 점 E와 Z가 주어져 있으므로 각각의 세 선분 KE, EZ, ZK는 위치와 크기가 주어진 것이다[명제 26]. 따라서 △KEZ의 모양은 주어진 것이다[정의 3*A]. 그런데 이것은 △ABC와 크기가 같고 닮았다[I.명제 8, I.명제 4, VI.정의 1]. 따라서 △ABC의 모양은 주어진 것이다[정의 3*B]. ■

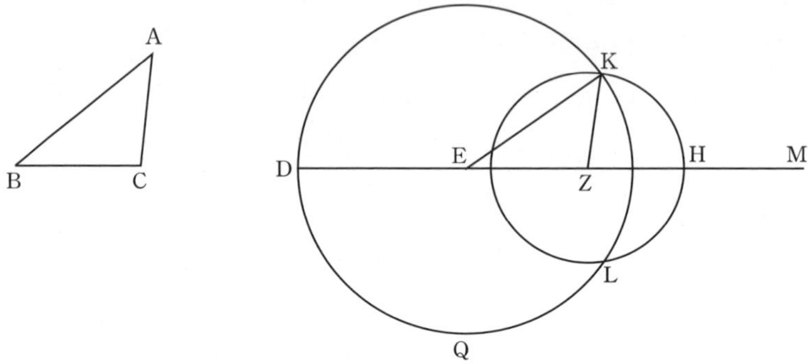


그림 39.1

**참고 :** 명제 40은 명제 42 다음에 나온다.

**Θε 42.** Ἐὰν τριγώνου αἱ πλευραὶ πρὸς ἀλλήλας λόγον ἔχωσι δεδομένον, δέδοται τὸ τρίγωνον τῷ εἴδει.

τριγώνου γὰρ τοῦ ΑΒΓ αἱ πλευραὶ πρὸς ἀλλήλας λόγον ἐχέτωσαν δεδομένον· λέγω, ὅτι τὸ ΑΒΓ τρίγωνον δέδοται τῷ εἴδει.

ἐκκείσθω γὰρ δεδομένη τῷ μεγέθει εὐθεῖα ἡ Δ. καὶ ἐπεὶ λόγος ἐστὶ τῆς ΑΒ πρὸς ΒΓ δοθείς, ὁ αὐτὸς αὐτῷ γεγονέτω ὁ τῆς Δ πρὸς τὴν Ε. δοθεῖσα δὲ ἡ Δ· δοθεῖσα ἄρα καὶ ἡ Ε. πάλιν ἐπεὶ λόγος ἐστὶ τῆς ΒΓ πρὸς τὴν ΑΓ δοθείς, ὁ αὐτὸς αὐτῷ γεγονέτω ὁ τῆς Ε πρὸς τὴν Ζ. δοθεῖσα δὲ ἡ Ε· δοθεῖσα ἄρα καὶ ἡ Ζ.

καὶ ἐκ τριῶν εὐθειῶν, αἵ εἰσιν ἴσαι τρισὶ ταῖς δοθείσαις ταῖς Δ, Ε, Ζ, ὧν αἱ δύο τῆς λοιπῆς μείζονές εἰσι πάντη μεταλαμβανόμεναι, τρίγωνον συνεστάτω τὸ ΗΘΚ· ὥστε ἴσην εἶναι τὴν μὲν Δ τῇ ΗΘ, τὴν δὲ Ε τῇ ΘΚ, τὴν δὲ Ζ τῇ ΗΚ. δοθεῖσα δὲ ἑκάστη τῶν Δ, Ε, Ζ· δοθεῖσα ἄρα καὶ ἑκάστη τῶν ΗΘ, ΘΚ, ΚΗ τῷ μεγέθει· δέδοται ἄρα τὸ ΗΘΚ τρίγωνον τῷ εἴδει.

καὶ ἐπεί ἐστιν ὡς ἡ ΑΒ πρὸς τὴν ΒΓ, οὕτως ἡ Δ πρὸς τὴν Ε, ἴση δὲ ἡ μὲν Δ τῇ ΗΘ, ἡ δὲ Ε τῇ ΘΚ, ἔστιν ἄρα ὡς ἡ ΑΒ πρὸς τὴν ΒΓ, οὕτως ἡ ΗΘ πρὸς τὴν ΘΚ. πάλιν ἐπεί ἐστιν ὡς ἡ ΒΓ πρὸς τὴν ΓΑ, οὕτως ἡ Ε πρὸς τὴν Ζ, ἴση δὲ ἡ μὲν Ε τῇ ΘΚ, ἡ δὲ Ζ τῇ ΗΚ, ἔστιν ἄρα ὡς ἡ ΒΓ πρὸς τὴν ΓΑ, οὕτως ἡ ΘΚ πρὸς τὴν ΚΗ. ἐδείχθη δὲ καὶ ὡς ἡ ΑΒ πρὸς τὴν ΒΓ, οὕτως ἡ ΘΗ πρὸς τὴν ΘΚ· δι' ἴσου ἄρα ἐστὶν ὡς ἡ ΑΒ πρὸς τὴν ΑΓ, οὕτως ἡ ΘΗ πρὸς τὴν ΗΚ. ὅμοιον ἄρα ἐστὶ τὸ ΑΒΓ τρίγωνον τῷ ΗΘΚ τριγώνῳ. δέδοται δὲ τὸ ΗΘΚ τρίγωνον τῷ εἴδει· δέδοται ἄρα καὶ τὸ ΑΒΓ τρίγωνον τῷ εἴδει.

**명제 42.** 만약 삼각형의 변들의 길이의 비가 서로 서로 주어져 있으면, 그 삼각형의 모양은 주어진 것이다.

△ABC의 변의 길이의 비가 서로 서로 주어져 있다고 하자. 그러면 그 삼각형은 모양이 주어진 것이라고 말한다.

주어져 있는 크기의 선분 D가 주어져 있다[공리 0*]. 그리고 비 AB : BC가 주어져 있기 때문에, 이 비와 동일한 비를 D : E라고 하자 [VI. 명제 12†]. 선분 D가 주어져 있으므로 선분 E도 또한 주어진 것이다[명제 2].

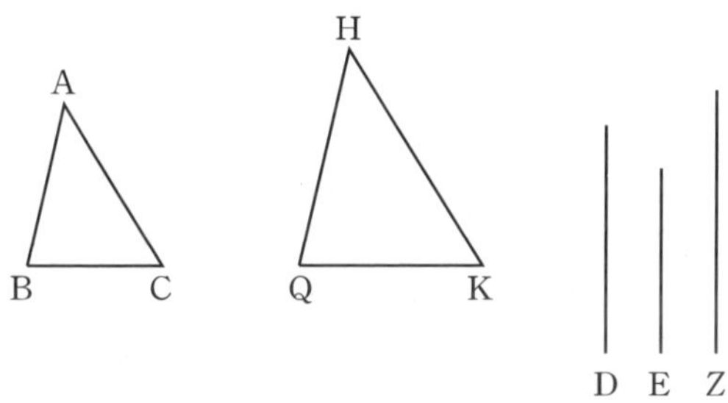


그림 42.1

또한 비 BC : AC가 주어져 있기 때문에, 이 비와 동일한 비를 E : Z라고 하자. 선분 E가 주어져 있으므로 선분 Z 또한 주어진 것이다.

그리고 선분 D, 임의로 택한 선분 E, Z를 세 선분(단, 두 선분의 길이의 합이 나머지 한 선분의 길이보다 더 크도록 한다)으로 하여 작도한 도형을 △HQK라고 하자. 그러면 선분 D는 변 HQ와 똑같고, 선분 E는 변 QK와 똑같고, 선분 Z는 변 HK와 똑같다[I. 명제 22].

세 선분 D, E, Z는 주어져 있기 때문에, 세 변 HQ, QK, KH의 크

† [역자] 세 선분이 주어져 있으면 이것과 비례하는 네 번째 선분을 구할 수 있다.

기는 주어진 것이다. 그러므로 △HQK의 모양은 주어진 것이다[명제 39, 정의 3*A].

그리고 AB : BC :: D : E이고 D = HQ, E = QK이기 때문에, AB : BC :: HQ : QK이다.

또한 BC : CA :: E : Z이고 E = QK, Z = KH이기 때문에, BC : CA :: QK : KH이다.

그리고 AB : BC :: HQ : QK로부터, 양등에 의해 AB : AC :: QH : HK이다[V. 명제 22]. 그러므로 △ABC는 △HQK와 닮음인 관계가 있고[VI. 명제 5], △HQK의 모양이 주어져 있으므로, △ABC의 모양도 주어진 것이다[정의 3*B]. ■

**논평 :** 명제 39는 명제 42를 위해 필요한가?

이것은 명제 39처럼 주어져 있는 각이 없기 때문에, 명제 42를 다른 명제들보다 먼저 제시하는 것이 도움이 된다. 변들 사이의 길이의 비가 주어져 있는 것이 아니라, 변들의 크기가 주어져 있는 명제 39는 다른 명제들과 관련성이 다소 떨어지지만 명제 42는 명제 39에 기초를 두고 있는 것처럼 보인다. 임의의 다각형은 다른 평면 도형으로 분할(즉, 임의의 다각형을 삼각형으로 나눌 수 있는)할 수 있는 반면 삼각형은 고정되어 있기 때문에 불가능하다. 따라서 명제 39와 명제 42는 가장 기본이 되는 오래된 원리들 중의 하나라고 볼 수 있다. 명백하게 명제 42가 명제 39와는 독립적으로 증명되기는 하지만, 후자는 전자의 직접적인 결과로 얻어진다. 즉, 명제 42는 명제 39의 따름정리처럼 보일 수 있다.

명제 39를 변형하여 고찰해보자.

삼각형 ABC의 각 변의 크기가 주어져 있다. 원론의 I. 명제 22†와 같은 방법으로, 위치가 주어져 있는 임의의 한 선분 위에 △ABC의 세 변과 같은 크기의 변을 가지는 또 다른 삼각형이 작도된다.

그리스 원문에서 강조한 다음의 구절은 주목할 만하다.

점 K는 주어져 있다. 그리고 두 점 E와 Z도 또한 주어져 있다. 그러므로 세 선분 KE, EZ, ZK는 위치와 크기가 주어진 것이다. 그러므로 △KEZ는 모양이 주어진 것이다.

가정으로부터 선분들의 크기가 주어져 있다는 것을 알 수 있기 때문에, 핵심적인 성질로 위치가 주어진 것임이 틀림이 없다. 즉 새로운 삼각형의 각 꼭짓점들의 위치가 주어져 있기 때문에 그 삼각형의 모양이 주어진 것이다. 멘지는 정의 3에 대해 언급하였지만, 변들의 크기나 비에 대한 직접적인 언급이 없었기 때문에, 이 정의는 직접적으로 이용될 수 없다.

이 문제는 처음의 삼각형이 위치와 모양이 주어져 있는 다른 삼각형과 닮았다는 것을 증명함으로써 풀린다. 만약 꼭짓점이 고정되어 있고 변들도 역시 고정되어 있다면 그 삼각형은 움직이지 않을 뿐만 아니라, '모양이 주어진 것이다'라는 의미도 포함되어 있다. 유클리드는 명제 39에 대한 결론에서 정의 $3^*$B에 대해 동의하고 있는 것이다.[91)]

△KEZ는 모양이 주어져 있는 △ABC와 합동이므로 모양이 주어진 것이다.

---

† [역자] I.명제 22: 어느 두 선분을 더하여도 나머지 한 선분보다 큰 세 선분이 주어져 있을 때, 이 세 선분을 세 변으로 가지는 삼각형이 결정된다.

91) 클리멘스 타에르는 '아라비아 판에 다르게 번역되어져 있는 명제 39의 증명은 새롭게 재구성되어져 있는 것 같다'라는 간단한 해설을 붙였다. 하지만, 나는 이러한 아라비아 원전을 아직 본 적이 없다.

한 가지 의문이 남아 있으며, 여전히 아무런 해답도 얻지 못한 채 남아 있을 것이다. 왜 유클리드는 △ABC의 크기(넓이)가 주어진 것이라는 결론을 부가적으로 내리지 않은 것일까? 정의 1를 신뢰하고 있다면, 주어져 있는 것과 동일한 것을 규정할 수 있기 때문에 삼각형에서의 이러한 성질은 이미 증명된 것이다. 그러나 우리가 이미 명제 24에서 언급한 것처럼, 정의 1에서는 넓이에 대해서 다루지 않고 있다. 따라서 넓이를 다루기 위해서는 변들의 길이로부터 넓이를 계산하여야 하는데, 이것은 쉽지 않다(아르키메데스[92]가 삼각형의 넓이에 관한 헤론의 공식을 아직 발견하지 못했다). 계산을 할 수 없음에도 불구하고, 크기가 주어져 있다는 것은 기하학적인 방법에 의해서 그 크기를 재산출할 수 있다는 것을 의미한다(프톨레마이오스는 이 두 가지의 의미를 구별하고 있는 것처럼 보임, 1쪽을 참고할 것). 비록 '크기가 주어진 것이다'라고 할지라도 각의 크기를 계산하는 것은 쉽지가 않다. 따라서 여기서 가장 간단하게 제시할 수 있는 한 가지 대답은, 모양에 대한 모든 명제에서 '크기가 주어져 있는 삼각형'일 필요는 없다는 것이다. 만약 주어진 크기가 필요하다면, 즉 이것이 요구된다면, 다른 크기는 비를 이용하여 주어진 것으로 증명될 것이다.

사실, 명제 39는 전혀 필요 없는 명제라고 볼 수 있다. 이것이 필요한 것처럼 보이는 네 명제(명제 40～명제 43)의 증명 중에서 단지 명제 42에서만 명제 39(세 점이 주어져 있으면 세 선분은 위치와 크기가 주어진 것이다)에 관한 논의를 반복하지 않기 위해 사용되고 있다. 즉, 정의 3은 정의 $3^*$A와 정의 $3^*$B를 내포하여 실제적으로 사용되고 있고, 명제 42를 증명하는데 명제 39가 중요한 것처럼 보이지만 실제로는 그저 우리의 수고를 덜어주는 정도로만 사용되고 있다.

---

92) 나의 논문 〈'An Archimedean Proof of Heron's Formula for the Area of a Triangle, Reconstructed', Centaurus 1980, vol 24, 110～116〉을 참조한다.

이제 명제 42에 대해 고찰해보자. 변의 길이의 비가 주어져 있는 삼각형 ABC를 고려하자. 《원론》 I. 명제 22를 이용하면 다른 삼각형은 선분들로 작도되고, 잡을 수 있으며, 주어진 비를 가지므로 크기가 주어진 것이다. 새로운 삼각형의 변들이 주어진 것이기 때문에(명제 39를 참고하면), 이 도형의 모양은 주어진 것이다. 그리고 이 삼각형은 모양이 주어져 있는(정의 3*B) △ABC와 닮았다(VI. 명제 5).

현 상태로는, 명제 42가 크기가 주어져 있는 변들에 대한 명제 39를 전제로 한 것으로 보인다. 그러나 유클리드는 위치가 주어진 △QHK를 작도함으로써 얼버무려 넘기고(명제 39에서 EZK를 작도하는 것처럼), 세 선분 HQ, QK, KH는 위치와 크기(정확히 말하자면 명제 39에서는 세 변 KE, EZ, ZK와 같음)가 주어지기 때문에, △QHK는 모양이 주어진 것(정의 3*B)이라는 결론을 내린다.

두 명제(명제 39, 명제 42)는 필수적인 대상의 설정으로부터 시작하고 있다. 명제 39는 선분 DM의 위치의 주어짐에 대해 정확하게 설정하였고, 반면 명제 42에서는 선분 D의 크기만 단지 주어졌다고 설명하고 있다. 즉, 선분 D와 크기가 같은 선분 HQ의 위치에 대해서는 전혀 언급이 없고 어디든 위치할 수 있다. 그러나 명제 39(혹은 I. 명제 22)에서 위치[93]의 주어짐에 대한 정교한 설명을 가진 것과 동일하게 명제 42에서도 작도가 이루어진다. 부록 B에서는 명제 39와 I. 명제 22를 대조하여 보여주고 있다.

불필요하든지 혹은 그렇지 않든지 간에 명제 39는 정의로부터가 아니고 행함을 통해 《자료론》을 이해하는 수단이 되고, 《원론》에 대한 종속과 일관성을 고찰하는 수단이 된다. 이것은 언급된 중요한 몇 개

93) 만약 ἐκκεiσΘω가(유사한 명제에서) '위치가 정해진다'는 것을 의미한다면, 이 문맥에서 과정된 표현으로 보이지만 이것이 명제 42로부터 따라오기 때문에, 명제 42의 증명은 명제 39와 거의 동일하다.

의 명제 중에서 명제 2, 명제 25와 같은 선상에 있다. 개인적 관점에서 명제 42는 모양이 주어진 삼각형에 대한 이론의 기초가 되는 명제 40과 관련이 있다.

**Θε 40.** Ἐὰν τριγώνου ἑκάστη τῶν γωνιῶν δεδομένη ᾖ τῷ μεγέθει, δέδοται τὸ τρίγωνον τῷ εἴδει.

τριγώνου γὰρ τοῦ ΑΒΓ ἑκάστη τῶν γωνιῶν δεδομένη ἔστω τῷ μεγέθει· λέγω, ὅτι δέδοται τὸ ΑΒΓ τρίγωνον τῷ εἴδει.

ἐκκείσθω γὰρ τῇ θέσει καὶ τῷ μεγέθει δεδομένη εὐθεῖα ἡ ΔΕ, καὶ συνεστάτω πρὸς τῇ ΔΕ καὶ τοῖς πρὸς αὐτῇ σημείοις τοῖς Δ, Ε τῇ μὲν ὑπὸ ΓΒΑ γωνίᾳ ἴση γωνία εὐθύγραμμος ἡ ὑπὸ ΕΔΖ, τῇ δὲ ὑπὸ τῶν ΑΓΒ ἴση ἡ ὑπὸ τῶν ΔΕΖ· λοιπὴ ἄρα ἡ ὑπὸ τῶν ΒΑΓ λοιπῇ ἴση τῇ ὑπὸ τῶν ΔΖΕ ἐστιν. δοθεῖσα δὲ ἑκάστη τῶν πρὸς τοῖς Α, Β, Γ· δοθεῖσα ἄρα καὶ ἑκάστη τῶν πρὸς τοῖς Δ, Ε, Ζ. ἐπεὶ οὖν πρὸς θέσει δεδομένη εὐθείᾳ τῇ ΔΕ καὶ τῷ πρὸς αὐτῇ σημείῳ δεδομένῳ τῷ Δ εὐθεῖα γραμμὴ ἦκται ἡ ΔΖ δεδομένην ποιοῦσα γωνίαν τὴν πρὸς τῷ Δ, θέσει ἄρα ἐστὶν ἡ ΔΖ. διὰ τὰ αὐτὰ δὴ καὶ ἡ ΕΖ θέσει ἐστίν· δοθὲν ἄρα ἐστὶ τὸ Ζ σημεῖον. ἔστι δὲ καὶ ἑκάτερον τῶν Δ, Ε δοθέν· δοθεῖσα ἄρα ἐστὶν ἑκάστη τῶν ΔΖ, ΔΕ, ΕΖ τῇ θέσει καὶ τῷ μεγέθει· δέδοται ἄρα τὸ ΔΖΕ τρίγωνον τῷ εἴδει. καί ἐστιν ὅμοιον τῷ ΑΒΓ τριγώνῳ· δέδοται ἄρα καὶ τὸ ΑΒΓ τρίγωνον τῷ εἴδει.

명제 40. 만약 삼각형의 세 각의 크기가 주어져 있다면, 그 삼각형의 모양은 주어진 것이다.

△ABC의 세 각의 크기가 주어져 있다고 하자. 그러면 △ABC는 모양이 주어진 것이라고 말한다.

위치와 크기가 주어져 있는 선분 DE를 잡자[공리 0*]. 선분 DE 위의 두 점 D와 E에서 삼각형의 ∡EDZ는 주어져 있는 ∡CBA와 같고, ∡DEZ는 주어져 있는 ∡ACB와 같도록 작도하자[I. 명제 23]. 그러면 주어져 있는 마지막 각인 ∡BAC는 ∡DZE와 같다[I. 명제 32].[94] 세 꼭짓점 A, B, C에서 만드는 세 각의 크기가 주어져 있으므로, 세 꼭짓점 D, E, Z에서 만드는 세 각의 크기도 주어진 것이다[정

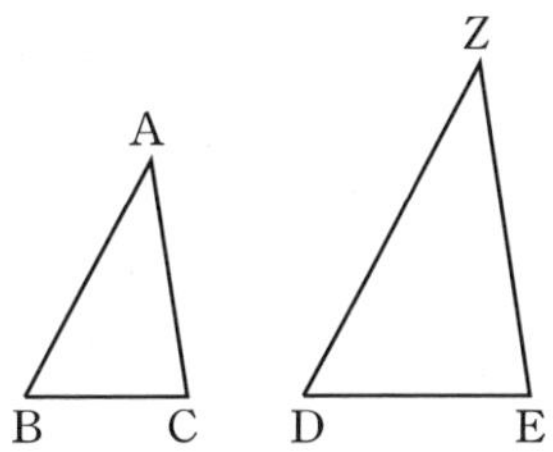

그림 40.1

의 1].

위치가 주어져 있는 선분 DE, 주어져 있는 점 D에서 주어져 있는 각의 크기를 가지도록 하는 선분 DZ를 그려야 하므로, 선분 DZ는 위치가 주어진 것이다[명제 29]. 같은 이유로 선분 EZ의 위치도 주어진 것이다.

따라서 점 Z는 주어진 것이고[명제 25], 두 점 D, E도 역시 주어져 있으므로, 이들이 만드는 세 선분 DZ, DE, EZ는 위치와 크기가 주어진 것이다[명제 26]. 그러므로 △DZE는 모양이 주어진 것이다[정의 $3^*$A]. 그런데 이 삼각형은 △ABC와 닮음인 관계에 있으므로[VI.명제 4], △ABC는 모양이 주어진 것이다[정의 $3^*$B]. ■

**논평 :**

△ABC의 세 각이 주어져 있기 때문에, 우리는 △ABC의 변들 사이의 길이의 비를 주어진 것으로 만들어 증명할 것으로 기대할 수 있다. 그러나 명제 40의 증명에 대한 그리스 원전 어디에도 비(ratio)에 대한 내용은 존재하지 않는다. 반면에 △ABC와 등각을 가지는 새로운 △DEZ를 크기와 위치가 주어져 있는 선분 위에 작도하였고, 공리적 정리들인 명제 25, 명제 26, 그리고 명제 29를 이용하여 삼각형 DEZ의 꼭짓점들의 위치가 주어져 있으므로 이 도형의 변들은 위치와 크기가 주어진 것이라고 유클리드는 결론을 내리고 있다. 이런 점에서 멘지가 명제 40에서 명제 39를 다시 언급한 것은 정당한 이유가 없는 것이다. 명제 40은 명제 39에서처럼 정확히 동일한 단어를 사용하여 결

94) VI.명제 4에서 각이 존재한다. 즉 직선이 만나도록 다루어져야 한다는 것에 주의해야 한다. 《원론》의 저자가 더 세심한 것인가?

론에 도달하지만, 이들이 서로 독립적인 것은 분명하다. 다음의 구절을 비교해보자.

| Dt 39 | Dt 40 |
|---|---|
| δοθὲν ἄρα ἐστὶ καὶ τὸ Κ σημεῖον. ἔστι δὲ καὶ ἑκάτερον τῶν Ε, Ζ δοθέν· δοθεῖσα ἄρα ἐστὶν ἑκάστη τῶν ΚΕ, ΕΖ, ΖΚ τῇ θέσει καὶ τῷ μεγέθει· δέδοται ἄρα τὸ ΚΕΖ τρίγωνον τῷ εἴδει. καί ἐστιν ἴσον τε καὶ ὅμοιον τῷ ΑΒΓ· δέδοται ἄρα τὸ ΑΒΓ τρίγωνον τῷ εἴδει. | δοθὲν ἄρα ἐστὶ τὸ Ζ σημεῖον. ἔστι δὲ καὶ ἑκάτερον τῶν Δ, Ε δοθέν· δοθεῖσα ἄρα ἐστὶν ἑκάστη τῶν ΔΖ, ΔΕ, ΕΖ τῇ θέσει καὶ τῷ μεγέθει· δέδοται ἄρα τὸ ΔΖΕ τρίγωνον τῷ εἴδει. καί ἐστιν ὅμοιον τῷ ΑΒΓ τριγώνῳ· δέδοται ἄρα καὶ τὸ ΑΒΓ τρίγωνον τῷ εἴδει. |

점들의 명칭들을 제외한 유일한 차이점은 명제 40의 △DZE는 △ABC와 합동이 아니라 닮음이라는 것이다. 유클리드는 정의 3*A를 전적으로 동의하고 있다. 만약 그가 정의 4에 앞서서 그의 정의에서 위치의 사용을 원하지 않았다면, 왜 정의 1과 유사한 방법으로 정의 3을 해석(도형의 형태가 주어졌다는 것은 우리가 그것과 닮음 혹은 동일한 것을 규정할 수 있다는 것이다)하지 않았겠는가?† 그 대답은 '규정한다(provide)'라는 것이 '평면에서 작도한다'를 의미한다면, 이것은 유클리드에게 큰 도움이 되지 않았음이 분명하다는 것이다.

**Θε 41.** Ἐὰν τρίγωνον μίαν ἔχῃ γωνίαν δεδομένην, περὶ δὲ τὴν δεδομένην γωνίαν αἱ πλευραὶ πρὸς ἀλλήλας λόγον ἔχωσι δεδομένον, δέδοται τὸ τρίγωνον τῷ εἴδει.

ἐχέτω γὰρ τρίγωνον τὸ ΑΒΓ μίαν γωνίαν δεδομένην τὴν ὑπὸ τῶν ΒΑΓ, περὶ δὲ τὴν ὑπὸ τῶν ΒΑΓ αἱ πλευραὶ αἱ ΒΑ, ΑΓ πρὸς ἀλλήλας λόγον ἐχέτωσαν δεδομένον· λέγω, ὅτι τὸ ΑΒΓ τρίγωνον δέδοται τῷ εἴδει.

---

† [역자] 다시 말하자면 위치에 대해 중요하게 생각했으므로 정의 3, 특히 정의 3*A에서 위치가 주어진 것이라는 것에 대해 분석하였다.

ἐκκείσθω γὰρ τῇ θέσει καὶ τῷ μεγέθει δεδομένη εὐθεῖα ἡ ΔΖ καὶ συνεστάτω πρὸς τῇ ΔΖ εὐθείᾳ καὶ τῷ πρὸς αὐτῇ σημείῳ τῷ Ζ τῇ ὑπὸ τῶν ΒΑΓ γωνίᾳ ἴση ἡ ὑπὸ τῶν ΔΖΕ. δοθεῖσα δὲ ἡ ὑπὸ τῶν ΒΑΓ· δοθεῖσα ἄρα καὶ ἡ ὑπὸ τῶν ΔΖΕ. ἐπεὶ οὖν πρὸς θέσει δεδομένη εὐθείᾳ τῇ ΔΖ καὶ τῷ πρὸς αὐτῇ δεδομένῳ σημείῳ τῷ Ζ εὐθεῖα γραμμὴ ἦκται ἡ ΖΕ δεδομένην ποιοῦσα γωνίαν τὴν ὑπὸ τῶν ΔΖΕ, θέσει ἄρα ἐστὶν ἡ ΖΕ. καὶ ἐπεὶ λόγος ἐστὶ τῆς ΒΑ πρὸς τὴν ΑΓ δοθείς, ὁ αὐτὸς αὐτῷ γεγονέτω ὁ τῆς ΔΖ πρὸς τὴν ΖΕ καὶ ἐπεζεύχθω ἡ ΔΕ· λόγος ἄρα καὶ τῆς ΔΖ πρὸς τὴν ΖΕ δοθείς· δοθεῖσα δὲ ἡ ΔΖ· δοθεῖσα ἄρα καὶ ἡ ΖΕ. ἀλλὰ καὶ τῇ θέσει. καί ἐστι τὸ Ζ δοθέν· δοθὲν ἄρα καὶ τὸ Ε. ἔστι δὲ καὶ ἑκάτερον τῶν Δ, Ζ δοθέν· δοθεῖσα ἄρα ἐστὶν ἑκάστη τῶν ΔΖ, ΖΕ, ΔΕ τῇ θέσει καὶ τῷ μεγέθει· δέδοται ἄρα τὸ ΔΖΕ τῷ εἴδει. καὶ ἐπεὶ δύο τρίγωνα τὰ ΑΒΓ, ΔΕΖ μίαν γωνίαν μιᾷ γωνίᾳ ἴσην ἔχει, τὴν ὑπὸ τῶν ΒΑΓ τῇ ὑπὸ τῶν ΔΖΕ, περὶ δὲ τὰς ὑπὸ τῶν ΒΑΓ, ΔΖΕ γωνίας τὰς πλευρὰς ἀνάλογον, ὅμοιον ἄρα ἐστὶ τὸ ΑΒΓ τρίγωνον τῷ ΔΕΖ τριγώνῳ. δέδοται δὲ τὸ ΔΖΕ τῷ εἴδει· δέδοται ἄρα καὶ τὸ ΑΒΓ τρίγωνον τῷ εἴδει.

---

명제 41. 만약 삼각형의 한 각이 주어져 있고 그 각을 만드는 두 변의 길이의 비가 주어져 있다면, 그 삼각형의 모양은 주어진 것이다.

△ABC에서 각 BAC가 주어져 있고, ∡BAC를 만드는 두 변의 길이의 비 BA : AC가 주어져 있다고 하자. 그러면 △ABC의 모양은 주어진 것이라고 말한다(그림 40.1).

위치와 크기가 주어져 있는 선분 DZ를 잡자[공리 0*]. 그리고 선분 DZ 위의 점 Z에서 주어져 있는 ∡BAC와 같은 크기를 가지는 ∡DZE를 작도하자[I. 명제 23]. ∡BAC는 주어져 있으므로, ∡DZE는 주어진 것이다[정의 1].

위치가 주어져 있는 선분 DZ 위의 주어져 있는 점 Z에서 주어져 있는 각 DZE를 만들었으므로, 선분 EZ는 위치가 주어진 것이다[명제 29].

그리고 비 BA : AC가 주어져 있기 때문에, 이 비와 똑같은 비 DZ : ZE를 만들 수 있다. 그리고 선분 DE를 연결하면, 비 DZ : ZE는 주어진 것이다[정의 2]. 그런데 선분 DZ는 주어져 있으므로 선분 ZE도 주어진 것이다[명제 2]. 물론, 선분 ZE의 위치도 주어진 것이다. 그리고 점 Z는 주어져 있으므로 점 E도 또한 주어진 것이다[명제 27].

그리고 두 점 D와 Z는 주어져 있으므로 세 선분 DZ, ZE, DE는 위치와 크기가 주어진 것이다. 그러므로 △DZE는 모양이 주어진 것이다[정의 3*A].

그리고 두 삼각형 ABC와 DEZ에서 대응하는 각인 ∡BAC = ∡DZE이고, 두 각 BAC와 DZE를 만드는 변들의 길이의 비가 서로 같기 때문에 △ABC는 △DEZ와 닮음인 관계가 있다[VI. 명제 6].

여기서 삼각형 DEZ는 모양이 주어져 있으므로 삼각형 ABC의 모양도 주어진 것이다[정의 3*B]. ■

**논평 :**

명제 41은 명제 40과 유사한 논평을 요구한다. 우리는 더 많은 각이 주어져 있든지 혹은 또 다른 변들 사이의 길이의 비를 이용하여 증명할 것을 기대하게 된다. 그러나 무슨 일이 있어났는가? 주어져 있는 각과 그 각을 만드는 주어져 있는 변들 사이의 길이의 비가 동일한 위치가 주어져 있는 삼각형을 작도하였다. 결국 두 삼각형은 닮음인 관계가 있고(VI. 명제 6에서는 임의의 길이), 이를 통해 유클리드는 처음 삼각형의 모양이 주어진 것이라는 결론을 내렸다. 멘지는 정의 3에 대해 다시 언급하고 있고, 여기서 증명된 것은 꼭짓점과 변들의 위치가 주어진 다른 삼각형과 닮았다는 것이다. 여기서 명제 39에 대한 언급이 필요하지도 적절하지도 않은 것으로 보이며, 단지 명제 41은 그 명제의 단계를 단순히 반복하고 있을 뿐이다.

노얼(Knorr)이 '유사한 결과'에 대해 썼을 때, 명제 41과 같은 명제를 그의 생각 속에 염두해 둔 것이라고 나는 생각한다(7쪽을 보아라). VI. 명제 6에서는 한 각이 같고 그 각을 만드는 변들의 길이의 비가 동일한 두 삼각형 $T_1$과 $T_2$를 비교하고 있다. $T_1$과는 등각이고 $T_2$와는 합동인 삼각형 $T_3$이 작도된다면, $T_1$과 $T_2$는 등각이다. 명제 41에서는 한 각이 '주어져 있고' 그 각을 만드는 변들의 길이의 비가 '주어져 있는' 한 삼각형을 $T_1$으로 설정할 수 있다. 삼각형 $T_2$는 $T_1$과 동일한 성질을 가지면서 '위치가 주어져 있는 것으로' 작도될 수 있다. 그러면, 이 두 삼각형은 등각이다. $T_2$는 '위치가 주어져 있기' 때문에, 이것은 또한 '모양이 주어진 것'이다. 그러므로 $T_1$도 '모양이 주어진 것'이다. 《원론》에서는 삼각형들을 비교하지만, 《자료론》은 독립적으로 다루고 있다. 즉, 자료론은 '수학적 지식'과 함께 주어짐이라는 용어를 사용하여, 개개의 삼각형에 대해 다루고 있다. 이러한 자료론의 관점은 불필요한 것일까? 이것은 개개의 대상으로 존재하는 기하학적 분석에서는 유용하다고 생각된다.

**Θε 43.** 'Εὰν τριγώνου ὀρθογωνίου περὶ μίαν τῶν ὀξειῶν γωνιῶν αἱ πλευραὶ πρὸς ἀλλήλας λόγον ἔχωσι δεδομένον, δέδοται τὸ τρίγωνον τῷ εἴδει.

τριγώνου γὰρ ὀρθογωνίου τοῦ ΑΒΓ ὀρθὴν ἔχοντος τὴν ὑπὸ τῶν ΒΑΓ γωνίαν, περὶ μίαν τῶν ὀξειῶν αὐτοῦ γωνιῶν τὴν ὑπὸ ΑΒΓ αἱ πλευραὶ αἱ ΓΒ, ΒΑ πρὸς ἀλλήλας λόγον ἐχέτωσαν δεδομένον· λέγω, ὅτι δέδοται τὸ ΑΒΓ τρίγωνον τῷ εἴδει.

ἐκκείσθω γὰρ τῇ θέσει καὶ τῷ μεγέθει δεδομένη εὐθεῖα ἡ ΔΕ, καὶ γεγράφθω ἐπὶ τῆς ΔΕ ἡμικύκλιον τὸ ΔΗΕ· θέσει ἄρα ἐστὶ τὸ ΔΗΕ ἡμικύκλιον. καὶ ἐπεὶ λόγος ἐστὶ τῆς ΓΒ πρὸς τὴν ΒΑ δοθείς, ὁ αὐτὸς αὐτῷ γεγονέτω ὁ τῆς ΔΕ πρὸς τὴν Ζ· λόγος ἄρα καὶ τῆς ΔΕ πρὸς τὴν Ζ δοθείς. δοθεῖσα δὲ ἡ ΔΕ· δοθεῖσα ἄρα καὶ ἡ Ζ. καί ἐστι μείζων ἡ ΓΒ τῆς ΒΑ· μείζων ἄρα καὶ ἡ ΕΔ τῆς Ζ. ἐνηρμόσθω τῇ Ζ ἴση ἡ ΔΗ, καὶ ἐπεζεύχθω ἡ ΗΕ, καὶ κέντρῳ μὲν τῷ Δ, διαστήματι δὲ τῷ ΔΗ κύκλος γεγράφθω ὁ ΘΗΚ· θέσει ἄρα ἐστὶν ὁ ΘΗΚ κύκλος· δέδοται γὰρ αὐτοῦ τὸ κέντρον τῇ θέσει καὶ ἡ ἐκ τοῦ κέντρου τῷ μεγέθει. θέσει δὲ καὶ τὸ ΔΗΕ ἡμικύκλιον. δοθὲν ἄρα ἐστὶ τὸ Η σημεῖον. ἔστι δὲ καὶ ἑκάτερον τῶν Δ, Ε δοθέν· δοθεῖσα ἄρα ἐστὶν ἑκάστη τῶν ΗΔ, ΔΕ, ΕΗ τῇ θέσει καὶ τῷ μεγέθει· δέδοται ἄρα τὸ ΗΔΕ τρίγωνον τῷ εἴδει.

ἐπεὶ οὖν δύο τρίγωνά ἐστι τὰ ΑΒΓ, ΔΕΗ μίαν γωνίαν μιᾷ γωνίᾳ ἴσην ἔχοντα τὴν ὑπὸ τῶν ΒΑΓ τῇ ὑπὸ τῶν ΔΗΕ, περὶ δὲ ἄλλας γωνίας τὰς ὑπὸ τῶν ΓΒΑ, ΕΔΗ τὰς πλευρὰς ἀνάλογον, τῶν δὲ λοιπῶν τῶν ὑπὸ ΒΓΑ, ΔΕΗ ἑκατέραν ἅμα ἐλάσσονα ὀρθῆς, ὅμοιον ἄρα ἐστὶ τὸ ΑΒΓ τρίγωνον τῷ ΔΕΗ τριγώνῳ. δέδοται δὲ τὸ ΔΕΗ τρίγωνον τῷ εἴδει· δέδοται ἄρα καὶ τὸ ΑΒΓ τρίγωνον τῷ εἴδει.

명제 43. 만약 직각삼각형에서 한 예각을 만드는 두 변의 길이의 비가 주어져 있다면, 그 삼각형의 모양은 주어진 것이다.

$\measuredangle BAC = 90°$인 직각삼각형 ABC에서 예각 $\measuredangle CBA$를 만드는 두 변 CB, BA의 길이의 비가 주어져 있다. 그러면 $\triangle ABC$의 모양은 주어진 것이라고 말한다.

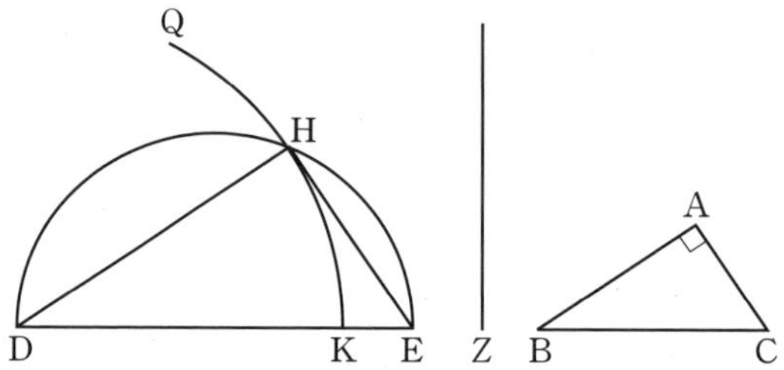


그림 43.1

위치와 크기가 주어져 있는 선분 DE를 나타내자. 선분 DE 위에 반원 DHE를 그리자. 그러면 반원 DHE의 위치는 주어진 것이다[정의 8].

그리고 비 CB : BA가 주어져 있기 때문에, 이와 동일한 비를 가지는 비 DE : Z는 주어진 것이다. 그리고 선분 DE는 주어져 있으므로 선분 Z는 주어진 것이다[명제 2]. 선분 CB는 선분 BA보다 더 크다[I.명제 19]. 그러므로 선분 ED 역시 선분 Z보다 더 크다[V.명제 16, V.명제 14 혹은 V.명제 14a. 50쪽을 보아라].

선분 DH의 길이가 선분 Z와 동일하면서 반원에 꼭 맞도록 작도한다[IV.명제 1]. 그리고 선분 HE를 긋는다. 그리고 중심을 점 D로 하고, 반지름을 DH로 하는 원 QHK를 작도한다. 그러면 원 QHK는 위치가 주어진 것이다[정의 6]. 왜냐하면 이 원의 중심은 위치가 주어져 있고 반지름의 길이가 주어져 있기 때문이다.

그리고 반원 DHE의 위치가 주어져 있으므로 점 H는 주어진 것이다[명제 25]. 그리고 두 점 D, E가 주어져 있으므로, 세 선분 HD, DE, EH의 위치와 크기는 주어진 것이다[명제 26]. 따라서

△HDE의 모양은 주어진 것이다[정의 3*A].

두 삼각형 ABC, DEH에서 각 BAC와 각 DHE가 서로 같고[III. 명제 31], 각 CBA와 각 EDH를 만드는 두 변의 길이의 비는 서로 같다. 남은 한 각은 직각보다 작기 때문에[I. 명제 32], △ABC는 △DEH와 서로 닮음인 관계가 있다[VI. 명제 7]. 그리고 △DEH의 모양은 주어져 있으므로, △ABC의 모양도 주어진 것이다[정의 3*B].

■

**논평 :**

빗변의 위치가 주어져 있고, 빗변과 주어진 다른 한 변 사이의 길이가 주어져 있는 직각삼각형 DHE가 작도되었다. 이 삼각형의 꼭짓점은 위치가 주어진 것이라고 증명되었고, 이를 통해 그 삼각형의 모양은 주어진 것이 된다(정의 3*B). 그리고 직각삼각형 DHE는 삼각형 ABC와 닮았으므로(VI. 명제 7), 삼각형 ABC 또한 모양은 주어진 것이 된다(정의 3*A).

이 증명은 '반복 작도'의 또 다른 예라고 볼 수 있다(앞의 명제 31, 154쪽). 유클리드는 선분 DH를 원에 꼭 들어맞게 한 후, IV. 명제 1에 따라 선분 DH에 꼭 맞는 호 KHQ를 그린다. 호 KHQ에서 H가 움직이는 점이 아니라는 것을 입증할 필요가 있다는 것을 감안할 때, 선분 DH와 꼭 맞아야 한다는 표현이 필연적인 것이다(명제 25).

∡B의 sine 값이 비 $b:a$이기 때문에, 몇몇 현대인들은 한 예각에 대한 sine 값이 유일하다는 결론을 내리기 위해 삼각법의 용어로 이 명제를 이해하기를 원할 것이다. 그것은 모양이 주어져 있는 삼각형에 관한 모든 이론(trigonosophy), 삼각형에 관한 지식, 초기 삼각법의 한 종류를 상기시키기 때문이다. 하지만 유클리드 시대는 프톨레마이오스의 삼각법과는 매우 멀리 떨어져 있는 상태였고, 그런 지식의 사용은

극히 제한적이었다. 《자료론》과 《원론》에서는 삼각법에 대한 측정은 결여되어 있다.

**Θε 44.** ᾿Εὰν τρίγωνον μίαν ἔχῃ γωνίαν δεδομένην, περὶ δὲ ἄλλην γωνίαν αἱ πλευραὶ πρὸς ἀλλήλας λόγον ἔχωσι δεδομένον, δέδοται τὸ τρίγωνον τῷ εἴδει.

ἔστω τρίγωνον τὸ ΑΒΓ μίαν ἔχον γωνίαν δεδομένην τὴν ὑπὸ τῶν ΒΑΓ, περὶ δὲ ἄλλην γωνίαν τὴν ὑπὸ τῶν ΑΒΓ αἱ πλευραὶ αἱ ΑΒ, ΒΓ λόγον ἐχέτωσαν πρὸς ἀλλήλας δεδομένον· λέγω, ὅτι τὸ ΑΒΓ τρίγωνον δέδοται τῷ εἴδει.

μὴ ἔστω δὴ ἡ ὑπὸ τῶν ΒΑΓ γωνία ὀρθή, ἀλλ' ἔστω πρότερον ὀξεῖα, καὶ ἤχθω ἀπὸ τοῦ Β σημείου ἐπὶ τὴν ΑΓ κάθετος ἡ ΒΔ. ἐπεὶ δοθεῖσά ἐστιν ἡ ὑπὸ ΒΔΑ γωνία, ἔστι δὲ καὶ ἡ ὑπὸ τῶν ΒΑΔ δοθεῖσα, καὶ λοιπὴ ἄρα ἡ ὑπὸ τῶν ΑΒΔ δοθεῖσά ἐστιν· δέδοται ἄρα τὸ ΒΑΔ τρίγωνον τῷ εἴδει· λόγος ἄρα τῆς ΒΑ πρὸς τὴν ΒΔ δοθείς. ἀλλὰ τῆς ΑΒ πρὸς τὴν ΒΓ λόγος ἐστὶ δοθείς· καὶ τῆς ΒΔ ἄρα πρὸς τὴν ΒΓ λόγος ἐστὶ δοθείς. καί ἐστιν ὀρθὴ ἡ ὑπὸ τῶν ΒΔΓ· δέδοται ἄρα τὸ ΒΔΓ τρίγωνον τῷ εἴδει· δοθεῖσα ἄρα ἐστὶν ἡ ὑπὸ τῶν ΒΓΔ γωνία. ἔστι δὲ καὶ ἡ ὑπὸ τῶν ΒΑΓ δοθεῖσα· καὶ λοιπὴ ἄρα ἡ ὑπὸ τῶν ΑΒΓ ἐστι δοθεῖσα· δέδοται ἄρα τὸ ΑΒΓ τρίγωνον τῷ εἴδει.

ἀλλὰ δὴ ἔστω ἡ ὑπὸ τῶν ΒΑΓ γωνία ἀμβλεῖα, καὶ ἐκβεβλήσθω ἡ ΓΑ ἐπὶ τὸ Ε, καὶ ἤχθω ἀπὸ τοῦ Β σημείου ἐπὶ τὴν ΑΕ κάθετος ἡ ΒΕ. ἐπεὶ δοθεῖσά ἐστιν ἡ ὑπὸ τῶν ΒΑΓ, καὶ ἡ ἐφεξῆς ἄρα ἡ ὑπὸ τῶν ΒΑΕ δοθεῖσά ἐστιν. ἔστι δὲ καὶ ἡ ὑπὸ τῶν ΒΕΑ δοθεῖσα· καὶ λοιπὴ ἄρα ἡ ὑπὸ τῶν ΕΒΑ δοθεῖσά ἐστιν· δέδοται ἄρα τὸ ΕΒΑ τρίγωνον τῷ εἴδει· λόγος ἄρα τῆς ΕΒ πρὸς τὴν ΒΑ δοθείς. τῆς δὲ ΑΒ πρὸς τὴν ΒΓ λόγος ἐστὶ δοθείς· καὶ τῆς ΕΒ ἄρα πρὸς τὴν ΒΓ λόγος ἐστὶ δοθείς. καί ἐστιν ὀρθὴ ἡ ὑπὸ τῶν ΒΕΓ γωνία· δέδοται ἄρα τὸ ΕΒΓ τρίγωνον τῷ εἴδει· δοθεῖσα ἄρα ἐστὶν ἡ ὑπὸ ΒΓΕ. ἔστι δὲ καὶ ἡ ὑπὸ ΒΑΓ γωνία δοθεῖσα· καὶ λοιπὴ ἄρα ἡ ὑπὸ ΑΒΓ γωνία δοθεῖσά ἐστιν· δέδοται ἄρα τὸ ΑΒΓ τρίγωνον τῷ εἴδει.

---

명제 44. 만약 삼각형의 한 각이 주어져 있고 다른 각을 만드는 두 변의 길이의 비가 주어져 있다면, 그 삼각형의 모양은 주어진 것이다.

삼각형 ABC의 한 각 BAC가 주어져 있고, 다른 각 ABC를 만드는 두 변 AB, BC의 비가 주어져 있다고 하자. 그러면 $\triangle ABC$의 모양은 주어진 것이라고 말한다.

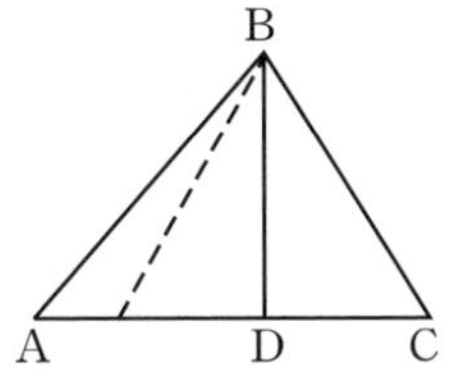

그림 44.1

[1] 먼저 ∡BAC가 예각이라고 하자(직각인 경우는 명제 43에서 다룸). 점 B에서 변 AC에 내린 수선의 발을 D라고 하자. 그러면 ∡BDA는 주어져 있고 ∡BAD가 주어져 있기 때문에 나머지 한 ∡ABD도 주어진 것이다[I.명제 32†, 명제 3, 명제 4]. 그러므로 △BAD는 모양이 주어진 것이다[명제 40]. 따라서 비 BA : BD는 주어진 것이다[정의 3].

또한 비 AB : BC는 주어져 있으므로, 비 BD : BC도 주어진 것이다[명제 8]. 그리고 ∡BDC는 직각이므로 △BDC의 모양도 주어진 것이다. 따라서 ∡BCD는 주어진 것이다. 그리고 ∡BAC가 주어져 있으므로, 남은 ∡ABC도 주어진 것이다. 그러므로 △ABC의 모양은 주어진 것이다[명제 40].

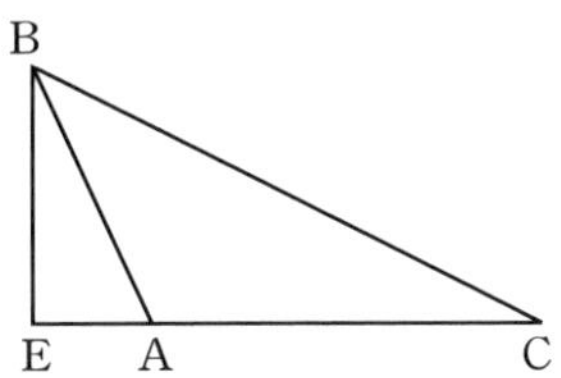

그림 44.2

† [역자] I.명제 32: 삼각형의 한 변을 연장하였을 때, 외각은 두 내각의 합과 같고 삼각형의 세 내각의 합은 180°이다.

[2] 이제 ∡BAC가 둔각이라고 하자. 변 CA를 점 E까지 연장한 다음, 점 B에서 변 AE에 수선을 긋자.

∡BAC는 주어져 있기 때문에 외각 ∡BAE는 주어진 것이다[I.명제 13†, 명제 4]. 그리고 각 BEA는 주어져 있으므로 나머지 한 각 EBA는 주어진 것이다. 그러므로 △EBA는 모양이 주어진 것이다[명제 40]. 따라서 비 EB : BA도 주어진 것이다[정의 3]. 또한, 비 AB : BC가 주어져 있으므로 비 EB : BC도 주어진 것이다[명제 8].

그리고 ∡BEC는 직각이므로 △EBC는 모양이 주어진 것이다[명제 43]. 따라서 ∡BCE는 주어진 것이다. 또한 ∡BAC는 주어져 있으므로 ∡ABC도 주어진 것이다. 그러므로 △ABC는 모양이 주어진 것이다[명제 40]. ■

**논평 :**

대략적으로 말하자면, 만약 어떤 도형이 주어져 있는 성질을 가지는 도형과 닮았다면, 주어져 있는 성질을 가지는 그 도형은 반드시 모양이 주어진 것이어야 한다. 이런 가정으로부터 살펴볼 때, 명제 44는 모호한 부분이 있다는 것을 쉽게 확인할 수 있다. 만약 각 A가 주어져 있고 비 $a : c$가 주어져 있다면, $a > c$이거나 혹은 ∡C가 직각인 경우에만 참이 된다(즉, $a : c = \sin A$이다). 그렇지 않다면, 모양이 서로 다른 두 종류의 삼각형이 만들어질 수 있다(그림 44.1). 즉 이 명제는 두 가지 해석이 가능한 내용을 담고 있고, 내가 이해하지 못하는 모양의 주어짐에 대한 내용을 담고 있다.[95)]

---

† [역자] I.명제 13: 평각의 크기는 180°이다.

95) 렌 벌그렌은 '모양이 주어진'의 의미를 '유한 - (보통은 두 개) - 가능성의 집합 범위 내에서 주어진'으로 이해하도록 제안한다. '위치가 주어진' 것과는 다르므로 대칭되었다고 해서 항상 '모양이 주어진' 것이라고 말할 수는 없다(참고. 154쪽을 보아라).

《자료론》의 범위 내에서, 명제 44가 사용되는 유일한 곳은 두 개의 서로 다른 삼각형이 합동으로 제시되는 명제 45의 증명이다(다음 명제 그림을 볼 것). 또한 명제 44는 명제 8과 명제 40이 함께 이용되는 첫 번째 예인데, 명제 8과 명제 40은 모양이 주어진 삼각형에 대한 16개의 명제에서 효과적으로 이용된다.

**Θє 45.** ᾽Εὰν τρίγωνον μίαν ἔχῃ γωνίαν δεδομένην, αἱ δὲ περὶ τὴν δεδομένην γωνίαν πλευραὶ συναμφότεραι ὡς μία πρὸς τὴν λοιπὴν λόγον ἔχωσι δεδομένον, δέδοται τὸ τρίγωνον τῷ εἴδει.

ἔστω τρίγωνον τὸ ΑΒΓ μίαν γωνίαν δεδομένην ἔχον τὴν ὑπὸ τῶν ΒΑΓ, περὶ δὲ τὴν ὑπὸ ΒΑΓ γωνίαν αἱ πλευραί, τουτέστι συναμφότερος ἡ ΒΑΓ ὡς μία πρὸς τὴν ΓΒ λόγον ἐχέτω δεδομένον· λέγω, ὅτι τὸ ΑΒΓ τρίγωνον δέδοται τῷ εἴδει.

τετμήσθω γὰρ ἡ ὑπὸ τῶν ΒΑΓ γωνία δίχα τῇ ΑΔ εὐθείᾳ· δοθεῖσα ἄρα ἐστὶν ἡ ὑπὸ τῶν ΒΑΔ γωνία. καὶ ἐπεί ἐστιν ὡς ἡ ΒΑ πρὸς τὴν ΑΓ, οὕτως ἡ ΒΔ πρὸς τὴν ΔΓ, ἐναλλὰξ ὡς ἡ ΑΒ πρὸς τὴν ΒΔ, οὕτως ἡ ΑΓ πρὸς τὴν ΓΔ· καὶ ὡς συναμφότερος ἄρα ἡ ΒΑΓ πρὸς τὴν ΒΓ, οὕτως ἡ ΑΒ πρὸς τὴν ΒΔ. λόγος δὲ συναμφοτέρου τῆς ΒΑΓ πρὸς τὴν ΒΓ δοθείς· λόγος ἄρα καὶ τῆς ΒΑ πρὸς τὴν ΒΔ δοθείς. καί ἐστι δοθεῖσα ἡ ὑπὸ τῶν ΒΑΔ γωνία· δέδοται ἄρα τὸ ΑΒΔ τρίγωνον τῷ εἴδει· δοθεῖσα ἄρα ἐστὶν ἡ ὑπὸ τῶν ΑΒΔ γωνία. ἔστι δὲ καὶ ἡ ὑπὸ τῶν ΒΑΓ γωνία δοθεῖσα· καὶ λοιπὴ ἄρα ἡ ὑπὸ τῶν ΑΓΒ δοθεῖσά ἐστιν· δέδοται ἄρα τὸ ΑΒΓ τρίγωνον τῷ εἴδει.

명제 45. 만약 삼각형의 한 각이 주어져 있고 이 각을 만드는 두 변의 합[96]과 나머지 한 변에 대한 길이의 비가 주어져 있다면, 그 삼각형의 모양은 주어진 것이다.

삼각형 ABC의 한 각 BAC가 주어져 있고, ∡BAC를 만드는 두 변 BA, AC의 합과 변 CB와의 비가 주어져 있다고 하자. 그러면 △ABC는 모양이 주어진 것이라고 말한다.

∡BAC의 이등분선 선분 AD를 긋자[I.명제 9†]. 그러면 ∡BAD는 주어진 것이다[명제 2]. 그리고 교대 변형에 의해서 BA : AC ::

96) 말 그대로 '두 개가 한 개로 결합하다'를 의미한다.

† [역자] I.명제 9: 주어져 있는 각을 이등분한다.

BD : DC이므로 AB : BD :: AC : CD[V. 명제 16]이다. 따라서 (BA + AC) : BC :: AB : BD이다[V. 명제 12].

또한 (BA + AC) : BC가 주어져 있으므로 비 BA : BD는 주어진 것이다.

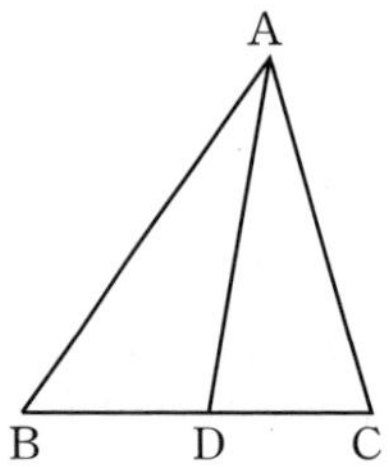

그림 45.1

그리고 ∡BAD는 주어져 있으므로 △ABD의 모양은 주어진 것이고[명제 44], 이에 따라 ∡ABD도 주어진 것이다. 또한 ∡BAC는 주어져 있으므로 남은 ∡ACB도 주어진 것이다. 그러므로, △ABC의 모양은 주어진 것이다[명제 40]. ■

**논평 :** 이등변의 부속물

편의상 나는 몇몇 매우 유용한 보조 삼각형들, 즉 더 작은 이등변의 부속물과 더 큰 이등변의 부속물들에 대해 소개할 것이다. 더 작은 부속물은 I. 명제 20(삼각 부등식)과 VI. 명제 3(삼각형에서 각의 이등분)으로부터 알 수 있다.

삼각형 ABC(261쪽 그림 67.1)에서 AD = AC가 되도록 변 BA를 점 D까지 연장하고, 선분 CD를 긋자. 그러면 △CAD는 ∡A에 대응하는 더 작은 이등변의 부속물이 된다. 꼭짓점 B로부터 변 BE를 변 AC와 평행하도록 그어서 변 DC의 연장선과 만나는 점을 E라고 하자. 그러면 △EBD는 ∡A에 대응하는 더 큰 이등변의 부속물이 된다. 이 두 부속물들은 서로 닮음인 관계가 있고, 각 D와 각 E는 ∡A의 반과 같다. 이제 문자 B와 문자 C의 위치를 바꾸고, 이와 같은 과정을 반복하면 더 큰 부산물과 더 작은 부산물을 각각 한 개씩 더 얻을 수 있다. 그런데 두 개의 더 큰 부속물은 항상 서로 합동인 반면, 더 작은 부속물은 단지 AB = AC일 때에만 합동이 된다.

명제 45와 명제 46이 기초적인 명제라기보다는 《자료론》의 몇몇 기초적인 명제들의 응용이다. 하지만 유클리드는 이 두 명제를 모양이 주어진 삼각형에 대한 기본적인 진리에 속하는 것으로 간주하였다. 이 두 명제는 더 작은 이등변의 부속물을 이용하여 증명될 수 있다(멘지는 번역판 부록에서 다룸). 즉, 명제 45는 명제 44의 결과로써 일어나고, 명제 46은 명제 41로부터 생긴다.

앞에서 언급하였지만 명제 44가 명확하지 않은 상황에서 명제 45의 증명에 이용된다면, 명제 45도 명확하지 않은 것은 당연하다. 그러나 조건을 만족하는 두 삼각형( △BCA와 △BCA′)은 변 BC 위에 대칭적 위치에 있으면서 합동인 삼각형이다(그림 45.2). 게다가 이것이 내가 아는 한 명제 44가 이용되는 유일한 명제이기 때문에, 애매함을 무시한 저자의 이러한 서술 형태도 좋은 선택이라고 생각된다.

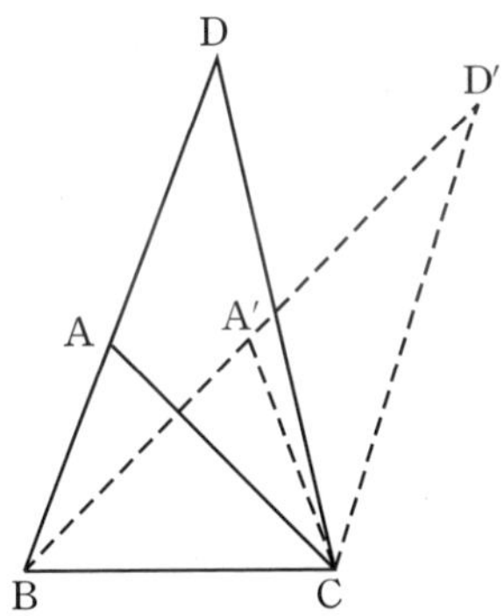

그림 45.2

멘지가 원문을 편집한 증명에서는(처음으로 번역했기 때문에) 주어진 각은 반이 되고 《원론》 V권에서 다룬 비를 적절히 이용한 VI.명제 3을 이용하고 있다.

끝으로, 이 명제들은 각각 명제 44와 명제 41의 결과로 일어난다. 그리고 더 작은 이등변의 부속물은 VI.명제 3[†]에서 논의된다.

---

† [역자] VI.명제 3: 삼각형의 한 각이 이등분되고 각을 나누는 선분도 밑변을 나누면, 밑변의 두 부분은 삼각형의 나머지 두 변과 동일한 비를 가지게 될 것이다. 그리고 역으로 만약 밑변의 두 부분이 삼각형의 나머지 두 변과 동일한 비를 가지면, 이 선분은 삼각형의 각을 이등분할 것이다.

**Θε 46.** 'Εὰν τρίγωνον μίαν ἔχῃ γωνίαν δεδομένην, περὶ δὲ ἄλλην γωνίαν αἱ πλευραὶ συναμφότεραι ὡς μία πρὸς τὴν λοιπὴν λόγον ἔχωσι δεδομένον, δέδοται τὸ τρίγωνον τῷ εἴδει.

ἔστω τρίγωνον τὸ ΑΒΓ μίαν ἔχον γωνίαν δεδομένην τὴν ὑπὸ τῶν ΑΒΓ, περὶ δὲ ἄλλην γωνίαν τὴν ὑπὸ τῶν ΒΑΓ αἱ πλευραί, τουτέστι συναμφότερος ἡ ΒΑΓ πρὸς τὴν ΒΓ λόγον ἐχέτω δεδομένον· λέγω, ὅτι τὸ ΑΒΓ τρίγωνον δέδοται τῷ εἴδει.

τετμήσθω γὰρ ἡ ὑπὸ τῶν ΒΑΓ γωνία δίχα τῇ ΑΔ εὐθείᾳ· ἔστιν ἄρα ὡς συναμφότερος ἡ ΒΑΓ πρὸς τὴν ΓΒ, ἡ ΑΒ πρὸς τὴν ΒΔ. λόγος δὲ τοῦ συναμφοτέρου τῆς ΒΑΓ πρὸς τὴν ΓΒ δοθείς· λόγος ἄρα καὶ τῆς ΑΒ πρὸς τὴν ΒΔ δοθείς. καί ἐστι δοθεῖσα ἡ ὑπὸ τῶν ΑΒΔ γωνία· δέδοται ἄρα τὸ ΑΒΔ τρίγωνον τῷ εἴδει· δοθεῖσα ἄρα ἐστὶν ἡ ὑπὸ τῶν ΒΑΔ γωνία. καί ἐστιν αὐτῆς διπλασίων ἡ ὑπὸ ΒΑΓ· δοθεῖσα ἄρα ἐστὶ καὶ ἡ ὑπὸ τῶν ΒΑΓ. ἔστι δὲ καὶ ἡ ὑπὸ τῶν ΑΒΓ δοθεῖσα· καὶ λοιπὴ ἄρα ἡ ὑπὸ τῶν ΑΓΒ δοθεῖσά ἐστιν· δέδοται ἄρα τὸ ΑΒΓ τρίγωνον τῷ εἴδει.

---

명제 46. 만약 삼각형의 한 각이 주어져 있고, 다른 각을 만드는 두 변의 합에 대한 나머지 한 변의 길이의 비가 주어져 있다면, 그 삼각형의 모양은 주어진 것이다.

삼각형 ABC에서 각 ABC는 주어져 있다고 하자. 다른 각 BAC를 만드는 두 변의 합 BA+AC에 대한 나머지 한 변 BC와의 길이의 비가 주어져 있다. 그러면 △ABC는 모양이 주어진 것이라고 말한다(그림 45.1).

∡BAC는 선분 AD에 의해 이등분된다고 하자. 그러면[97] (BA+AC):CB :: AB:BD이다. 그리고 비 (BA+AC):CB는 주어졌으므로 비 AB:DB도 주어진 것이다. 또한 ∡ABD는 주어졌으므로 △ABD도 모양이 주어진 것이고[명제 41], 이로인해 ∡BAD는 주어진 것이다[정의 3]. 그런데 ∡BAC는 ∡BAD의 두 배이다. 따라서 ∡BAC도 주어진 것이다[명제 2]. 그리고 ∡ABC는 주어져 있으므로 ∡ACB는 주어진 것이고, 따라서 △ABC는 모양이 주어진 것이다[명제 40]. ■

97) 명제 45의 논평을 참조.

**Θε 47.** Τὰ δεδομένα εὐθύγραμμα τῷ εἴδει εἰς δεδομένα τρίγωνα διαιρεῖται τῷ εἴδει.

ἔστω δεδομένον εὐθύγραμμον τῷ εἴδει τὸ ΑΒΓΔΕ· λέγω, ὅτι τὸ ΑΒΓΔΕ εὐθύγραμμον εἰς δεδομένα τρίγωνα διαιρεῖται τῷ εἴδει.

ἐπεζεύχθωσαν γὰρ αἱ ΒΕ, ΕΓ. ἐπεὶ δέδοται τὸ ΑΒΓΔΕ εὐθύγραμμον τῷ εἴδει, δοθεῖσα ἄρα ἐστὶν ἡ ὑπὸ τῶν ΒΑΕ γωνία. καί ἐστι λόγος τῆς ΒΑ πρὸς τὴν ΕΑ δοθείς. ἐπεὶ οὖν δοθεῖσά ἐστιν ἡ ὑπὸ τῶν ΒΑΕ γωνία καί ἐστι λόγος τῆς ΒΑ πρὸς τὴν ΕΑ δοθείς, δέδοται ἄρα τὸ ΒΑΕ τρίγωνον τῷ εἴδει· δοθεῖσα ἄρα ἐστὶν ἡ ὑπὸ τῶν ΑΒΕ γωνία. ἔστι δὲ καὶ ὅλη ἡ ὑπὸ τῶν ΑΒΓ γωνία δοθεῖσα· καὶ λοιπὴ ἄρα ἡ ὑπὸ τῶν ΕΒΓ δοθεῖσά ἐστιν. καί ἐστι λόγος τῆς ΑΒ πρὸς τὴν ΒΕ δοθείς, τῆς δὲ ΑΒ πρὸς τὴν ΒΓ λόγος ἐστὶ δοθείς· καὶ τῆς ΕΒ ἄρα πρὸς τὴν ΒΓ λόγος ἐστὶ δοθείς. καί ἐστι δοθεῖσα ἡ ὑπὸ τῶν ΓΒΕ γωνία· δέδοται ἄρα τὸ ΒΓΕ τρίγωνον τῷ εἴδει. διὰ τὰ αὐτὰ δὴ καὶ τὸ ΓΔΕ τρίγωνον τῷ εἴδει δέδοται· τὰ ἄρα δεδομένα εὐθύγραμμα τῷ εἴδει εἰς δεδομένα τρίγωνα διαιρεῖται τῷ εἴδει.

명제 47. 모양이 주어져 있는 다각형은 모양이 주어진 삼각형으로 분할할 수 있다.

다각형 ABCDE의 모양이 주어져 있다. 그러면, 다각형 ABCDE는 모양이 주어진 삼각형으로 분할할 수 있다[98]고 말한다.

꼭짓점 E에서 꼭짓점 B와 C를 연결하여 선분 BE, 선분 EC를 그린다. 다각형 ABCDE의 모양이 주어져 있기 때문에 ∡BAE도 주어진 것이다. 그리고 비 BA : EA는 주어진 것이다[정의 3].

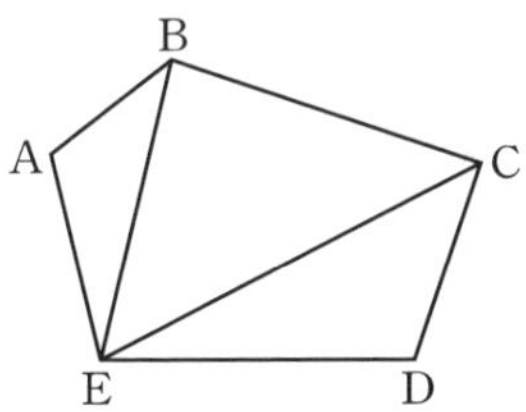


그림 47.1

{그래서 ∡BAE와 비 BA : EA가 주어져 있다.}[99] 그러므로,

98) 가능성에 대한 표현이다.

99) 멘지는 중괄호 안에 삽입되어져 있는 문장을 의심하고 있다.

△BAE는 모양이 주어진 것이다[명제 41]. 따라서 ∡ABE는 주어진 것이다[정의 3].

그리고 ∡ABC의 크기가 주어져 있으므로 ∡EBC는 주어진 것이다[명제 4]. 따라서, 비 AB : BE가 주어져 있고, 비 AB : BC가 주어져 있으므로 비 EB : BC는 주어진 것이다[명제 8]. 또한 ∡CBE가 주어져 있으므로 △BCE는 모양이 주어진 것이다[명제 41].

따라서 동일한 이유로, △CDE도 모양이 주어진 것이다. 그러므로, 모양이 주어져 있는 다각형은 모양이 주어진 삼각형으로 분할할 수 있다. ■

**논평 :**

명제 47은 명제 8과 명제 41를 이용하여 얻어진 결과이다. 이 명제에 의해서, 명제 48과 명제 49부터 시작해서 다각형과 관련된 문제들은 모두 삼각형으로 축소하여 진술될 수 있다.

**Θε 48.** ᾿Εὰν ἀπὸ τῆς ἀτῆς εὐθείας δύο τρίγωνα ἀναγραφῇ δεδομένα τῷ εἴδει, λόγον ἕξει πρὸς ἄλληλα δεδομένον.

ἀπὸ γὰρ τῆς αὐτῆς εὐθείας τῆς AB δύο τρίγωνα δεδομένα τῷ εἴδει ἀναγεγράφθω τὰ ABΓ, AΔB· λέγω, ὅτι λόγος ἐστὶ τοῦ AΓB πρὸς τὸ AΔB δοθείς.

ἤχθωσαν ἀπὸ τῶν A, B σημείων τῇ AB εὐθείᾳ πρὸς ὀρθὰς αἱ AE, HB καὶ ἐκβεβλήσθωσαν ἐπὶ τὰ Z, Θ, καὶ διὰ τῶν Γ, Δ σημείων τῇ AB εὐθείᾳ παράλληλοι ἤχθωσαν αἱ EΓH, ZΔΘ. ἐπεὶ δέδοται τὸ ABΓ τρίγωνον τῷ εἴδει, λόγος ἐστὶ τῆς ΓA πρὸς τὴν BA δοθείς. ἐπεὶ οὖν δοθεῖσά ἐστιν ἡ ὑπὸ τῶν ΓAB γωνία, ἔστι δὲ καὶ ἡ ὑπὸ τῶν EAB δοθεῖσα, καὶ λοιπὴ ἄρα ἡ ὑπὸ τῶν EAΓ ἐστι δοθεῖσα. ἔστι δὲ καὶ ἡ ὑπὸ τῶν AEΓ γωνία δοθεῖσα· καὶ λοιπὴ ἄρα ἡ ὑπὸ τῶν EΓA δοθεῖσά ἐστιν· δέδοται ἄρα τὸ AEΓ τρίγωνον τῷ εἴδει· λόγος ἄρα τῆς EA πρὸς τὴν AΓ δοθείς. τῆς δὲ ΓA πρὸς τὴν AB λόγος ἐστὶ δοθείς· καὶ τῆς EA ἄρα πρὸς τὴν AB λόγος ἐστὶ δοθείς. διὰ τὰ αὐτὰ δὴ καὶ τῆς ZA πρὸς τὴν AB λόγος ἐστὶ δοθείς· ὥστε καὶ τῆς EA πρὸς τὴν AZ λόγος ἐστὶ δοθείς. καί ἐστιν ὡς ἡ AE πρὸς τὴν AZ, οὕτως τὸ AH πρὸς τὸ ΘA· ὥστε καὶ τοῦ AH πρὸς τὸ AΘ λόγος ἐστὶ δοθείς. καί ἐστι τοῦ μὲν AH ἥμισυ τὸ ABΓ, τοῦ δὲ AΘ ἥμισυ τὸ AΔB· καὶ τοῦ ABΓ ἄρα πρὸς τὸ AΔB λόγος ἐστὶ δοθείς.

**명제 48. 만약 동일한 선분 위에 모양이 주어져 있는 두 삼각형이 그려져 있다면, 두 삼각형의 비는 주어진 것이다.**

동일한 선분 AB 위에 모양이 주어져 있는 두 삼각형 ABC, ADB가 주어져 있다. 그러면 비 △ACB : △ADB는 주어진 것이라고 말한다.

두 선분 AE, HB를 선분 AB에 직각이 되도록 두 점 A, B에서 각각 그리자. 그리고 두 선분을 연장해서 두 점 Z, Q를 각각 잡자. 그리고 두 선분 ECH, ZDQ가 점 C, D를 지나고 선분 AB에 평행하도록 그리자.

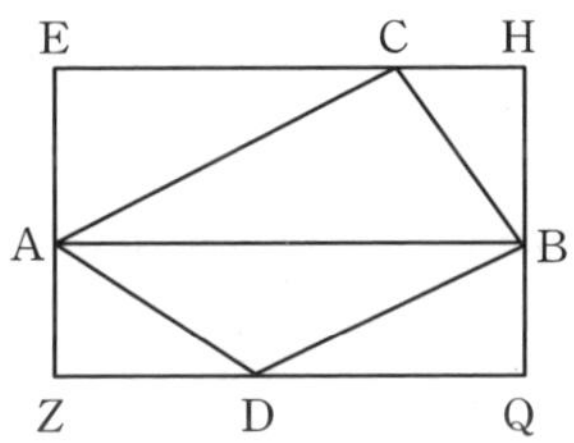


그림 48.1

△ABC의 모양이 주어져 있기 때문에, 비 CA : BA는 주어진 것이다[정의 3]. 그러면 ∡CAB와 ∡EAB가 주어져 있으므로 ∡EAC도 주어진 것이다[명제 4]. 또한 ∡AEC는 주어져 있으므로[I. 명제 29], ∡ECA도 주어진 것이다[I. 명제 32]. 그러면 △AEC의 모양은 주어진 것이므로[명제 40], 비 EA : AC는 주어진 것이다[정의 3].

그리고 비 CA : AB는 주어져 있으므로 비 EA : AB 또한 주어진 것이다[100][명제 8].

똑같은 이유로, 비 ZA : AB는 주어진 것이므로, 비 EA : AZ도 주

100) 이 중요한 성질은 명제 76에서 다시 증명된다. 그것은 명제 47의 앞에 놓이는 것이 더 타당하고, 여러 가지 증명에 이용되었을 것이다.

어진 것이다. 그리고 AE : AZ :: (AH) : (QA)이다[VI. 명제 1]. 따라서, 비 (AH) : (AQ)는 주어진 것이다. 또한 △ABC는 직사각형 (AH)의 절반이고 △ADB는 직사각형 (AQ)의 절반이다. 그러므로 비 △ABC : △ADB는 주어진 것이다[V. 명제 15, 정의 2*]. ■

**논평 :**

명제 48에서 삼각형의 경우가 성립하므로, 한 선분 위에 모양이 주어져 있는 임의의 다각형이 놓여 있더라도 그 넓이의 비는 주어진 것이 된다(명제 49). 명제 76에서 '만약 모양이 주어져 있는 삼각형의 꼭짓점에서 밑변에 수선을 긋는다면, 높이와 밑변의 길이의 비는 주어진 것이다'를 증명할 때 이용되는 방법을 명제 48에서 되풀이하여 증명과정에서 사용하고 있기 때문에 매우 복잡하다. 명제 48의 증명에서 VI. 명제 1(동일한 높이를 가지는 두 삼각형의 넓이의 비는 밑변의 길이의 비와 같다)을 이용하면, 모양이 주어진 두 삼각형의 넓이의 비는 주어진 것임이 증명된다. 만약 배려심 많은 저자였다면 명제 48 앞에 명제 76을 배치하였을 것이다. 하지만 유클리드는 그렇게 하지 않았다. 그는 순서를 함부로 변경하지 않고 여러 가지 자료나 주요 문헌 목록에 따라 순차적으로 나열하였다. 비록 VI. 명제 1은 명제 48에서 중요하지만, VI. 명제 1에서 처음 나타난 '높이'라는 용어는 두 명제 중 하나에는 나타나지 않는다. 간략한 표현을 사용한 명제 48에 대한 증명은 명제 76이 포함되어져 있음을 보여준다.

가정: frm. △ABC, frm. △ABD

결론: gvn. △ABC : △ABD

작도: 두 삼각형은 사각형에 둘러 싸인다.

증명:

| | | |
|---|---|---|
| [가정, 정의 3] | gvn. CA : BA | (1) |
| [정의 3] | gvn. ∡BAC, gvn. ∡EAB | (2) |
| [명제 4] | gvn. ∡EAC | (3) |
| [I. 명제 29, 명제 40] | gvn. ∡AEC, 그러므로 frm. △AEC | (4) |
| [(1), 명제 8] | gvn. EA : AC, gvn. EA : AB | (5) |
| 유사하게 | gvn. ZA : AB, 그러므로 [명제 8] gvn. EA : ZA | (6) |
| [VI. 명제 1] | ⊏⊐(AH) : ⊏⊐(AQ) :: AE : AZ | (7) |
| [정의 2*] | gvn. ⊏⊐(AH) : ⊏⊐(AQ) | (8) |
| [V. 명제 15, 정의 2*] | gvn. $\frac{(AH)}{2} : \frac{(AQ)}{2}$ | (9) |
| [I. 명제 41] | gvn. △ABC : △ABD | |

단계 (1)~(5)에서 선분 EA는 꼭짓점 C에서 밑변 AB에 내린 수선이라는 것은 명제 76에서 유사한 형태로 다시 나타나게 된다.

명제 76은 명제 48 뿐만 아니라 명제 52의 증명에 도움을 제공한다. 어쩌면 명제 48과 거의 완벽한 유사성을 보이는 명제 52(52T)에 더 큰 도움을 제공하고 있다. 여기서 삼각형을 T, 높이를 $h$, 밑변을 $b$, 다각형을 P로 간략하게 표현하면 아래와 같다.

| | | |
|---|---|---|
| 명제 76 | frm. T ⇒ | gvn. $h : b$ |
| 명제 52T | frm. T = [명제 76] ⇒ | gvn. $h : b$ |
| | mag. $b$ = [명제 2] ⇒ | gvn. $h$ |
| | = [명제 24*B] ⇒ | gvn. ⊏⊐ $b,h$ |
| | = [I. 명제 41] ⇒ | mag. T |
| 명제 52 | mag. $b$ & frm. P ⇒ | mag. P |

늘 그렇듯이, 우리는 수학적 정글을 향해 가는 과정에서 몇몇 길들은 완벽히 똑같은 나무에 도달하기도 한다. 그런데 어떤 정글과 어떤 길들은 다른 정글과 다른 길보다 더 체계적이고 구조적인 모습을 가진다. 그렇다면 《자료론》은 《원론》보다 덜 체계화된 수학책인가? 《원론》에서 '전반적인 일관성의 부족'(Mueller 1981, p.158)을 드러내고 있는 VI권보다는 나쁘지 않지만, 《원론》 IV권과 V권보다는 뒤떨어져 있는 느낌이다. 유클리드가 편집자인지 아니면 저자인지에 대해서는 더 많은 자료에 대한 검토와 논의가 필요한 것 같다.

**Θε 49.** Ἐὰν ἀπὸ τῆς αὐτῆς εὐθείας δύο εὐθύγραμμα, ἃ ἔτυχεν, ἀναγραφῇ δεδομένα τῷ εἴδει, λόγον ἕξει πρὸς ἄλληλα δεδομένον.

ἀπὸ γὰρ τῆς αὐτῆς εὐθείας τῆς ΑΒ δύο εὐθύγραμμα, ἃ ἔτυχεν, δεδομένα τῷ εἴδει ἀναγεγράφθω τὰ ΑΕΓΖΒ, ΑΔΒ· λέγω, ὅτι λόγος ἐστὶ τοῦ ΑΕΓΖΒ πρὸς ΑΔΒ δοθείς.

ἐπεζεύχθωσαν γὰρ αἱ ΑΖ, ΖΕ· δέδοται ἄρα ἕκαστον τῶν ΕΓΖ, ΕΖΑ, ΖΑΒ τριγώνων τῷ εἴδει. καὶ ἐπεὶ ἀπὸ τῆς αὐτῆς εὐθείας τῆς ΕΖ δύο τρίγωνα δεδομένα τῷ εἴδει ἀναγέγραπται τὰ ΕΖΓ, ΕΖΑ, λόγος ἄρα ἐστὶ τοῦ ΓΕΖ πρὸς τὸ ΖΕΑ δοθείς· καὶ συνθέντι ἄρα λόγος ἐστὶ τοῦ ΓΕΑΖ πρὸς τὸ ΖΕΑ δοθείς. τοῦ δὲ ΖΕΑ πρὸς τὸ ΖΑΒ λόγος ἐστὶ δοθείς, ἐπειδήπερ ἀπὸ τῆς αὐτῆς εὐθείας τῆς ΑΖ ἀναγέγραπται· καὶ τοῦ ΓΕΑΖ ἄρα πρὸς τὸ ΖΑΒ λόγος ἐστὶ δοθείς· καὶ συνθέντι τοῦ ΓΕΒΖΑ πρὸς τὸ ΖΒΑ λόγος ἐστὶ δοθείς. τοῦ δὲ ΖΑΒ πρὸς τὸ ΑΔΒ λόγος ἐστὶ δοθείς· καὶ τοῦ ΓΕΑΒΖ ἄρα πρὸς τὸ ΑΔΒ λόγος ἐστὶ δοθείς.

---

명제 49. 만약 동일한 선분 위에 모양이 주어져 있는 두 다각형이 그려져 있다면, 두 다각형의 비는 주어진 것이다.

동일한 선분 AB 위에 모양이 주어져 있는 두 다각형 AECZB, ADB가 주어져 있다. 그러면 두 도형의 넓이의 비 AECZB : ADB는 주어진 것이라고 말한다.

두 선분 AZ, ZE를 연결하자. 그러면 세 삼각형 ECZ, EZA,

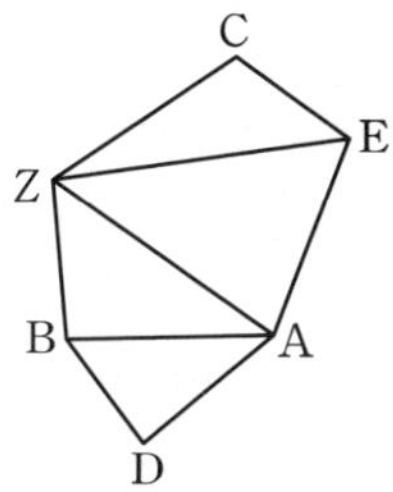

그림 49.1

ZAB는 각각 모양이 주어진 것이다[명제 47]. 그리고 동일한 선분 EZ 위에 모양이 주어져 있는 두 삼각형 EZC, EZA를 그릴 수 있기 때문에, 두 삼각형의 넓이의 비 CEZ : ZEA는 주어진 것이다[명제 48].

그러므로 합성 변형에 의해 두 도형의 넓이의 비 CEAZ : ZEA는 주어진 것이다[명제 6]. 그리고 두 삼각형 ZEA와 ZAB는 동일한 선분 AZ 위에 그릴 수 있으므로[명제 48], 넓이의 비 ZEA : ZAB는 주어진 것이다. 그러므로 비 CEAZ : ZAB는 주어진 것이다[명제 8].

그리고 합성 변형에 의해 넓이의 비 CEABZ : ZBA[101]는 주어진 것이다[명제 6]. 또한 비 ZAB : ADB는 주어져 있으므로[명제 48], 넓이의 비 CEABZ : ADB는 주어진 것이다[명제 48]. ■

**논평 :**

명제 49는 자명하지만 매우 유용하다. 명제 47과 명제 48의 결과로 얻어진다.

---

101) 멘지는 그리스적이지 못한 표현인 CEBZA라고 하였지만 나는 나만의 표현을 사용하였다.

**Θε 50.** ʾΕὰν δύο εὐθεῖαι πρὸς ἀλλήλας λόγον ἔχωσι δεδομένον, καὶ τὰ ἀπʾ αὐτῶν εὐθύγραμμα ὅμοια καὶ ὁμοίως ἀναγεγραμμένα πρὸς ἄλληλα λόγον ἕξει δεδομένον.

δύο γὰρ εὐθεῖαι αἱ ΑΒ, ΓΔ πρὸς ἀλλήλας λόγον ἐχέτωσαν δεδομένον, καὶ ἀναγεγράφθω ἀπὸ τῶν ΑΒ, ΓΔ ὅμοια καὶ ὁμοίως κείμενα εὐθύγραμμα τὰ Ε, Ζ· λέγω, ὅτι καὶ ὁ πρὸς ἄλληλα αὐτῶν λόγος ἔσται δοθείς.

εἰλήφθω γὰρ τῶν ΑΒ, ΓΔ τρίτη ἀνάλογον ἡ Η· ἔστιν ἄρα ὡς ἡ ΑΒ πρὸς τὴν ΓΔ, ἡ ΓΔ πρὸς τὴν Η· λόγος δὲ ὁ τῆς ΑΒ πρὸς ΓΔ δοθείς· λόγος ἄρα καὶ τῆς ΓΔ πρὸς τὴν Η δοθείς· ὥστε καὶ τῆς ΑΒ πρὸς τὴν Η λόγος ἐστὶ δοθείς. ὡς δὲ ἡ ΑΒ πρὸς τὴν Η, οὕτως τὸ Ε πρὸς τὸ Ζ· λόγος ἄρα τοῦ Ε πρὸς τὸ Ζ δοθείς.

명제 50. 만약 두 선분의 길이의 비가 주어져 있다면, 그 두 선분들 위에 그려진 닮은 두 다각형의 비는 주어진 것이다.

두 선분 AB, CD의 길이의 비가 주어져 있다고 하자. 그리고 두 선분 AB, CD 위에 닮은 두 다각형 E, Z를 그리자. 그러면 두 다각형의 넓이의 비는 주어진 것이라고 말한다.

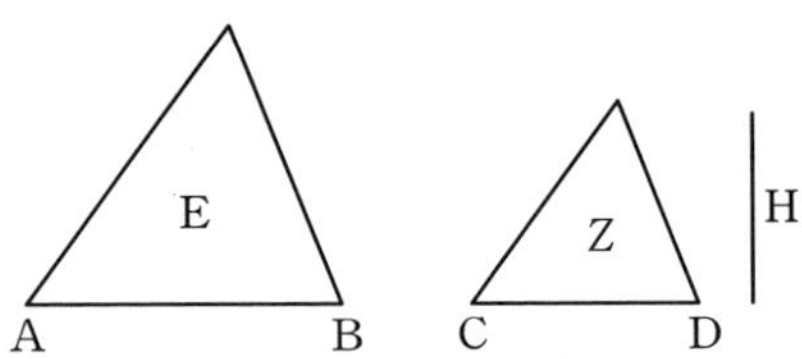


그림 50.1

두 선분 AB, CD와 선분 H가 서로 비례적이도록 선분 H를 잡자 [VI.명제 11]. 그러면 AB : CD :: CD : H이다. 비 AB : CD는 주어져 있기 때문에 비 CD : H도 주어진 것이다. 또한 비 AB : H도 주어진 것이다[명제 8]. 그리고 AB : H :: E : Z이므로[VI.명제 19 따름정리], 비 E : Z는 주어진 것이다. ■

**논평 :**

명제 49는 한 선분 위에 그려진 모양이 주어져 있는 임의의 다각형[102)]

을 다루고 있는 반면, 명제 51은 주어져 있는 비를 가지는 두 선분 위에 그려진 다각형으로 확장하였다. 이 두 명제의 중재자가 명제 50이다. 또한 주어져 있는 두 선분에 비례적인 세 번째 선분을 포함하고 있고, VI.명제 19에 대한 따름정리를 사용하고 있는데, 후자의 경우 VI.명제 20의 잘못된 배치라고 히스(1956)에 의해 비판받고 있다. 그런데 여기서 문제는 '형태(figure)'에 대해 언급한 《원론》에서의 따름정리가 삼각형에 대한 증명을 제시하고 있지 않다는 것이다. 명제 50은 닮은 도형에 대해 다루고 있고, 《원론》에서의 '오류'는 《자료론》으로부터 고스란히 물려받은 것이라고 생각하고 있을지 모른다. 그러나 그렇게 볼 수는 없다. 《자료론》은 명제 52～명제 54에서 관용적 방법으로 '형태'를 다루고 있고, 《자료론》에서 사용된 '형태'는 '모양(form)' 혹은 '다각형'을 의미한다. 게다가 명제 50에서의 '형태'는 '다각형'을 의미하고 있기 때문이다.

**Θε 51.** Ἐὰν δύο εὐθεῖαι πρὸς ἀλλήλας λόγον ἔχωσι δεδομένον καὶ ἀπ' αὐτῶν εὐθύγραμμα, ἃ ἔτυχεν, ἀναγραφῇ δεδομένα τῷ εἴδει, λόγον ἕξει πρὸς ἄλληλα δεδομένον.

δύο γὰρ εὐθεῖαι αἱ ΑΒ, ΓΔ πρὸς ἀλλήλας λόγον ἐχέτωσαν δεδομένον, καὶ ἀναγεγράφθω ἀπὸ τῶν ΑΒ, ΓΔ εὐθύγραμμα, ἃ ἔτυχεν, δεδομένα τῷ εἴδει τὰ Ε, Ζ· λέγω, ὅτι τοῦ Ε πρὸς τὸ Ζ λόγος ἐστὶ δοθείς.

ἀναγεγράφθω γὰρ ἀπὸ τῆς ΑΒ τῷ Ζ ὅμοιον καὶ ὁμοίως κείμενον τὸ ΑΗΒ. δέδοται δὲ τὸ Ζ τῷ εἴδει· δέδοται ἄρα καὶ τὸ ΑΗΒ τῷ εἴδει. ἀλλὰ μὴν καὶ τὸ Ε δέδοται τῷ εἴδει καὶ ἀναγέγραπται ἀπὸ τῆς αὐτῆς εὐθείας τῆς ΑΒ· λόγος ἄρα τοῦ Ε πρὸς τὸ ΑΗΒ δοθείς. καὶ ἐπεὶ λόγος ἐστὶ τῆς ΑΒ πρὸς τὴν ΓΔ δοθείς, καὶ ἀναγέγραπται ἀπὸ τῶν ΑΒ, ΓΔ ὅμοια καὶ ὁμοίως κείμενα εὐθύγραμμα τὰ ΑΗΒ, Ζ, λόγος ἄρα τοῦ ΑΗΒ πρὸς τὸ Ζ δοθείς· τοῦ δὲ ΑΗΒ πρὸς τὸ Ε λόγος ἐστὶ δοθείς· καὶ τοῦ Ε ἄρα πρὸς τὸ Ζ λόγος ἐστὶ δοθείς.

102) 《원론》에서는 그 정의가 빠져 있지만 자명하게 생각하는 '닮은 위치'에 대한 정의에 대해 살펴보아라(Mueller, 1981). 그리고 '유사한 위치'의 현대적 개념과 비교해보고, 논의해보아라.

**명제 51.** 만약 두 선분의 비가 주어져 있고 두 선분 위에 모양이 주어져 있는 임의의 다각형이 그려져 있다면, 두 다각형의 비는 주어진 것이다.

두 선분 AB, CD의 길이의 비가 주어져 있다고 하자. 그리고 모양이 주어져 있는 임의의 두 다각형 E와 Z를 두 선분 AB와 CD 위에 각각 그리자. 그러면 두 다각형의 넓이의 비 E : Z는 주어진 것이라고 말한다.

선분 AB 위에 다각형 Z와 닮은 도형 AHB를 그리자[VI. 명제 18]. 다각형 Z의 모양은 주어져 있으므로 도형 AHB의 모양도 주어진 것이다[정의 3*A]. 다각형 E도 역시 모양이 주어져 있고 도형 AHB와 동일한 선분 위에 그려져 있으므로 비 E : AHB는 주어진 것이다[명제 49].

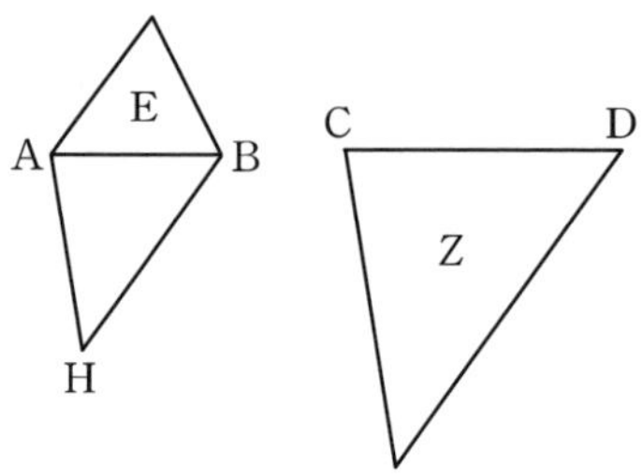


그림 51.1

그리고 비 AB : CD가 주어져 있고 두 선분 AB, CD 위에 그려진 두 도형 AHB, Z가 서로 닮았으므로 비 AHB : Z는 주어진 것이다[명제 50]. 또한 비 AHB : E가 주어져 있으므로 비 E : Z도 주어진 것이다[명제 8]. ■

**논평 :**

명제 50의 일반화이다. 만약 그 도형들의 모양이 주어져 있다면 그들은 서로 닮음일 필요는 없다.

**Θε 52.** Ἐὰν ἀπὸ δεδομένης εὐθείας τῷ μεγέθει δεδομένον τῷ εἴδει εἶδος ἀναγραφῇ, δέδοται τὸ ἀναγραφὲν τῷ μεγέθει.

ἀπὸ γὰρ δεδομένης εὐθείας τῷ μεγέθει τῆς ΑΒ δεδομένον τῷ εἴδει εἶδος ἀναγεγράφθω τὸ ΑΓΔΕΒ· λέγω, ὅτι τὸ ΑΓΔΕΒ δέδοται τῷ μεγέθει.

ἀναγεγράφθω γὰρ ἀπὸ τῆς ΑΒ τετράγωνον τὸ ΑΖ· δέδοται ἄρα τὸ ΑΖ τῷ εἴδει καὶ τῷ μεγέθει. καὶ ἐπεὶ ἀπὸ τῆς αὐτῆς εὐθείας τῆς ΑΒ δύο εὐθύγραμμα ἀναγέγραπται δεδομένα τῷ εἴδει τὰ ΑΓΔΕΒ, ΑΖ, λόγος ἄρα τοῦ ΑΓΔΕΒ πρὸς τὸ ΑΖ δοθείς· δέδοται δὲ τὸ ΑΖ τῷ μεγέθει· δέδοται ἄρα καὶ τὸ ΑΓΔΕΒ τῷ μεγέθει.

명제 52. 만약 크기가 주어져 있는 선분 위에 모양이 주어져 있는 도형[103)]이 그려져 있다면, 그 도형의 크기는 주어진 것이다.

크기가 주어져 있는 선분 AB 위에 모양이 주어져 있는 도형 ACDEB를 그리자. 그러면 도형 ACDEB의 크기는 주어진 것이라고 말한다.

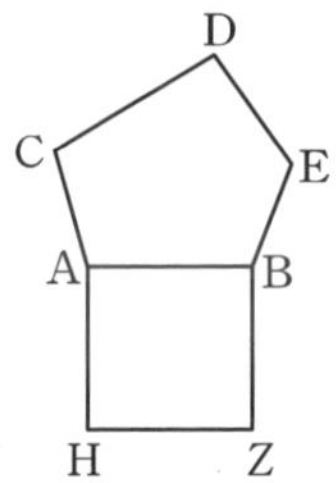

그림 52.1

정사각형 (AZ)를 선분 AB 위에 그리자[I. 명제 46]. 그러면 (AZ)는 모양과 크기가 주어진 것이다[정의 3, 정의 1[104)]].

그리고 동일한 선분 AB 위에 모양이 주어져 있는 두 다각형 ACDEB, (AZ)가 그려져 있기 때문에 비 ACDEB : (AZ)는 주어진 것이다[명제 49]. 또한 (AZ)는 크기가 주어져 있으므로 다각형 ACDEB는 크기가 주어진 것이다[명제 2]. ■

103) 명제 52~명제 54에는 다른 수많은 그리스 수학 용어들처럼 난해한 전문용어라고 보여지는 신기한 술어 '모양이 주어진 모양(도형)'이 사용되고 있다. 그것은 '직선으로 둘러싸인 도형'인 것으로 밝혀졌지만, 나는 그것이 원전에 나타날 때 두 용어를 같은 단어로 사용하는 것이 올바르다고 생각한다. 영어에서는 그리스어보다 혼란스럽지 않다.

104) 주석 108을 참고하시오.

**논평 :**

명제 52는 명제 55를 얻기 위한 부분적으로 역인 명제이다. 사실 이 명제의 증명이 왜 필요로 하는지 의문을 가질 수 있다. 또한 이 명제는 정의 1을 통해 즉각적으로 얻을 수 있는 결과로 보인다. 만약 크기가 주어져 있는 선분 위에 모양이 주어져 있는 다각형을 그릴 수 있다면, 그 다각형을 규정하는 것(to provide)은 가능하다. 즉, 모든 각들이 주어져 있는 것이고 변들의 길이의 비도 주어져 있기 때문에 그것과 똑같은 도형을 작도할 수 있다. 그럼에도 불구하고, 유클리드는 증명을 하지 않은 "만약 정사각형의 한 변의 크기가 주어져 있다면, 그 정사각형의 크기는 주어진 것이다"라는 '정사각형의 사례'를 인용하고 있다. 그리고나서, 명제 49와 명제 2를 이용하여 증명을 마무리하고 있다. 명백한 것은 정의 1에서는 넓이 개념을 다루고 있지는 않다는 것이다(명제 24와 명제 39의 논평 참고).

**Θε 53.** Ἐὰν δύο εἴδη τῷ εἴδει δεδομένα ᾖ καὶ μία πλευρὰ τοῦ ἑνὸς πρὸς μίαν πλευρὰν τοῦ ἑτέρου λόγον ἔχῃ δεδομένον, καὶ αἱ λοιπαὶ πλευραὶ πρὸς τὰς λοιπὰς πλευρὰς λόγον ἕξουσι δεδομένον.

ἔστω δύο εἴδη τῷ εἴδει δεδομένα τὰ ΑΔ, ΕΘ, καὶ λόγος τῆς ΒΔ πρὸς τὴν ΖΘ δοθείς· λέγω, ὅτι καὶ τῶν λοιπῶν πλευρῶν προς τὰς λοιπὰς πλευρὰς λόγος ἐστὶ δοθείς.

ἐπεὶ γὰρ λόγος ἐστὶ τῆς ΔΒ πρὸς τὴν ΖΘ δοθείς, τῆς δὲ ΔΒ πρὸς τὴν ΒΑ λόγος ἐστὶ δοθείς, καὶ τῆς ΑΒ ἄρα πρὸς τὴν ΖΘ λόγος ἐστὶ δοθείς. τῆς δὲ ΖΘ πρὸς ΕΖ λόγος ἐστὶ δοθείς· καὶ τῆς ΑΒ ἄρα πρὸς τὴν ΕΖ λόγος ἐστὶ δοθείς. διὰ τὰ αὐτὰ δὴ καὶ τῶν λοιπῶν πλευρῶν πρὸς τὰς λοιπὰς λόγος ἐστὶ δοθείς.

명제 53. 만약 두 도형의 모양이 주어져 있고 한 도형의 한 변과 다른 도형의 한 변의 비가 주어져 있다면, 두 도형의 다른 변의 길이의 비도 주어진 것이다.

모양이 주어져 있는 두 도형을 AD, EQ라고 하자. 그리고 비

BD : ZQ는 주어져 있다. 그러면, 다른 변들의 비는 주어진 것이라고 말한다.

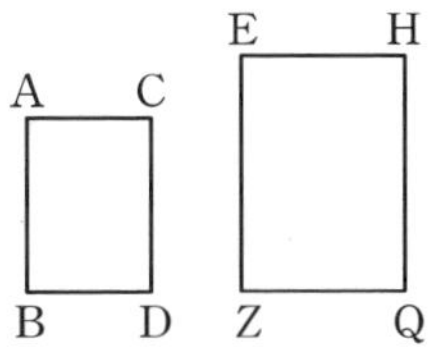

그림 53.1

비 DB : ZQ와 비 DB : BA가 주어져 있기 때문에 비 AB : ZQ는 주어진 것이다[명제 8].

그리고 비 ZQ : EZ는 주어져 있으므로[정의 3], 비 AB : EZ도 주어진 것이다[명제 8].

또한 똑같은 이유로 다른 변들의 비도 주어진 것이다. ■

**Θε 54.** ᾽Εὰν δύο εἴδη δεδομένα τῷ εἴδει πρὸς ἄλληλα λόγον ἔχῃ δεδομένον, καὶ αἱ πλευραὶ αὐτῶν πρὸς ἀλλήλας λόγον ἕξουσι δεδομένον.

δύο γὰρ εἴδη δεδομένα τῷ εἴδει τὰ Α, Β πρὸς ἄλληλα λόγον ἐχέτω δεδομένον· λέγω, ὅτι καὶ αἱ πλευραὶ αὐτῶν πρὸς ἀλλήλας λόγον ἕξουσι δεδομένον.

τὸ γὰρ Α τῷ Β ἤτοι ὅμοιόν ἐστιν ἢ οὔ. ἔστω πρότερον ὅμοιον, καὶ εἰλήφθω τῶν ΓΔ, ΕΖ τρίτη ἀνάλογον ἡ Η. ἔστιν ἄρα ὡς ἡ ΓΔ πρὸς τὴν Η, οὕτως τὸ Α πρὸς τὸ Β. λόγος δὲ τοῦ Α πρὸς τὸ Β δοθείς· λόγος ἄρα καὶ τῆς ΓΔ πρὸς τὴν Η δοθείς. καί εἰσιν αἱ ΓΔ, ΕΖ, Η ἀνάλογον· καὶ τῆς ΓΔ ἄρα πρὸς τὴν ΕΖ λόγος ἐστὶ δοθείς. καί ἐστιν ὅμοιον τὸ Α τῷ Β· καὶ αἱ λοιπαὶ ἄρα πλευραὶ πρὸς τὰς λοιπὰς πλευρὰς λόγον ἕξουσι δεδομένον.

μὴ ἔστω δὴ ὅμοιον τὸ Α τῷ Β, καὶ ἀναγεγράφθω ἀπὸ τῆς ΕΖ τῷ Α ὅμοιον καὶ ὁμοίως κείμενον τὸ ΕΘ· δέδοται ἄρα καὶ τὸ ΕΘ τῷ εἴδει· δέδοται δὲ καὶ τὸ Β· λόγος ἄρα τοῦ Β πρὸς τὸ ΕΘ δοθείς· τοῦ δὲ Β πρὸς τὸ Α λόγος ἐστὶ δοθείς· καὶ τοῦ Α ἄρα πρὸς τὸ ΕΘ λόγος ἐστὶ δοθείς. καὶ ὅμοιον τὸ Α τῷ ΕΘ· λόγος ἄρα τῆς ΓΔ πρὸς τὴν ΕΖ δοθείς. διὰ τὰ αὐτὰ δὴ καὶ τῶν λοιπῶν πλευρῶν πρὸς τὰς λοιπὰς πλευρὰς λόγος ἐστὶ δοθείς.

명제 54. 만약 모양이 주어져 있는 두 도형의 비가 주어져 있다면, 두 도형의 변들의 길이의 비는 주어진 것이다.

모양이 주어져 있는 두 도형 A와 B의 넓이의 비가 주어져 있다. 그러면, 두 도형의 변들의 비는 주어진 것이라고 말한다.

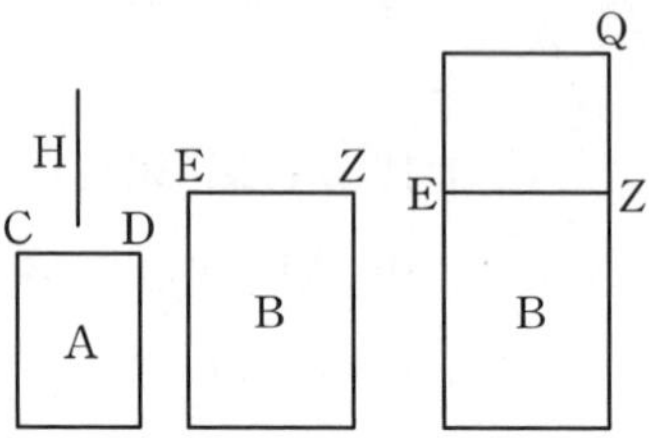


그림 54.1

도형 A와 B가 닮은 경우와 그렇지 않은 경우로 나누어 살펴보자.

[1] 먼저 닮은 경우이다. 선분 CD, 선분 EZ, 선분 H가 서로 비례적이도록 선분 H를 그린다. 그러면 CD : H :: A : B[VI.19 따름 정리]이다.

그리고 비 A : B는 주어져 있으므로 비 CD : H는 주어진 것이다. 또한 세 선분 CD, EZ, H가 비례적이므로 비 CD : EZ 또한 주어진 것이다[명제 24].

그리고 두 도형 A와 B가 서로 닮았으므로 다른 두 변의 길이의 비도 주어진 것이다[명제 53].

[2] 두 도형 A와 B가 닮지 않은 경우이다. 선분 EZ 위에 도형 A와 닮은 도형 EQ를 그리자. 그러면 EQ는 모양이 주어진 것이다.

그리고 도형 B가 주어져 있으므로 비 B : EQ는 주어진 것이다[명제 49]. 또한 비 B : A는 주어져 있으므로 비 A : EQ 또한 주어진 것이다[명제 8]. 그리고 두 도형 A와 EQ는 닮았으므로 비 CD : EZ는 주어진 것이다.

동일한 이유로, 도형의 다른 변들 사이의 길이의 비도 주어진 것이다. ■

**논평 :**

우선 명제 54는 명제 55의 증명과정의 세 번째 단락에서 이용된다. 명제 54의 증명은 VI.명제 20 따름정리를 이용하기 위해서 다음 두 유형으로 나눌 수 있다(그림 55.1, 174쪽을 보아라).

1. 도형 P와 도형 Q가 닮은 경우

닮은 도형의 대응하는 두 변 $a$와 $b$에 대해 $a$, $b$, $c$가 서로 비례적이 되도록 $c$를 잡자. 그러면 $a:c::\mathrm{P}:\mathrm{Q}$(VI.명제 19 따름정리)는 주어진 것이다. 그래서 명제 24에 의해 비 $a:b$는 또한 주어진 것이다. 닮은 두 도형 P와 Q의 모양이 주어져 있기 때문에, 도형 P와 도형 Q가 서로 대응하는 각 변끼리의 길이의 비는 주어진 것이다(명제 53과 명제 8).

2. 도형 P와 도형 Q가 닮지 않은 경우

도형 Q의 한 변 $b$ 위에 도형 P와 닮은 도형인 다각형 R를 작도하자. 그러므로 도형 R는 모양이 주어진 것이다. 따라서 도형 Q도 모양이 주어진 것이다. 그러므로 명제 49에 의해 비 Q : R는 주어진 것이고, 비 P : Q도 역시 주어진 것이다. 그러므로 비 P : R는 주어진 것이다(명제 8). 나머지는 앞의 첫 번째 경우를 따른다.

사실 두 번째 경우는 명제 55를 증명하는데 필요하지 않다. 현재 상태 그대로, 명제 54는 필요로 하는 것보다 훨씬 더 일반적인 명제이다. 명제 53은 비가 주어져 있는 변들이 서로 대응하는 변일 필요가 없다는 것을 보여준다. 이런 주장은 정의 3과 명제 8의 결과로 즉각적으로 알 수 있다. 명제 54의 다른 형태가 명제 49와 명제 24*D, 즉 '만약 두 정사각형의 비가 주어져 있다면, 정사각형의 변의 길이의 비도 주어진 것이다'로부터 유도된 따름정리를 이용하여 명제 77에서 증명된다. 멘지도 명제 54에 대해 언급하고 있지만 실제로는 명제 54의 특별한 경우인 '정사각형'을 이용하여 증명하고 있다.

**Θε 55.** ῾Εὰν χωρίον τῷ εἴδει καὶ τῷ μεγέθει δεδομένον ᾖ, καὶ αἱ πλευραὶ αὐτοῦ τῷ μεγέθει δεδομέναι ἔσονται.

ἔστω χωρίον τῷ εἴδει καὶ τῷ μεγέθει δεδομένον τὸ Α· λέγω, ὅτι καὶ αἱ πλευραὶ αὐτοῦ δεδομέναι εἰσὶ τῷ μεγέθει.

ἐκκείσθω γὰρ τῇ θέσει καὶ τῷ μεγέθει δεδομένη εὐθεῖα ἡ ΒΓ, καὶ ἀναγεγράφθω ἀπὸ τῆς ΒΓ τῷ Α ὅμοιόν τε καὶ ὁμοίως κείμενον τὸ Δ. δέδοται δὴ τὸ Δ τῷ εἴδει. καὶ ἐπεὶ ἀπὸ δεδομένης εὐθείας τῆς ΒΓ τῷ μεγέθει δεδομένον εἶδος ἀναγέγραπται τὸ Δ, δέδοται ἄρα καὶ τὸ Δ τῷ μεγέθει· δέδοται δὲ καὶ τὸ Α· λόγος ἄρα τοῦ Α πρὸς τὸ Δ δοθείς. καί ἐστιν ὅμοιον τὸ Α τῷ Δ· λόγος ἄρα τῆς ΕΖ πρὸς τὴν ΒΓ δοθείς. δοθεῖσα δὲ ἡ ΒΓ· δοθεῖσα ἄρα καὶ ἡ ΕΖ. καί ἐστι λόγος τῆς ΖΕ πρὸς τὴν ΕΗ δοθείς· δοθεῖσα ἄρα καὶ ἡ ΕΗ. διὰ τὰ αὐτὰ δὴ καὶ ἑκάστη τῶν λοιπῶν δέδοται τῷ μεγέθει.

명제 55. 만약 다각형[105)]의 모양과 크기가 주어져 있다면, 이것의 변들의 크기 또한 주어진 것이다.

다각형 A는 모양과 크기가 주어져 있다고 하자. 그러면 그 다각형의 변들의 크기는 주어진 것이라고 말한다.

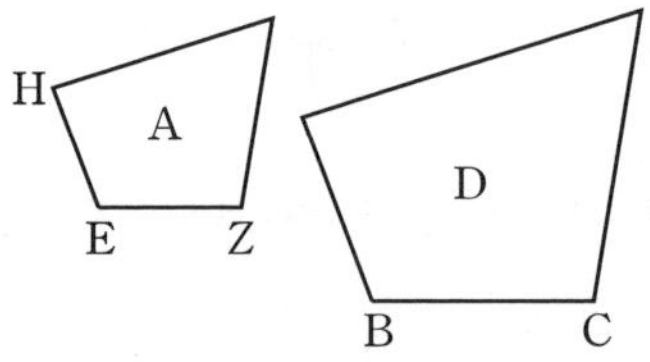


그림 55.2

위치와 크기가 주어져 있는 선분 BC를 긋자. 그리고 선분 BC 위

105) 이 특이한 정리에서 직선으로 둘러싸인 도형은 사실 《원론》 X권에서는 평범한 단어로, chorion이라고 불린다. 반면, VI권에서는 euthygrammon으로 사용되고 있다.

에 다각형 A와 닮은 도형 D를 그리자[VI.명제 18]. 그러면 도형 D는 모양이 주어진 것이다.

그리고 크기가 주어져 있는 선분 BC 위에 모양이 주어져 있는 도형 D를 그렸으므로 도형 D의 크기도 주어진 것이다[명제 52].

또한 다각형 A는 주어져 있는 것이므로 비 A : D는 주어진 것이다[명제 1]. 그리고 A는 D와 닮았기 때문에 비 EZ : BC는 주어진 것이다[명제 54]. 게다가 선분 BC는 주어져 있으므로[명제 2], 선분 EZ 역시 주어진 것이다[정의 3]. 그리고 비 EZ : EH는 주어져 있으므로 선분 EH는 주어진 것이다.

동일한 이유로 각각의 다른 변들도 크기가 주어진 것이다. ■

**논평 :**

명제 55가 중요한 정리라는 것은 앞에서(173쪽을 보아라) 언급하였다. 그것은 명제 55에 따라 '주어진'의 해답을 가지는 《원론》 VI.명제 25† 를 수단으로 8장 '넓이의 활용'(명제 58과 명제 59)에 대한 이론을 확립하기 위한 중요한 수단이 된다.

† [역자] VI.명제 25: 한 다각형과 닮았고 다른 다각형과 넓이가 같은 도형을 만들 수 있다.

# 명제 39~명제 55의 연역적 구조

| 《자료론》 \ 명제 | 39 | 40 | 41 | 42 | 43 | 44 | 45 | 46 | 47 | 48 | 49 | 50 | 51 | 52 | 53 | 54 | 55 |
|---|---|---|---|---|---|---|---|---|---|---|---|---|---|---|---|---|---|
| 공리 0* | + | + | + | + | · | · | · | · | · | · | · | · | · | · | · | · | · |
| 정의 1* | + | + | + | + | · | · | · | · | · | + | · | · | · | + | · | · | · |
| 정의 2* | · | · | + | + | + | · | + | · | · | + | · | + | · | · | · | + | · |
| 정의 3 | + | + | + | + | + | + | + | + | + | + | · | · | + | + | + | · | + |
| 정의 6 | + | · | · | · | + | · | · | · | · | · | · | · | · | · | · | · | · |
| 정의 8 | · | · | · | · | + | · | · | · | · | · | · | · | · | · | · | · | · |
| 명제 1 | · | · | · | · | · | · | · | · | · | · | · | · | · | · | · | · | + |
| 명제 2 | · | · | + | + | + | · | + | + | · | · | · | · | · | + | · | · | + |
| 명제 3 | · | · | · | · | · | + | + | + | · | + | · | · | · | · | · | · | · |
| 명제 4 | · | · | · | · | · | + | + | + | + | + | · | · | · | · | · | · | · |
| 명제 6 | · | · | · | · | · | · | · | · | · | · | + | · | · | · | · | · | · |
| 명제 8 | · | · | · | · | · | + | · | · | + | + | + | + | + | · | + | + | · |
| 명제 24 | · | · | · | · | · | · | · | · | · | · | · | · | · | · | · | + | · |
| 명제 25 | + | + | · | · | + | · | · | · | · | · | · | · | · | · | · | · | · |
| 명제 26 | + | + | + | · | + | · | · | · | · | · | · | · | · | · | · | · | · |
| 명제 27 | + | · | + | · | · | · | · | · | · | · | · | · | · | · | · | · | · |
| 명제 29 | · | + | + | · | · | · | · | · | · | · | · | · | · | · | · | · | · |
| 명제 39 | · | ? | ? | ? | ? | · | · | · | · | · | · | · | · | · | · | · | · |
| 명제 40 | · | · | · | · | · | + | + | + | · | + | · | · | · | · | · | · | · |
| 명제 41 | · | · | · | · | · | · | · | + | + | + | + | · | · | · | · | · | · |
| 명제 43 | · | · | · | · | · | + | · | · | · | · | · | · | · | · | · | · | · |
| 명제 44 | · | · | · | · | · | · | + | · | · | · | · | · | · | · | · | · | · |
| 명제 47 | · | · | · | · | · | · | · | · | · | · | + | · | · | · | · | · | · |
| 명제 48 | · | · | · | · | · | · | · | · | · | · | + | · | · | · | · | · | · |
| 명제 49 | · | · | · | · | · | · | · | · | · | · | · | · | + | + | · | + | · |
| 명제 50 | · | · | · | · | · | · | · | · | · | · | · | · | + | · | · | · | · |
| 명제 52 | · | · | · | · | · | · | · | · | · | · | · | · | · | · | · | · | + |
| 명제 53 | · | · | · | · | · | · | · | · | · | · | · | · | · | · | · | + | · |
| 명제 54 | · | · | · | · | · | · | · | · | · | · | · | · | · | · | · | · | + |

| 《원론》 \ 명제 | 39 | 40 | 41 | 42 | 43 | 44 | 45 | 46 | 47 | 48 | 49 | 50 | 51 | 52 | 53 | 54 | 55 |
|---|---|---|---|---|---|---|---|---|---|---|---|---|---|---|---|---|---|
| 공준 2 | · | · | · | · | · | + | · | · | · | · | · | · | · | · | · | · | · |
| 공준 3 | + | · | · | · | · | · | · | · | · | · | · | · | · | · | · | · | · |
| I. 명제 8 | + | · | · | · | · | · | · | · | · | · | · | · | · | · | · | · | · |
| 명제 9 | · | · | · | · | · | · | + | + | · | · | · | · | · | · | · | · | · |
| 명제 12 | · | · | · | · | · | + | · | · | · | · | · | · | · | · | · | · | · |
| 명제 13 | · | · | · | · | · | + | · | · | · | · | · | · | · | · | · | · | · |
| 명제 17 | · | · | · | · | + | · | · | · | · | · | · | · | · | · | · | · | · |
| 명제 19 | · | · | · | · | + | · | · | · | · | · | · | · | · | · | · | · | · |
| 명제 22 | · | · | · | + | · | · | · | · | · | · | · | · | · | · | · | · | · |
| 명제 23 | · | + | + | · | · | · | · | · | · | · | · | · | · | · | · | · | · |
| 명제 29 | · | · | · | · | · | · | · | · | · | + | · | · | · | · | · | · | · |
| 명제 32 | · | + | · | · | · | + | + | + | · | + | · | · | · | · | · | · | · |
| 명제 41 | · | · | · | · | · | · | · | · | · | + | · | · | · | · | · | · | · |
| 명제 46 | · | · | · | · | · | · | · | · | · | · | · | · | · | + | · | · | · |
| III. 명제 31 | · | · | · | · | + | · | · | · | · | · | · | · | · | · | · | · | · |
| V. 명제 7 | · | · | · | + | · | · | · | · | · | · | · | · | · | · | · | · | · |
| 명제 12 | · | · | · | · | · | · | + | + | · | · | · | · | · | · | · | · | · |
| 명제 14 | · | · | · | · | + | · | · | · | · | · | · | · | · | · | · | · | · |
| 명제 15 | · | · | · | · | · | · | · | · | · | + | · | · | · | · | · | · | · |
| 명제 16 | · | · | · | · | + | · | + | + | · | · | · | · | · | · | · | · | · |
| 명제 22 | · | · | · | + | · | · | · | · | · | · | · | · | · | · | · | · | · |
| VI. 정의 1 | + | · | · | · | · | · | · | · | · | · | · | · | · | · | · | · | · |
| VI. 명제 1 | · | · | · | · | · | · | · | · | · | + | · | · | · | · | · | · | · |
| 명제 3 | · | · | · | · | · | · | + | + | · | · | · | · | · | · | · | · | · |
| 명제 4 | · | + | · | · | · | · | · | · | · | · | · | · | · | · | · | · | · |
| 명제 5 | · | · | · | + | · | · | · | · | · | · | · | · | · | · | · | · | · |
| 명제 6 | · | · | + | · | · | · | · | · | · | · | · | · | · | · | · | · | · |
| 명제 7 | · | · | · | · | + | · | · | · | · | · | · | · | · | · | · | · | · |
| 명제 11 | · | · | · | · | · | · | · | · | · | · | · | + | · | · | · | + | · |
| 명제 18 | · | · | · | · | · | · | · | · | · | · | · | · | + | · | · | + | + |
| 명제 19 따름 | · | · | · | · | · | · | · | · | · | · | · | + | · | · | · | + | · |

'대각선 방향'에 주목하자. 명제 43은 명제 44에 도움이 되고, 명제 44는 명제 45에 도움이 되며, 명제 47과 명제 48은 명제 49에 도움이 된다. 그리고 더 이상은 이용되지 않는다(비록 명제 88보다 앞선 명제 44에서 명제 43을 이용하여 증명하지만 명제 88이 명제 43에 의해 증명되는 것은 제외한다).

명제 47, 명제 49와 명제 53은 간접적으로 《원론》에 의존한다. 정의 3과 기초적인 명제 2, 명제 3, 명제 4와 명제 8은 절대적으로 중요한 역할을 한다. 명제 39는 이용되지 않지만 명제 40~명제 43에서 다시 논의된다.

명제 56 & (68~75)

# 7장 등각 평행사변형 I : 상반비례†

Θε 56. ᾿Εὰν δύο ἰσογώνια παραλληλόγραμμα πρὸς ἄλληλα λόγον ἔχῃ δεδομένον, ἔσται ὡς ἡ τοῦ πρώτου πλευρὰ πρὸς τὴν τοῦ δευτέρου πλευράν, οὕτως ἡ λοιπὴ τοῦ δευτέρου πλευρὰ πρὸς ἣν ἡ ἑτέρα τοῦ πρώτου λόγον ἔχει δεδομένον, ὃν τὸ παραλληλόγραμμον πρὸς τὸ παραλληλόγραμμον.

δύο γὰρ ἰσογώνια παραλληλόγραμμα τὰ Α, Β πρὸς ἄλληλα λόγον ἐχέτω δεδομένον· λέγω, ὅτι ἐστὶν ὡς ἡ ΓΔ πρὸς τὴν ΕΖ, οὕτως ἡ ΕΗ πρὸς ἣν ἡ ΓΘ λόγον ἔχει δεδομένον, ὃν τὸ Α παραλληλόγραμμον πρὸς τὸ Β παραλληλόγραμμον.

ἐκβεβλήσθω γὰρ ἐπ' εὐθείας τῆς ΓΘ εὐθεῖα ἡ ΓΚ, καὶ πεποιήσθω ὡς ἡ ΓΔ πρὸς τὴν ΕΖ, οὕτως ἡ ΕΗ πρὸς τὴν ΓΚ, καὶ συμπεπληρώσθω τὸ ΓΛ παραλληλόγραμμον. ἐπεὶ οὖν ἐστιν ὡς ἡ ΓΔ πρὸς τὴν ΕΖ, οὕτως ἡ ΕΗ πρὸς τὴν ΓΚ, ἴση δέ ἐστιν ἡ ΓΔ τῇ ΚΛ, ἔστιν ἄρα ὡς ἡ ΚΛ πρὸς τὴν ΕΖ, οὕτως ἡ ΕΗ πρὸς τὴν ΓΚ. καὶ περὶ ἴσας γωνίας τὰς ὑπὸ τῶν ΓΚΛ, ΗΕΖ αἱ πλευραὶ ἀντιπεπόνθασιν· ἴσον ἄρα ἐστὶ τὸ ΚΔ τῷ ΗΖ. καὶ ἐπεὶ λόγος ἐστὶ τοῦ Α πρὸς τὸ Β δοθείς, ἴσον δὲ τὸ Β τῷ ΓΛ, λόγος ἄρα ἐστὶ τοῦ ΘΔ πρὸς τὸ ΓΛ δοθείς. ὡς δὲ τὸ ΘΔ πρὸς τὸ ΓΛ, οὕτως ἡ ΘΓ πρὸς τὴν ΓΚ· καὶ τῆς ΘΓ ἄρα πρὸς τὴν ΓΚ λόγος ἐστὶ δοθείς. καὶ ἐπεί ἐστιν ὡς ἡ ΓΔ πρὸς τὴν ΕΖ, οὕτως ἡ ΕΗ πρὸς τὴν ΓΚ, ἡ δὲ ΓΘ πρὸς τὴν ΓΚ λόγον ἔχει δοθέντα, ὃν τὸ Α χωρίον πρὸς τὸ Β, ἔστιν ἄρα ὡς ἡ ΓΔ πρὸς τὴν ΕΖ, οὕτως ἡ ΕΗ πρὸς ἣν ἡ ΘΓ λόγον ἔχει, ὃν τὸ Α χωρίον πρὸς τὸ Β χωρίον.

명제 56. 만약 두 등각 평행사변형의 비가 주어져 있고 첫 번째 도형의 한 변과 두 번째 도형의 한 변의 길이의 비가 주어져 있다면, 두 번째 등각 평행사변형의 다른 한 변과 첫 번째 등각 평행사변형의 다른 한 변의 길이의 비도 주어진 비를 가진다.

두 개의 등각 평행사변형 A, B의 비가 주어져 있다고 하자. 그러면 비 CD : EZ가 주어져 있는 것처럼, 비 EH : CQ도 주어진 비를 가진

† [역자] $a:b=c:d$가 성립할 때, $a:b::d:c$를 상반비례라 한다.

다고 말한다.

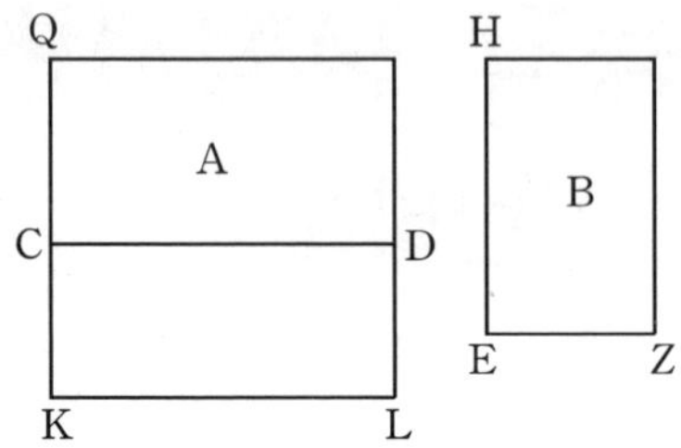


그림 56.1

선분 CQ를 연장해서 CD : EZ :: EH : CK를 만족하는 선분 CK를 작도한다[VI. 명제 12]. 그리고 그림과 같이 평행사변형 CL을 그린다.

그러면 CD : EZ :: EH : CK이고 CD = KL [I. 명제 34]이므로 KL : EZ :: EH : CK이다.

또한 두 평행사변형에서 각 CKL과 각 HEZ는 등각이고, 서로 대응하는 변의 길이의 비가 상반비례적(reciprocally proportional) [VI. 정의 2]이다. 따라서 평행사변형 KD와 평행사변형 HZ는 서로 같다 [VI. 명제 14].

그리고 비 A : B는 주어져 있고 B와 (CL)[†]은 같으므로, 비 (QD) : (CL)은 주어진 것이다.

그런데 (QD) : (CL) :: QC : CK [VI. 명제 1]이므로 비 QC : CK는 주어진 것이다[정의 2*].

그리고 CD : EZ :: EH : CK이고 평행사변형 A의 넓이와 평행사변형 B의 넓이의 비가 되는 CQ는 CK와 주어진 비를 가진다. 그러므로 비 CD : EZ가 주어져 있는 비를 가지는 것처럼 비 EH : QC도 주어진 비, 즉 넓이 A에 대한 넓이 B의 비로 표현되는 비를 가진다. ■

---

† [역자] (CL)은 대각선이 선분 CL인 사각형을 의미한다.

**논평 :**

이 명제를 보면 약간 이상하다는 생각이 떠오른다. 첫 번째로는 명제 50에서는 A와 B가 변의 이름을 나타내는 것이었는데, 여기에서는 넓이의 이름을 나타낸다는 것이 보편적이지 않다. 사실 CD, EZ, EH와 CQ가 예기치 않게 나타났고, 엑테시스 안에서는 정의되지 않는다. 늘 그렇듯, 이러한 표현으로 인해 다이어그램 없이 이 명제를 이해하는 것을 매우 어렵게 만들었다. 일반적으로, DCQ, DC와 CQ, DQ와 B라는 표현은 ZEH, ZE와 EH, ZH와 동일한 유형의 표현 방법이다. 유클리드는 필사본에서 A와 B를 직사각형으로 그렸지만, 어떤 등각 평행사변형이라도 동일한 성질을 만족하도록 그려질 수 있다. 하지만 명제 68 ~ 명제 74에서는 어떤 이유로 인해 평행사변형이라는 단어가 삼각형이라는 단어로 바뀌어졌다. 아마도 수천년을 흘러오면서 몇몇 사본 필사가들이 등각 평행사변형에 대해 배우지 않았을 뿐만 아니라 오직 삼각형에 대해서만 배웠기 때문에 그렇게 기록한 것으로 추정된다. 그래서 이 문제를 인식한 멘지는 그의 번역판에서 정확하게 수정해서 고쳐 넣었다.

두 번째 의심은 이 명제가 주어진(given)이라는 맥락 속에 있다기보다는 《원론》에 속해 있는 명제에 더 가깝게 느껴진다는 것이다. 어떤 비가 주어져 있을 뿐만 아니라 제3의 수학적 대상인 비 또한 다른 무엇과 동일하다고 표현된 것은 《자료론》에서는 일반적이지 않다. 일반적으로, 《자료론》에서는 제3의 대상이 겉으로 드러나지 않고 숨겨져 있어서 구해야 할 대상이 될 수 있는데, 이 명제에서는 그것마저 주어져 있는 형식을 취하고 있다.

명제 56은 두 명제(아래 명제 56*A와 명제 56*B)의 합성으로 보인다. 이로 인해서 명제 56은 《자료론》과 《원론》 사이의 차이점을 극명하게 보여주는 가장 좋은 예이다. 명제 68 ~ 명제 75는 등각 평행사변형과 삼각형에 대한 내용이 연속적으로 등장한다. 다소간의 차이가 있기는 하지만 이 명제 68 ~ 명제 75를 증명하기 위해서는 다음에 나오는 기본 명제 56*A가 반드시 사용되어야 한다. 내가 여기서 기본 명제라고 부르는 이유는 《원론》 VI권에 가장 잘 부합되고, 《자료론》에 사용되는 '주어진(given)'이라는 용어를 전혀 사용하지 않았기 때문이다.

명제 56*A. P와 Q를 두 변이 각각 $a, b$와 $c, d$인 평행사변형이라고 하자(그림 56.2).
만약 P와 Q는 같은 크기의 각을 가지는 등각 평행사변형이고 $e$를 $a : c :: d : e$를 만족하는 값이라고 한다면, $b : e :: \mathrm{P} : \mathrm{Q}$가 성립한다.

**작도(I.명제 44) :** 평행사변형 Q와 같은 크기의 각을 가지는 세 번째 평행사변형을 R($a$와 $e$를 두 변으로 함)라고 하자. 그리고 평형사변형 R의 한 변 $e$는 변 $b$의 연장선 위에 있다고 하자.

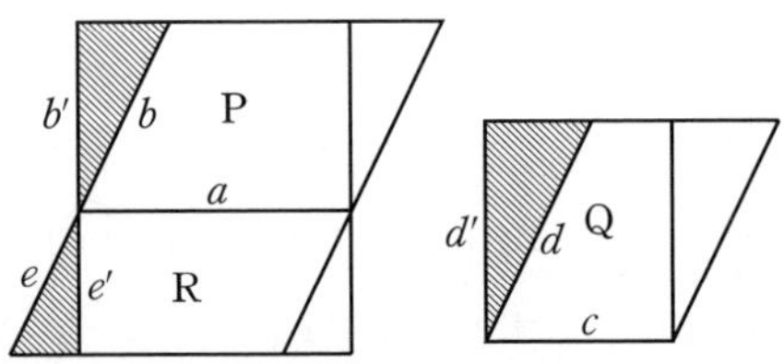


그림 56.2

[증명] $a : c :: d : e$ 이기 때문에 $\mathrm{R} = \mathrm{Q}$ 이다[VI.명제 14].
따라서 $\mathrm{P} : \mathrm{Q} :: \mathrm{P} : \mathrm{R}$이다[V.명제 7].
그리고 $\mathrm{P} : \mathrm{R} :: b : e$[VI.명제 1]이다.
그러므로 $\mathrm{P} : \mathrm{Q} :: b : e$이다. ■

만약 $a$와 $c$가 서로 대응하는 변[106]이라고 한다면, 평행사변형이라는 일반성을 잃어버리지 않는 직사각형에서도 동일하게 이 성질이 성립할 것이다(또한 $b$와 $d$가 서로 대응하는 변이다).

$a:c::d:e$이기 때문에 비 $b:d$와 비 $a:c$로부터 비 $b:e$가 합성되어진다. 여기서 증명되어지는 것은 VI.명제 23에서 참으로 밝혀진 '등각 평행사변형들 사이의 비는 이들 변들 사이의 길이의 비로부터 합성되어진다'는 사실이다. 그러나 여기서 사용된 '결합된(compounded)'이라는 개념은 《자료론》에서 발견된 개념은 아니다. 이러한 사실은 비록 다른 몇몇 요소들은 《원론》에 귀속되어 있지만, 《자료론》이 유클리드의 《원론》과는 서로 다른 맥락에 속해 있다는 또 하나의 어렴풋한 증거가 된다. 왜냐하면 합성 비에 대한 이러한 능숙한 취급에 비해, 《원론》에서는 매우 미숙한 상태로 남아 있기 때문이다.

명제 56에 포함되어 있는 또 다른 명제는 따름정리 명제 56*B이다.

명제 56*B. 만약 gvn.P : Q이면 gvn.$b:e$이다[정의 2*].

명제 68 ~ 명제 75는 명제 56*A의 관점에서 재진술될 수도 있다. 따라서 우리는 적절한 위치에서 이들 명제들을 소개할 것이다. 명제 56은 명제 57 ~ 명제 67에서 이용되거나 인용되지 않기 때문에 명제 56의 위치가 잘못된 것처럼 보인다. 실제로 명제 56은 더 일반적인 경우를 다루는 명제 74에서 다시 한 번 더 명확하게 증명된다. 아마도 명제 56은 다른 출처로부터 모방되어 붙여진 듯하고, 평행사변형 CL의

106) 이들 둘은 동일한 각의 한쪽 변들이다. 비록 유클리드가 동일한 각의 위치가 어디인지 말해주는 것을 잊어버렸음에도 불구하고, 그는 그림 56.1에서 적절한 변으로 선분 CD 대신에 선분 KL로 간주하는데 큰 어려움을 가졌다.

작도가 넓이의 비유적인 응용이기 때문에 명제 57 이전에 위치시킨 것으로 추측된다.

명제 68 ~ 명제 75 사이의 명제들은 이 명제들이 가지는 수학적인 의미에 비해서 다소 복잡하게 제시되어 있다. 저자는 그의 도형에 대한 설명을 다시 사용하는 것에 대한 거리낌 때문에 명제들이 가지는 수학적인 내용보다는 더 복잡해진 것으로 보인다. 즉, 명제 56의 선분 CD, 명제 68의 선분 EB, 명제 69의 선분 DB, 명제 70과 명제 73의 선분 CB가 그 예이다. 명제와 명제의 증명에 나타난 표현이 아주 반복적이기 때문에 오히려 이상한 느낌이 든다. 이를테면 명제 74의 처음 부분에 나타난 표현은 명제 56과 거의 같은 표현을 사용하고 있다.

# 8장 넓이의 활용 I

Θε 57 ʼ Ἐὰν δοθὲν παρὰ δοθεῖσαν παραβληθῇ ἐν δεδομένῃ γωνίᾳ, δέδοται τὸ πλάτος τῆς παραβολῆς.

δοθὲν γὰρ τὸ ΑΗ παρὰ δοθεῖσαν τὴν ΒΑ παραβεβλήσθω ἐν δεδομένῃ γωνίᾳ τῇ ὑπὸ τῶν ΓΑΒ· λέγω, ὅτι δοθεῖσά ἐστιν ἡ ΓΑ.

ἀναγεγράφθω γὰρ ἀπὸ τῆς ΑΒ τετράγωνον τὸ ΕΒ· δοθὲν ἄρα ἐστὶ τὸ ΕΒ. καὶ διήχθωσαν αἱ ΕΑ, ΖΒ, ΓΗ ἐπὶ τὰ Δ, Θ. καὶ ἐπεὶ δοθέν ἐστιν ἑκάτερον τῶν ΕΒ, ΑΗ, λόγος ἄρα τοῦ ΕΒ πρὸς τὸ ΑΗ δοθείς. ἴσον δὲ τὸ ΗΑ τῷ ΑΘ· λόγος ἄρα καὶ τοῦ ΕΒ πρὸς τὸ ΑΘ δοθείς· ὥστε καὶ τῆς ΕΑ πρὸς τὴν ΑΔ λόγος ἐστὶ δοθείς. ἴση δὲ ἡ ΕΑ τῇ ΑΒ· λόγος ἄρα καὶ τῆς ΒΑ πρὸς ΑΔ δοθείς. καὶ ἐπεὶ δοθεῖσά ἐστιν ἡ ὑπὸ τῶν ΓΑΒ, ὧν ἡ ὑπὸ ΔΑΒ δοθεῖσά ἐστιν, λοιπὴ ἄρα ἡ ὑπὸ τῶν ΓΑΔ ἐστι δοθεῖσα. ἔστι δὲ καὶ ἡ ὑπὸ τῶν ΓΔΑ δοθεῖσα· ὀρθὴ γάρ· λοιπὴ ἄρα ἡ ὑπὸ τῶν ΑΓΔ δοθεῖσά ἐστιν· δέδοται ἄρα τὸ ΑΓΔ τρίγωνον τῷ εἴδει· λόγος ἄρα ἐστὶ τῆς ΓΑ πρὸς τὴν ΑΔ δοθείς. τῆς δὲ ΔΑ πρὸς τὴν ΑΒ λόγος ἐστὶ δοθείς· καὶ τῆς ΓΑ ἄρα πρὸς τὴν ΑΒ λόγος ἐστὶ δοθείς. καί ἐστι δοθεῖσα ἡ ΒΑ· δοθεῖσα ἄρα καὶ ἡ ΑΓ. καί ἐστι τὸ πλάτος τοῦ παραβλήματος.

명제 57. 만약 주어져 있는 넓이를 가지는 도형을 주어져 있는 [선분][107)]위에 주어져 있는 각으로 부가하여 만든다면, 주어져 있는 [넓이]를 가지는 도형의 폭은 주어진 것이다.

주어져 있는 [넓이] (AH)가 주어져 있는 각 CAB의 안쪽에 주어져 있는 [선분] 위에 부가하여 만들어진다고 하자. 그러면 선분 CA는 주어진 것이라고 말한다.

정사각형 (EB)가 AB 위에 그려져 있다고 하면 (EB)는 주어진 것이다.[108)]

107) 그리스어 수학사전에 항상 그러하였듯이 성별(gender)이 의미를 결정한다.

108) 멘지는 정리에서 증명없이 이러한 추론을 하였다는 것에 주목하지 않고, 명제 52

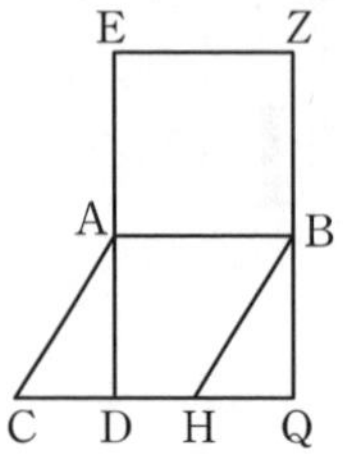


그림 57.1

그리고 두 선분 EA, ZB를 직선 CH 위의 점 D, Q까지 각각 연장한다.

그리고 (EB)와 (AH)는 각각 주어져 있기 때문에, 비 (EB):(AH)는 주어진 것이다[정리 1].

그리고 [평행사변형] (HA)는 ㄷㄱ(AQ)와 같다[I.명제 35†]. 그러므로 비 (EB):(AQ)는 주어진 것이다. 따라서 비 EA : AD는 주어진 것이다[VI.명제 1, 정의 2*].

그리고 EA = AB이므로 비 BA : AD는 주어진 것이다[V.명제 7]. 또한, ∡CAB와 ∡DAB가 주어져 있으므로[109] 이 두 각의 차인 나머지 ∡CAD도 주어진 것이다[명제 4].

그리고 ∡CDA가 직각이기 때문에 ∡CDA 또한 주어져 있으므로 삼각형의 나머지 한 각 ACD도 주어진 것이다[I.명제 32]. 따라서 △ACD의 모양은 주어진 것이다[명제 40]. 그러므로 비 CA : AD는 주어진 것이다[정의 3].

그리고 비 DA : AB는 주어져 있으므로 비 CA : AB도 주어진 것이다[명제 8]. 또한 선분 BA는 주어져 있으므로 선분 AC 역시 주어진 것이다[명제 2]. 그런데 이 선분 AC는 부가하여 만들어진 도형의 폭이다.[110] ■

---

에 대해 언급한다. 나는 이것은 명제 24와 함께 암묵적 가정으로 다루었다.

† [역자] I.명제 35: 동일한 밑변 위에 있고, 또한 동일한 평행선 사이에 있는 평행사변형의 넓이는 같다.

109) ∠CAD + ∠DAB로써 간주하였다.

110) 문장에서 '부가하는 것(to apply)'은 일반적으로 조작을 나타낸다.

**논평 :**

주어져 있는 삼각형의 넓이와 동일한 넓이를 가짐과 동시에 주어져 있는 선분 위에 주어져 있는 각으로 평행사변형을 만드는 것은 '모든 기하에서 가장 감명깊은 것들 중의 하나로 남아 있는' 《원론》 I. 명제 44[†]에 의해 해결된다(Heath 1956, I.342). 이것은 차후에 넓이에 관한 포물선의 활용으로 인식하게 될 것이다. '선분에 넓이를 만드는 것'은 '그 선분을 끼고 있는 평행사변형을 작도하는 것'을 의미한다. 이때 평행사변형의 한 변이 주어져 있는 선분과 동일한 길이를 가지는 경우가 명제 57, 평행사변형의 한 변이 주어져 있는 선분을 초과하는 경우가 명제 59, 평행사변형의 한 변이 주어져 있는 선분보다 더 짧은 경우가 명제 58이다.

명제 57을 위한 효과적인 보조정리는 I. 명제 43(236쪽을 보아라)과 I. 명제 42이다. 명제 57은 이 두 명제에서 무엇이 더 추가되었는가? I. 명제 44는 명제 57의 조건절과 엑테시스의 기초가 된다. 전제 조건에서 평행사변형 (AH)는 주어져 있는 각을 만족하도록 만들어져 있고, 주어져 있는 선분 AB 아래쪽에 덧붙여져 있으며, 주어져 있는 넓이(비록 보이지는 않지만)와 같다. 이것을 통해 볼 때, 명제 57을 존재성의 증명으로 이해해서는 안 된다. 왜냐하면 평행사변형 (AH)는 당연한 것으로 여겨지고 있기 때문이다. 이 명제는 주어진 것(Givens)이라는 도구를 수단으로 하여 명제를 증명하는 것으로 해석될 수 있다. 비록 우리가 그것을 어떻게 만들어 내어야 하는지 그 방법은 모르고 있을지라도, 그것을 찾는 것은 충분한 가치가 있고 유일한 해가 존재하고 있다.[111)]

---

† [역자] I. 명제 44: 주어져 있는 선분 위에 삼각형과 넓이가 같은 평행사변형을 주어져 있는 직선각 안쪽에 만들 수 있다.

111) 참고 : '현(弦)의 표에 대한 프톨레마이오스의 도입'에서 그는 현의 길이에 대한 계

그래서 그것이 유일성의 증명에 대한 강한 흥미를 갖게 하지만, 유일성의 증명은 I.명제 44 이후로는 거의 필요하지 않다. 왜냐하면, 평행사변형으로 가능한 것이 두 종류(혹은 상태)가 있긴 하지만, 두 경우 모두 폭의 크기가 주어지도록 하기 위해서는 평행사변형이 서로 합동임에 틀림이 없다.

I.명제 44와 매우 유사한 명제가 없기 때문에, 우리는 선분 AC의 작도 방법을 알고 있는 척 할 수는 없다. 하지만 유클리드는 이것이 확실하게 작도될 수 있다는 믿음을 가지고 있었다. 그렇지 않았다면, 유클리드는 '만약 이것이 가능하다면, 주어져 있는 넓이 AH…' 라고 말했을 것이다.[112] 그리고 작도를 통해 주어진 것(Givens)을 얻는 방법을 모른다는 주장은 명제 58과 명제 59로 인해 즉시 사라져버린다. 사실, 이 두 명제는 순차적 단계를 가지는 VI.명제 28～VI.명제 29의 작도를 이용한다. 각각의 단계를 살펴보자.[113]

1. □AB는 작도되고[I.명제 46] 주어져 있는 것처럼 보인다(선분 AB가 주어져 있기 때문에).
2. ㄷㄱ(AQ)는 작도되고 I.명제 35에 의해 (AH)와 똑같은 것처럼 보인다.
3. 비 (EB):(AQ)는 주어져 있고[명제 1, 둘다 주어져 있는 넓이이기 때문에], 비 (EA):(AD)는 비 (EB):(AQ)와 똑같다[VI.

산 이전에 어떤 현의 주어짐에 대하여 증명하고 있다(Heiberg 37～38, Ptolemy-Toomer, 51).

112) 유클리드는 존재성에 대한 의심이 생길 때마다 가능하다면 관용적인 말을 사용하였다. 실제로 명제에서 어떤 것의 증명이 사실상 불가능한 경우가 많다. 예를 들어, III.명제 10(두 원의 교점은 두 개보다 많을 수 없다)이 그러한 경우이다. 하지만, 《자료론》에서는 이러한 관용적 표현을 볼 수 없다.

113) 어휘가 현저하게 난해한 개인적 언어로 되어 있다.

명제 I]. 그러므로 비 EA : AD 또한 주어진 것이고, 그것은 곧 비 AB : AD이다.

4. 주어져 있는 각 때문에 직각삼각형 ACD는 모양이 주어진 것이다[명제 40]. 그러므로 비 AD : AC는 주어진 것이다[정의 3].
5. gvn. AB : AD & gvn. AD : AC [명제 8] ⇒ AB : AC
∴ gvn. AC[명제 2].

우선 이 명제는 가정을 주어져 있는 직사각형들 사이의 비, 즉 gvn. ㄷㄱ(AQ) : □AB로 변환한다. 그리고 VI. 명제 1[†]에 의해서 이것은 선분들 사이의 비, 즉 gvn. AD : AB로 표현한다. 분명히 가장 중요한 것은 선분 AB 위에 주어져 있는 넓이와 똑같은 ㄷㄱ(AQ)를 만드는 것이다. 그런데 그 방법은 I. 명제 44에 존재하고 있다.

주어진(given)이라는 것의 특성은 한 대상에서 그 다음 대상으로 연속적으로 옮겨지게 된다는 것이다. 이러한 옮겨짐은 《원론》에 있는 명제들에 의해 부분적으로 생성된 내용을 매개체로 한 '비(ratio)'의 개념을 사용하고 있다. 또한 부분적으로는 '모양이 주어진'이라는 개념을 통해 처음에는 주어져 있는 것이 아니었던 선분 AC가 초기에 주어져 있던 선분 AB처럼 주어져 있는 것과 다름이 없다는 결론에 도달하게 된다. 그것은 만약 우리가 넓이, AB의 길이, 그리고 평행사변형의 한 각을 안다면(?), 우리는 AC의 길이 또한 알 수 있다(?)는 것을 의미하는 것임에 틀림이 없다. 이것은 어떤 종류의 지식인가? 일반적으로, 삼각법이 없으면 아무것도 계산되지 않고 아무것도 계산할 수 없다. 만약 우리가 이것을 이용할 수 있다고 하고, AB의 길이를 $a$라 놓고 (AH)의 넓이를 Q라 놓고 주어져 있는 각을 $v$라고 한다면, 그리스 시대와는 상당한 차이가 있지만 주어진 명제는 궁극적으로

† [역자] VI. 명제 1: 동일한 높이의 삼각형과 평행사변형은 밑변의 길이에 비례한다.

$x = \dfrac{Q}{a\,\sin v}$라는 공식을 유도할 수 있다. 여기서 폭 AC는 '미지의' $x$이다. 그러나 이것은 삼각법이 발견되지 않은 한 이러한 결론에 도달할 수는 없다.

우리는 매개체인 비의 값에 대해 알지 못한다. 그리고 만약 가능하다면 첫 번째 선분 AB는 주어져 있는 각과 넓이에 의해서 두 번째 선분 AC와의 관계를 공식으로 나타낼 수 있다.

만들어져야 하는 유일한 정보는 선분 AC가 주어진 것(각이기 때문에 위치와 크기가 주어진)이어야 한다는 것이다. 그런데 나는 마치 이 명제가 의미하는 것이 무엇인지에 대해 잊어 버린 것과 같다는 고백을 하고 싶다. 그렇다면 I. 명제 44에서 배우지 않은 무엇인가를 가르칠 수 있는가? 반면에, 나는 '주어진 것'에 관한 개념을 이해하기 위한 핵심은 정확하게 명제 57을 해석할 수 있는 것과 더불어 다음에 나오는 명제 58~명제 59를 이해하는 것임에는 틀림이 없는 것 같다.

클리멘스 타에르는 대수적 표현으로부터 《자료론》은 기하적이라고 인정하고 있다. '만약 $ax = C$이면 $x = \dfrac{C}{a}$이다. 이것은 기하적으로 (sic)[†] 폭(width)은 빗변(oblique)일 수 있다.' 물론 명제 57에서는 이러한 언급은 없다.

**Θε 58** ᾿Εὰν δοθὲν παρὰ δοθεῖσαν παραβληθῇ ἐλλεῖπον εἴδει δεδομένῳ τῷ εἴδει, δέδοται τὰ πλάτη τοῦ ἐλλείματος.

† [역자] sic: '원문 그대로'라는 의미임. 또한 틀린 원문을 인용할 때 틀린 부분 다음에 (sic) 또는 [sic]를 덧붙여 적음.

δοθὲν γὰρ τὸ ΑΓ παρὰ δοθεῖσαν τὴν ΑΔ παραβεβλήσθω ἐλλεῖπον εἴδει δεδομένῳ τῷ ΓΔ· λέγω, ὅτι δοθεῖσά ἐστιν ἑκατέρα τῶν ΒΓ, ΒΔ.

τετμήσθω γὰρ ἡ ΑΔ δίχα κατὰ τὸ Ε σημεῖον· δοθεῖσα ἄρα ἐστὶν ἡ ΕΔ. καὶ ἀναγεγράφθω ἀπὸ τῆς ΕΔ τῷ ΓΔ ὅμοιον καὶ ὁμοίως κείμενον εὐθύγραμμον τὸ ΕΖ, καὶ καταγεγράφθω τὸ σχῆμα· δέδοται ἄρα καὶ τὸ ΕΖ τῷ εἴδει. καὶ ἐπεὶ ἀπὸ δεδομένης εὐθείας τῆς ΕΔ δεδομένον τῷ εἴδει εἶδος ἀναγέγραπται τὸ ΕΖ, δέδοται ἄρα τὸ ΕΖ τῷ μεγέθει. καί ἐστιν ἴσον τοῖς ΑΓ, ΚΘ· δέδοται ἄρα καὶ τὰ ΑΓ, ΚΘ τῷ μεγέθει. καί ἐστι τὸ ΑΓ δοθὲν τῷ μεγέθει· ὑπόκειται γάρ· λοιπὸν ἄρα τὸ ΚΘ δοθέν ἐστι τῷ μεγέθει. ἔστι δὲ καὶ τῷ εἴδει δοθέν· ὅμοιον γάρ ἐστι τῷ ΓΔ· τοῦ ΘΚ ἄρα δεδομέναι εἰσὶν αἱ πλευραί· δοθεῖσα ἄρα ἐστὶν ἡ ΚΓ· καί ἐστιν ἴση τῇ ΕΒ· δοθεῖσα ἄρα ἐστὶν καὶ ἡ ΕΒ. ἔστι δὲ καὶ ἡ ΕΔ δοθεῖσα· καὶ λοιπὴ ἄρα ἡ ΒΔ δοθεῖσά ἐστιν. καὶ λόγος τῆς ΒΔ πρὸς τὴν ΒΓ δοθείς· δοθεῖσα ἄρα ἐστὶ καὶ ἡ ΒΓ.

---

명제 58. 만약 주어져 있는 넓이를 가지는 도형은 주어져 있는 선분 위에 모양이 주어져 있는 도형만큼 부족하게 부가하여 만든다면[114], 부족한 도형의 길이와 폭[115]은 주어진 것이다.

주어져 있는 [넓이] (AC)가 주어져 있는 선분 AD 위에 모양이 주어져 있는 도형 (CD)만큼 부족하게 부가하여 만들어져 있다고 하자. 그러면 두 선분 BC, BD는 각각 주어진 것이라고 말한다.

선분 AD의 이등분점을 E라고 하자. 그러면 선분 ED는 주어진 것이다[명제 2]. 그리고 선분 ED 위에 (CD)와 닮은 다각형 (EZ)가 그려져 있다고 하자[VI.명제 18]. 그러면 스키마(Schema)[116]가 그려져 있기 때문에 다각형 (EZ)는 모양이 주어진 것이다.

그러면 주어져 있는 선분 ED 위에 모양이 주어져 있는 도형 (EZ)가 그려질 수 있기 때문에, (EZ)는 크기가 주어진 것이다[명제 52]. 그

114) 특이한 관용구를 '모양(도형)은 형태가 주어진 것'으로 해석한다면 쉽게 이해할 수 있을 것이다. 그런데, 완전히 똑같은 경우(일치하는 경우)에도 이것과 동일한 표현을 사용한다.

115) 여기서와 명제 59, 명제 84와 명제 85에서는 길이뿐만 아니라 폭도 의미한다.

116) '넓이의 활용'에 관한 이론에서 항상 그노몽(gnomonic) 도형을 의미한다. 즉, 중요한 직사각형 (KQ)를 포함하고 있는 그노몽 EDZQCK이다.

리고 (EZ)=(AC)+(KQ)[†]이다[VI. 명제 27[‡]]. 그러므로 (AC)+(KQ)는 크기가 주어진 것이다.

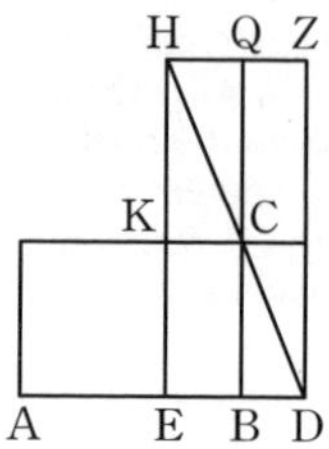

그림 58.1

그리고 (AC)는 가정에 의해 크기가 주어져 있기 때문에, 남은 부분 (KQ)는 크기가 주어진 것이다[명제 4].

게다가 (KQ)는 모양이 주어져 있는 (CD)와 닮았기 때문에 이것 또한 모양이 주어진 것이다[VI. 명제 24, 정의 3*B]. 그러므로 (QK)의 변의 길이는 주어진 것이고[명제 55], 이로 인해 선분 KC도 주어진 것이다. 그리고 이것은 선분 EB와 똑같으므로 EB도 주어진 것이다. 또한 선분 ED가 주어져 있으므로 남은 선분 BD도 주어진 것이다. 그리고 비 BD : BC가 주어져 있으므로 선분 BC도 또한 주어진 것이다. ■

**논평 :**

명제 58은 '부족한 넓이의 활용(VI. 명제 28 참고)'과 같이 모자라는 넓이에 해당하는 평행사변형의 변들이 주어진 것임을 증명한다. 사실 그것의 존재에 대해서는 명제의 조건절, 즉 '만약 … 모양이 주어져 있는 도형만큼 부족하게 만든다면'에서 미리 가정하고 있는 것처럼 보인다(각주 112 참고). 이로 인해 《자료론》에서는 VI. 명제 27에서 증명된 존재

† [역자] (EZ)=(AC)+(KQ)의 의미: (EZ)는 직사각형 EDZH의 넓이이고 (AC)는 직사각형 ABC의 넓이이며 (KQ)는 직사각형 KCQH의 넓이이다. 예를 들어 AE=4, EB=3, BD=1, KH=6, KE=2이라고 하자. (EZ)=32이고 (AC)=14, (KQ)=18이므로 (EZ)=(AC)+(KQ)가 성립한다.

‡ [역자] VI. 명제 27: 어떤 선분 위에 평행사변형을 그리자. 그 선분의 중점에서 그려진 평행사변형과 닮은꼴이고, 또한 닮음인 위치에 있는 평행사변형만큼 빼고 남은 부분의 도형이 평행사변형과 닮은꼴일 때 그 넓이가 최대이다.

가능성의 조건[117]에 대해서는 서술하지 않고 있다. 그렇다면, 명제 58은 유일성에 관한 정리로 이해하여야만 하는가? 그렇지 않다. 사실 《자료론》에서는 단지 모자라는 부분에 대해서만 고려하고 있지만, 사실은 이 두 가지 '해(solution)' 모두를 지니고 있다고 보아야 한다.

조건절에 있는 단어 platos, 복수형 platê 뿐만 아니라 평행사변형('길이(length)'에 대비되는 것으로써 '폭(breadth)'을 일반적으로 의미하는)을 두 가지 범주로 사용하고 있다는 것은 다소 놀라운 일이다. 게다가, 우리들 중의 일부는 주어진 것이라고 증명되어야 하는 '알려지지 않은 것들(unknowns)'은 부족한 평행사변형의 변들이 아니라 부가된 평행사변형의 변들이라고 생각한다. 어쨌든, 변들의 주어짐은 명제 85가 나올 때까지 미루도록 한다. 명제 85는 다각형 부분(명제 39~명제 80)의 끝에 덧붙여진 명제 84(명제 59와 대응하는) 다음에 다루게 된다.[118]

이것은 분류학적 기준명, 그노몽(gnomon)적 상황이라고 할 수 있는 몇몇 정의들, 그리고 이것은 《원론》으로부터 남아 있는 중요한 명제들에 삽입하는 것이 유용할 수 있다.

정의 58*A. 스키마 : 만약 평행사변형의 두 변에 평행한 두 직선을 그어서 네 개의 평행사변형을 만들었을 때, 그려지는 전체의 형태를 스키마(Schema)라고 한다.

평행사변형 EDZH(그림 58.1)에서 두 변 KC, BQ는 대각선 HD 위

117) 주어진 넓이가 주어진 선분의 절반으로 그려진 주어진 형태의 평행사변형보다 더 클 수 없음이 틀림 없다.

118) 명제 81~명제 83은 비례하는 선분들에 대한 것이고 명제 86은 단독으로 떨어져 있으며, 어쩌면 원뿔곡선 절에서 다루어져야 하는 내용이다.

에 있는 점 C에서 만나는 두 변 ED, EH와 서로 서로 평행하다. 그래서 이런 형태는 스키마이다. "어떤 것이 함께 결합되어 있다", 즉 '형태'를 의미하는 용어 '스키마'는 그노몽적 상황이라는 특별한 상황에서 일종의 암호처럼 관용적으로 사용된다.

정의 58*B. 대각선 상의 평행사변형: (CD)와 (KQ)는 '대각선 상의 평행사변형'이라고 부른다(I.명제 43).

이 정의에 대한 두 가지 중요한 명제들이 《원론》 VI권에 증명되어 있다.

VI.명제 24. 임의의 평행사변형에서, 대각선 상의 두 평행사변형은 전체 평행사변형과 닮았다.

VI.명제 26. 만약 한 평행사변형에서, 전체와 닮았고 또한 닮음의 위치에 있으며, 전체와 공통된 각을 가지는 평행사변형을 잘라 낼 수 있다면, 이 평행사변형은 전체와 동일한 대각선 위에 있다.

명제 58에서 닮은 세 평행사변형 (EZ), (KQ), (CD)는 스키마의 형상(eidos) 혹은 모양을 나타낸다.

정의 58*C. 결레: 그림 58.1에서 (EC)와 (CZ)는 평행사변형 (KQ)와 (CD)의 결레라고 부른다.

I.명제 43. 모든 평행사변형에서 대각선 상에 있는 두 평행사변형을 제외하고 남은 부분의 넓이는 같다.

정의 58*D. 그노몽: 임의의 평행사변형에서도 대각선에 대한 평행사변형 중 임의의 하나는 2개의 결레와 함께 그노몽이라고 한다(II.정

의 2).†

그림 58.1에서, EDZQCK[E]는 그노몽이다. 그노몽에 의해 '옆에 포함된 것'으로 보이는 평행사변형 (KQ)는 '그노몽의 모양'이라고 부른다.

명제 58은 주어져 있는 각을 가지는 평행사변형 P는 P의 한 끝쪽에 주어져 있는 각과 주어져 있는 모양을 가지는 평행사변형을 덧붙임으로써 얻은 그노몽과 같다는 사실을 가정하고 있다.

실제로, 그림 58.1에서 평행사변형 (AC)는 (AC)에 모양 (CD)를 덧붙여 얻어진 그노몽 EDZQCK와 같다. 그러면 점 E에서 선분 AD를 이등분하고, 선분 ED 위에 모양이 주어져 있는 평행사변형 (EZ)를 그리고(대각선 DCH를 이용하여), 선분 BC를 연장하면 스키마가 완성된다. 그래서 세 평행사변형 (EZ), (KQ), (CD)는 닮았으며, (CD)의 모양이 주어져 있기 때문에 세 평행사변형의 모양은 주어진 것이다. 그리고 그들은 동일한 대각선 HCD 상에 있다[VI.명제 26].

따라서 분석결과는 아무런 사전 준비 없이 이 명제를 무작정 기록하였다기 보다는 스키마가 완성될 것과 이 모든 결과가 일어날 것을 가정하고 출발하였다는 것이다. 이러한 과정은 다음과 같다.

1. (EZ)는 (스키마에서 세 개의 닮은 평행사변형들 중의 하나)모양이 주어진 것이다.
2. 그리고 크기가(명제 52에서, ED는 크기가 주어지기 때문에) 주어진 것이다.

---

† [역자] 그림의 빗금친 부분을 그노몽이라고 한다.

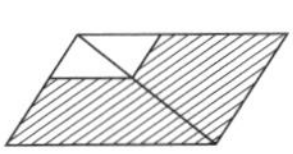

3. (AC)는 그노몽과 같다(왜냐하면 (EC) = (CZ) [I. 명제 43]이고 (DK) = (AK)이기 때문).
4. 나머지 (KQ)는 크기[명제 4]와 모양[VI. 명제 24]이 주어진 것이다.

(KQ)의 변의 크기가 주어진다는 것을 명제 55에 의해 보장된다. 그러므로 선분 EB는 선분 KC와 똑같다. 선분 ED가 주어져 있기 때문에, 남은 선분 BD는 또한 주어진 것이다[명제 4]. 그러므로 (CD)는 모양이 주어져 있고 비 BD : CD가 주어져 있기 때문에, 선분 BC는 주어진 것이다. 그래서 증명이 마무리된다.

**Θε 59** ʼΕὰν δοθὲν παρὰ δοθεῖσαν παραβληθῇ ὑπερβάλλον εἴδει δεδομένῳ, δέδοται τὰ πλάτη τῆς ὑπερβολῆς.

δοθὲν γὰρ τὸ ΑΒ παρὰ δοθεῖσαν τὴν ΑΓ παραβεβλήσθω ὑπερβάλλον εἴδει δεδομένῳ τῷ ΓΒ· λέγω, ὅτι δοθεῖσά ἐστιν ἑκατέρα τῶν ΘΓ, ΓΕ.

τετμήσθω γὰρ δίχα ἡ ΔΕ κατὰ τὸ Ζ σημεῖον, καὶ ἀναγεγράφθω ἀπὸ τῆς ΕΖ τῷ ΓΒ ὅμοιον καὶ ὁμοίως κείμενον τὸ ΖΗ· περὶ τὴν αὐτὴν ἄρα διάμετρόν ἐστι τὸ ΖΗ τῷ ΓΒ. ἤχθω αὐτῶν διάμετρος ἡ ΘΕΜ, καὶ καταγεγράφθω τὸ σχῆμα. καὶ ἐπεὶ ὅμοιόν ἐστι τὸ ΓΒ τῷ ΖΗ, δέδοται δὲ τὸ ΓΒ τῷ εἴδει, δέδοται ἄρα καὶ τὸ ΖΗ τῷ εἴδει· καὶ ἀναγέγραπται ἀπὸ δεδομένης εὐθείας τῆς ΖΕ· δοθὲν ἄρα ἐστὶ τὸ ΖΗ τῷ μεγέθει. ἔστι δὲ καὶ τὸ ΑΒ δοθέν· δοθέντα ἄρα ἐστὶ τὰ ΑΒ, ΖΗ. καί ἐστιν ἴσα τῷ ΚΛ· δοθὲν ἄρα ἐστὶ τὸ ΚΛ τῷ μεγέθει. ἔστι δὲ καὶ τῷ εἴδει· ὅμοιον γάρ ἐστι τῷ ΓΒ· τοῦ ΚΛ ἄρα αἱ πλευραὶ δεδομέναι εἰσίν· δοθεῖσα ἄρα ἐστὶν ἡ ΚΘ, ὧν ἡ ΚΓ δοθεῖσά ἐστιν· ἴση γάρ ἐστι τῇ ΕΖ· λοιπὴ ἄρα ἡ ΓΘ ἐστι δοθεῖσα· καὶ λόγον ἔχει πρὸς τὴν ΘΒ δοθέντα· δοθεῖσα ἄρα καὶ ἡ ΘΒ.

---

명제 59. 만약 주어져 있는 넓이를 가지는 도형은 주어져 있는 선분 위에 모양이 주어져 있는 도형만큼 초과하게 부가하여 만든다면, 초과한 도형의 길이와 폭은 주어진 것이다.

주어져 있는 넓이 (AB)는 주어져 있는 선분 AC 위에 모양이 주어져 있는 도형 (CB) 만큼 초과하게 부가하여 만들어져 있다고 하자. 그러면 두 선분 QC, CE는 주어진 것이라고 말한다.

선분 DE는 점 Z에 의해 이등분되고[I.명제 10], 선분 EZ 위에 만들어진 (ZH)는 (CB)와 닮았다고 하자[VI.명제 18†]. 그러면 (ZH)는 (CB)와 동일한 대각선상에 있다[VI.명제 26].

대각선 QEM과 스키마를 그리자. 그러면 (CB)는 (ZH)와 닮았고 (CB)는 모양이 주어져 있기 때문에, (ZH)는 모양이 주어진 것이다[명제 3*B]. 그리고 이것은 주어져 있는 선분 ZE 위에 그려지므로, (ZH)의 크기도 주어진 것이다[명제 52].

그리고 (AB)가 또한 주어져 있으므로, (AB)+(ZH)는 주어진 것이고, 크기는 (KL)과 같다[I.명제 36, I.명제 43]. 그러므로 (KL)은 크기가 주어진 것이다.

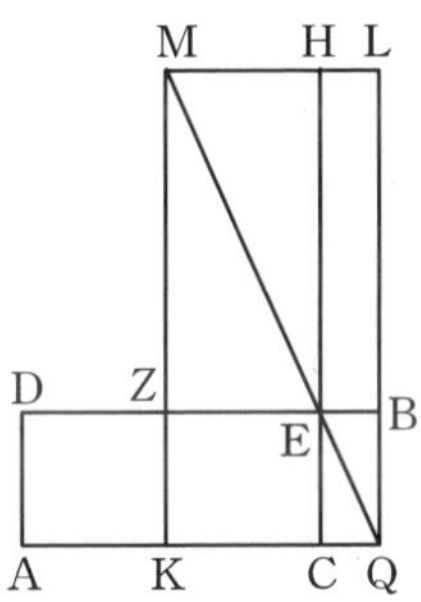

그림 59.1

그런데 (KL) 이것 또한 모양이 주어져 있다. 왜냐하면 이것은 (CB)와 닮았기 때문이다[VI.명제 24, 정의 3*B]. 그러므로 (KL)의 변들은 주어진 것이다[명제 55]. 따라서 선분 KQ는 주어진 것이고, 선분 KQ의 일부분[119]인 KC는 크기가 EZ와 같기 때문에 역시 주어진 것이다[I.명제 34‡].

따라서 남은 선분 CQ는 주어진 것이다. 그런데 이것과 선분 QB와의 비가 주어져 있으므로[정의 3], 선분 QB 또한 주어진 것이다. ■

† [역자] VI.명제 18: 주어져 있는 선분 위에 주어져 있는 다각형과 닮음이고 닮은 위치에 있는 다각형을 만들 수 있다.

119) 그리스 원전에서는 복수형이다. 즉, KQ를 KC와 CQ의 합으로 간주하고 있다.

‡ [역자] I.명제 34: 평행사변형에서 대변과 대각이 같으면 대각선은 이 각을 이등분한다.

**논평 :**

초과된 넓이의 활용에 대한 나의 논평에서 '부족한 넓이의 활용'(명제 58)에서 언급한 내용을 다시 반복하지 않을 수 없다. 명제 59에서 VI. 명제 29에 대한 작도는 쉽게 인식될 수 있다. 부가하여 만들어진 평행사변형 (AB)는 주어져 있는 선분 AC에 모양이 주어져 있는 도형 (CB)만큼 초과한다. 이때 (AB)에서 주어져 있는 모양을 빼고, 주어진 선분 DE(=AC)를 이등분하고 KQ 위에 스키마를 그리고, 대각선 QE를 연장하면 그노몽이 얻어진다. 스키마는 다음과 같다.

1. (ZH)는 모양이 주어진 것이다
2. 그리고 크기가 주어진 것이고(명제 52에서, 선분 ZE는 크기가 주어지기 때문에).
6. (AB)+(ZH)는 크기가 주어진 것이다.
7. (AB)는 그노몽과 똑같기 때문에 (AB)+(ZH)=(KL)이다.
8. (KL)은 모양과 크기가 주어진 것이다(왜냐하면 (CB)와 닮은 도형이기 때문이다).

명제 55는 (KL)의 변이 주어져 있는, 즉 선분 KQ가 주어져 있다는 것을 보장한다. 선분 KC $\left(=\dfrac{AC}{2}\right)$가 주어져 있기 때문에, 뺄셈에 의해서 선분 CQ가 주어진 것이다[명제 4]. 그리고 비 CQ : QB가 주어져 있기 때문에, 선분 QB도 주어진 것이다. 그래서 증명이 마무리된다.

물론 클리멘스 타에르는 제곱근, 분수 그리고 이것의 나머지를 사용하여 명제 58과 명제 59를 대수식으로 변환시키기도 하였다. 물론 그리스 원문에는 이런 내용이 전혀 없지만, 나는 명제 57에 대한 부가적 설명에서는 계산법과 삼각함수 측면에서 어떤 의미를 내포하고 있는지 제시할 수는 있다.

우리는 명제 84, 명제 85에서 이와 관련된 내용을 다시 접할 것이다.

**Θε 60** ʼΕὰν παραλληλόγραμμον δεδομένον τῷ εἴδει καὶ τῷ μεγέθει δεδομένῳ γνώμονι αὐξηθῇ ἢ μειωθῇ, δέδοται τὰ πλάτη τοῦ γνώμονος.

παραλληλόγραμμον γὰρ τὸ ΑΒ δεδομένον τῷ εἴδει καὶ τῷ μεγέθει ηὐξήσθω πρότερον δεδομένῳ γνώμονι τῷ ΕΓΒΔΖΗ· λέγω, ὅτι δοθεῖσά ἐστιν ἑκατέρα τῶν ΓΕ, ΔΖ.

ἐπεὶ γὰρ δοθέν ἐστι τὸ ΑΒ, ἔστι δὲ καὶ ὁ Ε{Γ}ΒΔΗΖ γνώμων δοθείς, καὶ ὅλον ἄρα τὸ ΑΗ δοθέν ἐστιν· ἀλλὰ καὶ τῷ εἴδει· ὅμοιον γάρ ἐστι τῷ ΑΒ· τοῦ ΑΗ ἄρα δεδομέναι εἰσὶν αἱ πλευραί· δοθεῖσα ἄρα ἐστὶν ἑκατέρα τῶν ΑΕ, ΑΖ. ἔστι δὲ καὶ ἑκατέρα τῶν ΓΑ, ΑΔ δοθεῖσα· λοιπὴ ἄρα ἑκατέρα τῶν ΕΓ, ΔΖ ἐστι δοθεῖσα.

πάλιν δὴ παραλληλόγραμμον τὸ ΑΗ δεδομένον τῷ εἴδει καὶ τῷ μεγέθει μεμειώσθω δεδομένῳ γνώμονι τῷ ΕΓΒΔΖΗ· λέγω, ὅτι δοθεῖσά ἐστιν ἑκατέρα τῶν ΓΕ, ΔΖ. ἐπεὶ γὰρ δοθέν ἐστι τὸ ΑΗ, οὗ ὁ ΕΓΒΔΖΗ γνώμων δοθείς ἐστιν, λοιπὸν ἄρα τὸ ΑΒ δοθέν ἐστιν· ἀλλὰ καὶ τῷ εἴδει· τοῦ ΑΒ ἄρα αἱ πλευραὶ δεδομέναι εἰσίν· δοθεῖσα ἄρα ἐστὶν ἑκατέρα τῶν ΓΑ, ΑΔ. ἔστι δὲ καὶ ἑκατέρα τῶν ΕΑ, ΑΖ δοθεῖσα· καὶ λοιπὴ ἄρα ἑκατέρα τῶν ΕΓ, ΔΖ δοθεῖσά ἐστιν.

명제 60. 만약 모양과 크기가 주어져 있는 평행사변형에 크기가 주어져 있는 그노몽 만큼 늘이거나 줄인다면, 그 그노몽의 길이와 폭은 주어진 것이다.

[1] 먼저 모양과 크기가 주어져 있는 평행사변형 (AB)에 크기가 주어져 있는 그노몽 ECBDZH만큼 늘렸다고 하자. 그러면 두 선분 CE, DZ는 주어진 것이라고 말한다.

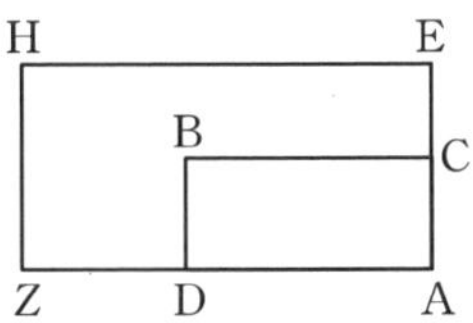

그림 60.1

(AB)가 주어져 있고 그노몽 ECBDZH도 크기가 주어져 있으므로 전체 평행사변형 (AH)는 크기가 주어진 것이다[명제 3]. 이것은 (AB)와 닮았기 때문에, 모양도 주어진 것이다[II. 정의 2와 VI. 명제 24]. 그러므로

(AH)의 변들은 주어진 것이므로[명제 55], 두 선분 AE, AZ도 주어진 것이다.

그리고 두 선분 CA, AD는 각각 주어져 있으므로 두 선분 EC, DZ는 각각 주어진 것이다[명제 4].

[2] 다시, 모양과 크기가 주어져 있는 평행사변형 (AH)에 크기가 주어져 있는 그노몽 ECBDZH만큼 줄였다고 하자. 그러면 두 선분 CE, DZ는 주어진 것이라고 말한다.

(AH)는 주어져 있고 그노몽 ECBDZH도 주어져 있으므로 남은 부분의 평행사변형 (AB)는 크기가 주어진 것이다[명제 4]. 또한 모양도 주어진 것이므로 (AB)의 변들도 역시 주어진 것이다[명제 55]. 그러므로 두 선분 CA, AD는 주어진 것이다.

그리고 두 선분 EA, AZ는 각각 주어져 있으므로 두 선분 EC, DZ는 주어진 것이다[명제 4]. ■

**논평 :**

《자료론》이나 《원론》 어디에도 그노몽만큼 늘리거나 줄이는 것에 대한 용어의 정의를 찾아 볼 수 없다. 이것은 《원론》 VI.명제 24와 더불어 II.정의 2 (앞의 정의 58*D)로부터 추론할 수 있고, 다음과 같은 특징을 나타내고 있다.

> 만약 평행사변형이 그노몽만큼 늘리거나 줄일 수 있다면, 그 결과로 생긴 평행사변형은 원래의 것과 닮았다.

이것은 알렉산드리아의 헤론이 그의 정의 58에서(아마 초기 자료) 무엇이든지 간에 임의의 도형을 추가할 때, 처음 도형과 추가된 도형이

닮도록 만든 임의의 도형을 일반적인 그노몽이라고 정의한 것과 정확히 일치한다.

그노몽의 폭이 잘 정의되어 있는 것은 아니지만, 이것이 무엇을 의미하는지 명제 60으로부터 명확히 알 수 있다. 그노몽의 정의, 즉 명제 58*D로부터 그노몽의 폭은 그노몽의 모서리(그림 60.1에 있는 (HB)임)에 있는, 즉 결레는 아니지만 그노몽의 일부인 평행사변형의 두 변이라고 정의할 수 있다. 평행사변형이 그노몽을 '이루고 있는' 동일한 대각선 주위에 있기 때문에, 이것은 한 평행사변형과 닮았고 그 변들은 처음 도형과 동일한 비를 가진다(물론 명제 60에서 그노몽을 추가하였기 때문에 적용되지 않는다). 그림 60.1에서 그노몽 ZDBCEH의 폭은 평행사변형 BH의 보이지 않는 변들과 같다. 즉 두 선분 EC, ZD와 같다.

그노몽이 주어져 있다는 것은 이것의 크기(넓이)가 주어져 있다는 것을 의미함에 틀림없다. 정의에 따르면 이것은 주어져 있는 한 도형과 닮은 도형을 생성할 수 있기 때문에, 그노몽은 주어져 있는 모양을 가진다. 그래서 그것이 주어져 있다고 말하는 것은 '크기'가 주어져 있다는 것을 의미한다.

이런 추가적인 설명을 이해한 다음에는 명제 60을 다음과 같이 쉽게 이해할 수 있다. 우리는 VI.명제 28, VI.명제 29에서 볼 수 있는 것으로, '크기가 주어져 있는 직사각형은 그노몽으로 변형시킬 수 있고, 주어진 선분의 절반 위에 모양과 크기가 주어져 있는 도형을 빼거나(VI.명제 28에서) 혹은 더해서(VI.명제 29에서) 그려 넣을 수도 있다'. 명제 60의 원전을 보면, 그노몽의 '범위(dimensions)'라고 부르는 것이 나오는데, 이것은 명제 58과 명제 59에서 각각 부족하거나 혹은 초과하여서 그렸던 평행사변형에 대한 '범위'이다. 그래서 이 세 명제는 주어짐에 대한 명제임이 확실하다. 즉 넓이가 부족하고 초과되는 도형의 변의 길이의 유일성에 대한 주어짐에 대한 명제인 것이다.

여전히, 나는 그리스 원전 어디에서도 클리멘스 타에르의 다음 공식에 대한 근원을 찾을 수 없다.

$$\text{만약 } C = \lambda(a+x)(\kappa a+\kappa x) - \lambda a\kappa a \text{이면 } x = \sqrt{\frac{\lambda a\kappa a + C}{\lambda\kappa}} - a \text{이다.}$$

$$\text{만약 } C = \lambda a\kappa a - \lambda(a-x)(\kappa a-\kappa x) \text{이면 } x = a - \sqrt{\frac{\lambda a\kappa a - C}{\lambda\kappa}} \text{이다.}$$

그리스 원전에서는 이런 대수적인 표현을 찾을 수 없다. 내가 말할 수 있는 전부는 산출(그노몽의 길이와 폭)되는 것은 입력하는 것(평행사변형의 변과 그노몽의 넓이)과 마찬가지로 모두 주어진 것이라는 것이다. 이것들은 모두 유일하며 '규정된(provided)' 것으로 볼 수 있다. 위와 같은 계산방법은 삼각함수가 발명될 때까지 기다려야만 하였다.

**Θε 61** ʽΕὰν δεδομένου τῷ εἴδει εἴδους παρὰ μίαν τῶν πλευρῶν παραλληλόγραμμον χωρίον παραβληθῇ ἐν δεδομένῃ γωνίᾳ, ἔχῃ δὲ τὸ εἶδος πρὸς τὸ παραλληλόγραμμον λόγον δεδομένον, δέδοται τὸ παραλληλόγραμμον τῷ εἴδει.

δεδομένου γὰρ τῷ εἴδει εἴδους τοῦ ΑΖΓΒ παρὰ μίαν τῶν πλευρῶν τὴν ΓΒ παραλληλόγραμμον χωρίον παραβεβλήσθω τὸ ΓΔ ἐν δεδομένῃ γωνίᾳ τῇ ὑπὸ τῶν ΛΓΒ, λόγος δὲ ἔστω τοῦ ΑΓΒ εἴδους πρὸς τὸ ΓΔ παραλληλόγραμμον δοθείς· λέγω, ὅτι δέδοται τὸ ΓΔ τῷ εἴδει.

ἤχθω γὰρ διὰ μὲν τοῦ Β τῇ ΖΓ παράλληλος ἡ ΒΗ, διὰ δὲ τοῦ Ζ τῇ ΓΒ παράλληλος ἡ ΖΗ, καὶ διήχθωσαν αἱ ΖΓ, ΗΒ ἐπὶ τὰ Θ, Κ σημεῖα. ἐπεὶ δοθεῖσά ἐστιν ἡ ὑπὸ τῶν ΖΓΒ γωνία καὶ λόγος ἐστὶ τῆς ΖΓ πρὸς τὴν ΓΒ δοθείς, δοθὲν ἄρα τὸ ΖΒ παραλληλόγραμμον τῷ εἴδει. δέδοται δὲ τῷ εἴδει τὸ ΑΖΒ εἶδος. καὶ ἀναγέγραπται ἀπὸ τῆς αὐτῆς εὐθείας τῆς ΓΒ· λόγος ἄρα ἐστὶ τοῦ ΑΒ εἴδους πρὸς τὸ ΖΒ παραλληλόγραμμον δοθείς. τοῦ δὲ ΖΒ πρὸς τὸ ΓΔ λόγος ἐστὶ δοθείς, ἐπειδὴ καὶ τοῦ ΑΒ πρὸς τὸ ΓΔ ὑπόκειται· ἴσον δὲ τὸ ΓΔ τῷ ΚΒ· λόγος ἄρα καὶ τοῦ ΚΒ πρὸς τὸ ΓΗ ἐστι δοθείς· ὥστε καὶ τῆς ΖΓ πρὸς τὴν ΓΚ λόγος ἐστὶ δοθείς. τῆς δὲ ΖΓ πρὸς τὴν ΓΒ λόγος ἐστὶ δοθείς· καὶ τῆς ΒΓ ἄρα πρὸς τὴν ΓΚ λόγος ἐστὶ δοθείς. καὶ ἐπεὶ δοθεῖσά ἐστιν ἡ ὑπὸ τῶν ΖΓΒ γωνία, καὶ ἡ ἐφεξῆς ἄρα ἡ ὑπὸ τῶν ΒΓΚ ἐστι δοθεῖσα. ἔστι δὲ καὶ ἡ ὑπὸ τῶν ΒΓΛ δοθεῖσα· καὶ λοιπὴ ἄρα ἡ ὑπὸ τῶν ΛΓΚ δοθεῖσά ἐστιν. ἔστι δὲ καὶ ἡ ὑπὸ ΛΚΓ

**γωνία δοθεῖσα· ἴση γὰρ τῇ ὑπὸ ΚΓΒ· λοιπὴ ἄρα ἡ ὑπὸ ΓΛΚ ἐστι δοθεῖσα· δέδοται ἄρα τὸ ΛΓΚ τρίγωνον τῷ εἴδει· λόγος ἄρα ἐστὶ τῆς ΛΓ πρὸς τὴν ΓΚ δοθείς. τῆς δὲ ΚΓ πρὸς τὴν ΒΓ λόγος ἐστὶ δοθείς· καὶ τῆς ΛΓ ἄρα πρὸς τὴν ΓΒ λόγος ἐστὶ δοθείς. καί ἐστι δοθεῖσα ἡ ὑπὸ τῶν ΛΓΒ γωνία· δέδοται ἄρα τὸ ΓΔ παραλληλόγραμμον τῷ εἴδει.**

명제 61. 만약 모양이 주어져 있는 도형의 한 변에 주어져 있는 각을 가지는 평행사변형을 부가하여 만들고, 그 모양과 평행사변형의 비가 주어져 있다면, 부가된 평행사변형의 모양은 주어진 것이다.

모양이 주어져 있는 도형 AZCB의 한 변 CB에 대해 주어진 각 LCB를 한 각으로 가지는 평행사변형 (CD)가 부가되어 만들어졌고, 모양 AZCB와 평행사변형 (CD) 사이의 넓이의 비가 주어져 있다고 하자. 그러면 (CD)의 모양은 주어진 것이라고 말한다.

점 B를 지나는 선분 BH를 선분 ZC에 평행하게 그리자. 그리고 점 Z를 지나는 선분 ZH를 선분 CB에 평행하게 그리자. 두 선분 ZC, HB를 두 점 Q, K까지 각각 연장하자.

∡ZCB는 주어져 있고 비 ZC : CB가 주어져 있기 때문에, 평행사변형 (ZB)는 모양이 주어진 것이다.

그리고 AZCB는 모양이 주어져 있고, 그들은 똑같은 선분 CB 위에 부가되어 그려져 있다. 그러므로 모양 (A{Z}B)와 평행사변형 (ZB)의 비는 주어진 것이다[명제 49].

비 (A{Z}B) : (CD)가 주어져 있기 때문에 비 (ZB) : (CD)는 주어진 것이다. 그리고 (CD) = (KB)이므로 비 (KB) : (CH)는 주어진 것이다[I. 명제 35]. 따라서 비 ZC : CK는 또한 주어진 것이다[VI. 명제 1].

그리고 비 ZC : CB가 주어져 있으므로 비 BC : CK는 주어진 것이다[명제 8].

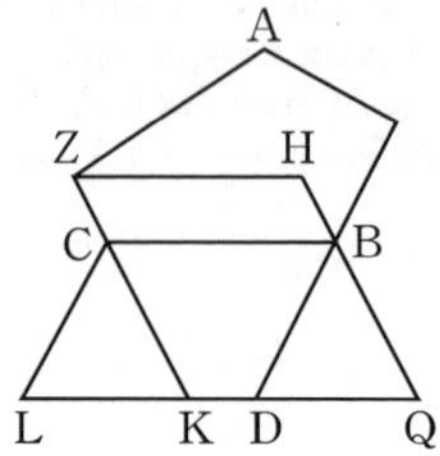


그림 61.1

그리고 ∡ZCB는 주어져 있기 때문에, 외각 ∡BCK는 주어진 것이다[I. 명제 13, 명제 4].

또한 ∡BCL은 주어져 있으므로 남은 부분의 ∡LCK는 주어진 것이다.

∡LKC 또한 주어진 것이다. 왜냐하면 이것은 ∡KCB와 같기 때문이다[I. 명제 29]. 따라서 삼각형의 세 번째 ∡CLK도 주어진 것이다[I. 명제 32, 명제 3, 명제 4]. 그러므로 △LCK는 모양이 주어진 것이다[명제 40]. 이로 인해 비 LC : CK는 주어진 것이다.

그리고 비 KC : BC는 주어져 있으므로 비 LC : CB는 주어진 것이다. 또한 ∡LCB도 주어져 있으므로 평행사변형 (CD)는 모양이 주어진 것이다[정의 3]. ■

**논평 :**

명제 49에서 다각형들 중 하나가 평행사변형이라면, 명제 61은 명제 49의 부분적인 역이다. 한 선분 $b$ 위에 두 다각형 P(평행사변형)와 Q(임의의 다각형)가 존재한다고 하자. frm.P라는 것은 다각형 P가 주어져 있는 각을 가지고 변들 사이의 길이의 비가 주어져 있다는 것을 의미한다.

명제 49. 만약 frm.P & frm.Q이면 gvn.P : Q이다.

명제 61. 만약 frm.Q & (P는 주어져 있는 각을 가진다) & gvn. P : Q이면 frm.P(즉, P의 변들의 비가 주어진 것이다)이다.

이 명제가 넓이의 활용과 관계가 있다고 보는 것은 어렵다. 왜냐하면, 엑테시스에서 평행사변형 (CD)는 공통 선분 CB 위에 주어져 있는 각으로 만들어지고 있는데[I.명제 44], 그것이 전부이기 때문이다. 비록 두 선분 ZC와 CB는 주어져 있는 모양 ABCZ와 관련이 있지만, 그 증명과정은 그림에 크게 의존하고 있다. 만약 관련된 도형들에 이름을 붙여 간략하게 나타내면, 즉 ABCZ = M, CBDL = P, CBHZ = R, CBQK = S라면, 명제의 증명은 다음과 같이 요약할 수 있다:

frm.R [왜냐하면 이것은 주어진 각을 가지고, 비 ZC : BC는 가정에 의해 주어져 있고, M은 모양이 주어져 있기 때문이다]

gvn.M : R [명제 49]

gvn.P : M & gvn.M : R ⇒ gvn.P : R [명제 8]

P = S [I.명제 35], ∴ gvn.S : R

gvn.ZC : CK [VI.명제 1], ∴ [가정으로부터] gvn.BC : CK [명제 8]

frm.△LCK, 왜냐하면 각이 주어져 있기 때문이다[명제 40].

∴ gvn.LC : CK, ∴ gvn.LC : CB

gvn.∡LCB이므로 frm.P.

이 명제의 증명은 '만약 동일한 한 선분 위에 두 개의 평행사변형이 있을 때 하나는 모양이 주어져 있고 다른 하나는 주어져 있는 각을 가지고 있으며 그 두 도형의 넓이의 비가 주어져 있다면, 두 번째 평행사변형도 역시 모양이 주어진 것이다'로 요약할 수 있다.

**Θε 62** 'Εὰν δύο εὐθεῖαι πρὸς ἀλλήλας λόγον ἔχωσι δεδομένον καὶ ἀναγραφῇ ἀπὸ μὲν τῆς μιᾶς δεδομένον τῷ εἴδει εἶδος, ἀπὸ δὲ τῆς ἑτέρας χωρίον παραλληλόγραμμον ἐν δεδομένῃ γωνίᾳ, ἔχῃ δὲ τὸ εἶδος πρὸς τὸ παραλληλόγραμμον λόγον δεδομένον, δέδοται τὸ παραλληλόγραμμον τῷ εἴδει.

δύο γὰρ εὐθεῖαι αἱ ΑΒ, ΓΔ πρὸς ἀλλήλας λόγον ἐχέτωσαν δεδομένον, καὶ ἀναγεγράφθω ἀπὸ μὲν τῆς ΑΒ δεδομένον τῷ εἴδει εἶδος τὸ ΑΕΒ, ἀπὸ δὲ τῆς ΓΔ παραλληλόγραμμον τὸ ΔΖ ἐν δεδομένῃ γωνίᾳ τῇ ὑπὸ τῶν ΖΓΔ, λόγος δὲ ἔστω τοῦ ΕΒ εἴδους πρὸς τὸ ΖΔ παραλληλόγραμμον δοθείς· λέγω, ὅτι δέδοται τὸ ΔΖ παραλληλόγραμμον τῷ εἴδει.

ἀναγεγράφθω γὰρ ἀπὸ τῆς ΑΒ τῷ ΔΖ ὅμοιον καὶ ὁμοίως κείμενον παραλληλόγραμμον τὸ ΑΗ. ἐπεὶ λόγος ἐστὶ τῆς ΑΒ πρὸς τὴν ΓΔ δοθείς, καὶ ἀναγέγραπται ἀπὸ τῶν ΑΒ, ΓΔ ὅμοια καὶ ὁμοίως κείμενα εὐθύγραμμα τὰ ΑΗ, ΖΔ, λόγος ἄρα ἐστὶ τοῦ ΑΗ πρὸς τὸ ΖΔ δοθείς. τοῦ δὲ ΖΔ πρὸς τὸ ΕΒ λόγος ἐστὶ δοθείς. καὶ τοῦ ΕΒ ἄρα πρὸς τὸ ΑΗ λόγος ἐστὶ δοθείς. καί ἐστι δοθεῖσα ἡ ὑπὸ τῶν ΒΑΘ γωνία· ἴση γάρ ἐστι τῇ ὑπὸ ΖΓΔ. ἐπεὶ οὖν δεδομένου τῷ εἴδει εἴδους τοῦ ΕΒ παρὰ μίαν τῶν πλευρῶν τὴν ΑΒ παραβέβληται τὸ ΑΗ ἐν δεδομένῃ γωνίᾳ τῇ ὑπὸ τῶν ΘΑΒ καὶ λόγος ἐστὶ τοῦ ΕΒ εἴδους πρὸς τὸ ΑΗ παραλληλόγραμμον δοθείς, δέδοται ἄρα τὸ ΑΗ τῷ εἴδει. καί ἐστιν ὅμοιον τῷ ΖΔ· δέδοται ἄρα καὶ τὸ ΖΔ τῷ εἴδει.

---

명제 62. 만약 두 선분의 비가 주어져 있고, 그들 중 한 선분 위에는 모양이 주어져 있는 도형을 그리고 다른 선분 위에는 주어져 있는 각으로 평행사변형의 모양을 그리는데 도형과 평행사변형 사이의 비가 주어져 있다고 한다면, 평행사변형의 모양은 주어진 것이다.

두 선분 AB, CD가 서로 주어져 있는 비를 가지고 있고, 선분 AB 위에 모양이 주어져 있는 도형(EB)를 그리고, 선분 CD 위에 주어져 있는 각 ZCD를 가지는 평행사변형 (DZ)을 그린다. 이때 도형 (EB)와 평행사변형 (ZD)의 넓이의 비가 주어져 있다고 하자. 그러면 평행사변형 (DZ)는 모양이 주어진 것이라고 말한다.

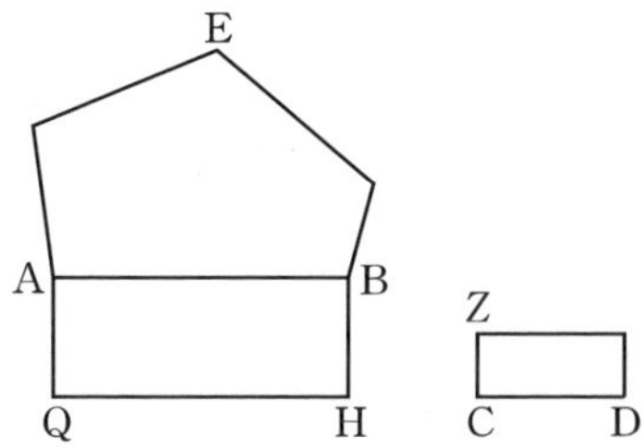


그림 62.1

선분 AB 위에 평행사변형 (DZ)와 닮음인 평행사변형 (AH)를 그릴 수 있다[VI. 명제 18].

비 AB : CD가 주어져 있고, 닮은 두 다각형 (AH), (ZD)를 두 선분 AB, CD 위에 각각 그릴 수 있기 때문에 비 (AH) : (ZD)는 주어진 것이다[명제 50].

그리고 비 (ZD) : (EB)는 주어져 있으므로, 비 (EB) : (AH)도 주어진 것이다[명제 8]. 또한 ∡BAQ는 주어진 것이다. 왜냐하면 이 각은 ∡ZCD와 같기 때문이다.

모양이 주어져 있는 도형 (EB)의 한 변 AB 위에 있는 평행사변형은 주어져 있는 각 QAB로 만들어지고, 모양 (EB)와 평행사변형 (AH) 사이의 비는 주어져 있기 때문에, (AH)는 모양이 주어진 것이다[명제 61]. 그리고 이것은 (ZD)와 닮았다. 따라서 (ZD)는 모양이 주어진 것이다[정의 3*B]. ■

**논평 :**

명제 62는 명제 61의 확장이다. 도형 M과 도형 P는 다른 선분 위에 그려진다. 중재자 역할을 하는 평행사변형 R(= ABHQ)에 의해서 증명은 명제 50과 명제 61에 의해서 간단하게 완성된다. 이 명제를 직사각형으로 바꾸어 놓은 것은 명제 78에서 증명된다.

# 9장 비와 각

Θε 63. Ἐὰν τρίγωνον τῷ εἴδει δεδομένον ᾖ, τὸ ἀπὸ ἑκάστης τῶν πλευρῶν αὐτοῦ πρὸς τὸ τρίγωνον λόγον ἕξει δεδομένον.

ἔστω τρίγωνον δεδομένον τῷ εἴδει τὸ ΑΒΓ, καὶ ἀναγεγράφθω ἀπὸ ἑκάστης τῶν πλευρῶν αὐτοῦ τετράγωνα τὰ ΕΒ, ΓΔ, ΓΖ· λέγω, ὅτι ἕκαστον τῶν ΕΒ, ΓΔ, ΓΖ πρὸς τὸ ΑΒΓ τρίγωνον λόγον ἕξει δεδομένον.

ἐπεὶ γὰρ ἀπὸ τῆς αὐτῆς εὐθείας τῆς ΒΓ εὐθύγραμμα δεδομένα τῷ εἴδει ἀναγέγραπται, ἃ ἔτυχεν, τὰ ΑΒΓ, ΓΔ, λόγος ἄρα τοῦ ΑΒΓ πρὸς τὸ ΓΔ δοθείς. διὰ τὰ αὐτὰ δὴ καὶ ἑκατέρου τῶν ΕΒ, ΖΓ πρὸς τὸ ΑΒΓ τρίγωνον λόγος ἐστὶ δοθείς.

명제 63. 만약 삼각형의 모양이 주어져 있고 이 삼각형의 각 변들 위에 정사각형을 그린다면, 각 정사각형에 대한 삼각형과의 비는 주어진 것이다.

ABC는 모양이 주어져 있는 삼각형이라고 하자. 그리고 이 삼각형의 각 변 위에 세 정사각형 (EB), (CD), (CZ)를 그린다. 그러면 세 정사각형 (EB), (CD), (CZ) 각각에 대한 삼각형 ABC와의 넓이의 비는 주어진 것이라고 말한다.

한 선분 BC 위에 모양이 주어져 있는 임의의 다각형 ABC와 정사각형 (CD)가 그려져 있다. 그러면 비 ABC : (CD)는 주어진 것이다 [명제 49]. 동일한 이유로 두 정사각형 (EB), (ZC)에 대한 삼각형 ABC의 비 또한 주어진 것이다. ■

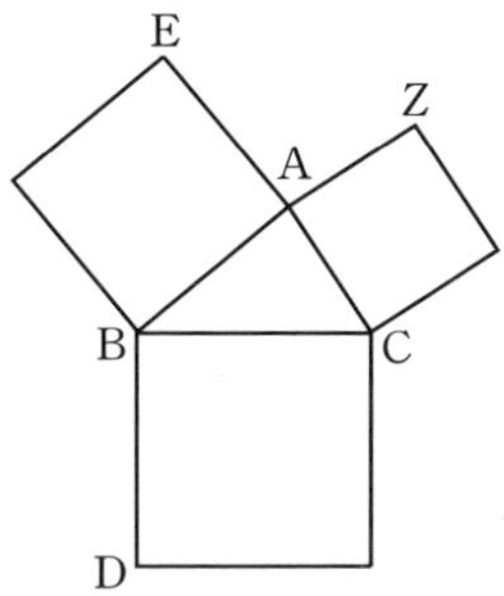


그림 63.1

**논평 :**

명제 49에 대한 따름정리인 명제 63은 명제 49를 기초로 하여 간단하게 증명된다. 이것은 명제 48 혹은 명제 76처럼 증명될 수도 있다. 사실 이 명제의 증명은 명제 76의 증명에 나타나 있고, 명제 49에 포함되어 있는 '모양이 주어져 있는 삼각형이 있다면, 그 삼각형의 높이와 밑변의 비는 주어진 것'이라는 증명과 깊은 관련이 있다. 클리멘스 타에르는 이 명제가 아라비아 번역판에 없기 때문에 가짜 명제라고 생각하였고, 파푸스는 《자료론》의 전체 명제의 수를 90개라고 추측하였기 때문에 이 명제는 발견하지 못한 것으로 추측된다. 어쨌든 이 명제는 훌륭한 따름정리임에는 틀림이 없다.

나는 이번 장에 있는 다른 명제들과 조화를 이루기 위해 명제 63을 설명하는 다른 증명방법을 제공하고자 한다. 이들 중의 하나는 《원론》 I.명제 41로부터, 그리고 나머지들은 명제 40으로부터 추론될 수 있도록 세 가지 기본적인 진술을 사용하였다. 그림 66.1에서, 선분 AC는 '밑변' $b$로, 선분 BD는 '높이' $h$로, 선분 AD는 '사영' $p$라 하고, 선분 AB를 $c$라고 하자(보통 삼각법에서 사용하는 것처럼).

(1) 삼각형은 직사각형 $h$, $b$의 절반이다[I. 명제 41].

$$\mathrm{T} = \frac{1}{2} \sqsubset\!\sqsupset h, b$$

(2) 만약 각 A가 주어져 있다면 비 $h:c$는 주어진 것이다.

gvn. $\measuredangle \mathrm{A} \Rightarrow$ gvn. $h:c$

(3) 만약 각 A가 주어져 있다면 비 $p:c$는 주어진 것이다.

gvn. $\measuredangle \mathrm{A} \Rightarrow$ gvn. $p:c$

이들은 당시대와는 동떨어지지만 다음과 같은 해석이 가능하다.

(1) 삼각형의 넓이는 밑변과 높이의 곱의 절반이다.[120]
(2) 만약 각 A가 주어져 있다면 $\sin \mathrm{A}$가 주어진 것이다.
(3) 만약 각 A가 주어져 있다면 $\cos \mathrm{A}$가 주어진 것이다.

'넓이', 'sin', 'cos'은 수학적 '함수들'이기 때문에 우선 유클리드 기하와는 무관한 수와 측정에 관한 개념들이라고 추측하는 것은 당시 시대와는 맞지 않다.[121] 다음은 삼각법의 표현과 동치인 진술을 사용하여 명제를 명확하게 설명하고 있기 때문에 반드시 기억하고 있어야 한다.

만약 삼각형의 모양이 주어져 있다면 '선분 AC 위에 있는 정사각형 넓이에 대한 삼각형 두 배의 넓이의 비는 주어진 것이다'는 명제 63의

---

120) 선분의 '곱(product)'의 개념은 유클리드 기하에서는 다루고 있지 않다는 이유로, 뮐러는 왜 그 공식이 《원론》에는 나타나 있지 않은지에 대해 상세히 논의한다(Muller 1981).

121) 《기하학 기초론》에서 힐베르트는 합동을 이용하지 않고도 다각형들이 똑같다는 것을 다루었다(예, Heath 1956, I.327～328). 삼각형의 임의의 한 부분이 직사각형의 두 부분과 합동이 되어 비가 $n$인 삼각형과 비가 $2n$인 직사각형으로 나눌 수 있으면 직사각형 $h$, $b$는 삼각형의 두 배를 의미한다.

다른 증명은 명제 76을 이용하여 다음과 같이 나타낼 수 있다(그림 63.2).

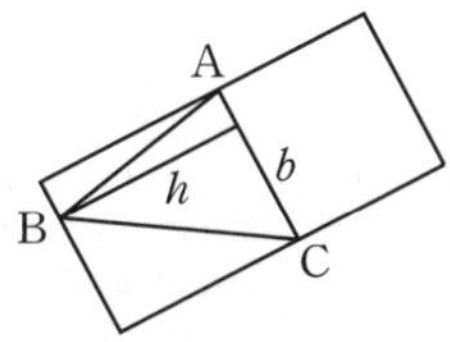

그림 63.2

[I. 명제 41] □$b$ : 2T :: □$b$ : ⊏⊐$b$, $h$

[VI. 명제 1] 명제 76은 주어진 비를 가지므로 □$b$ : 2T :: $b$ : $h$

$b$ : $h$는 $b$ : $c$와 $c$ : $h$의 합성이다. 즉 삼각형의 모양은 주어져 있기 때문에 전자는 주어진 것이고 후자는 단지 ∡A(위의 진술 2)에 달려 있기 때문에, 명제 76에서 증명된 것처럼 비 $b$ : $h$는 주어진 비가 존재한다는 것을 명제 8이 보장하고 있다. 삼각법은 초기에 삼각형의 넓이에 대한 공식, 즉 $\mathrm{T} = \frac{1}{2}bc\sin\mathrm{A}$로 발전하였다.

삼각형이 어떤 직사각형과 주어진 비를 가진다는 것을 증명하기 위해서 하나의 주어져 있는 각, 즉 ∡A가 필요한 다음의 명제보다는 명제 63의 비중이 약간 더 크다(위에서 언급된 공식 $2\mathrm{T} = bc\sin\mathrm{A}$와 동치라는 것을 이용한). 명제 66에서 직사각형은 ⊏⊐ $b$, $c$이다. 명제 64와 명제 65에서 두 개의 정사각형의 넓이의 합(□$a$+□$c$)은 세 번째 정사각형(□$b$)의 넓이의 합을 초과[†]한다. II. 명제 12와 II. 명제 13으로부터 알려진 것처럼, 즉 □$a$+□$c$−□$b$(= $2ac\cos\mathrm{B}$)을 의미한다.

† [역자] 코사인 법칙에서 둔각삼각형일 때는 $2ac\cos\mathrm{B}$만큼 크고, 예각삼각형일 때는 $2ac\cos\mathrm{B}$만큼 작다. 이 두 경우를 여기서는 초과한다고 표현하였다.

**Θε 64.** ᾿Εὰν τρίγωνον ἀμβλεῖαν ἔχῃ γωνίαν δεδομένην, ᾧ μεῖζον δύναται ἡ τὴν ἀμβλεῖαν γωνίαν ὑποτείνουσα πλευρὰ τῶν τὴν ἀμβλεῖαν γωνίαν περιεχουσῶν πλευρῶν, ἐκεῖνο τὸ χωρίον πρὸς τὸ τρίγωνον λόγον ἕξει δεδομένον.

ἔστω τρίγωνον ἀμβλυγώνιον τὸ ΑΒΓ ἀμβλεῖαν γωνίαν ἔχον τὴν ὑπὸ τῶν ΑΒΓ δεδομένην, καὶ διήχθω ἐπ' εὐθείας τῆς ΒΓ εὐθεῖα ἡ ΒΔ, καὶ ἤχθω ἀπὸ τοῦ Α ἐπὶ τὴν ΓΔ κάθετος ἡ ΑΔ· λέγω, ὅτι, ᾧ μεῖζόν ἐστι τὸ ἀπὸ τῆς ΑΓ τῶν ἀπὸ τῶν ΑΒ, ΒΓ, τουτέστι τὸ δὶς ὑπὸ τῶν ΔΒ, ΒΓ, ἐκεῖνο τὸ χωρίον πρὸς τὸ ΑΒΓ τρίγωνον λόγον ἕξει δεδομένον.
ἐπεὶ γὰρ δοθεῖσά ἐστιν ἡ ὑπὸ ΑΒΓ, καὶ ἡ ὑπὸ τῶν ΑΒΔ δοθεῖσά ἐστιν. ἔστι δὲ καὶ ἡ ὑπὸ τῶν ΑΔΒ δοθεῖσα. καὶ λοιπὴ ἄρα ἡ ὑπὸ τῶν ΔΑΒ δοθεῖσά ἐστιν. δέδοται ἄρα τὸ ΔΑΒ τρίγωνον τῷ εἴδει· λόγος ἄρα τῆς ΑΔ πρὸς τὴν ΔΒ δοθείς. καί ἐστιν ὡς ἡ ΑΔ πρὸς τὴν ΔΒ, οὕτως τὸ ὑπὸ τῶν ΑΔ, ΒΓ πρὸς τὸ ὑπὸ τῶν ΔΒ, ΒΓ· ὥστε καὶ τοῦ ὑπὸ τῶν ΔΑ, ΒΓ πρὸς τὸ ὑπὸ τῶν ΔΒ, ΒΓ λόγος ἐστὶ δοθείς· καὶ τοῦ δὶς ὑπὸ τῶν ΔΒ, ΒΓ ἄρα πρὸς τὸ ὑπὸ τῶν ΑΔ, ΒΓ λόγος ἐστὶ δοθείς. ἀλλὰ τοῦ ὑπὸ τῶν ΔΑ, ΒΓ πρὸς τὸ ΑΒΓ τρίγωνον λόγος ἐστὶ δοθείς· καὶ τοῦ δὶς ὑπὸ τῶν ΔΒΓ ἄρα πρὸς τὸ ΑΒΓ τρίγωνον λόγος ἐστὶ δοθείς. καί ἐστι τὸ δὶς ὑπὸ τῶν ΔΒ, ΒΓ, ᾧ μεῖζόν ἐστι τὸ ἀπὸ τῆς ΑΓ τῶν ἀπὸ τῶν ΑΒ, ΒΓ· ἐκεῖνο ἄρα τὸ χωρίον πρὸς τὸ ΑΒΓ τρίγωνον λόγον ἔχει δεδομένον.

명제 64. 만약 한 둔각삼각형이 주어져 있으면, 둔각에 대응하는 변 위에 있는 정사각형의 넓이는 주어져 있는 둔각을 포함하는 변들 위에 있는 두 정사각형들의 넓이의 합보다 더 크고[122] 그 넓이에 대한 삼각형의 넓이의 비는 주어진 것이다.

ABC는 주어져 있는 둔각 ABC를 가지는 둔각삼각형이라고 한다. 선분 BC를 연장한 것을 변 BD라고 하고, 점 A로부터 변 CD에 내린 수선을 AD라 하자. 그러면 변 AC 위에 있는 정사각형의 넓이는 두 변 AB, BC 위에 있는 두 정사각형의 넓이의 합보다 더 크다고 말한다. 실제로 2·ㄷㄱ DB, BC만큼 더 크다[II. 명제 12]. 또한 이 넓이에 대한 △ABC와의 비는 주어진 것이다.

∡ABC가 주어져 있으므로 ∡ABD도 주어진 것이다[I. 명제 13, 명제 4]. 그리고 역시 ∡ADB는 주어져 있으므로 ∡DAB도 주어진

122) 문맥적으로는 무엇보다도 더 클 수 있다는 의미이다. 한 정사각형의 넓이보다 더 큰 정사각형의 넓이에 대한 관용적 표현이다.

것이다[I.명제 32].

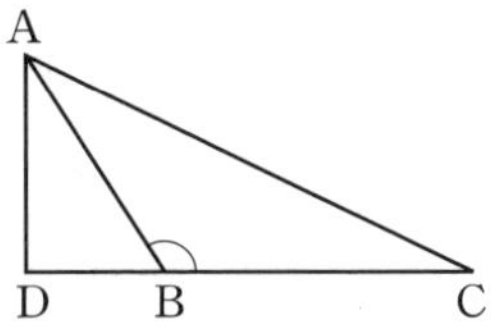

그림 64.1

그러므로 △DAB는 모양이 주어진 것이다[명제 40].

따라서 비 AD : DB는 주어진 것이다. 그리고 AD : DB :: ⊏⊐ AD,BC : ⊏⊐ DB,BC이다[VI.명제 1]. 그래서 비 ⊏⊐ DA, BC : ⊏⊐ DB,BC는 주어진 것이다[정의 $2^*$]. 그러므로 비 2 · ⊏⊐ DB,BC : ⊏⊐ AD,BC는 주어진 것이다[명제 8].

또한 비 ⊏⊐ DA, BC : △ABC는 주어져 있으므로[I.명제 41], 비 2 · ⊏⊐ DBC : △ABC도 주어진 것이다[명제 8]. 그리고 □AC가 □AB + □BC[123)]보다 2 · ⊏⊐ DB, BC만큼 더 크므로 그 넓이에 대한 △ABC와의 비는 주어진 것이다. ■

**논평 :**

이것은 《원론》 II.명제 12와 II.명제 13이 코사인 법칙과 동치임을 보여주는 매우 잘 알려진 사실이다. 즉, 임의의 삼각형에 대해서 $a^2 + c^2 - 2ac\cos B = b^2$이 성립한다. 명제 64와 명제 65는 '피타고라스 차(pythagorean difference)', 즉 2 ⊏⊐ DB, BC$(2ac\cos B)$와 삼각형의 비는 ∡B에 달려 있다는 것을 보여준다(명제 63에서 살펴보았고, 명제 66에서 다시 직면하게 되겠지만, 삼각형의 넓이가 $\frac{1}{2}ac\ \sin B$이라는 것은 당연하다). 이와 관련된 크기는 그리스 원문에 존재하며, 삼각법이 발명될 때까지 기다려야 하였다. 우리는 △ABD의 모양이 주어져 있을 때 다음과 같이 주어진 비에 대해 언급할 수 있다.

123) 맥도웰-소콜릭은 '직사각형 AB, BC보다 더 크다'라고 잘못 번역하였다. 그런 오류는 명제 65에서 다시 반복된다.

| | | |
|---|---|---|
| [명제 40] | gvn. AD : BD | $c\sin B : c\cos B$ |
| [VI. 명제 1] | gvn. ⊏⊐ AD, BC : ⊏⊐ DB, BC | $ac\sin B : ac\cos B$ |
| | gvn. 2 ⊏⊐ DB, BD : ⊏⊐ AD, BC | $2ac\cos B : ac\sin B$ |
| [I. 명제 41] | gvn. ⊏⊐ AD, BC : △ABC | $ac\sin B : \triangle ABC$ [= 2 : 1] |
| [명제 8] | gvn. 2 ⊏⊐ DB, BD : △ABC | $2ac\cos B : \triangle ABC$ |

클리멘스 타에르는 더 많은 것을 계산하였고, 4 cotB와 같은 '산출식'을 이끌어 냈다. 그러나 원문에서 추출할 수 있는 유일한 결론은 피타고라스 차가 삼각형과 주어진 비를 가진다는 것 뿐이다.

**Θε 65.** Ἐὰν τρίγωνον ὀξεῖαν ἔχῃ γωνίαν δεδομένην, ᾧ ἔλασσον δύναται ἡ τὴν ὀξεῖαν γωνίαν ὑποτείνουσα πλευρὰ τῶν τὴν ὀξεῖαν γωνίαν περιεχουσῶν πλευρῶν, ἐκεῖνο τὸ χωρίον πρὸς τὸ τρίγωνον λόγον ἕξει δεδομένον.

ἔστω τρίγωνον ὀξυγώνιον τὸ ΑΒΓ, ὀξεῖαν ἔχον γωνίαν δεδομένην τὴν ὑπὸ τῶν ΑΒΓ, καὶ ἤχθω ἀπὸ τοῦ Α ἐπὶ τὴν ΒΓ κάθετος ἡ ΑΔ· λέγω, ὅτι, ᾧ ἔλασσόν ἐστι τὸ ἀπὸ τῆς ΑΓ τῶν ἀπὸ τῶν ΑΒ, ΒΓ, τουτέστι τὸ δὶς ὑπὸ τῶν ΓΒ, ΒΔ πρὸς τὸ ΑΒΓ τρίγωνον λόγον ἔχει δέδομένον.

ἐπεὶ γὰρ δοθεῖσά ἐστιν ἡ ὑπὸ τῶν ΑΒΔ γωνία, ἔστι δὲ καὶ ἡ ὑπὸ τῶν ΑΔΒ δοθεῖσα, καὶ λοιπὴ ἄρα ἡ ὑπὸ τῶν ΒΑΔ ἐστι δοθεῖσα· δέδοται ἄρα τὸ ΑΒΔ τρίγωνον τῷ εἴδει· λόγος ἄρα τῆς ΒΔ πρὸς τὴν ΔΑ δοθείς· ὥστε καὶ τοῦ ὑπὸ τῶν ΓΒΔ πρὸς τὸ ὑπὸ τῶν ΓΒ, ΑΔ λόγος ἐστὶ δοθείς· καὶ τοῦ δὶς ὑπὸ τῶν ΓΒ, ΒΔ ἄρα. ἀλλὰ τοῦ ὑπὸ τῶν ΒΓ, ΑΔ πρὸς τὸ ΑΒΓ λόγος ἐστὶ δοθείς· καὶ τοῦ δὶς ὑπὸ τῶν ΓΒ, ΒΔ ἄρα πρὸς τὸ ΑΒΓ τρίγωνον λόγος ἐστὶ δοθείς. καί ἐστι τὸ δὶς ὑπὸ τῶν ΓΒ, ΒΔ, ᾧ ἔλασσόν ἐστι τὸ ἀπὸ τῆς ΑΓ τῶν ἀπὸ τῶν ΑΒ, ΒΓ· ᾧ ἄρα ἔλασσόν ἐστι τὸ ἀπὸ τῆς ΑΓ τῶν ἀπὸ τῶν ΑΒ, ΒΓ, ἐκεῖνο τὸ χωρίον πρὸς τὸ ΑΒΓ τρίγωνον λόγον ἔχει δεδομένον.

명제 65. 만약 한 예각삼각형이 주어져 있으면, 예각에 대응하는 변 위에 있는 정사각형의 넓이는 주어져 있는 예각을 포함하는 변들 위에 있는 두 정사각형들의 넓이의 합보다 더 작고 그 넓이에 대한 삼각형의 넓이의 비는 주어진 것이다.

주어진 예각 ABC를 가지는 예각삼각형을 ABC라고 하자. 그리고 점 A에서 수선 AD를 변 CD에 내린다. 그러면 □AC의 넓이는 두 변 AB, BC 위에 있는 정사각형의 넓이의 합보다 작다고 말한다. 실제로 2 ⊏⊐ CB, BD만큼 더 작다[II.명제 13]. 또한 이 넓이에 대한 △ABC의 비는 주어진 것이다.

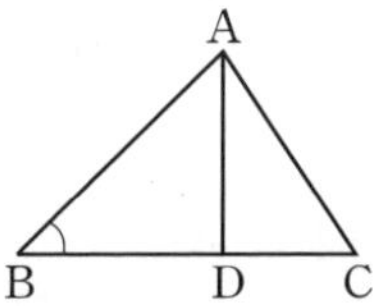
그림 65.1

∡ABD가 주어져 있고 ∡ADB가 주어져 있기 때문에, 각 BAD도 주어진 것이다[I.명제 32, 명제 3, 명제 4]. 그러므로 △ABD는 모양이 주어진 것이다[명제 40].

그러므로 비 BD : DA는 주어진 것이다[정의 3], 그래서 비 ⊏⊐ CBD : ⊏⊐ CB, AD도 역시 주어진 것이다[VI.명제 1, 정의 2*]. 따라서 비 2 ⊏⊐ CB, BD : ⊏⊐ AD, BC도 역시 주어진 것이다[명제 8].

비 ⊏⊐ BC, AD : △ABC는 주어져 있으므로[I.명제 41], 비 2 ⊏⊐ CB, BD : △ABC는 주어진 것이다. 그리고 □AC는 □AB + □BC보다 2 ⊏⊐ CB, BD 만큼 작은 넓이다[II.명제 13]. 따라서 이 넓이와 △ABC와의 넓이의 비는 주어진 것이다. ■

**논평 :**

조건절은 한 예각을 가지는 삼각형에 대해 언급하고 있는 반면에, 엑테시스와 도식은 예각삼각형, 즉 (I.정의 21에 따르면) 세 각이 모두 예각인 삼각형에 대해 다루고 있다. 하지만 실제로는 단지 한 각에만 관련이 있다. 그래서 조건절의 표현이 좀더 논리적이다.

**Θε 66.** ʽΕὰν τρίγωνον δεδομένην ἔχῃ γωνίαν, τὸ ὑπὸ τῶν τὴν δεδομένην γωνίαν περιεχουσῶν εὐθειῶν ὀρθογώνιον πρὸς τὸ τρίγωνον λόγον ἔχει δεδομένον.

ἔστω τρίγωνον τὸ ΑΒΓ δεδομένην ἔχον γωνίαν τὴν πρὸς τῷ Α· λέγω, ὅτι τὸ ὑπὸ τῶν ΒΑΓ πρὸς τὸ ΑΒΓ τρίγωνον λόγον ἔχει δεδομένον.

ἤχθω γὰρ ἀπὸ τοῦ Β ἐπὶ τὴν ΑΓ κάθετος ἡ ΒΔ. ἐπεὶ οὖν δοθεῖσά ἐστιν ἡ ὑπὸ τῶν ΒΑΓ γωνία, ἔστι δὲ καὶ ἡ ὑπὸ τῶν ΑΔΒ γωνία δοθεῖσα, καὶ λοιπὴ ἄρα ἡ ὑπὸ ΑΒΔ γωνία δέδοται· δέδοται ἄρα τὸ ΑΒΔ τρίγωνον τῷ εἴδει. λόγος ἄρα ἐστὶ τῆς ΑΒ πρὸς τὴν ΒΔ δοθείς. ὡς δὲ ἡ ΑΒ πρὸς ΒΔ, οὕτως τὸ ὑπὸ τῶν ΒΑΓ πρὸς τὸ ὑπὸ τῶν ΒΔ, ΑΓ· ὥστε καὶ τοῦ ὑπὸ τῶν ΒΑΓ πρὸς τὸ ὑπὸ τῶν ΒΔ, ΑΓ λόγος ἐστὶ δοθείς. τοῦ δὲ ὑπὸ τῶν ΑΓ, ΒΔ πρὸς τὸ ΑΒΓ τρίγωνον λόγος ἐστὶ δοθείς· καὶ τοῦ ὑπὸ τῶν ΒΑΓ ἄρα πρὸς τὸ ΑΒΓ τρίγωνον λόγος ἐστὶ δοθείς.

명제 66. 만약 한 삼각형이 주어져 있는 각을 가진다면, 주어져 있는 각을 끼고 있는 선분들로 둘러싸인 직사각형은 삼각형과 주어진 비를 가진다.

ABC는 점 A에서 주어져 있는 각을 가지는 삼각형이라고 하자.[124] 그러면 ⊏⊐ BAC는 △ABC와 주어진 비를 가진다고 말한다.

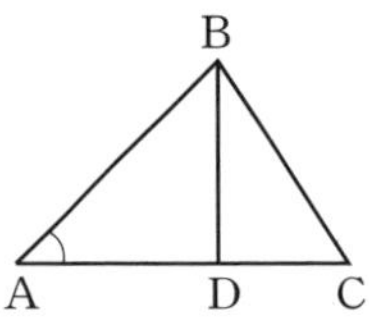

그림 66.1

점 B로부터 AC에 수선 BD를 그린다. ∡BAC가 주어져 있고 ∡ADB는 주어진 것이므로 나머지 한 각 ABD는 또한 주어진 것이다[I. 명제 32, 명제 3, 명제 4]. 그러므로 △ABD는 모양이 주어진 것이다[명제 40]. 따라서 비 AB : BD는 주어진 것이다[정의 3].

그런데 AB : BD :: ⊏⊐ BAC : ⊏⊐ BD, AC이다[VI. 명제 1]. 그래서 비 ⊏⊐ BAC : ⊏⊐ BD, AC는 또한 주어진 것이다[정의 2*]. 또한 비 ⊏⊐ AC, BD : △ABC가 주어져 있으므로[I. 명제 41], 비 ⊏⊐ BAC : △ABC는 주어진 것이다[명제 8]. ■

124) 그리스 원어의 사용에서 볼 때, 이 부분의 기호 사용이 다른 명제와 비교해서 다소 다르다는 것을 언급하고 있다.

**논평 :**

만약 세 선분 $\mathrm{AC}=b$(밑변), $\mathrm{BD}=h$(높이) 그리고 $\mathrm{AB}=c$라고 한다면, 명제 66은 $\measuredangle \mathrm{A}$가 주어져 있을 때 직각삼각형 ABD는 모양이 주어져 있으므로 비 $c:h$는 주어진 것이라는 것을 증명한다. 그러므로 비 ⊏⊐ $b,c$ : ⊏⊐ $b,h$는 주어진 것이다. 즉 언급된 삼각형의 두 배의 넓이를 가지는 직사각형과의 비가 존재한다. 삼각법에 비추어 보면, 삼각형과 직사각형 ⊏⊐ $b,c$ 사이의 비가 $\sin A:2$임을 설명하고 있는 명제이다. 즉 삼각형의 넓이는 $\frac{1}{2}bc\,\sin\mathrm{A}$이다(명제 63의 논평 참조). 이러한 상황을 기초로하여 명제 66은 명제 67을 증명하는데 도움이 된다.

**Θε 67.** Ἐὰν τρίγωνον δεδομένην ἔχῃ γωνίαν, ᾧ μεῖζον δύνανται αἱ τὴν δεδομένην γωνίαν περιέχουσαι πλευραὶ ὡς μία τοῦ ἀπὸ τῆς λοιπῆς, ἐκεῖνο τὸ χωρίον πρὸς τὸ τρίγωνον λόγον ἕξει δεδομένον.

ἔστω τρίγωνον τὸ ΑΒΓ δεδομένην ἔχον γωνίαν τὴν ὑπὸ τῶν ΒΑΓ· λέγω, ὅτι, ᾧ μεῖζόν ἐστι τὸ ἀπὸ συναμφοτέρου τῆς ΒΑΓ τοῦ ἀπὸ τῆς ΒΓ, ἐκεῖνο τὸ χωρίον πρὸς τὸ ΑΒΓ τρίγωνον λόγον ἔχει δεδομένον.

διήχθω γὰρ ἐπ' εὐθείας τῆς ΑΒ εὐθεῖα ἡ ΑΔ, καὶ κείσθω τῇ ΑΓ ἴση ἡ ΑΔ, καὶ ἐπιζευχθεῖσα ἡ ΔΓ διήχθω ἐπὶ τὸ Ε, καὶ ἤχθω διὰ τοῦ Β τῇ ΑΓ παράλληλος ἡ ΒΕ. καὶ ἐπεὶ ἴση ἐστὶν ἡ ΑΔ τῇ ΑΓ, ἴση ἄρα ἐστὶ καὶ ἡ ΔΒ τῇ ΒΕ. καὶ διῆκταί τις ἡ ΒΓ· τὸ ἄρα ὑπὸ τῶν ΔΓΕ μετὰ τοῦ ἀπὸ τῆς ΒΓ ἴσον ἐστὶ τῷ ἀπὸ τῆς ΒΔ. ἴση δὲ ἡ ΔΑ τῇ ΑΓ· τὸ ἄρα ἀπὸ συναμφοτέρου τῆς ΒΑΓ ἴσον ἐστὶ τῷ ὑπὸ τῶν ΔΓΕ μετὰ τοῦ ἀπὸ τῆς ΒΓ· ὥστε τὸ ἀπὸ συναμφοτέρου τῆς ΒΑΓ τοῦ ἀπὸ τῆς ΒΓ μεῖζόν ἐστι τῷ ὑπὸ τῶν ΔΓΕ.

λέγω δή, ὅτι τοῦ ὑπὸ τῶν ΔΓΕ πρὸς τὸ ΑΒΓ τρίγωνον λόγος ἐστὶ δοθείς.

ἐπεὶ γὰρ δοθεῖσά ἐστιν ἡ ὑπὸ τῶν ΒΑΓ γωνία, καὶ ἡ ἐφεξῆς ἄρα ἡ ὑπὸ τῶν ΔΑΓ ἐστι δοθεῖσα. ἔστι δὲ καὶ ἑκατέρα τῶν ὑπὸ τῶν ΑΔΓ, ΔΓΑ δοθεῖσα· ἡμίσειαι γάρ εἰσι τῆς ὑπὸ τῶν ΒΑΓ· [δέδοται γὰρ ἡ ὑπὸ ΒΑΓ·] δέδοται ἄρα τὸ ΔΑΓ τρίγωνον τῷ εἴδει· λόγος ἄρα ἐστὶ τῆς ΔΑ πρὸς τὴν ΔΓ δοθείς· ὥστε καὶ τοῦ ἀπὸ τῆς ΑΔ πρὸς τὸ ἀπὸ τῆς ΔΓ λόγος ἐστὶ δοθείς. καὶ ἐπεὶ ὡς ἡ ΒΑ πρὸς τὴν ΑΔ, οὕτως ἡ ΕΓ πρὸς τὴν ΓΔ, ἀλλ' ὡς μὲν ἡ ΒΑ πρὸς ΑΔ, οὕτως τὸ ὑπὸ ΒΑ, ΑΔ πρὸς τὸ ἀπὸ ΑΔ, ὡς δὲ ἡ ΕΓ πρὸς ΓΔ, οὕτως τὸ ὑπὸ τῶν ΕΓ, ΓΔ πρὸς τὸ ἀπὸ ΓΔ, καὶ ὡς ἄρα τὸ ὑπὸ τῶν ΒΑ, ΑΔ πρὸς τὸ ἀπὸ τῆς ΔΑ, οὕτως τὸ ὑπὸ τῶν ΕΓΔ πρὸς τὸ ἀπὸ τῆς ΓΔ· καὶ ἐναλλάξ, ὡς ἄρα τὸ ὑπὸ τῶν ΒΑΔ πρὸς τὸ ὑπὸ τῶν ΕΓΔ, οὕτως τὸ ἀπὸ τῆς ΑΔ πρὸς τὸ ἀπὸ τῆς ΔΓ. λόγος δὲ τοῦ ἀπὸ τῆς ΑΔ πρὸς τὸ ἀπὸ τῆς ΔΓ δοθείς· λόγος ἄρα καὶ τοῦ ὑπὸ τῶν ΒΑΔ πρὸς τὸ ὑπὸ τῶν ΕΓΔ δοθείς. ἴση δὲ ἡ ΔΑ τῇ ΑΓ· λόγος ἄρα τοῦ ὑπὸ τῶν ΒΑΓ πρὸς τὸ ὑπὸ τῶν ΕΓΔ

**δοθείς. τοῦ δὲ ὑπὸ τῶν ΒΑΓ πρὸς τὸ ΑΒΓ τρίγωνον λόγος ἐστὶ δοθείς, διὰ τὸ δοθεῖσαν εἶναι τὴν ὑπὸ τῶν ΒΑΓ· καὶ τοῦ ὑπὸ τῶν ΔΓΕ ἄρα πρὸς τὸ ΑΒΓ λόγος ἐστὶ δοθείς. καί ἐστι τὸ ὑπὸ ΔΓΕ, ᾧ μεῖζόν ἐστι τὸ ἀπὸ συναμφοτέρου τῆς ΒΑΓ τοῦ ἀπὸ τῆς ΒΓ· ᾧ ἄρα μεῖζόν ἐστι τὸ ἀπὸ συναμφοτέρου τῆς ΒΑΓ τοῦ ἀπὸ τῆς ΒΓ, ἐκεῖνο τὸ χωρίον πρὸς τὸ τρίγωνον λόγον ἕξει δεδομένον.**

---

명제 67. 만약 주어져 있는 각을 가지는 삼각형이 주어져 있다면, 어떤 넓이는 주어져 있는 삼각형과 주어진 넓이의 비를 가지게 될 것이다. 즉, 주어져 있는 각을 만드는 두 변의 합 [AB+AC] 위의 정사각형은 나머지 한 변 [BC][125] 위의 정사각형보다 더 크다.

주어져 있는 각 BAC를 가지는 삼각형 ABC가 있다. 그러면 두 선분의 합을 한 변으로 취해진 □BAC의 넓이는 □BC의 넓이보다 더 크고, 그 넓이에 대한 △ABC의 비는 주어진 것이라고 말한다.

선분 AB를 연장하여 선분 AC와 선분 AD가 똑같게 되도록 점 D를 잡는다. 점 B를 지나면서 선분 AC에 평행한 직선과 직선 DC가 만나는 점을 E라고 하고, 선분 DC를 연장하여 점 E를 지나는[126] 선분 CE를 긋는다.

선분 AD는 선분 AC와 같기 때문에, 선분 DB는 선분 BE와 같다.[127] 그리고 삼각형 EBD가 이등변이므로 점 B를 지나는 수선의 발을 그어서 정리하면, ⊏⊐ DCE+□BC=□BD이다.[128]

그리고 선분 AD는 선분 AC와 같으므로 위에서 구한 식을 변형하면 □BAC[129]=⊏⊐ DCE+□BC이다. 그러므로 □BAC는 □BC

---

125) 문맥적으로 변들은 하나로 간주한다.

126) 히스의 번역에 따랐다.

127) 삼각형 CAD와 EBD는 서로 닮았고 이등변삼각형이다.

128) 이 보조정리는 《원론》 VI. 명제 16에 있는 주석에 증명되어 있다.

129) 한 직선으로 만들어진 BA+AC의 합을 한 변으로 하는 정사각형을 의미한다.

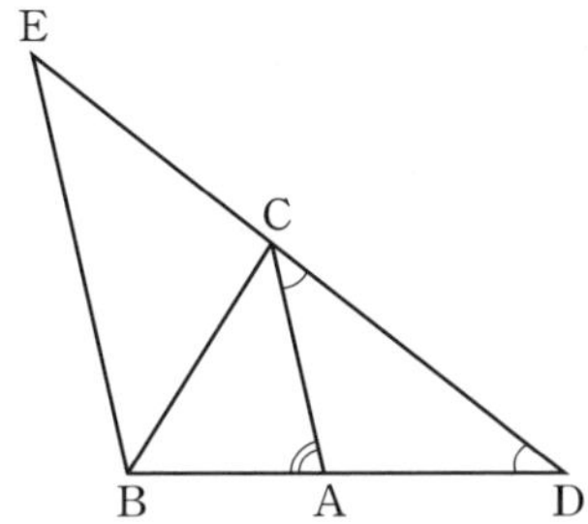


그림 67.1

보다 ⊏⊐ DCE만큼 더 크다.

이제 비 ⊏⊐ DCE : △ABC는 주어진 것이라고 말한다. 그 이유는 아래와 같다.

∡BAC는 주어져 있기 때문에, 인접각 ∡DAC는 주어진 것이다[I. 명제 13, 명제 4]. 그리고 두 각 ADC, DCA는 주어진 것이다. 왜냐하면 이들은 ∡BAC의 반이기 때문이다[I. 명제 32, I. 명제 5].[130)] 그러므로 △DAC는 모양이 주어진 것이다[명제 40]. 따라서 비 DA : DC는 주어진 것이다[정의 3]. 그래서 비 □AD : □DC는 주어진 것이다[명제 50 혹은 명제 24*의 역].

그리고 BA : AD :: EC : CD[VI. 명제 2]이기 때문에 BA : AD :: ⊏⊐ BA, AD : □AD이고 EC : CD = ⊏⊐ EC, CD : □CD이다[VI. 명제 1]. 따라서 ⊏⊐ BA, AD : □AD :: ⊏⊐ ECD : □CD이다. 그리고 교대변형에 의해서 ⊏⊐ BAD : ⊏⊐ ECD :: □AD : □CD가 성립한다[V. 명제 16].

그런데 비 □AD : □DC는 주어져 있으므로 비 ⊏⊐ BAD :

---

130) 멘지는 몇 개의 단어 즉 '각 BAC는 주어진 것이다'를 삭제했다. 단락의 서두에서 그 정보를 얻을 수 있었다.

ㄷㄱ ECD 역시 주어진 것이다. 그리고 선분 DA는 선분 AC와 같으므로 비 ㄷㄱ BAC:ㄷㄱ ECD는 주어진 것이다.

또한 비 ㄷㄱ BAC : △ABC는 주어진 것이다. 왜냐하면 ∡BAC가 주어져 있기 때문이다[명제 66]. 그러므로 비 ㄷㄱ DCE : △ABC는 주어진 것이다[명제 8].

앞에서 말한 것처럼 '한 개의 연속된 것으로 간주하는' 선분 BAC 위에 있는 정사각형의 넓이 □BAC는 □BC보다 ㄷㄱ DCE만큼 더 크므로, □BAC의 넓이에 대한 삼각형의 넓이의 비는 주어진 것이다.

■

**논평 :**

명제 67을 고무시킬 수 있는 분석이 어떤 것이든지 간에, 이 명제는 확실히 부가적인 이등변삼각형을 추가하여 실행함으로써 얻어질 수 있는 교묘한 방법(trick)을 설명하고 있는 것만은 확실하다(199쪽을 보아라). 이등변의 부속물인 작은 것(△ACD)과 큰 것(△BED)을 작도한 후에 도형을 보면, 결국 선분 BC는 이등변삼각형 EBD의 한 꼭짓점을 거쳐 삼각형을 절단하고 있는 모양이 되기 때문에 다음과 같은 주장(우리는 주석 131의 명제를 결코 학습하지 않았기 때문에)을 할 수 있다.

□BD = ㄷㄱ DC,CE + □BC [주석 131]이고,
BD = BA + AD = BA + AC
그러므로 □BD = □(BA + AC) = ㄷㄱ DC,CE + □BC이다.

내가 아는 한 다른 원전에서도[131] 본 적이 없는 주석 131은 확실히

131) 히스(1956)는 III.명제 35에 대한 그의 설명 참조.

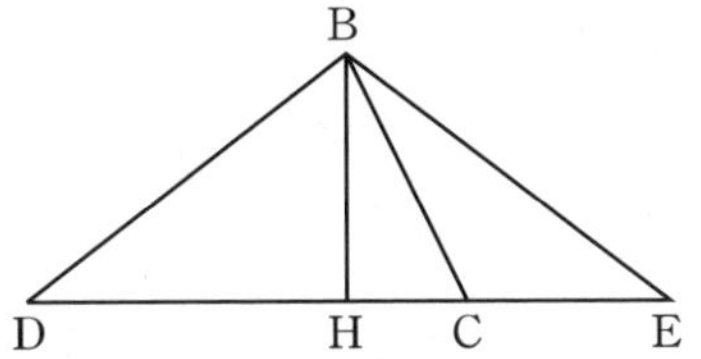


그림 131

《원론》의 II권과 관련이 깊은 내용이다.

만약 이등변삼각형의 꼭짓점에서 밑변이나 밑변의 연장선 위에 임의의 선분을 하나 그린다면, 그 선분을 한 변으로 하는 정사각형에 밑변의 두 부분으로 이루어진 직사각형을 더하면, 등변인 변을 한 변으로 하는 정사각형과 똑같다.

이 명제의 증명은 쉽다. 만약 꼭짓점에서 수선을 긋고, 밑변의 일부에 II.명제 5를 적용하고, 마지막으로 수선을 한 변으로 하는 정사각형을 더하면 다음과 같이 나타낼 수 있다.

| | | | |
|---|---|---|---|
| [II.명제 5] | ⊏⊐ EC,DC + □CH | = | □HD |
| | ⊏⊐ EC,DC + □CH + □BH | = | □HD + □BH |
| [I.명제 47] | ⊏⊐ EC,DC + □BC | = | □BD |

그림 67.1에서 △CAD는 작은 이등변의 부속물이기 때문에, BD = BA + AC이므로 다음을 얻는다.

⊏⊐ EC,DC + □BC = □(BA + AC)

《원론》 VI권으로부터 얻은 명제와 부가적인 사실을 이용하여, 명제 67은 직사각형 ⊏⊐ DC,CE(조건절에서 언급한 초과한 넓이)는 삼각형과 주어진 비를 가진다는 것을 증명한다.

명제 67은 여러 측면에서 수수께끼 같다. 이 명제가 가지는 가치는 무엇인가? 이것을 이해하기 위해서 어떤 종류의 분석이 선행되어야 하는가? 어떤 수학 맥락인가? '정사각형만큼 더 크다'라는 어휘는 《원론》 V권에 근거를 둔 것이다. 이등변의 부속물이 자주 이용되는 기하학적 분석의 맥락에서, 비록 자주 발견되는 이 명제를 증명할 순 없지만 나는 확실히 느낄 수 있고 주석 131은 유익한 보조물임에는 틀림이 없다. 그러나 지금 나는 $\square(\mathrm{AC}+\mathrm{AB})-\square\mathrm{BC}$에 대한 삼각형 ABC의 비가 주어진 것이라는 정보의 가치를 아는데는 실패하였다. 이것은 분명 II.명제 12, II.명제 13과 모호한 관계가 있다는 것을 알 수 있지만 그 진술을 인식하는 가장 큰 어려움은 우리가 관심을 끌만한 수학적 의미나 가치를 얻을 수 없다는 것에 있는 것 같다. 다시 말하자면, 이것의 수학적 의미를 그리스 시대의 측정능력으로는 표현할 수도 없었던 현대의 삼각법 개념으로 나타낸다면 $4\cot\left(\frac{\mathrm{A}}{2}\right)$가 된다.[132)]

이런 종류의 내용들은 《자료론》에 많은 영향을 주고 있는 실패(우리가 '주어짐'이라는 것 이외에는 수학적인 의미나 정보를 거의 얻을 수 없는 것)의 한 종류라고 볼 수 있다. 왜 그렇게 된 것인가? 《자료론》은 지금 시각에서 볼 때 자주 애매모호한 부분이 많다. 특히 현대 수학적 용어나 어휘로 표현될 수 없는 것이 자주 나타난다. 아마도, 그 당시에 '알고 있는' 기하학적 대상들을 '주어짐'의 개념이 발생하였을 때, 문제화시켰기 때문일 것이다. 게다가, 같은 '단위로 잴 수 없는

---

132) $\mathrm{AB}=c$, $\mathrm{BC}=a$, $\mathrm{AC}=b$, $\mathrm{CD}=d$, $\mathrm{CE}=e$라고 하자.
그러면 $ed=(b+c)^2-a^2=b^2+c^2-a^2+2bc=2bc\cos\mathrm{A}+2bc=2bc(1+\cos\mathrm{A})$이다.

$\triangle\mathrm{ABC}=\frac{1}{2}bc\sin\mathrm{A}$이므로 $\frac{ed}{\triangle\mathrm{ABC}}=\frac{4(1+\cos\mathrm{A})}{\sin\mathrm{A}}=\frac{8\cos^2\left(\frac{\mathrm{A}}{2}\right)}{2\sin\left(\frac{\mathrm{A}}{2}\right)\cos\left(\frac{\mathrm{A}}{2}\right)}=4\cot\left(\frac{\mathrm{A}}{2}\right)$이다.

(incommensurability)'의 결과(아마도 무리수의 발견)를 단지 표면적으로 이해하는 수준이었기 때문이다. 사실 이러한 문제들에 대해 알려진 것은 거의 존재하지 않고, 그리스 그 당시에는 수를 수단으로 말하여질 수 있는 속성들, 즉 길이, 크기, 거리 등에 대해 거의 가치를 두지 않고 있었다.

## 명제 56~명제 67의 연역적 구조

| 《자료론》 \ 명제 | 56 | 57 | 58 | 59 | 60 | 61 | 62 | 63 | 64 | 65 | 66 | 67 |
|---|---|---|---|---|---|---|---|---|---|---|---|---|
| 정의 1* | · | + | + | + | · | + | · | · | · | · | · | · |
| 정의 2* | · | + | · | · | · | + | · | · | + | + | + | · |
| 정의 3 | · | + | + | + | + | + | + | · | + | + | + | + |
| 명제 1 | · | + | · | · | · | · | · | · | · | · | · | · |
| 명제 2 | · | + | + | + | · | · | · | · | · | · | · | · |
| 명제 3 | · | + | · | + | + | + | · | · | + | + | + | · |
| 명제 4 | · | + | + | + | + | + | · | · | + | + | + | + |
| 명제 7 | · | · | + | · | · | · | · | · | · | · | · | · |
| 명제 8 | + | + | · | · | · | + | + | · | + | + | + | + |
| 명제 40 | · | + | · | · | · | + | · | · | + | + | + | + |
| 명제 49 | · | · | · | · | · | + | · | + | · | · | · | · |
| 명제 50 | · | · | · | · | · | · | + | · | · | · | · | + |
| 명제 52 | · | + | + | + | · | · | · | · | · | · | · | · |
| 명제 55 | · | · | + | + | + | · | · | · | · | · | · | · |
| 명제 61 | · | · | · | · | · | · | + | · | · | · | · | · |
| 명제 66 | · | · | · | · | · | · | · | · | · | · | · | + |

여기에 제시된 명제들 중 명제 61과 명제 66만 다른 것들과 더 깊은 관련이 있다. 명제 63은 명제 49에 대한 따름정리이고, 결과적으로 《원론》에 있는 어떤 명제에도 이용되지 않는다. 이들의 의미는 이미 명제 48에서 살펴보았다.

| 《원론》 \ 명제 | 56 | 57 | 58 | 59 | 60 | 61 | 62 | 63 | 64 | 65 | 66 | 67 |
|---|---|---|---|---|---|---|---|---|---|---|---|---|
| 공준 4 | · | + | · | · | · | · | · | · | · | · | · | · |
| I. 명제 5 | · | · | · | · | · | · | · | · | · | · | · | + |
| I. 명제 10 | · | · | + | + | · | · | · | · | · | · | · | · |
| I. 명제 12 | · | · | · | · | · | · | · | · | · | · | + | · |
| I. 명제 13 | · | · | · | · | · | + | · | · | + | · | · | + |
| I. 명제 29 | · | · | · | · | · | + | · | · | · | · | · | + |
| I. 명제 32 | · | + | · | · | · | + | · | · | + | + | + | + |
| I. 명제 34 | + | · | + | + | · | + | · | · | · | · | · | · |
| I. 명제 35 | · | + | · | · | · | + | · | · | · | · | · | · |
| I. 명제 36 | · | · | + | + | · | · | · | · | · | · | · | · |
| I. 명제 41 | · | · | · | · | · | · | · | · | + | + | + | + |
| I. 명제 43 | · | · | + | + | · | · | · | · | · | · | · | · |
| I. 명제 46 | · | + | · | · | · | · | · | · | · | · | · | · |
| II. 정의 2 | · | · | · | · | + | · | · | · | · | · | · | · |
| II. 명제 12 | · | · | · | · | · | · | · | · | + | · | · | · |
| II. 명제 13 | · | · | · | · | · | · | · | · | · | + | · | · |
| V. 명제 7 | + | · | · | · | · | · | · | · | · | · | · | · |
| V. 명제 14 | · | · | · | · | · | · | · | · | · | · | · | + |
| V. 명제 16 | · | · | · | · | · | · | · | · | · | · | · | + |
| VI. 명제 1 | + | + | · | · | · | + | · | · | + | + | + | + |
| VI. 명제 2 | · | · | · | · | · | · | · | · | · | · | · | + |
| VI. 명제 4 | · | · | · | · | · | · | · | · | · | · | · | + |
| VI. 명제 12 | + | · | · | · | · | · | · | · | · | · | · | · |
| VI. 명제 14 | + | · | · | · | · | · | · | · | · | · | · | · |
| VI. 명제 18 | · | · | + | + | · | · | + | · | · | · | · | · |
| VI. 명제 24 | · | · | + | + | + | · | · | · | · | · | · | · |
| VI. 명제 26 | · | · | + | + | · | · | · | · | · | · | · | · |

명제 (56) & 명제 68~명제 75

# 10장 등각 평행사변형 II : 상반비례

**예비논평 :**

이 장에서 제시되는 일련의 명제들은 앞에서 부분적으로 제시한 명제 56*A 에서 이미 알려져 있던 다음의 전제, 전개, 결론을 따르고 있다.

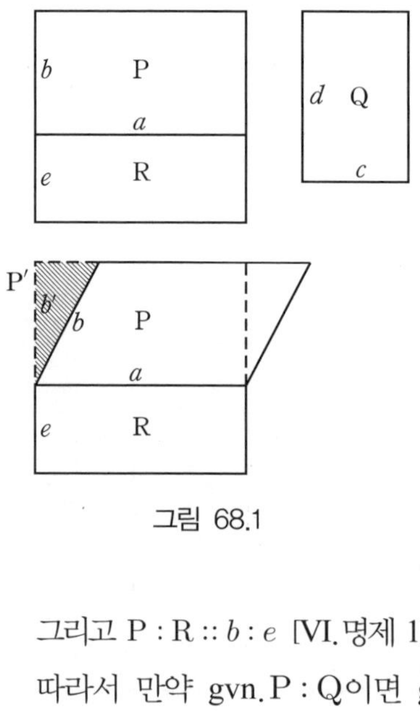


그림 68.1

P와 Q는 각각 두 변을 $a$, $b$와 $c$, $d$를 가지는 등각 평행사변형이다. R는 두 평행사변형 P, Q와 등각이고, 평행사변형 Q와 넓이가 같다. 또한 R는 선분 $b$의 연장선 위에 너비 $e$가 되도록 하였다.

명제 56에서는 장황하게 증명되었지만, R = Q이기 때문에 $e$는 $a$, $c$, $d$와 비례적이다(즉 $a : c :: d : e$)[VI. 명제 14].

그리고 P : R :: $b : e$ [VI. 명제 1]이기 때문에 P : Q :: $b : e$ 이다[V. 명제 7]. 따라서 만약 gvn. P : Q이면 gvn. $b : e$이다.

만약 평행사변형 P($a$, $b$)가 평행사변형 Q($c$, $d$)와 등각이 아니라 주어져 있는 각의 크기를 가진다면, 우리는 다음을 얻을 수 있다(그림 68.1 아래 그림). 만약 P′와 R이 Q와 등각이고 $a:c::d:e$이라면, $\mathrm{R}=\mathrm{Q}$이다. 따라서 $\mathrm{P}:\mathrm{Q}::\mathrm{P}:\mathrm{R}::\mathrm{P}':\mathrm{R}::b':e$이다.

주어져 있는 각의 크기를 가지기 때문에 빗금친 삼각형의 모양은 주어진 것이다[명제 40]. 따라서 gvn.$b':b$이므로, 만약 gvn.$b':e$이면 또한 gvn.$b:e$이 성립한다[명제 8]. 오른쪽 편에 생기는 삼각형의 경우도 마찬가지이다. 이것은 주어짐의 전형적 특성을 보여주는 매우 흥미로운 유사한 두 개의 조건 명제를 유도해낼 수 있다.

(1) 만약 gvn.$\mathrm{P}:\mathrm{Q}$ & gvn.$a:c$이면, gvn.$b:d$이다.
(2) 만약 gvn.$a:c$ & gvn.$b:d$이면, gvn.$\mathrm{P}:\mathrm{Q}$이다.

명제 68은 (1)을 증명한다.

명제 69는 등각이 아닌 주어져 있는 각을 가지는 경우에 동일하다는 것을 증명한다.

명제 70에서 [1]은 명제 68의 부분적 역인 (2)를 증명한다.

명제 70에서 [2]는 등각이 아닌 주어져 있는 각을 가지는 경우에 동일하다는 것을 증명한다.

명제 71과 72는 명제 70을 평행사변형의 절반인 삼각형에 적용한다.

명제 73은 명제 56의 부분적 역에 대해 증명하는 것을 의미한다. 만약 $a:c::d:e$이고 gvn.$b:e$이면, gvn.$\mathrm{P}:\mathrm{Q}$이다. 그러나 이제 우리가 보게 되겠지만, 이 명제는 필사하는 과정에서 원본과 비교해 심각한 오류가 있는 것으로 보인다.

명제 74에서 [1]은 명제 56에서 사용된 거의 같은 단어들로 동일한 것을 증명한다. 명제 56이 조금 더 장황하고 두 명제의 혼합된 형태를 지니고 있다.

명제 75는 명제 74를 삼각형에 적용한다.

**Θε 68.** ᾿Εὰν δύο ἰσογώνια παραλληλόγραμμα πρὸς ἄλληλα λόγον ἔχῃ δεδομένον, καὶ μία πλευρὰ πρὸς μίαν πλευρὰν λόγον ἔχῃ δεδομένον, καὶ ἡ λοιπὴ πλευρὰ πρὸς τὴν λοιπὴν πλευρὰν λόγον ἕξει δεδομένον.

δύο γὰρ ἰσογώνια παραλληλόγραμμα τὰ ΑΒ, ΓΔ πρὸς ἄλληλα λόγον ἐχέτω δεδομένον, ἐχέτω δὲ καὶ μία πλευρὰ πρὸς μίαν πλευρὰν λόγον δεδομένον, καὶ ἔστω τῆς ΒΕ πρὸς τὴν ΖΔ λόγος δοθείς· λέγω, ὅτι καὶ τῆς ΑΕ πρὸς τὴν ΖΓ λόγος ἐστὶ δοθείς.

παραβεβλήσθω γὰρ παρὰ τὴν ΕΒ τῷ ΓΔ ἴσον παραλληλόγραμμον τὸ ΕΗ, καὶ κείσθω, ὥστε ἐπ' εὐθείας εἶναι τὴν ΑΕ τῇ ΕΘ· ἐπ' εὐθείας ἄρα ἐστὶ καὶ ἡ ΚΒ τῇ ΒΗ.

ἐπεὶ οὖν λόγος ἐστὶ τοῦ ΑΒ πρὸς τὸ ΓΔ δοθείς, ἴσον δὲ τὸ ΓΔ τῷ ΕΗ, λόγος ἄρα τοῦ ΑΒ πρὸς τὸ ΕΗ δοθείς· ὥστε καὶ τῆς ΑΕ πρὸς τὴν ΕΘ λόγος ἐστὶ δοθείς. καὶ ἐπεὶ ἴσον ἐστὶ τὸ ΕΗ τῷ ΓΔ, ἔστι δὲ καὶ ἰσογώνιον, τῶν ΕΗ, ΓΔ ἄρα ἀντιπεπόνθασιν αἱ πλευραὶ αἱ περὶ τὰς ἴσας γωνίας· ἔστιν ἄρα ὡς ἡ ΕΒ πρὸς τὴν ΖΔ, οὕτως ἡ ΓΖ πρὸς τὴν ΕΘ. λόγος δὲ τῆς ΕΒ πρὸς τὴν ΖΔ δοθείς· καὶ τῆς ΓΖ ἄρα πρὸς τὴν ΕΘ λόγος ἐστὶ δοθείς. τῆς δὲ ΕΘ πρὸς τὴν ΑΕ λόγος ἐστὶ δοθείς· καὶ τῆς ΑΕ ἄρα πρὸς τὴν ΓΖ λόγος ἐστὶ δοθείς.

---

명제 68. 만약 두 등각 평행사변형이 주어져 있는 비를 가지고 한 평행사변형의 한 변은 다른 평행사변형의 한 변 사이의 비가 주어져 있다면, 나머지 변들 사이의 비도 주어진 것이다.

등각인 두 평행사변형 (AB), (CD)의 비가 주어져 있고, 평행사변형 (AB)의 한 변 BE와 평행사변형 (CD)의 한 변 ZD의 길이의 비가 주어져 있다. 그러면 비 AE : ZC도 주어진 것이라고 말한다.

평행사변형 (CD)와 같은 넓이를 가지는 평행사변형 (EH)를 선분 BE 밑에 작도하는데, 선분 AE의 연장선 위에 선분 EQ가 놓이도록 한다[I. 명제 45]. 그러면 선분 KB의 연장선 위에 선분 BH가 놓이게 된다[I. 명제 29, 명제 14].

그러면 비 (AB) : (CD)가 주어져 있고, (CD) = (EH)이기 때문에 비 (AB) : (EH)는 주어진 것이다[V. 명제 7, 정의 2*]. 따라서 비 AE : EQ도 주어진 것이다[VI. 명제 1].

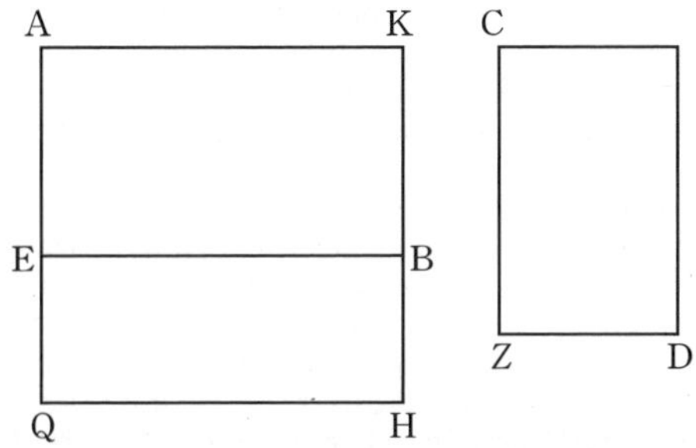


그림 68.2

그리고 (EH)와 (CD)는 서로 등각인 평행사변형이고 서로 넓이가 같기 때문에 두 평행사변형 (EH)와 (CD)에서 동일한 각을 끼고 있는 두 변의 길이는 상반비례적이다[VI. 명제 14]. 즉, EB : ZD :: CZ : EQ이다.

그리고 비 EB : ZD가 주어져 있으므로, 비 CZ : EQ도 주어진 것이다[정의 2*]. 또한 비 EQ : AE가 주어져 있으므로 비 AE : CZ 또한 주어진 것이다[명제 8]. ■

**논평 :**

그림 68.1의 표현 방법에 따르면(Q = R를 이용하여), 명제 68은 명제 56에서 조금 추가된 방식으로 증명된다. 즉, P : Q = $b : e$이기 때문에, gvn. P : Q이고, gvn. $a : c$이면 gvn. $b : d$이다. 왜냐하면 비 $b : d$는 비 $b : e$와 비 $e : d$에 의한 합성이기 때문이다. 이것은 비 $b : e$와 비 $c : a$ (각주 61 참조)에 의한 것이다. 그러므로 주어져 있는 비를 합성하여 주어진 비가 되도록 한다[명제 8].

**Θε 69.** ʼΕὰν δύο παραλληλόγραμμα δεδομένας ἔχῃ γωνίας καὶ λόγον πρὸς ἄλληλα ἔχῃ δεδομένον, καὶ μία πλευρὰ πρὸς μίαν πλευρὰν λόγον ἔχῃ δεδομένον, καὶ ἡ λοιπὴ πλευρὰ πρὸς τὴν λοιπὴν πλευρὰν λόγον ἕξει δεδομένον.

δύο γὰρ παραλληλόγραμμα τὰ ΑΒ, ΗΕ δεδομένας ἔχοντα γωνίας τὰς πρὸς τοῖς Δ, Ζ πρὸς ἄλληλα λόγον ἐχέτω δεδομένον, λόγος δὲ ἔστω τῆς ΔΒ πρὸς τὴν ΖΗ δοθείς· λέγω, ὅτι καὶ τῆς ΑΔ πρὸς τὴν ΕΖ λόγος δέδοται.

εἰ μὲν οὖν ἰσογώνιόν ἐστι τὸ ΑΒ παραλληλόγραμμον τῷ ΕΗ παραλληλογράμμῳ, φανερόν.

εἰ δὲ οὔ, συνεστάτω πρὸς τῇ ΔΒ καὶ τῷ πρὸς αὐτῇ σημείῳ τῷ Δ τῇ ὑπὸ τῶν ΕΖΗ γωνίᾳ ἴση ἡ ὑπὸ τῶν ΒΔΚ, καὶ συμπεπληρώσθω τὸ ΔΛ παραλληλόγραμμον.

ἐπεὶ δοθεῖσά ἐστιν ἑκατέρα τῶν ὑπὸ ΔΑΓ, ΑΚΔ, καὶ λοιπὴ ἄρα ἡ ὑπὸ τῶν ΑΔΚ ἐστι δοθεῖσα· δέδοται ἄρα τὸ ΑΔΚ τρίγωνον τῷ εἴδει· λόγος ἄρα ἐστὶ τῆς ΑΔ πρὸς τὴν ΔΚ δοθείς. καὶ ἐπεὶ λόγος ἐστὶ τοῦ ΔΓ πρὸς τὸ ΖΘ δοθείς· ὑπόκειται γάρ· καί ἐστιν ἴσον τὸ ΔΓ τῷ ΔΛ, λόγος ἄρα καὶ τοῦ ΔΛ πρὸς τὸ ΖΘ δοθείς. καί ἐστιν ἰσογώνιον τὸ ΔΛ τῷ ΖΘ, καὶ λόγος ἐστὶ τοῦ ΔΛ πρὸς τὸ ΕΗ δοθείς, { **καί ἐστι τῆς ΔΒ πρὸς τὴν ΖΗ· ὑπόκειται γάρ·**} λόγος ἄρα ἐστὶ καὶ τῆς ΔΚ πρὸς τὴν ΕΖ δοθείς. τῆς δὲ ΔΚ πρὸς τὴν ΔΑ λόγος ἐστὶ δοθείς· καὶ τῆς ΑΔ ἄρα πρὸς τὴν ΕΖ λόγος ἐστὶ δοθείς.

명제 69. 만약 주어져 있는 각을 가지고 두 평행사변형의 한 변의 길이의 비가 주어져 있다면, 나머지 변들 사이의 비도 주어진 것이다.

꼭짓점 D와 Z에서 주어져 있는 각을 각각 가지면서 두 평행사변형 (AB), (HE)의 비가 주어져 있고, 두 평행사변형의 각 한 변의 길이의 비 DB : ZH가 주어져 있다. 그러면 비 AD : EZ는 주어진 것이라고 말한다.

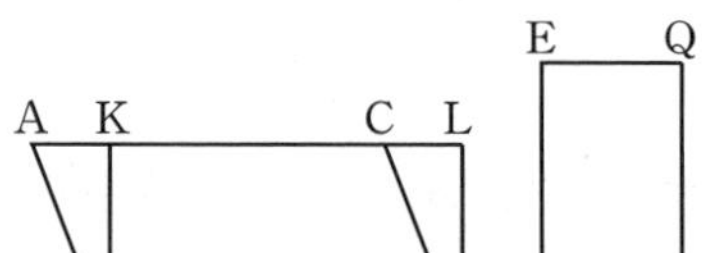

그림 69.1

만약 평행사변형 (AB)와 평행사변형 (EH)가 등각이라고 한다면, 이 명제는 명백하다[명제 68][133].

133) 명백하다는 것은 이전의 도식 안에서 그것을 본 적이 있다는 것을 의미한다.

하지만 그렇지 않다면, 직선 DB 위의 점 D에서 ∡EZH와 같은 각을 가지는 ∡BDK를 만든다[I. 명제 23]. 그 다음 평행사변형 (DL)을 완성한다.

따라서 각 DAK와 각 AKD가 주어져 있기 때문에[I. 명제 29, 명제 4] 남은 ∡ADK도 주어진 것이다[I. 명제 32, 명제 3, 명제 4]. 따라서 △ADK는 모양이 주어진 것이다[명제 40]. 그러므로 비 AD : DK도 주어진 것이다[정의 3].

가정에 의해 비 (DC) : (ZQ)는 주어져 있고, (DC) = (DL)[I. 명제 35]이기 때문에 비 (DL) : (ZQ)는 주어진 것이다[V. 명제 7, 정의 2*].

그리고 (DL)은 (ZQ)와 등각이고, {또한 가정에서 비 DB : ZH가 주어져 있으며[134]}, 비 (DL) : (EH)가 주어져 있으므로, 비 DK : EZ도 주어진 것이다[명제 68]. 또한 비 DK : DA가 주어져 있으므로, 비 AD : EZ는 주어진 것이다[명제 8]. ■

**논평 :**

명제 69는 명제 68과 비슷한 방법으로 증명된다. 등각은 아니지만 주어진 각을 갖는 평행사변형에 대한 증명이다. 이것은 VI. 명제 14의 확장에 대한 다음 명제와 유사한 모습을 보이고 있다. 이 명제에 중요한 수학적 결론을 가지고 있는가? 사실 그렇게 보이지는 않는다.

134) 맥도웰-소콜릭이 [동일한 비로서 존재한다]라고 번역한 것은 명백히 잘못된 것이다. 이것은 불필요한 정보이고, 필사본에 빠져 있기 때문에 중괄호({ }) 안에 넣었다.

**Θε 70.** 'Εὰν δύο παραλληλογράμμων περὶ ἴσας γωνίας ἢ περὶ ἀνίσους μέν, δεδομένας δέ, αἱ πλευραὶ πρὸς ἀλλήλας λόγον ἔχωσι δεδομένον, καὶ αὐτὰ τὰ παραλληλόγραμμα πρὸς ἄλληλα λόγον ἕξει δεδομένον.

δύο γὰρ παραλληλογράμμων τῶν ΑΒ, ΕΗ περὶ ἴσας γωνίας τὰς πρὸς τοῖς Γ, Ζ ἢ περὶ ἀνίσους μέν, δεδομένας δέ, αἱ πλευραὶ πρὸς ἀλλήλας λόγον ἐχέτωσαν δεδομένον, τουτέστι λόγος ἔστω τῆς μὲν ΑΓ πρὸς τὴν ΕΖ δοθείς, τῆς δὲ ΒΓ πρὸς τὴν ΖΗ· λέγω, ὅτι καὶ τοῦ ΓΔ πρὸς τὸ ΖΘ λόγος ἐστὶ δοθείς.

ἔστω γὰρ ἰσογώνιον τὸ ΓΔ τῷ ΖΘ, καὶ παραβεβλήσθω παρὰ τὴν ΓΒ εὐθεῖαν τῷ ΖΘ παραλληλογράμμῳ ἴσον παραλληλόγραμμον τὸ ΓΜ, καὶ κείσθω ὥστε ἐπ' εὐθείας εἶναι τὴν ΑΓ τῇ ΓΝ· καὶ ἡ ΔΒ ἄρα τῇ ΒΜ ἐστιν ἐπ' εὐθείας. καὶ ἴσον ἐστὶ τὸ ΒΝ τῷ ΖΘ· ἔστι δὲ καὶ ἰσογώνιον· τῶν ΒΝ, ΘΖ ἄρα ἀντιπεπόνθασιν αἱ πλευραὶ αἱ περὶ τὰς ἴσας γωνίας· ἔστιν ἄρα ὡς ἡ ΓΒ πρὸς τὴν ΖΗ, οὕτως ἡ ΖΕ πρὸς τὴν ΓΝ. λόγος δὲ τῆς ΓΒ πρὸς τὴν ΖΗ δοθείς· λόγος ἄρα καὶ τῆς ΕΖ πρὸς τὴν ΓΝ δοθείς. τῆς δὲ ΕΖ πρὸς τὴν ΑΓ λόγος ἐστὶ δοθείς· καὶ τῆς ΑΓ ἄρα πρὸς τὴν ΓΝ λόγος ἐστὶ δοθείς· ὥστε καὶ τοῦ ΓΔ πρὸς τὸ ΓΜ λόγος ἐστὶ δοθείς. ἔστι δὲ τὸ ΓΜ τῷ ΖΘ ἴσον· λόγος ἄρα καὶ τοῦ ΓΔ πρὸς τὸ ΕΗ δοθείς.

μὴ ἔστω δὴ ἰσογώνιον τὸ ΑΒ τῷ ΖΘ, καὶ συνεστάτω πρὸς τῇ ΒΓ εὐθείᾳ καὶ τῷ πρὸς αὐτῇ σημείῳ τῷ Γ τῇ ὑπὸ τῶν ΕΖΗ γωνίᾳ ἴση γωνία ἡ ὑπὸ ΒΓΚ, καὶ συμπεπληρώσθω τὸ ΓΛ παραλληλόγραμμον. καὶ ἐπεὶ δοθεῖσά ἐστιν ἡ ὑπὸ τῶν ΑΓΒ, ἔστι δὲ καὶ ἡ ὑπὸ ΚΓΒ δοθεῖσα, καὶ λοιπὴ ἄρα ἡ ὑπὸ ΑΓΚ ἐστι δοθεῖσα. ἔστι δὲ καὶ ἡ ὑπὸ τῶν ΓΑΚ δοθεῖσα· καὶ λοιπὴ ἄρα ἡ ὑπὸ τῶν ΑΚΓ ἐστι δοθεῖσα· δέδοται ἄρα τὸ ΑΓΚ τρίγωνον τῷ εἴδει· λόγος ἄρα ἐστὶ τῆς ΑΓ πρὸς τὴν ΓΚ δοθείς· τῆς δὲ ΑΓ πρὸς τὴν ΕΖ λόγος ἐστὶ δοθείς· καὶ τῆς ΓΚ ἄρα πρὸς τὴν ΕΖ λόγος ἐστὶ δοθείς. ἔστι δὲ καὶ τῆς ΓΒ πρὸς τὴν ΖΗ λόγος δοθείς, καί ἐστιν ἴση ἡ ὑπὸ τῶν ΚΓΒ γωνία τῇ ὑπὸ τῶν ΕΖΗ· λόγος ἄρα ἐστὶ τοῦ ΓΛ πρὸς τὸ ΖΘ δοθείς. ἴσον δὲ τὸ ΓΛ τῷ ΓΔ· λόγος ἄρα ἐστὶ τοῦ ΓΔ πρὸς τὸ ΖΘ δοθείς.

---

명제 70. 만약 같은 각 혹은 같지 않지만 주어져 있는 각을 가지는 두 평행사변형에서 두 각을 만드는 변들에 대한 서로 서로의 길이의 비가 주어져 있다면, 두 평행사변형의 넓이의 비는 주어진 것이다.

점 C, Z에서 같은 각 혹은 같지 않지만 주어져 있는 각을 가지는 두 평행사변형 (AB), (EH)가 있다. 이때 두 쌍의 변들이 서로 서로에 대한 길이의 비가 주어져 있다. 즉, 비 AC : EZ와 비 BC : ZH가 주어져 있다. 그러면 두 평행사변의 넓이의 비 (CD) : (ZQ)는 주어진 것이라고 말한다.

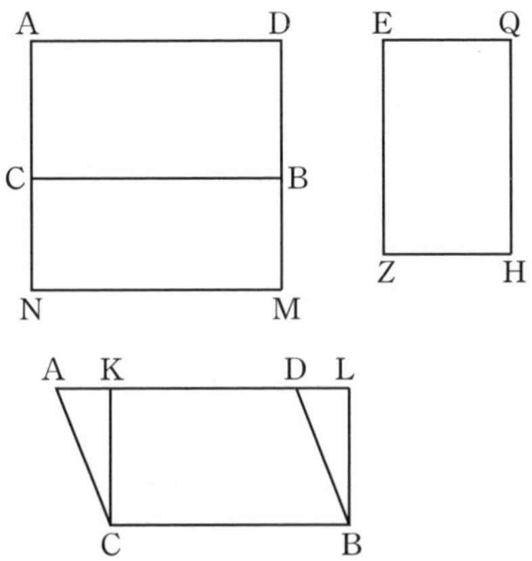


그림 70.1

[1] 우선(그림 70.1 위쪽) 등각인 경우이다. (CD)와 (ZQ)가 등각이고, 평행사변형 (ZQ)와 같은 넓이를 가지는 평행사변형 (CM)을 선분 CB위에 작도한다. 이때, 선분 CN은 선분 AC의 연장선 위에 있고, 선분 BM은 선분 DB의 연장선 위에 있다.

그러면 (BN)과 (ZQ)는 서로 같고, 서로 등각이다. 그러므로 두 평행사변형 (BN)과 (ZQ)의 변의 길이는 서로 상반비례적이다[VI. 명제 14]. 따라서 비 CB : ZH :: ZE : CN이고, 비 CB : ZH가 주어져 있으므로 비 EZ : CN 또한 주어진 것이다[정의 2*].

그리고 비 EZ : AC가 주어져 있으므로 비 AC : CN 또한 주어진 것이다[명제 8]. 따라서 비 (CD) : (CM)도 주어진 것이다[VI. 명제 1, 정의 2*]. 그리고 (CM) = (ZQ)이므로 비 (CD) : (EH) 또한 주어진 것이다.

[2] 다음은(그림 70.1 아래쪽) 등각이 아닌 경우이다. (AB)는 (ZQ)와 등각이 아니라고 하자. 그리고 직선 BC 위의 점 C에서 ∡EZH와

같은 각을 가지는 ∡BCK를 작도하자[I. 명제 23]. 그리고 평행사변형 (CL)을 완성한다.

그러면, ∡ACB와 ∡KCB가 주어져 있으므로 나머지 ∡ACK도 주어진 것이다[명제 4]. 그리고 ∡CAK가 주어져 있으므로[I. 명제 29, 명제 4], 삼각형의 남은 ∡AKC 역시 주어진 것이다[I. 명제 32]. 그러므로 △ACK의 모양은 주어진 것이다[명제 40]. 따라서 비 AC : CK는 주어진 것이다[정의 3]. 또한 비 AC : EZ가 주어져 있으므로 비 CK : EZ도 주어진 것이다[명제 8].

게다가 비 CB : ZH는 주어져 있고 ∡KCB = ∡EZH가 성립하므로, 비 (CL) : (ZQ)는 주어진 것이다[명제 70의 [1]에 의해서]. 또한 (CL) = (CD)이므로 비 (CD) : (ZQ)는 주어진 것이다[V. 명제 7, 정의 2*]. ■

**논평 :**

명제 70은 명제 68과 명제 69의 부분적인 역이다. 즉, 만약 gvn. $a : c$이고 gvn. $b : d$이면 gvn. P : Q이다. 등각인 경우의 증명(그림 56.2)은 아래와 같다.

Q = R [작도에 의해서]이므로, $a : c :: d : e$이다[VI. 명제 14].
그러므로 gvn. $d : e$이다.
gvn. $b : d$이므로[명제 8], gvn. $b : e$이다.
따라서, P : Q :: P : R :: $b : e$이므로, gvn P : Q이다.

등각이 아닌 경우는 명제 69에 있는 등각인 경우와 비슷하다.

**Θε 71.** ᾿Εὰν δύο τριγώνων περὶ ἴσας γωνίας ἢ περὶ ἀνίσους μέν, δεδομένας δέ, αἱ πλευραὶ πρὸς ἀλλήλας λόγον ἔχωσι δεδομένον, καὶ αὐτὰ τὰ τρίγωνα πρὸς ἄλληλα λόγον ἔχει δεδομένον.

δύο γὰρ τριγώνων τῶν ΑΒΓ, ΔΕΘ περὶ ἴσας γωνίας τὰς πρὸς τοῖς Α, Δ ἢ περὶ ἀνίσους μέν, δεδομένας δέ, αἱ πλευραὶ πρὸς ἀλλήλας λόγον ἐχέτωσαν δεδομένον, καὶ ἔστω λόγος τῆς μὲν ΒΑ πρὸς τὴν ΕΔ δοθείς, τῆς δὲ ΑΓ πρὸς τὴν ΔΘ· λέγω, ὅτι καὶ τοῦ ΑΒΓ τριγώνου λόγος ἐστὶ δοθεὶς πρὸς τὸ ΕΔΘ τρίγωνον.

συμπεπληρώσθω γὰρ τὰ ΑΗ, ΔΖ παραλληλόγραμμα. ἐπεὶ οὖν δύο παραλληλογράμμων τῶν ΑΗ, ΔΖ περὶ τὰς ἴσας γωνίας ἢ περὶ ἀνίσους μέν, δεδομένας δὲ τὰς πρὸς τοῖς Α, Δ αἱ πλευραὶ πρὸς ἀλλήλας λόγον ἔχουσι δεδομένον, καὶ τὰ παραλληλόγραμμα λόγον ἕξει δεδομένον πρὸς ἄλληλα· λόγος ἄρα τοῦ ΑΗ πρὸς τὸ ΔΖ δοθείς. καί ἐστι τοῦ μὲν ΑΗ ἥμισυ τὸ ΑΒΓ τρίγωνον, τοῦ δὲ ΔΖ τὸ ΔΕΘ· λόγος ἄρα τοῦ ΑΒΓ πρὸς τὸ ΔΕΘ τρίγωνον δοθείς.

---

명제 71. 만약 같은 각 혹은 같지 않지만 주어져 있는 각을 가지는 두 삼각형에서 두 각을 만드는 변들에 대한 서로 서로의 길이의 비가 주어져 있다면, 두 삼각형의 넓이의 비는 주어진 것이다.

점 A, D에서 같은 각 혹은 같지 않지만 주어져 있는 각을 가지는 두 삼각형 ABC, DEQ가 있다. 이때 두 쌍의 변들이 서로 서로에 대한 길이의 비가 주어져 있다. 즉, 비 BA : ED와 비 AC : DQ가 주어져 있다. 그러면 두 삼각형의 넓이의 비 △ABC : △EDQ는 주어진 것이라고 말한다.

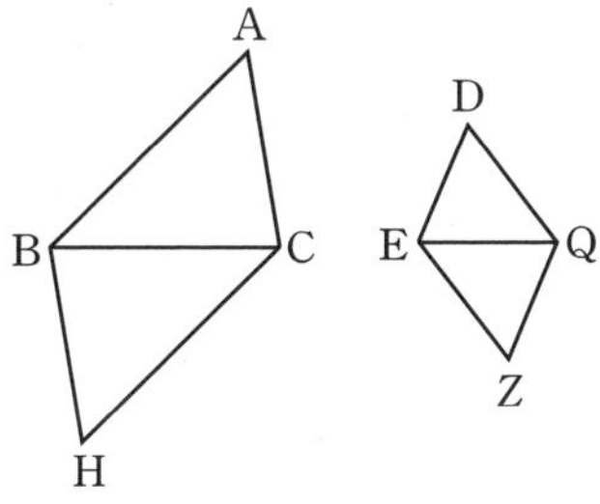


그림 71.1

평행사변형 (AH)와 평행사변형 (DZ)를 완성시킨다.[135] 점 A, D에서 같은 각 혹은 같지 않지만 주어져 있는 각을 가지는 두 평행사변형 (AH), (DZ)가 있고, 이때 두 쌍의 변들이 서로 서로에 대한 길이의 비가 주어져 있기 때문에 두 평행사변의 넓이의 비 (AH) : (DZ)는 주어진 것이다[명제 70].

또한 △ABC는 평행사변형 (AH)의 절반이고 △DEQ는 평행사변형 (DZ)의 절반이다[I. 명제 34]. 따라서 비 △ABC : △DEQ는 주어진 것이다[V. 명제 15, 정의 2*]. ■

**논평 :**

명제 71은 명제 70을 삼각형에 대해 적용한 것이다. 사실 삼각형은 평행사변형(I. 명제 37, I. 명제 38 참고)의 넓이의 반과 같기 때문에 당연히 성립한다.

**Θε 72.** ᾿Εὰν δύο τριγώνων αἵ τε βάσεις ἐν δεδομένῳ λόγῳ ὦσι καὶ αἱ ἐπ᾿ αὐτὰς ἠγμέναι ἀπὸ τῶν γωνιῶν ἤτοι ἴσας γωνίας ποιοῦσαι ἢ ἀνίσους μέν, δεδομένας δέ, τὰς πρὸς ταῖς βάσεσιν, καὶ αὐτὰ τὰ τρίγωνα πρὸς ἄλληλα λόγον ἕξει δεδομένον.

ἔστω δύο τρίγωνα τὰ ΑΒΓ, ΔΕΖ, καὶ ἤχθωσαν αἱ ΑΗ, ΔΘ ἤτοι ἴσας γωνίας ποιοῦσαι τὰς ὑπὸ τῶν ΑΗΓ, ΔΘΖ ἢ ἀνίσους μέν, δεδομένας δέ, καὶ ἔστω λόγος τῆς μὲν ΒΓ πρὸς ΕΖ δοθείς, τῆς δὲ ΑΗ πρὸς τὴν ΔΘ δοθείς· λέγω, ὅτι καὶ τοῦ ΑΒΓ τριγώνου πρὸς τὸ ΔΕΖ τρίγωνον λόγος ἐστὶ δοθείς.

συμπεπληρώσθω γὰρ τὰ ΚΓ, ΛΖ παραλληλόγραμμα. καὶ ἐπεὶ αἱ ὑπὸ τῶν ΑΗΓ, ΔΘΖ γωνίαι ἤτοι ἴσαι εἰσίν, ἢ ἄνισοι μέν, δεδομέναι δέ, ἴση δὲ ἡ μὲν ὑπὸ τῶν ΑΗΓ τῇ ὑπὸ ΚΒΓ, ἡ δὲ ὑπὸ τῶν ΔΘΖ τῇ ὑπὸ τῶν ΛΕΖ, καὶ αἱ πρὸς τοῖς Β, Ε ἄρα γωνίαι ἤτοι ἴσαι εἰσὶν ἢ ἄνισοι μέν, δεδομέναι δέ. καὶ ἐπεὶ λόγος ἐστὶ τῆς ΑΗ πρὸς τὴν ΔΘ δοθείς, ἴση δὲ ἡ μὲν ΑΗ τῇ ΚΒ, ἡ δὲ ΔΘ τῇ ΛΕ, λόγος ἄρα ἐστὶ καὶ τῆς ΚΒ πρὸς τὴν ΛΕ δοθείς. ἔστι δὲ καὶ τῆς ΒΓ πρὸς τὴν ΕΖ λόγος δοθείς, καὶ αἱ πρὸς τοῖς Β, Ε σημείοις γωνίαι ἤτοι ἴσαι εἰσίν, ἢ ἄνισοι μέν, δεδομέναι δέ· καὶ τοῦ ΓΚ ἄρα παραλληλογράμμου πρὸς τὸ ΛΖ παραλληλόγραμμον λόγος ἐστὶ δοθείς· ὥστε καὶ τοῦ ΑΒΓ τριγώνου πρὸς τὸ ΔΕΖ τρίγωνον λόγος ἐστὶ δοθείς.

---

135) 우리는 삼각형으로 평행사변형을 만들 수 있다는 것을 가정한다. 그리스 기하에서 항상 그러하듯이 그림이 이를 확인시켜 준다. 136번 주석을 보아라.

**명제 72.** 만약 두 삼각형의 밑변의 길이의 비가 주어져 있고, 같은 각을 만들거나 주어져 있는 각을 만드는 밑변에 그은 선분의 길이의 비가 주어져 있다면, 두 삼각형의 비는 주어진 것이다.

두 삼각형 ABC, DEZ가 주어져 있고, 두 꼭짓점에서 그은 선분 AH, DQ는 똑같은 각 혹은 주어져 있는 각 AHC, 각 DQZ을 만든다고 한다. 또한 비 BC : EZ와 비 AH : DQ가 주어져 있다고 한다. 그러면 비 △ABC : △DEZ는 주어진 것이라고 말한다.

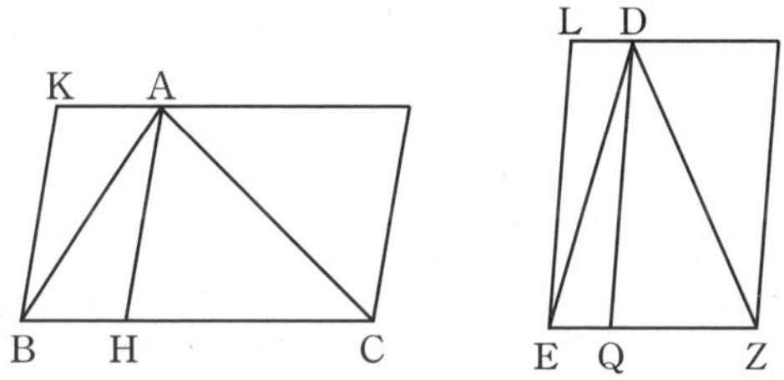


그림 72.1

평행사변형 (KC)와 평행사변형 (LZ)를 완성하자.[136)]

두 각 AHC와 DQZ가 같은 각 혹은 주어져 있는 각을 가지고 ∡AHC = ∡KBC, ∡DQZ = ∡LEZ이므로[I. 명제 29], 점 B와 E에서 만들어지는 각은 같은 각 혹은 주어져 있는 각을 가진다.

그리고 비 AH : DQ는 주어져 있고, AH = KB, DQ = LE이므로 비 KB : LE는 주어진 것이다[V. 명제 7, 정의 2].

또한 가정에서 비 BC : EZ는 주어져 있고, 점 B, E에서 만들어지는 각의 크기가 같거나 혹은 주어져 있는 각의 크기를 가지므로, 두 평

---

136) KB∥AH, KA∥BC이도록 평행사변형을 그린다. 원전에는 선분들이 평행하다는 것이 분명하지 않기 때문에 그림없이 이해하기가 쉽지 않다. 대부분의 경우에 삼각형의 두 변에 평행한 선분을 그려서 만들어진 도형은 삼각형의 두 배가 된다.

행사변형의 넓이의 비 (CK) : (LZ)는 주어진 것이다[명제 70]. 따라서 두 삼각형의 넓이의 비 △ABC : △DEZ는 주어진 것이다[I. 명제 41, V. 명제 15]. ■

**논평 :**

명제 72 역시 밑변의 길이의 비가 주어져 있고, 꼭짓점에서 밑변에 그은 선분의 길이의 비가 주어져 있는 삼각형에 대한 것이다. 증명과정은 명제 70과 유사하다.

**Θε 73.** ʼΕὰν δύο παραλληλογράμμων περὶ ἴσας γωνίας ἢ περὶ ἀνίσους μέν, δεδομένας δέ, αἱ πλευραὶ οὕτως ἔχωσιν, ὥστε εἶναι ὡς τὴν τοῦ πρώτου πλευρὰν πρὸς τὴν τοῦ δευτέρου πλευράν, οὕτως τὴν λοιπὴν τοῦ δευτέρου πλευρὰν πρὸς ἄλλην τινά, ἔχῃ δὲ ἡ λοιπὴ τοῦ πρώτου πλευρὰ πρὸς αὐτὴν λόγον δεδομένον, καὶ αὐτὰ τὰ παραλληλόγραμμα πρὸς ἄλληλα λόγον ἕξει δεδομένον.

δύο γὰρ παραλληλογράμμων τῶν ΑΒ, ΕΗ περὶ ἴσας γωνίας ἢ περὶ ἀνίσους μέν, δεδομένας δέ, τὰς πρὸς τοῖς Γ, Ζ αἱ πλευραὶ οὕτως ἐχέτωσαν πρὸς ἀλλήλας, ὥστε εἶναι ὡς τὴν ΓΒ πρὸς τὴν ΖΗ, οὕτως τὴν ΕΖ πρὸς τὴν ΓΚ, τῆς δὲ ΑΓ πρὸς τὴν ΓΚ λόγος ἔστω δοθείς· λέγω, ὅτι καὶ τοῦ ΓΔ παραλληλογράμμου πρὸς τὸ ΕΗ παραλληλόγραμμον λόγος ἐστὶ δοθείς.

ἔστω γὰρ πρότερον τὸ ΑΒ τῷ ΕΗ ἰσογώνιον, καὶ παραβεβλήσθω παρὰ τὴν ΒΓ εὐθεῖαν τῷ ΕΗ παραλληλογράμμῳ ἴσον παραλληλόγραμμον τὸ ΓΘ, καὶ κείσθω ὥστε ἐπ' εὐθείας εἶναι τὴν ΑΓ τῇ ΚΓ· ἐπ' εὐθείας ἄρα ἐστὶ καὶ ἡ ΔΒ τῇ ΘΒ. καὶ ἐπεὶ ἴσον ἐστὶ τὸ ΓΘ τῷ ΕΗ, ἔστι δὲ καὶ ἰσογώνιον, τῶν ΓΘ, ΕΗ ἄρα ἀντιπεπόνθασιν αἱ πλευραὶ αἱ περὶ τὰς ἴσας γωνίας· ἔστιν ἄρα ὡς ἡ ΓΒ πρὸς τὴν ΖΗ, οὕτως ἡ ΕΖ πρὸς τὴν ΓΚ· ὡς δὲ ἡ ΓΒ πρὸς τὴν ΖΗ, οὕτως ἡ ΕΖ καὶ πρὸς ἣν ἡ ΑΓ λόγον ἔχει δεδομένον· λόγος ἄρα τῆς ΑΓ πρὸς τὴν ΓΚ δοθείς· ὥστε καὶ τοῦ ΑΒ πρὸς τὸ ΓΘ, τουτέστι πρὸς τὸ ΕΗ λόγος ἐστὶ δοθείς.

μὴ ἔστω δὴ ἰσογώνιον, καὶ συνεστάτω πρὸς τῇ ΓΒ εὐθείᾳ καὶ τῷ πρὸς αὐτῇ σημείῳ τῷ Γ τῇ ὑπὸ τῶν ΕΖΗ γωνίᾳ ἴση ἡ ὑπὸ τῶν ΒΓΛ, καὶ συμπεπληρώσθω τὸ ΓΜ παραλληλόγραμμον. ἐπεὶ δοθεῖσά ἐστιν ἑκατέρα τῶν ὑπὸ τῶν ΑΓΒ, ΛΓΒ, καὶ λοιπὴ ἄρα ἡ ὑπὸ τῶν ΑΓΛ ἐστι δοθεῖσα. δέδοται δὲ καὶ ἡ ὑπὸ τῶν ΓΑΛ· καὶ λοιπὴ ἄρα ἡ ὑπὸ ΓΛΑ δέδοται· ὥστε δέδοται τὸ ΑΓΛ τρίγωνον τῷ εἴδει· λόγος ἄρα ἐστὶ τῆς ΑΓ πρὸς τὴν ΓΛ δοθείς. καὶ ἐπεί ἐστιν, ὡς ἡ ΓΒ πρὸς τὴν ΖΗ, οὕτως ἡ ΕΖ πρὸς ἣν ἡ ΑΓ λόγον ἔχει δεδομένον, τῆς δὲ ΑΓ πρὸς τὴν ΓΛ λόγος ἐστὶ δοθείς, ἔστιν ἄρα ὡς ἡ ΓΒ πρὸς τὴν ΖΗ, οὕτως ἡ ΖΕ πρὸς τὴν ΓΛ. καί ἐστιν ἴση ἡ ὑπὸ ΒΓΛ γωνία τῇ ὑπὸ τῶν ΕΖΗ· λόγος ἄρα τοῦ ΓΜ παραλληλογράμμου πρὸς τὸ ΕΗ παραλληλόγραμμον δοθείς. ἴσον δέ ἐστι τὸ ΓΜ τῷ ΓΔ· λόγος ἄρα τοῦ ΓΔ πρὸς τὸ ΕΗ δοθείς.

명제 73. 만약 두 평행사변형이 한 변에서 같은 각 혹은 같지 않지만 주어져 있는 각을 가지고, 첫 번째 도형의 한 변에 대한 두 번째 도형의 한 변의 길이의 비는 두 번째 도형의 다른 한 변과 어떤 선분의 비와 동일한데, 첫 번째 도형의 다른 한 변과 이 어떤 선분의 길이의 비가 주어져 있다면, 두 평행사변형의 넓이의 비는 주어진 것이다.

점 C, Z에서 같은 각 혹은 같지 않지만 주어져 있는 각을 가지는 두 평행사변형 (AB), (EH)에서 비 AC : CX가 주어져 있는 비를 가지고, 비 CB : ZH와 비 EZ : CX[137]는 서로 동일하다. 그러면 비 (CD) : (EH)는 주어진 것이라고 말한다.[138]

[1] 먼저(그림 73.1의 위쪽) 두 평행사변형 (AB), (EH)가 등각인 경우이다. 선분 BC 위에 평행사변형 (EH)와 같아지도록 평행사변형 (CQ)를 그린다. 그리고 선분 AC의 연장선 위에 선분 KC가 있고, 선분 DB의 연장선 위에 선분 QB가 놓이도록 한다.

그리고 (CQ)와 (EH)는 같고 등각이므로 두 평행사변형 (CQ)와 (EH)의 변은 상반비례적이다. 따라서 CB : ZH :: EZ : CK이다.

가정에서 비 CB : ZH와 비 EZ : CX가 동일하도록 하는 CX에 대해 비 AC : CX가 주어져 있다고 하였으므로, CK = CX가 성립한다. 그러므로, 비 AC : CK는 주어진 것이다. 따라서, 비 (AB) : (CQ) [VI. 명제 1], 곧 비 (AB) : (EH)는 주어진 것이다.[139]

---

137) 필사본에는 CK이다. 평행사변형 CK, KQ 아래쪽의 작도에 대한 유클리드의 예측은 실패하였다. CX는 CK가 아닌 전혀 다른 직선이고, 그림에 나타나지 않기 때문에 명칭을 바꾸어야 한다.

138) 도형의 명칭 부여에 있어서 여기보다 더 유클리드의 무성의함을 보이는 곳도 없을 것이다. 여기에서 평행사변형 (CD)는 (AB)와 똑같은 것이다.

139) 멘지는 그의 라틴어 번역판에서 '이 부분에 오류가 있는 것 같다'라고 주석을 달았

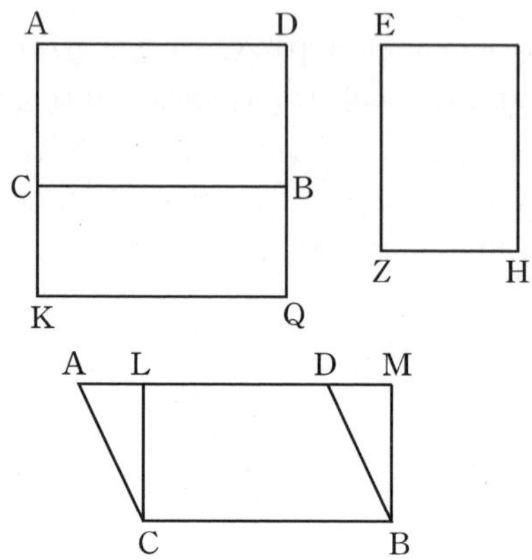


그림 73.1

[2] 다음으로(그림 73.1의 아래쪽) 두 평행사변형 (AB), (EH)가 등각이 아닌 경우이다. 직선 CB 위의 점 C에서 ∡EZH와 같아지도록 하는 ∡BCL을 작도한다[I.명제 23]. 그리고 평행사변형 (CM)을 완성하도록 한다.

그러면 각 ACB, 각 LCB는 주어져 있으므로, 나머지 ∡ACL도 주어진 것이다[명제 4]. 또한 ∡CAL이 주어져 있으므로[I.명제 29, 명제 4], 남은 ∡CLA도 주어진 것이다[I.명제 32, 명제 3, 명제 4]. 따라서 △ACL의 모양은 주어진 것이다[명제 40]. 그러므로 비 AC : CL은 주어진 것이다[정의 3].

또한 가정에서 비 CB : ZH와 비 EZ : CX가 동일하도록 하는 CX에 대해 비 AC : CX는 주어져 있다고 하였으므로 비 AC : CL은 주어진 것이다. 그러므로, CB : ZH :: ZE : CL이다(그런데, 이것은 모순이다. 평행사변형 (CM)은 평행사변형 (EH)와 등각이지만 같지 않기 때문이다. 논평 참고).

---

다. 첫째, 평행사변형 (CQ)의 한 변이 증명되어야 하는 CK와 같다고 가정하였다. 둘째, 가정에서 비 AC : CK는 주어져 있는 것인데, 이것을 증명해 버렸다(주석 137 참조).

그리고 ∡BCL = ∡EZH이므로 비 (CM) : (EH)는 주어진 것이다. 또한 (CM) = (CD)이므로[I. 명제 35], 비 (CD) : (EH)는 주어진 것이다[V. 명제 7, 정의 2*]. ■

**논평 :**

멘지가 관찰한 첫 번째 주장에 대한 변조는 직선 CX를 포함시킴으로서 쉽게 해결될 수 있었다. 반면 두 번째 증명은 더 복잡해졌다. 첫 번째 증명으로부터 작도하는 과정을 참고로 하여 두 번째 증명의 첫 단락을 대체해야 한다. 그리고 다시 CX를 선언하고 결론을 재진술하면 다음과 같다.

[2] 두 평행사변형 (AB), (EH)가 등각이 아닌 경우이다. 선분 BC 위에 평행사변형 (EH)와 등각이고 넓이가 같은 평행사변형 (CQ)를 작도한다(그림 73.1에서는 보이지 않지만 BCKQ). 선분 KC의 연장선 위에 점 L이 있고, 선분 QB의 연장선 위에 점 M이 있도록 하면 (CM)과 (EH)는 서로 등각인 평행사변형이 된다. 이제 CB : ZH :: EZ : CK [VI. 명제 14]이고, 가정에서 CB : ZH :: EZ : CX (어떤 선분 CX에 대해)이므로 V. 명제 9에 의해서 CK = CX가 성립한다. 그리고 가정에서 비 AC : CX는 주어져 있으므로 이것으로부터 항상 비 AC : CK는 항상 주어진 것이다.

그러면 각 ACB, 각 LCB는 주어져 있으므로, 나머지 ∡ACL도 주어진 것이다[명제 4]. 또한 ∡CAL이 주어져 있으므로[I. 명제 29, 명제 4], 남은 ∡CLA도 주어진 것이다[I. 명제 32, 명제 3, 명제 4]. 따라서 △ACL의 모양은 주어진 것이다[명제 40]. 그러므로 비 AC : CL은 주어진 것이다[정의 3]. 또한 비 AC : CK가 주어진 것으로 증명되었기 때문에 비 CL : CK도 역시 주어진 것이다[명제 8].

그리고 CL : CK :: (CM) : (CQ)[VI. 명제 1]이므로 gvn. (CM) : (CQ)이다. 그리고 (CM) = (AB) [I. 명제 35]이고 (EH) = (CQ) (작도에 의해서)이므로 gvn. (AB) : (EH)이다. ■

명제 73은 명제 68(등각인 경우)과 명제 69(등각이 아닌 경우)의 부분적인 역이다. 즉, 만약 $a : c :: d : e$이고, gvn. $b : e$이면 gvn. P : Q이다.

**Θε 74.** ʼΕὰν δύο παραλληλόγραμμα λόγον ἔχῃ δεδομένον, ἤτοι ἐν ἴσαις γωνίαις ἢ ἀνίσοις μέν, δεδομέναις δέ, ἔσται ὡς ἡ τοῦ πρώτου πλευρὰ πρὸς τὴν τοῦ δευτέρου πλευράν, οὕτως ἡ ἑτέρα τοῦ δευτέρου πλευρὰ πρὸς ἣν ἡ λοιπὴ τοῦ πρώτου λόγον ἔχει δεδομένον.

δύο γὰρ παραλληλόγραμμα τὰ ΑΒ, ΕΗ πρὸς ἄλληλα λόγον ἐχέτω δεδομένον ἤτοι ἐν ἴσαις γωνίαις ἢ ἐν ἀνίσοις μέν, δεδομέναις δέ, ταῖς πρὸς τοῖς Γ, Ζ· λέγω, ὅτι ἐστὶν ὡς ἡ ΓΒ πρὸς τὴν ΖΗ, οὕτως ἡ ΕΖ πρὸς ἣν ἡ ΑΓ λόγον ἔχει δεδομένον.

τὸ γὰρ ΑΒ τῷ ΕΗ ἤτοι ἰσογώνιόν ἐστιν ἢ οὔ.

ἔστω πρότερον ἰσογώνιον, καὶ παραβεβλήσθω παρὰ τὴν ΓΒ εὐθεῖαν τῷ ΕΗ παραλληλογράμμῳ ἴσον παραλληλόγραμμον τὸ ΓΘ, καὶ κείσθω ὥστε ἐπ' εὐθείας εἶναι τὴν ΑΓ τῇ ΓΚ· ἐπ' εὐθείας ἄρα ἐστὶ καὶ ἡ ΔΒ τῇ ΒΘ. καὶ ἐπεὶ λόγος ἐστὶ τοῦ ΑΒ πρὸς τὸ ΕΗ δοθείς, ἴσον δὲ τὸ ΕΗ τῷ ΓΘ, λόγος ἄρα ἐστὶ τοῦ ΑΒ πρὸς τὸ ΓΘ δοθείς· ὥστε καὶ τῆς ΑΓ πρὸς τὴν ΓΚ λόγος ἐστὶ δοθείς. καὶ ἐπεὶ ἴσον ἐστὶ τὸ ΓΘ τῷ ΕΗ, ἔστι δὲ καὶ ἰσογώνιον, τῶν ΓΘ, ΕΗ ἄρα ἀντιπεπόνθασιν αἱ πλευραὶ αἱ περὶ τὰς ἴσας γωνίας· ἔστιν ἄρα ὡς ἡ ΓΒ πρὸς τὴν ΖΗ, οὕτως ἡ ΕΖ πρὸς τὴν ΓΚ. τῆς δὲ ΓΚ πρὸς τὴν ΑΓ λόγος ἐστὶ δοθείς· ἔστιν ἄρα ὡς ἡ ΓΒ πρὸς τὴν ΖΗ, οὕτως ἡ ΕΖ πρὸς ἣν ἡ ΑΓ λόγον ἔχει δεδομένον.

μὴ ἔστω δὴ ἰσογώνιον, καὶ συνεστάτω πρὸς τῇ ΓΒ εὐθείᾳ καὶ τῷ πρὸς αὐτῇ σημείῳ τῷ Γ τῇ ὑπὸ ΕΖΗ γωνίᾳ ἴση ἡ ὑπὸ τῶν ΛΓΒ, καὶ συμπεπληρώσθω τὸ ΓΜ παραλληλόγραμμον. ἐπεὶ οὖν λόγος ἐστὶ τοῦ ΓΔ πρὸς τὸ ΕΗ δοθείς, ἴσον δὲ τὸ ΓΔ τῷ ΓΜ, λόγος ἄρα ἐστὶ τοῦ ΓΜ πρὸς τὸ ΕΗ δοθείς. καί ἐστιν ἴση ἡ ὑπὸ τῶν ΛΓΒ γωνία τῇ ὑπὸ τῶν ΕΖΗ· ἔστιν ἄρα ὡς ἡ ΓΒ πρὸς τὴν ΖΗ, οὕτως ἡ ΕΖ πρὸς ἣν ἡ ΓΛ λόγον ἔχει δεδομένον. τῆς δὲ ΓΑ πρὸς τὴν ΓΛ λόγος ἐστὶ δοθείς· ἔστιν ἄρα ὡς ἡ ΓΒ πρὸς τὴν ΖΗ, οὕτως ἡ ΕΖ πρὸς ἣν ἡ ΑΓ λόγον ἔχει δεδομένον.

---

명제 74. 만약 같은 각 혹은 같지 않지만 주어져 있는 각으로 만들어진 두 평행사변형의 넓이의 비가 주어져 있다고 하면, 첫 번째 도형의 한 변에 대한 두 번째 도형의 한 변의 비는 두 번째 도형의 다른 한 변에 대한 어떤 선분(첫 번째 도형의 다른 한 변과의 길이의 비가 주어져 있는)의 길이의 비와 같도록 한다.

점 C, Z에서 같은 각 혹은 서로 같지 않지만 주어져 있는 각을 가지는 두 평행사변형 (AB), (EH)의 넓이의 비가 주어져 있다. 그러면 CB에 대한 ZH의 비는 EZ에 대한 어떤 선분(AC와의 비가 주어져 있는)의 비와 동일하다고 말한다.

(AB), (EH)는 등각인 경우와 그렇지 않는 경우가 있다.

[1] 먼저(그림 74.1의 위쪽) 등각인 경우이다. 선분 CB 위에 평행사변형 (EH)와 같아지도록 평행사변형 (CQ)를 그린다. 그리고 선분 AC의 연장선 위에 선분 CK가 있고, 선분 DB의 연장선 위에 선분 BQ가 놓이도록 한다.

비 (AB) : (EH)가 주어져 있고, (EH) = (CQ)이므로 비 (AB) : (CQ)는 주어진 것이다. 그래서 비 AC : CK도 주어진 것이다[VI. 명제 1]. 두 평행사변형의 넓이가 같고 등각이며, 변의 길이가 서로 상반비례적이므로[VI. 명제 14], CB : ZH :: EZ : CK이다. 또한 비 CK : AC가 주어져 있으므로, CB에 대한 ZH의 비와 EZ에 대한 어떤 선분의 길이의 비가 같도록 하는 선분이 존재한다. 이때, AC와 어떤 선분의 길이의 비는 주어져 있는 것이 확실하다.

[2] 다음은(그림 74.1의 아래쪽) 등각이 아닌 경우이다. 선분 CB 위의 점 C에서 ∡EZH와 같아지도록 하는 ∡LCB를 작도한다[I. 명제 23]. 그리고 평행사변형 (CM)을 완성한다.

그러면 (CD) : (EH)가 주어져 있고 (CD) = (CM) [I. 명제 35]이므로, 비 (CM) : (EH)는 주어진 것이다. 그리고 ∡LCB = ∡EZH이므로, CB에 대한 ZH의 비와 EZ에 대한 어떤 선분(어떤 선분은 CL과의 길이의 비가 주어져 있음)의 길이의 비는 같다(앞의 과정과 동일함).

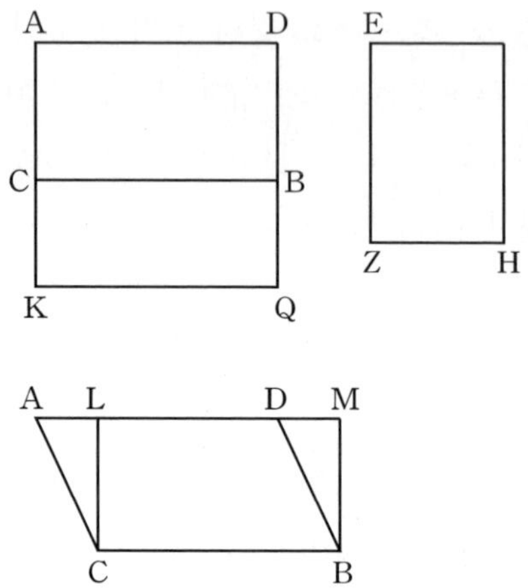


그림 74.1

또한 비 CA : CL이 주어져 있으므로(frm. △ACL), CB에 대한 ZH의 비와 EZ에 대한 어떤 선분(어떤 선분은 AC과의 길이의 비가 주어져 있음)의 길이의 비는 같다[명제 8]. ■

**논평 :**

그리스 원서의 마지막 부분을 보면 특정한 단어가 사용되고 있는데, 여기서 주어져 있는 비는 주어진 '특정한 비(the given ratio)'가 아니라 '임의의 비(a given ratio)'라는 것이다. 반면 우리는 여기서 명제 56에서 증명하였던 것을(등각과 등각이 아닌 두 가지 경우 모두) 다시 한 번 증명한 것이다. 그런데 이 두 경우의 차이점을 보면, 증명 [1]의 다섯 번째 줄에 나오는 평행사변형의 비 (AB) : (CQ)가 선분의 비 AC : CK와 동일하게 된다는 것은 오직 등각인 경우에만 성립하는 것으로 등각이 아닌 경우에는 성립하지 않는다. 그런데 우리가 앞에서 '주어진 것만큼 더 큰' 장에서 본 것처럼, 유클리드는 '같은 비'와 '주어진 비'에 대한 구별을 거의 하지 않고 사용한다. 하지만, 명제 74는 명제 56보다 더 세련된 모습을 하고 있는 것만은 분명해 보인다.

**Θε 75.** 'Εὰν δύο τρίγωνα πρὸς ἄλληλα λόγον ἔχῃ δεδομένον, ἤτοι ἐν ἴσαις γωνίαις ἢ ἐν ἀνίσοις μέν, δεδομέναις δέ, ἔσται ὡς ἡ τοῦ πρώτου πλευρὰ πρὸς τὴν τοῦ δευτέρου πλευράν, οὕτως ἡ ἑτέρα τοῦ δευτέρου πλευρὰ πρὸς ἣν ἡ λοιπὴ τοῦ πρώτου λόγον ἔχει δεδομένον.

ἔστω δύο τρίγωνα τὰ ΑΒΓ, ΔΕΖ πρὸς ἄλληλα λόγον ἔχοντα δεδομένον, καὶ ἔστωσαν αἱ πρὸς τοῖς Α, Δ γωνίαι ἤτοι ἴσαι ἢ ἄνισοι μέν, δεδομέναι δέ· λέγω, ὅτι ἐστὶν ὡς ἡ ΑΒ πρὸς τὴν ΔΕ, οὕτως ἡ ΔΖ πρὸς ἣν ἡ ΑΓ λόγον ἔχει δεδομένον.

συμπεπληρώσθω γὰρ τὰ ΑΗ, ΔΘ παραλληλόγραμμα. καὶ ἐπεὶ λόγος ἐστὶ τοῦ ΑΒΓ τριγώνου πρὸς τὸ ΔΕΖ τρίγωνον δοθείς, λόγος ἄρα καὶ τοῦ ΑΗ παραλληλογράμμου πρὸς τὸ ΔΘ παραλληλόγραμμον δοθείς. ἐπεὶ οὖν δύο παραλληλόγραμμα τὰ ΑΗ, ΔΘ πρὸς ἄλληλα λόγον ἔχει δεδομένον ἤτοι ἐν ἴσαις γωνίαις ἢ ἀνίσοις μέν, δεδομέναις δέ, ἔστιν ἄρα ὡς ἡ ΑΒ πρὸς τὴν ΔΕ, οὕτως ἡ ΔΖ πρὸς ἣν ἡ ΑΓ λόγον ἔχει δοθέντα.

---

명제 75. 만약 같은 각 혹은 같지 않지만 주어져 있는 각으로 만들어진 두 삼각형의 넓이의 비가 주어져 있다고 하면, 첫 번째 삼각형의 한 변에 대한 두 번째 삼각형 한 변의 비는 두 번째의 다른 한 변에 대한 어떤 선분(첫 번째의 다른 한 변과의 길이의 비가 주어져 있는)의 길이의 비와 같도록 한다.

점 A, D에서 같은 혹은 서로 같지 않지만 주어져 있는 각을 가지는 두 삼각형 ABC, DEZ의 넓이의 비가 주어져 있다. 그러면 변 AB에 대한 변 DE의 비는 변 DZ에 대한 어떤 선분(AC와의 비가 주어져 있는)의 비와 동일하다고 말한다.

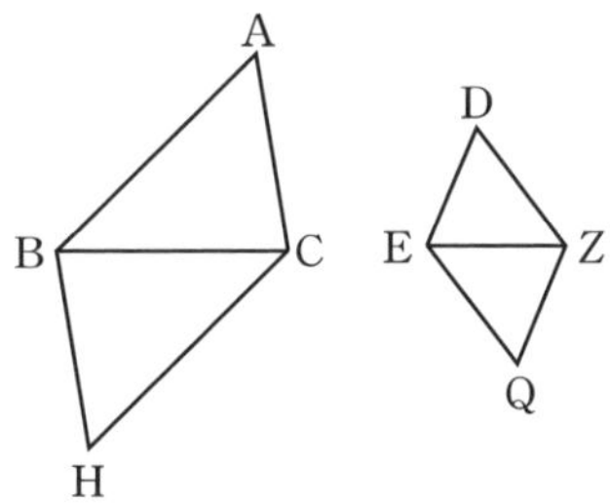


그림 75.1

평행사변형 (AH)와 (DQ)를 완성시키자. 비 △ABC : △DEZ는 주어져 있으므로, 비 (AH) : (DQ)는 주어진 것이다.

두 평행사변형 (AH), (DQ)는 같은 각 혹은 서로 같지 않지만 주어져 있는 각을 가지고, 그 넓이의 비가 주어져 있으므로, 변 AB에 대한 변 DE의 비는 변 DZ에 대한 어떤 선분의 길이의 비가 같도록 하는 선분이 존재한다. 이때, 변 AC와 어떤 선분의 길이의 비는 주어져 있는 것(특정한/임의의 비)이 확실하다.[140) ■

140) 명제 74에 대한 논평을 보아라.

명제 76~명제 83

# 11장 중복 및 독립적 명제

**Θε 76.** ᾿Εὰν τριγώνου δεδομένου τῷ εἴδει ἀπὸ τῆς κορυφῆς ἐπὶ τὴν βάσιν κάθετος ἀχθῇ, ἡ ἀχθεῖσα πρὸς τὴν βάσιν λόγον ἔχει δεδομένον.

ἔστω τρίγωνον δεδομένον τῷ εἴδει τὸ ΑΒΓ, καὶ ἤχθω ἀπὸ τοῦ Α ἐπὶ τὴν ΒΓ κάθετος ἡ ΑΔ· λέγω, ὅτι λόγος ἐστὶ τῆς ΑΔ πρὸς τὴν ΒΓ δοθείς.

ἐπεὶ γάρ δέδοται τὸ ΑΒΓ τρίγωνον τῷ εἴδει, δοθεῖσα ἄρα ἐστὶ καὶ ἡ ὑπὸ ΑΒΔ γωνία. ἔστι δὲ καὶ ἡ ὑπὸ τῶν ΒΔΑ δοθεῖσα· καὶ λοιπὴ ἄρα ἡ ὑπὸ τῶν ΒΑΔ ἐστι δοθεῖσα· δέδοται ἄρα τὸ ΑΒΔ τρίγωνον τῷ εἴδει· λόγος ἄρα ἐστὶ τῆς ΒΑ πρὸς τὴν ΑΔ δοθείς. τῆς δὲ ΑΒ πρὸς τὴν ΒΓ λόγος ἐστὶ δοθείς· καὶ τῆς ΑΔ ἄρα πρὸς τὴν ΒΓ λόγος ἐστὶ δοθείς.

명제 76. 만약 모양이 주어져 있는 삼각형의 꼭짓점에서 밑변에 수선을 긋는다면, 높이와 밑변의 길이의 비는 주어진 것이다.

모양이 주어져 있는 삼각형 ABC가 있다. 꼭짓점 A에서 BC에 수선 AD를 긋는다. 그러면 비 AD : BC는 주어진 것이라고 말한다.

△ABC는 모양이 주어져 있으므로 ∡ABD는 주어진 것이다[정의 3]. 그리고 ∡BDA (작도에 의해) 또한 주어진 것이다. 그러므로 나머지 ∡BAD 또한 주어진 것이다[I. 명제 32]. 그러므로 △ABD는 모양이 주어진 것이다[명제 40].

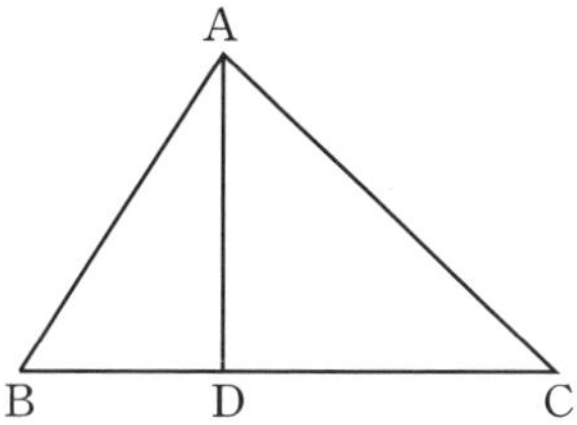

그림 76.1

따라서 비 BA : AD는 주어진 것이다[정의 3]. 그리고 비 AB : BC는 주어져 있으므로, 비 AD : BC 또한 주어진 것이다[명제 8]. ■

**논평 :**

명제 76의 동치는 이미 명제 48(EA와 AB의 비)에서 증명되었다. 여러 개의 명제들이 명제 76의 도움을 받을 것이다.

**Θε 77.** 'Εὰν δύο εἴδη δεδομένα τῷ εἴδει πρὸς ἄλληλα λόγον ἔχῃ δεδομένον, καὶ μία πλευρὰ ὁποιαοῦν ἑνὸς τῶν εἰδῶν πρὸς ὁποιανοῦν τῶν τοῦ ἑτέρου λόγον ἕξει δεδομένον.

δύο γὰρ εἴδη τὰ ΑΒΓ, ΔΕΖ δεδομένα τῷ εἴδει πρὸς ἄλληλα λόγον ἐχέτω δεδομένον· λέγω, ὅτι καὶ μία πλευρὰ ὁποιαοῦν τοῦ ΑΒΓ πρὸς μίαν πλευρὰν ὁποιανοῦν τοῦ ΔΕΖ λόγον ἔχει δεδομένον.

ἀναγεγράφθω γὰρ ἀπὸ τῶν ΒΓ, ΕΖ τετράγωνα τὰ ΒΗ, ΕΘ. ἐπεὶ ἀπὸ τῆς αὐτῆς εὐθείας τῆς ΒΓ δύο εἴδη ἀναγέγραπται, ἃ ἔτυχεν, δεδομένα τῷ εἴδει τὰ ΑΒΓ, ΒΗ, λόγος ἄρα τοῦ ΑΒΓ πρὸς τὸ ΒΗ δοθείς. διὰ τὰ αὐτὰ δὴ πάλιν καὶ τοῦ ΔΕΖ πρὸς τὸ ΕΘ λόγος ἐστὶ δοθείς. ἐπεὶ οὖν λόγος ἐστὶ τοῦ ΑΒΓ πρὸς τὸ ΔΕΖ δοθείς, ἀλλὰ τοῦ μὲν ΑΒΓ πρὸς τὸ ΒΗ λόγος ἐστὶ δοθείς, τοῦ δὲ ΔΕΖ πρὸς τὸ ΕΘ λόγος ἐστὶ δοθείς, καὶ τοῦ ΒΗ ἄρα πρὸς τὸ ΕΘ λόγος ἐστὶ δοθείς· ὥστε καὶ τῆς ΒΓ πρὸς τὴν ΕΖ λόγος ἐστὶ δοθείς.

명제 77. 만약 모양이 주어져 있는 두 도형의 비가 주어져 있다면, 한 도형의 임의의 한 변에 대한 다른 도형의 임의의 한 변의 비는 주어진 것이다.

모양이 주어져 있는 두 도형 (ABC), (DEZ)의 넓이의 비가 주어져 있다. 그러면 도형 ABC의 어떤 한 변에 대한 다른 도형 DEZ의 한 변의 길이의 비는 주어진 것이라고 말한다.

선분 BC, EZ 위에 정사각형 (BH), (EQ)를 그리도록 하자. 동일한 선분 BC 위에 직선으로 둘러싸인 두 도형 (ABC), (BH)가 주어져 있으므로 두 도형의 넓이의 비 (ABC):(BH)는 주어진 것이다[명제 49]. 똑같은 이유로 비 (DEZ):(EQ)는 주어진 것이다.

그런데 비 (ABC):(DEZ)가 주어져 있고, 비 (ABC):(BH), 비 (DEZ):(EQ)가 주어져 있으므로, 비 (BH):(EQ)도 주어진 것이다

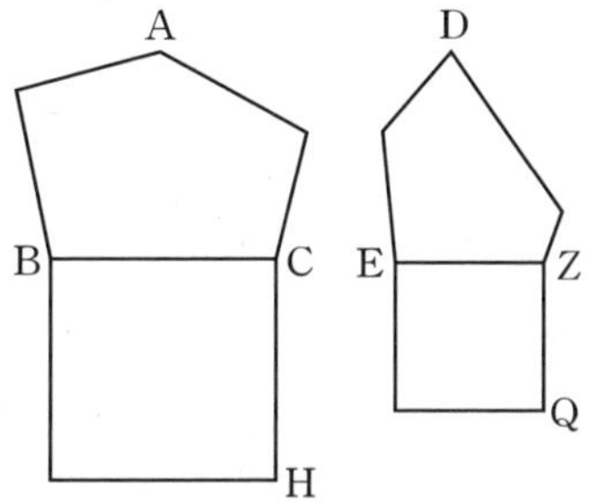


그림 77.1

[명제 8]. 따라서 비 BC : EZ는 주어진 것이다[명제 54, 즉 명제 24* D].[141] ■

**논평 :**

명제 77은 약간 다른 방법으로 명제 54와 같이 똑같은 명제를 증명하고 있다('직선으로 둘러싸인 도형'을 '두 개의 도형'이라고 고쳤을 뿐이다). 명제의 증명 마지막에서 비 BC : EZ의 주어짐에 대해 불명확하게 기술된 명제 24* D, 즉 '만약 두 정사각형의 비가 주어져 있다면, 정사각형의 변의 길이의 비도 주어진 것이다'를 이용하고 있다. 클리멘스 타에르와 더불어 나도 역시, 이 명제와 그 다음 두 명제에 대한 유사한 의심을 하고 있다. 왜냐하면 이 연속한 세 명제는 파푸스의 수학집성에 존재하지도 않고, 명제 79는 아라비아의 번역본에서도 찾아볼 수 없기 때문이다. 명제 77과 명제 78은 반복되어 기술되어 있고, 명제 79는 《자료론》의 다른 어떤 명제와도 관계가 없다.

141) 보편적인 일반화는 빠져 있다: 똑같은 이유로 한 도형의 임의의 한 변과 다른 도형의 임의의 한 변들 사이의 비는 주어진 것이다.

**Θε 78.** Ἐὰν δοθὲν εἶδος πρός τι ὀρθογώνιον λόγον ἔχῃ δεδομένον, καὶ μία πλευρὰ πρὸς μίαν πλευρὰν λόγον ἔχῃ δοθέντα, δέδοται τὸ ὀρθογώνιον τῷ εἴδει.

δοθὲν γὰρ εἶδος τὸ ΑΖΒ πρός τι ὀρθογώνιον τὸ ΓΔ λόγον ἐχέτω δεδομένον, καὶ ἔστω λόγος τῆς ΖΒ πρὸς τὴν ΕΔ δοθείς· λέγω, ὅτι δέδοται τὸ ΓΔ τῷ εἴδει.

ἀναγεγράφθω γὰρ ἀπὸ τῆς ΖΒ τετράγωνον τὸ ΖΗ, καὶ παραβεβλήσθω παρὰ τὴν ΕΔ τῷ ΖΗ ἴσον παραλληλόγραμμον τὸ ΕΚ, καὶ κείσθω ὥστε ἐπ' εὐθείας εἶναι τὴν ΓΕ τῇ ΕΘ· ἐπ' εὐθείας ἄρα ἐστὶ καὶ ἡ ΜΔ τῇ ΔΚ. καὶ ἐπεὶ ἀπὸ τῆς αὐτῆς εὐθείας τῆς ΖΒ δύο εὐθύγραμμα, ἃ ἔτυχεν, δεδομένα τῷ εἴδει ἀναγέγραπται τὰ ΑΖΒ, ΖΗ, λόγος ἄρα ἐστὶ τοῦ ΑΖΒ πρὸς τὸ ΖΗ δοθείς. τοῦ δὲ ΑΖΒ πρὸς τὸ ΓΔ λόγος ἐστὶ δοθείς· καὶ τοῦ ΖΗ ἄρα πρὸς τὸ ΓΔ λόγος ἐστὶ δοθείς. ἀλλὰ τὸ ΖΗ τῷ ΕΚ ἐστι ἴσον· καὶ τοῦ ΓΔ ἄρα πρὸς τὸ ΕΚ λόγος ἐστὶ δοθείς· ὥστε καὶ τῆς ΓΕ πρὸς τὴν ΕΘ λόγος ἐστὶ δοθείς. καὶ ἐπεὶ ἴσον ἐστὶ καὶ ἰσογώνιον τὸ ΖΗ τῷ ΕΚ, **[ἔστι δὲ καὶ ὀρθογώνιον·]** ἀντιπεπόνθασιν ἄρα αὐτῶν αἱ πλευραί, καί ἐστιν ὡς ἡ ΖΒ πρὸς ΕΔ, οὕτως ἡ ΕΘ πρὸς ΖΛ. λόγος δὲ ὑπόκειται τῆς ΖΒ πρὸς τὴν ΕΔ δοθείς· λόγος ἄρα καὶ τῆς ΕΘ πρὸς τὴν ΖΛ δοθείς. τῆς δὲ ΕΘ πρὸς τὴν ΓΕ λόγος ἐστὶ δοθείς· καὶ τῆς ΓΕ ἄρα πρὸς τὴν ΖΛ λόγος ἐστὶ δοθείς. ἴση δὲ ἡ ΛΖ τῇ ΖΒ· **[τετράγωνον γάρ· τῆς ΛΖ ἄρα πρὸς ΕΔ λόγος δοθείς· σύγκειται γάρ·]** καὶ τῆς ΓΕ ἄρα πρὸς τὴν ΕΔ λόγος ἐστὶ δοθείς. καί ἐστιν ὀρθὴ ἡ πρὸς τῷ Ε γωνία· δέδοται ἄρα τὸ ΓΔ τῷ εἴδει.

명제 78. 만약 모양이 주어진 도형과 어떤 직사각형의 비가 주어져 있고, 도형과 직사각형의 한 변의 길이의 비가 주어져 있다면, 직사각형의 모양은 주어진 것이다.

모양이 주어져 있는 도형 (AZB)와 직사각형 (CD)와의 비가 주어져 있고, 변의 비 ZB : ED가 주어져 있다고 하자. 그러면 (CD)의 모양은 주어진 것이라고 말한다.

선분 ZB 위에 정사각형 (ZH)를 그린다[I. 명제 46]. 그리고 선분 ED 위에 (ZH)와 같은 넓이를 가지는 평행사변형 (EK)를 부가시킨다[I. 명제 44]. 이때, 선분 CE의 연장선 위에 선분 EQ[142]가 놓이고, 선분 MD의 연장선 위에 선분 DK가 놓이도록 한다[I. 명제 29, 명제 14].

142) 이것은 (EK)가 직사각형이라는 말 외에는 아무것도 없다. 유클리드가 요구하는 (EK)가 일반적으로 평행사변형이라는 것에 의심이 들게 한다. 명제 40은 같은 종류의 직사각형으로 주어짐을 확실하게 보증하고 있기 때문에, 평행사변형에 대한 많은 언급들은 전혀 불필요한 것처럼 보인다.

그리고 동일한 선분 ZB 위에 모양이 주어져 있는 직선으로 둘러싸인 임의의 두 도형 (AZB), (ZH)가 주어져 있으므로, 비 (AZB):(ZH)는 주어진 것이다[명제 49].

또한 비 (AZB):(CD)가 주어져 있으므로 비 (ZH):(CD)도 주어진 것이다[명제 8]. 그런데 (ZH) = (EK)이므로 비 (CD):(EK)는 주어진 것이다. 따라서 비 CE:EQ 또한 주어진 것이다[VI.명제 1].

그리고 (ZH) = (EK)이고 그들은 등각이기 때문에,[143] 그 변들은 상반비례적이므로 ZB:ED :: EQ:ZL이다.

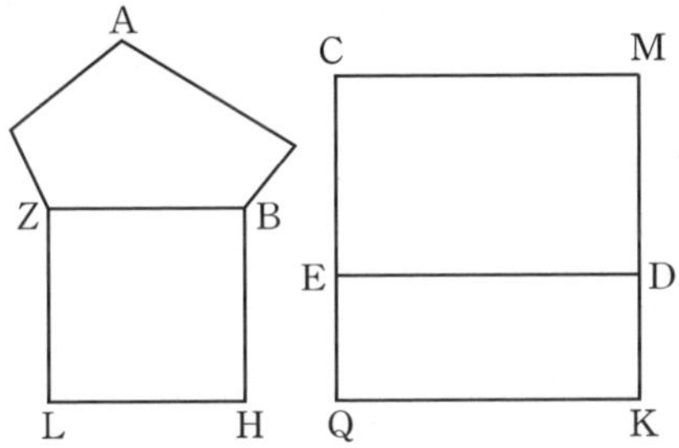


그림 78.1

그리고 가정에 의해 비 ZB:ED는 주어져 있으므로 비 EQ:ZL은 주어진 것이다.

또한 비 EQ:CE는 주어져 있으므로 비 CE:ZL은 주어진 것이다. 그리고 LZ = ZB[144]이므로, 비 CE:ED는 주어진 것이다.

그리고 점 E에서 각의 크기는 직각이므로, (CD)는 모양이 주어진

143) 멘지는 '그리고 (ZH)는 또한 직사각형이다'라는 한 구절을 괄호로 처리하였다.

144) 멘지는 다음 문장을 괄호처리하여 제시하였다. '정사각형이기 때문에 결합변형에 의해서 비 LZ:ED는 주어진 것이다'. 멘지는 라틴어 번역판 153쪽에서 다음과 같은 주석을 제시하였다. '비 CE:LZ는 주어지고 LZ = ZB이기 때문에, 비 CE:ZB는 주어진 것이다. 그러나 가정에 의해 비 ZB:ED는 주어진 것이다. 그러므로 비 CE:ED는 주어진 것이다.'

것이다. ■

**논평 :**

그리스 **δοθέν εἶδος**는 직선으로 둘러싸인 도형의 모양이 주어짐을 의미한다. 명제 53에서 이것은 확실하게 그리고 용어법적으로 '모양이 주어진 모양(도형)'이라고 불렀다. 명제 78은 명제 62의 경우를 평행사변형에서 직사각형으로 변경하여 다시 반복한 것이다.

**Θε 79.** ᾿Εὰν δύο τρίγωνα μίαν γωνίαν μιᾷ γωνίᾳ ἴσην ἔχῃ, καὶ ἀπὸ τῶν ἴσων γωνιῶν ἐπὶ τὰς βάσεις κάθετοι εὐθεῖαι γραμμαὶ ἀχθῶσιν, ᾖ δέ, ὡς ἡ τοῦ πρώτου τριγώνου βάσις πρὸς τὴν κάθετον, οὕτως ἡ τοῦ ἑτέρου τριγώνου βάσις πρὸς τὴν κάθετον, ἰσογώνια ἔσται τὰ τρίγωνα.

ἔστω δύο τρίγωνα τὰ ΑΒΓ, ΘΖΗ ἴσας ἔχοντα γωνίας τὰς πρὸς τοῖς Ζ, Β, καὶ ἤχθωσαν ἀπὸ τῶν Ζ, Β κάθετοι αἱ ΒΔ, ΖΚ· ἔστω δέ, ὡς ἡ ΑΓ πρὸς τὴν ΒΔ, οὕτως ἡ ΘΗ πρὸς τὴν ΚΖ· λέγω, ὅτι ἰσογώνιόν ἐστι τὸ ΑΒΓ τρίγωνον τῷ ΘΖΗ τριγώνῳ.

περιγεγράφθω γὰρ περὶ τὸ ΘΖΗ τρίγωνον κύκλος, οὗ τμῆμα ἔστω τὸ ΘΖΗ, καὶ συνεστάτω πρὸς τῇ ΘΗ εὐθείᾳ καὶ τῷ πρὸς αὐτῇ σημείῳ τῷ Θ τῇ ὑπὸ τῶν ΒΑΓ γωνίᾳ ἴση ἡ ὑπὸ τῶν ΗΘΛ, καὶ ἐπεζεύχθωσαν αἱ ΖΛ, ΛΗ, καὶ ἤχθω κάθετος ἡ ΛΜ. ἐπεὶ ἴση ἐστὶν ἡ ὑπὸ τῶν ΒΑΔ τῇ ὑπὸ τῶν ΛΘΗ, ἔστι δὲ καὶ ἡ ὑπὸ τῶν ΘΛΗ τῇ ὑπὸ ΑΒΓ ἴση, καὶ λοιπὴ ἄρα ἡ ὑπὸ τῶν ΒΓΑ λοιπῇ τῇ ὑπὸ τῶν ΘΗΛ ἐστιν ἴση· ὅμοιον ἄρα ἐστὶ τὸ ΒΑΓ τρίγωνον τῷ ΘΗΛ τριγώνῳ. καὶ κάθετοι ἠγμέναι εἰσὶν αἱ ΒΔ, ΛΜ· ἔστιν ἄρα ὡς ἡ ΑΓ πρὸς τὴν ΒΔ, οὕτως ἡ ΘΗ πρὸς τὴν ΛΜ· ἦν δέ, ὡς ἡ ΑΓ πρὸς τὴν ΒΔ, οὕτως ἡ ΘΗ πρὸς τὴν ΖΚ· ὑπόκειται γάρ· καὶ ὡς ἄρα ἡ ΘΗ πρὸς τὴν ΛΜ, οὕτως ἡ ΘΗ πρὸς τὴν ΖΚ· ἴση ἄρα ἐστὶν ἡ ΖΚ τῇ ΛΜ· ἔστι δὲ καὶ παράλληλος· καὶ ἡ ΖΛ ἄρα τῇ ΘΗ παράλληλός ἐστιν· ἴση ἄρα ἐστὶν ἡ ὑπὸ τῶν ΖΛΘ γωνία τῇ ὑπὸ τῶν ΛΘΗ. ἀλλ' ἡ μὲν ὑπὸ τῶν ΛΘΗ τῇ ὑπὸ τῶν ΒΑΓ ἐστιν ἴση· ἡ δὲ ὑπὸ ΖΛΘ τῇ ὑπὸ τῶν ΖΗΘ ἐστιν ἴση· καὶ ἡ ὑπὸ τῶν ΒΑΓ ἄρα τῇ ὑπὸ τῶν ΖΗΘ ἐστιν ἴση. ἔστι δὲ καὶ ἡ ὑπὸ τῶν ΑΒΓ τῇ ὑπὸ τῶν ΘΖΗ ἴση· λοιπὴ ἄρα ἡ ὑπὸ τῶν ΒΓΑ λοιπῇ τῇ ὑπὸ τῶν ΖΘΗ ἐστιν ἴση· ἰσογώνιον ἄρα ἐστὶ τὸ ΑΒΓ τρίγωνον τῷ ΖΘΗ τριγώνῳ.

---

명제 79. 만약 두 삼각형의 한 각이 서로 같고 그 같은 각으로부터 수선을 긋고 첫 번째 삼각형의 밑변에 대한 높이의 비가 두 번째 삼각형의 밑변에 대한 높이의 비가 같다고 한다면, 두 삼각형은 등각이다.

두 삼각형 ABC, QZH에서 각 Z와 각 B의 크기가 같다고 하자. 그리고 꼭짓점 Z와 꼭짓점 B로부터 각각 수선 ZK, BD를 긋고, AC : BD :: QH : KZ라고 한다. 그러면 △ABC는 △QZH와 대응각이 서로 같다고 말한다. 즉, 두 삼각형은 서로 등각이다.

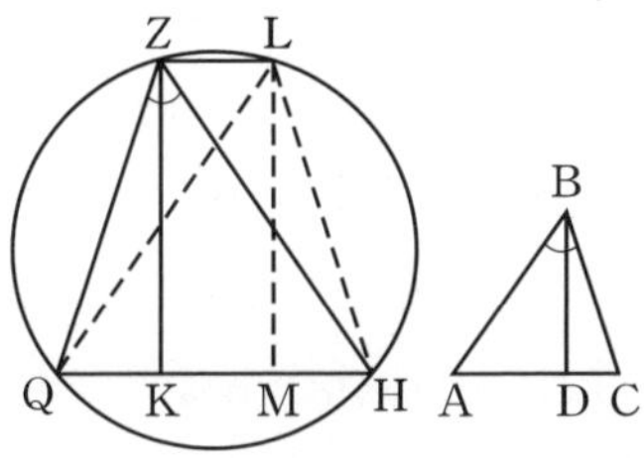


그림 79.1

QZH가 원호가 되도록 △QZH에 외접하는 원을 그린다[IV. 명제 5]. 그리고 선분 QH의 점 Q에서 ∡BAC과 같은 ∡HQL을 작도하자. 그리고 두 선분 ZL, LH를 긋고, 수선 LM을 그린다.

∡BAD = ∡LQH이기 때문에, 또한 ∡QLH = ∡ABC이다[III. 명제 21]. 그러므로 나머지 ∡BCA는 나머지 ∡QHL과 같다[I. 명제 32].

그러므로 △BAC는 △QHL과 서로 닮았고[VI. 명제 4, VI. 정의 1], 선분 BD, LM이 수선이므로 AC : BD :: QH : LM이다[VI. 명제 4, V. 명제 22]. 또한 가정에 의해서 AC : BD :: QH : ZK이다.

따라서 QH : LM :: QH : ZK이므로[V. 명제 9], ZK는 LM과 같다[V. 명제 11]. 이 두 선분이 서로 평행이므로[I. 명제 28], ZL은 QH와 평행이다[I. 명제 33]. 그래서 ∡ZLQ = ∡LQH이다[I. 명제 29].

그리고 ∡LQH = ∡BAC이고 ∡ZLQ = ∡ZHQ이므로[III. 명제 21], ∡BAC = ∡ZHQ이다. 그리고 ∡ABC = ∡QZH이므로 남은 두 각끼리는 서로 같다. 즉, ∡BCA = ∡ZQH이다[I. 명제 32]. 그러

므로 △ABC는 △QZH와 서로 등각이다. ■

**논평 :**

이 명제에서는 '주어진'이라는 단어가 존재하지 않는 것과 두 삼각형이 서로 뒤얽혀 불분명하다는 사실로 인해 명제 79는 《자료론》과 관계가 없는 것으로 보인다. 그래서 이 명제는 《원론》 VI권에 더 적합하다고 할 수 있다. 클리멘스 타에르에 따르면 이 명제는 파푸스에 근원을 두고 있지 않으며(이것은 아라비아 번역본에서는 빠져 있기 때문에), 명제의 번호가 부여되지 않은 따름정리와 같은 것으로 볼 수 있다고 생각하였다. 만약 클리멘스 타에르가 말한 것처럼 그것이 의심스럽다면, 명제 80(아라비아 번역본에서는 어디에나 나오는)에 대한 대안적 증명은 진실이어야만 한다. 나는 명제 80의 논평에서 간략한 버전으로 언급할 것이다. 이러한 간략한 버전을 제시하지 않았다면 쓸모없었을(?) 명제 45와 명제 67 등이 사용된 점이 가장 흥미롭다.

명제 79는 '주어짐'의 관점에서 볼 때 부분적으로 명제 76의 역처럼 재진술할 수 있다.

명제 79* 만약 한 삼각형이 주어져 있고, 주어져 있는 각을 포함하는 꼭짓점에서 대변에 내린 수선을 그을 때, 수선에 대한 밑변의 비가 주어져 있다고 한다면, 이 삼각형의 모양은 주어진 것이다.

그림 80.1을 이용하면 우리는 다음을 얻는다.

명제 76. frm. △ABC(따라서 gvn. ∡A이고 gvn. ∡C)이면 gvn. AE : BC이다.

명제 79*. gvn. ∡A이고 gvn. AE : BC이면 gvn. ∡C이다. 따라서

frm. △ABC이다.

위에서 보이는 것처럼 명제 79*는 명제 80에 포함된다. 이 명제를 분석하기 전에, 명제 79, 명제 80을 명제 41(즉, 만약 삼각형의 한 각이 주어져 있고 그 각을 만드는 두 변의 길이의 비가 주어져 있다면, 그 삼각형의 모양은 주어진 것이다)에 비추어 비교해보자. VI. 명제 6, 즉 '한 각이 서로 같고 그 각을 만드는 두 변의 길이의 비가 서로 같으면, 두 삼각형은 닮았다'가 성립하기 때문에 명제 41은 참인 것으로 보일 수 있다. 《자료론》의 명제에 제시된 독립적인 한 개의 삼각형에 대한 명제는 두 개의 삼각형을 포함하는 명제를 다룬 《원론》에 포함된 유사한 명제에 의해 증명될 수 있다. 《자료론》에서는 한 개의 삼각형이 주어져 있는 성질을 만족하면서 존재하고 있는 반면, 다른 삼각형은 동일한 성질을 만족하면서 위치가 주어진 것으로 작도될 수 있으므로, 모양이 주어진 것으로 간주하는 것이다. 즉, 똑같은 성질을 가진다면 이것은 첫 번째 것과 닮았고, 이로 인해 모양 또한 주어진 것이 된다.

이제 이와 같은 방법(《자료론》에서 증명하는 그런 방법)으로 명제 79*를 증명하기 위해서는 《원론》에 근거한 명제가 필요하다. 《원론》에 근거를 찾지 않는다고 하면, 이것은 《자료론》에 존재하는 내용만으로 증명되어야 한다. 즉, '주어진'이라는 단어가 등장하지 않는 명제 79 이외의 것을 사용하여 이것을 설명해야 한다. 명제 80을 증명하기 위한 예비 단계로 다음 내용을 제시한다($a$, $b$, $c$는 변들이고 $h_A$, $h_B$, $h_C$는 높이).

(1) 임의의 삼각형에 대해서 넓이가 같은 세 개의 직사각형 ⊏⊐ $a$, $h_A$, ⊏⊐ $b$, $h_B$, ⊏⊐ $c$, $h_C$을 생각할 수 있다. 이 직사각형 각각의 넓이는 2△ABC와 같다.

(2) 만약 삼각형의 모양이 주어져 있다고 한다면, 비 $h_A : b$, 비 $h_A : c$ [명제 40], 비 $h_A : a$ [명제 76]는 주어진 것이다. 마찬가지로 $h_B$와 $h_C$에서도 동일하게 유추된다.

명제 76과 부분적으로 역관계에 있는 명제 79*의 '주어짐'은 이제 확장될 수 있다.

gvn. ∡A [명제 40] ⇒ gvn. $h_B : c$ [VI. 명제 1]
⇒ gvn. ⊏⊐ $b, h_B$ : ⊏⊐ $b, c$ [I. 명제 41]
⇒ gvn. ⊏⊐ $a, h_A$ : ⊏⊐ $b, c$

gvn. $h_A : a$ [VI. 명제 1] ⇒ gvn. ⊏⊐ $a, h_A$ : □$a$ [명제 8]
⇒ gvn. ⊏⊐ $b, c$ : □$a$

이것들은 명제 80의 가정이 된다. 다음에 제시되는 내용은 명제를 간략하게 설명한 것이다(오른쪽은 나의 기호 표기법이다).

| | | |
|---|---|---|
| 가정: | gvn. ∡A | |
| | gvn. ⊏⊐ BA,AC : □BC | ⊏⊐ $c,b$ : □$a$ |
| 결론: | [따라서 gvn. ∡B이고 gvn. ∡C] | frm. △ABC |
| 작도: | BD, AE(높이) | $h_B$, $h_A$ |
| 증명: | | |
| [명제 40] | gvn. AB : BD | gvn. $c : h_B$ |
| [VI. 명제 1] | gvn. ⊏⊐ BA,AC : ⊏⊐ AC,BD | gvn. ⊏⊐ $c,b$ : ⊏⊐ $b,h_B$ |
| [I. 명제 41] | ⊏⊐ AC,BD = ⊏⊐ BC,AE = 2△ABC | ⊏⊐ $b,h_B$ = ⊏⊐ $a,h_A$ = 2△ |
| | gvn. ⊏⊐ BA,AC : ⊏⊐ BC,AE | gvn. ⊏⊐ $c,b$ : ⊏⊐ $a,h_A$ |

| | | |
|---|---|---|
| [가정] | gvn. ⊏⊐ BA,AC : □BC | gvn. ⊏⊐ $c,b$ : □$a$ |
| [명제 8] | gvn. ⊏⊐ BC,AE : □BC | gvn. ⊏⊐ $a,h_A$ : □$a$ |
| [VI. 명제 1] | gvn. AE : BC | gvn. $h_A$ : $a$ |

'주어진 각을 수용한 원'을 수단으로 하여[III. 명제 33] 선분 ZH 위에 ∡Q = ∡A 이고 주어져 있는 위치와 크기를 가지는 삼각형 QZH를 작도하였다. △QZH의 꼭짓점의 위치가 주어져 있기 때문에 삼각형의 모양은 주어진 것이 된다. 명제 79로부터 이 삼각형은 △ABC와 등각인 삼각형이 되고, 이를 통해서도 역시 모양이 주어진 것이 된다(명제 39에 관한 논의와 비교할 것). 이에 대한 고대 주석은 귀류법을 통해서 반증하고 있다. 즉, KQ가 할선이 아니거나 접하는 경우를 이용하여 증명하고 있다.

앞에서 말한 것처럼, VI. 명제 6이 명제 41에 도움이 되는 것처럼 명제 79는 명제 80에 도움이 된다. 그림 79.1에 있는 두 삼각형이 등각임을 증명하기 위해서, 유클리드는 △QZH에 외접하는 원을 그렸고 △ABC와 등각이 되는 세 번째 삼각형을 동일한 원에 내접시켰다. 《원론》 III권에 있는 명제와 《원론》 I권에 있는 평행선 공준으로부터 원에 내접하는 두 삼각형은 등각이라는 결론에 이른다. 그리하여 △QZH는 △ABC와 등각이다.

**Θε 80.** Ἐὰν τρίγωνον μίαν ἔχῃ γωνίαν δεδομένην, καὶ τὸ ὑπὸ τῶν τὴν δεδομένην γωνίαν περιεχουσῶν εὐθειῶν πρὸς τὸ ἀπὸ τῆς λοιπῆς πλευρᾶς τετράγωνον λόγον ἔχῃ δεδομένον, δέδοται τὸ τρίγωνον τῷ εἴδει.

ἔστω τρίγωνον τὸ ΑΒΓ δεδομένην ἔχον γωνίαν τὴν πρὸς τῷ Α, καὶ τὸ ὑπὸ τῶν ΒΑΓ πρὸς τὸ ἀπὸ τῆς ΒΓ λόγον ἐχέτω δεδομένον· λέγω, ὅτι δέδοται τὸ ΑΒΓ τρίγωνον τῷ εἴδει.

ἤχθωσαν γὰρ ἀπὸ τῶν Α, Β ἐπὶ τὰς ΒΓ, ΓΑ κάθετοι αἱ ΒΔ, ΑΕ. ἐπεὶ οὖν δοθεῖσά ἐστιν ἡ ὑπὸ ΒΑΔ γωνία, ἔστι δὲ καὶ ἡ ὑπὸ τῶν ΑΔΒ δοθεῖσα, δέδοται ἄρα τὸ ΑΔΒ τρίγωνον τῷ εἴδει· λόγος ἄρα ἐστὶ τῆς ΑΒ πρὸς τὴν ΒΔ δοθείς· ὥστε καὶ τοῦ ὑπὸ τῶν ΒΑΓ πρὸς τὸ ὑπὸ τῶν ΑΓ, ΒΔ λόγος ἐστὶ δοθείς. τῷ δὲ ὑπὸ τῶν ΑΓ, ΒΔ ἴσον ἐστὶ τὸ ὑπὸ τῶν ΒΓ, ΑΕ· ἑκάτερον γὰρ αὐτῶν διπλάσιόν ἐστι τοῦ ΑΒΓ τριγώνου· λόγος ἄρα καὶ τοῦ ὑπὸ τῶν ΒΑΓ πρὸς τὸ ὑπὸ τῶν ΒΓ, ΑΕ δοθείς· τοῦ δὲ ὑπὸ τῶν ΒΑΓ πρὸς τὸ ἀπὸ τῆς ΒΓ λόγος ἐστὶ δοθείς· καὶ τοῦ ὑπὸ τῶν ΒΓ, ΑΕ ἄρα πρὸς τὸ ἀπὸ τῆς ΒΓ λόγος ἐστὶ δοθείς, καὶ τῆς ΒΓ πρὸς ΑΕ λόγος ἐστὶ δοθείς.

ἐκκείσθω τῇ θέσει καὶ τῷ μεγέθει δεδομένη εὐθεῖα ἡ ΖΗ, καὶ γεγράφθω ἐπὶ τῆς ΖΗ τμῆμα τὸ ΖΘΗ δεχόμενον γωνίαν ἴσην τῇ ὑπὸ τῶν ΒΑΓ· δοθεῖσα δὲ ἡ ὑπὸ τῶν ΒΑΓ γωνία· δοθεῖσα ἄρα καὶ ἡ ἐν τῷ ΖΘΗ τμήματι γωνία· θέσει ἄρα ἐστὶ τὸ ΖΘΗ τμῆμα. ἤχθω ἀπὸ τοῦ Η τῇ ΖΗ πρὸς ὀρθὰς ἡ ΗΚ· θέσει ἄρα ἐστὶν ἡ ΗΚ. καὶ πεποιήσθω, ὡς ἡ ΒΓ πρὸς τὴν ΑΕ, οὕτως ἡ ΖΗ πρὸς τὴν ΗΚ. λόγος δὲ τῆς ΒΓ πρὸς τὴν ΑΕ δοθείς· λόγος ἄρα καὶ τῆς ΖΗ πρὸς τὴν ΗΚ δοθείς· δοθεῖσα δὲ ἡ ΖΗ· δοθεῖσα ἄρα καὶ ἡ ΗΚ. ἀλλὰ καὶ τῇ θέσει· καί ἐστι δοθὲν τὸ Η· δοθὲν ἄρα καὶ τὸ Κ.

ἤχθω διὰ τοῦ Κ τῇ ΖΗ παράλληλος ἡ ΚΘ· θέσει ἄρα ἐστὶν ἡ ΘΚ· θέσει δὲ καὶ τὸ ΖΘΗ τμῆμα· δοθὲν ἄρα ἐστὶ τὸ Θ σημεῖον. ἐπεζεύχθωσαν αἱ ΖΘ, ΘΗ, καὶ ἤχθω κάθετος ἡ ΘΛ· δοθεῖσα ἄρα ἐστὶν ἡ ΘΛ. ἔστι δὲ καὶ τὸ Θ σημεῖον δοθέν, καὶ ἑκάτερον τῶν Ζ, Η· δέδοται ἄρα ἑκάστη τῶν ΘΖ, ΖΗ, ΘΗ τῇ θέσει καὶ τῷ μεγέθει· δέδοται ἄρα τὸ ΖΘΗ τρίγωνον τῷ εἴδει. καὶ ἐπεί ἐστιν, ὡς ἡ ΒΓ πρὸς τὴν ΑΕ, οὕτως ἡ ΖΗ πρὸς τὴν ΗΚ, ἴση δὲ ἡ ΗΚ τῇ ΘΛ, ἔστιν ἄρα ὡς ἡ ΒΓ πρὸς τὴν ΑΕ, οὕτως ἡ ΖΗ πρὸς τὴν ΘΛ. καί ἐστιν ἴση ἡ ὑπὸ τῶν ΒΑΓ γωνία τῇ ὑπὸ τῶν ΖΘΗ· ἰσογώνιον ἄρα ἐστὶ τὸ ΑΒΓ τρίγωνον τῷ ΘΖΗ τριγώνῳ. δέδοται δὲ τὸ ΘΖΗ τρίγωνον τῷ εἴδει· δέδοται ἄρα καὶ τὸ ΑΒΓ τρίγωνον τῷ εἴδει.

---

명제 80. 만약 한 각이 주어져 있는 각을 가지는 삼각형이 있고 이 각을 만드는 두 선분에 의한 직사각형과 제3의 변 위의 정사각형의 비가 주어져 있다고 한다면, 이 삼각형의 모양은 주어진 것이다.

꼭짓점 A에서 주어져 있는 각을 가지는 삼각형 ABC가 있다. 직사각형 (BAC)와 선분 BC 위의 정사각형의 넓이의 비가 주어져 있다. 그러면 삼각형 ABC는 모양이 주어진 것이라고 말한다.

두 점 A, B로부터 대변 BC, CA에 내린 수선 AE, BD를 긋자. 그러면 ∡BAD가 주어져 있고, 각 ADB 또한 주어지므로 △ADB의 모양은 주어진 것이다[명제 40]. 따라서 비 AB : BD는 주어진 것이다. 또한 비 ⊏⊐ BAC : ⊏⊐ AC,BD는 주어진 것이다[VI. 명제 1].

또한 ⊏⊐ BC,AE는 ⊏⊐ AC,BD와 같다. 왜냐하면, 이들은

△ABC의 두 배이기 때문이다. 그러므로 비 ⊏⊐BAC : ⊏⊐BC,AE는 주어진 것이다. 그리고 비 ⊏⊐BAC : □BC는 주어져 있으므로 비 ⊏⊐BC,AE : □BC와 비 BC : AE 역시 주어진 것이다.

위치와 크기가 주어져 있는 선분 ZH가 있다. 그리고 ZH 위에 각 BAC와 같은 각을 원주각으로 가지도록 하는 호 ZQH를 작도한다[III.명제 33]. 그런데 ∡BAC가 주어져 있으므로 호 ZQH가 만드는 각 또한 주어진 것이다. 그러므로 호 ZQH의 위치도 주어진 것이다[정의 8].

점 H에서 선분 ZH에 수직인 선분 HK를 그린다. 그러면 HK의 위치는 주어진 것이다[명제 29]. 그리고 ZH : HK :: BC : AE가 되도록 점 K를 잡자. 그러면 비 BC : AE는 주어져 있으므로 비 ZH : HK는 주어진 것이다. 그런데 ZH가 주어져 있으므로 선분 HK도 주어진 것이다. 물론 그 위치 역시 주어진 것이다. 그리고 H가 주어져 있으므로 K 역시 주어진 것이다.

점 K를 지나 ZH에 평행하도록 KQ를 긋자. 그러면 QK는 위치가 주어진 것이다[명제 28]. 그리고 호 ZQH의 위치가 주어져 있으므로 점 Q도 주어진 것이다[명제 25].

선분 ZQ, QH를 연결하고 수선 QL을 긋는다. 그러면 QL은 주어진 것이다.

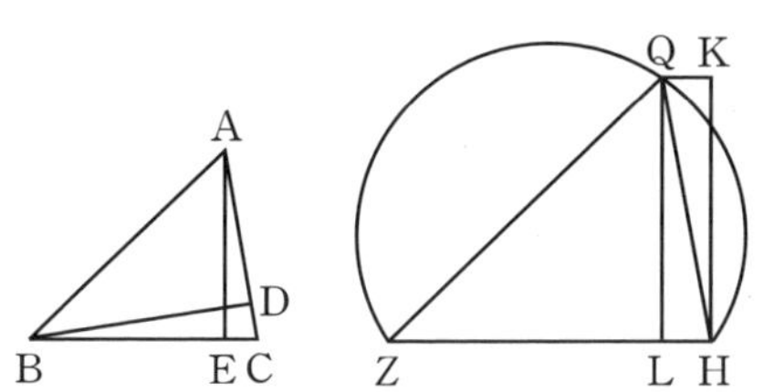


그림 80.1

그리고 점 Q는 주어져 있고, 점 Z, H도 주어져 있다. 그러므로 QZ, ZH, QH의 위치와 크기도 주어진 것이다. 따라서 △ZQH의 모양은 주어진 것이다. 또한 ZH : HK :: BC : AE이고 HK = QL이므로 ZH : QL :: BC : AE이다. 또, ∡BAC = ∡ZQH이므로 △ABC는 △QZH와 등각이다. 그런데 △QZH의 모양이 주어져 있으므로 △ABC의 모양도 주어진 것이다. ■

**논평 :**

명제 79의 논평을 참고하면 된다. 그 대신 여기서는 명제 80의 다른 증명에 대해 간결한 형식으로 재진술하겠다. 그 내용은 아래와 같다.

가정 : △ABC에서 gvn. ∡A, gvn. ⊏⊐ BA,AC : □BC.

결론 : frm. △ABC

증명 :

□(BA + AC) − □BC = □D가 되도록 만들자(그리스 원전에서 D는 넓이를 나타내고 있음) ······ (*)

명제 67이면 gvn. □D : △ABC이다.

명제 66이면 gvn. △ABC : ⊏⊐ BA,AC이다.

명제 8이면 gvn. □D : ⊏⊐ BA,AC이다.

가정에 의해서, gvn. ⊏⊐ BA,AC : □BC이다.

명제 8이면 gvn. □D : □BC이다.

명제 6이면 gvn. (□D + □BC) : □BC이다.

(*)에 의해서 gvn. □(BA + AC) : □BC이다.

명제 54이면 gvn. (BA + AC) : BC이다.

가정과 명제 45이면 frm. △ABC이다. ■

**Θε 81.** 'Εὰν τρεῖς εὐθεῖαι ἀνάλογον οὖσαι τρισὶν εὐθείαις ἀνάλογον οὔσαις τὰς ἄκρας ἐν δεδομένῳ λόγῳ ἔχωσιν, καὶ τὰς μέσας ἐν δεδομένῳ λόγῳ ἕξουσιν· καὶ ἐὰν ἡ ἄκρα πρὸς τὴν ἄκραν λόγον ἔχῃ δεδομένον καὶ ἡ μέση πρὸς τὴν μέσην, καὶ ἡ λοιπὴ ἄκρα πρὸς τὴν λοιπὴν ἄκραν λόγον ἕξει δεδομένον.

τρεῖς γὰρ εὐθεῖαι ἀνάλογον οὖσαι αἱ Α, Β, Γ τρισὶν εὐθείαις ἀνάλογον οὔσαις ταῖς Δ, Ε, Ζ τὰς ἄκρας ἐν δεδομένῳ λόγῳ ἐχέτωσαν, καὶ ἔστω λόγος τῆς μὲν Α πρὸς τὴν Δ δοθείς, τῆς δὲ Γ πρὸς τὴν Ζ λόγος δοθείς· λέγω, ὅτι καὶ τῆς Β πρὸς τὴν Ε λόγος ἐστὶ δοθείς.

ἐπεὶ γὰρ λόγος ἐστὶ τῆς μὲν Α πρὸς τὴν Δ δοθείς, τῆς δὲ Γ πρὸς τὴν Ζ δοθείς, λόγος ἄρα τοῦ ὑπὸ τῶν Α, Γ πρὸς τὸ ὑπὸ τῶν Δ, Ζ δοθείς. ἀλλὰ τῷ μὲν ὑπὸ τῶν Α, Γ ἴσον ἐστὶ τὸ ἀπὸ τῆς Β, τῷ δὲ ὑπὸ τῶν Δ, Ζ ἴσον ἐστὶ τὸ ἀπὸ τῆς Ε. λόγος ἄρα ἐστὶ τοῦ ἀπὸ τῆς Β πρὸς τὸ ἀπὸ τῆς Ε δοθείς· ὥστε καὶ τῆς Β πρὸς τὴν Ε λόγος ἐστὶ δοθείς.

ἔστω δὴ πάλιν τῆς μὲν Α πρὸς τὴν Δ λόγος δοθείς, τῆς δὲ Β πρὸς τὴν Ε λόγος δοθείς· λέγω, ὅτι καὶ τῆς Γ πρὸς τὴν Ζ λόγος ἐστὶ δοθείς. ἐπεὶ λόγος ἐστὶ τῆς μὲν Α πρὸς τὴν Δ, τῆς δὲ Β πρὸς τὴν Ε δοθείς, λόγος ἐστὶ καὶ τοῦ ἀπὸ τῆς Β πρὸς τὸ ἀπὸ τῆς Ε δοθείς. ἀλλὰ τῷ μὲν ἀπὸ τῆς Β ἴσον τὸ ὑπὸ τῶν Α, Γ, τῷ δὲ ἀπὸ τῆς Ε ἴσον ἐστὶ τὸ ὑπὸ τῶν Δ, Ζ· λόγος ἄρα ἐστὶ τοῦ ὑπὸ τῶν Α, Γ πρὸς τὸ ὑπὸ τῶν Δ, Ζ δοθείς. καὶ μιᾶς πλευρᾶς τῆς Α πρὸς μίαν πλευρὰν τὴν Δ λόγος ἐστὶ δοθείς· καὶ λοιπῆς ἄρα τῆς Γ πρὸς λοιπὴν τὴν Ζ λόγος ἐστὶ δοθείς.

---

명제 81. 만약 세 선분이 비례적이고 또 다른 세 선분이 비례적일 때, 비례적인 선분들 사이에 제일 짧은 선분끼리 그리고 제일 긴 선분끼리의 비가 주어져 있다고 한다면, 그 중간 선분들끼리의 비도 주어진 것이다. 그리고 제일 짧은 선분끼리 그리고 중간 선분끼리의 비가 주어져 있다고 한다면, 가장 긴 선분끼리의 비도 주어진 것이다.

세 선분 A, B, C가 비례적이고, 또 다른 세 선분 D, E, Z가 비례적이다.

[1] 비 A : D와 비 C : Z가 주어져 있다고 한다. 그러면 비 B : E도 주어진 것이라고 말한다.

비 A : D와 비 C : Z가 주어져 있으므로, 비 ⊏⊐ A,C : ⊏⊐ D,Z는 주어진 것이다[명제 70]. 그리고 □B = ⊏⊐ A,C이고, □E = ⊏⊐ D,Z이므로[VI. 명제 17], 비 □B : □E는 주어진 것이다. 따라서 비 B : E는 주어진 것이다[명제 54, 명제 24*D].

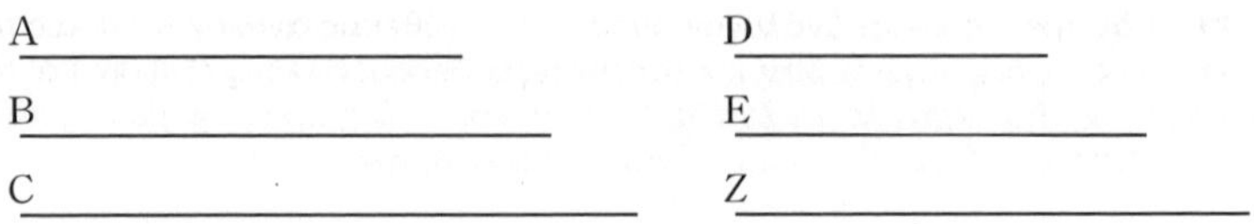


[2] 비 A : D와 비 B : E가 주어져 있다고 한다. 그러면 비 C : Z도 또한 주어진 것이라고 말한다.

비 A : D와 비 B : E가 주어지기 때문에, 비 □B : □E가 주어진 것이다[명제 50]. 또한 □B = ⊏⊐ A, C이고 □E = ⊏⊐ D, Z이므로 [VI. 명제 17], 비 ⊏⊐ A, C : ⊏⊐ D, Z는 주어진 것이다.

그리고 한 변 A에 대한 한 변 D의 비가 주어져 있으므로 나머지 한 변 C에 대한 나머지 한 변 Z와의 비도 주어진 것이다[명제 68].

■

**논평 :**

명제 81과 명제 83은 등각 평행사변형(명제 68과 명제 70)에 대한 명제의 응용이다. 명제 56에서 언급되었지만 《자료론》에서는 빠져 있는 합성 비에 대한 관용적인 표현은 다음과 같이 진술될 수 있다. '주어진 비들은 하나의 주어진 비로 합성되고(명제 8), 등각 평행사변형들의 비는 다른 변들의 비로 합성된다'(VI. 명제 23).

명제 70은 '만약 이것의 구성요소(예를 들면, 비)가 주어져 있다면, 두 평행사변형의 변들의 합성 비는 주어진 것'임을 증명하고 있는 것이다. 물론, 이것은 명제 8에서 알려져 있는 그 이상을 말하고 있지는 않다.

명제 68은 '만약 주어져 있는 합성 비에서 구성요소의 한 쌍이 주어져 있다고 한다면, 다른 구성요소의 비도 역시 주어진 것'임을 증명하고 있는 것이다.

명제 81은 비례적인 세 선분에서 양끝 두 선분으로 이루어진 직사각형은 중간 선분 위의 정사각형과 같다는 사실을 이용하고 있다. 그 다음으로 명제 70, 명제 68을 이용한다. 명제 81은 명제 24와 매우 유사하고, 명제 54를 증명하는데 있어서 중요한 역할을 하는 증명되지 않은 명제 24*D를 이용하고 있다. 명제 81의 [2]는 [1]의 부분적인 역이라고 볼 수 있다. [1]과 [2]의 증명과정은 간단한 표현으로 정리하면 아래와 같다.

기본전제 : A : B :: B : C이고 D : E :: E : Z

(1) 가정 : gvn. A : D이고 gvn. C : Z

결론 : gvn. B : E

증명 :

[명제 70] gvn. ⊏⊐ A,C : ⊏⊐ D,Z

[VI. 명제 17] □B = ⊏⊐ A,C,
□E = ⊏⊐ D,Z ∴ gvn. □B : □E

[명제 24*D, 명제 54] gvn. B : E

(2) 가정 : gvn. A : D이고 gvn. B : E

결론 : gvn. C : Z

증명 :

[명제 50, VI. 명제 17] gvn. B : E이면 gvn. □B : □E
따라서 gvn. ⊏⊐ A,C : ⊏⊐ D,Z

[명제 68] gvn. A : D이면 gvn. C : Z

**Θε 82.** ᾿Εὰν τέσσαρες εὐθεῖαι ἀνάλογον ὦσιν, ἔσται, ὡς ἡ πρώτη πρὸς ἣν ἡ δευτέρα λόγον ἔχει δεδομένον, οὕτως ἡ τρίτη πρὸς ἣν ἡ τετάρτη λόγον ἔχει δεδομένον.

ἔστωσαν τέσσαρες εὐθεῖαι ἀνάλογον αἱ Α, Β, Γ, Δ, ὡς ἡ Α πρὸς τὴν Β, οὕτως ἡ Γ πρὸς τὴν Δ· λέγω, ὅτι ἐστίν, ὡς ἡ Α πρὸς ἣν ἡ Β λόγον ἔχει δεδομένον, οὕτως ἡ Γ πρὸς ἣν ἡ Δ λόγον ἔχει δεδομένον.

ἔστω γὰρ πρὸς ἣν ἡ Β λόγον ἔχει δεδομένον ἡ Ε, καὶ πεποιήσθω, ὡς ἡ Β πρὸς τὴν Ε, οὕτως ἡ Δ πρὸς τὴν Ζ. λόγος δὲ τῆς Β πρὸς τὴν Ε δοθείς· λόγος ἄρα καὶ τῆς Δ πρὸς τὴν Ζ ἐστι δοθείς. καὶ ἐπεί ἐστιν, ὡς ἡ Α πρὸς τὴν Β, οὕτως ἡ Γ πρὸς τὴν Δ, ἔστι δὲ καί, ὡς ἡ Β πρὸς τὴν Ε, οὕτως ἡ Δ πρὸς τὴν Ζ, δι' ἴσου ἄρα ἐστίν, ὡς ἡ Α πρὸς τὴν Ε, οὕτως ἡ Γ πρὸς τὴν Ζ. καί ἐστιν ἡ μὲν Ε πρὸς ἣν ἡ Β λόγον ἔχει δεδομένον, ἡ δὲ Ζ πρὸς ἣν ἡ Δ· ἔστιν ἄρα ὡς ἡ Α πρὸς ἣν ἡ Β λόγον ἔχει δεδομένον, οὕτως ἡ Γ πρὸς ἣν ἡ Δ λόγον ἔχει δεδομένον.

명제 82. 만약 네 선분의 길이가 서로 비례적이라고 한다면, 첫 번째 선분에 대한 '두 번째 선분과 주어진 비를 가지는 어떤 것'과의 비는 세 번째 선분에 대한 '네 번째 선분과 주어진 비를 가지는 어떤 것'과의 비와 같다.[145)]

네 개의 선분 A, B, C, D가 비례적, 즉 A : B :: C : D이다. 그러면 A에 대한 'B와 주어진 비를 가지는 어떤 것'과의 비는 C에 대한 'D와 주어진 비를 가지는 어떤 것'과의 비와 같다고 말한다.

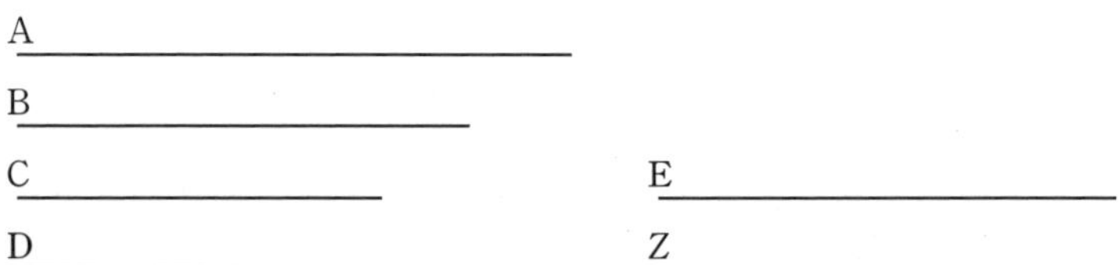


B와 주어진 비를 가지는 어떤 것을 E라고 하고, B : E :: D : Z라고 하자. 그러면 비 B : E는 주어져 있으므로 비 D : Z도 주어진 것이다.

그리고 A : B :: C : D이고 B : E :: D : Z이기 때문에, 양등(di'isou)에 의해서 A : E :: C : Z이다[V. 명제 22]. 그리고 B에 대한 E의 비가 주

145) 나는 주어져 있지 않는 임의의 대상을 주어진 비처럼 번역하였다. 사실, 이런 관용적인 진술은 비가 주어진 것과 동일하다.

어져 있고, D에 대한 Z의 비도 주어져 있기 있으므로, A에 대한 'B와 주어진 비를 가지는 어떤 것(E)'과의 비는 C에 대한 'D와 주어진 비를 가지는 어떤 것(Z)'과의 비와 같다. ■

**논평 :**

이 명제가 증명하고 있는 것은 다음과 같다. '만약 네 선분이 비례적이고, 두 번째와 다섯 번째가 주어진 비를 가지는 것처럼 네 번째와 여섯 번째도 주어진 비를 가진다고 한다면, 첫 번째와 다섯 번째의 비가 주어진 것처럼 세 번째와 여섯 번째도 주어진 비를 가진다'를 증명하고 있다. 되풀이되긴 하지만 이것은 V. 명제 22(분리 정리)의 자명한 결과이고, 이것을 다음과 같이 더 쉽게 기술할 수 있다.

> 만약 A : B :: C : D이고 B : E :: D : Z[V. 명제 22]이면 A : E :: C : Z이다.

위 어법을 명제 56과 비교할 수 있다. 사실 이 명제에 사용된 '주어진 비'라는 관용적 표현은 불필요한 것이고, 주어짐이라는 용어의 사용없이 비 A : E와 비 C : Z의 합성에 의해 증명된다. 그리고 이 명제는 《원론》과 일치한다.

**Θε 83.** Ἐὰν τέσσαρες εὐθεῖαι οὕτως ἔχωσι πρὸς ἀλλήλας, ὥστε τριῶν ληφθεισῶν ἐξ αὐτῶν ὁποιωνοῦν καὶ τετάρτης αὐταῖς προσληφθείσης ἀνάλογον, πρὸς ἣν ἡ λοιπὴ τῶν ἐξ ἀρχῆς τεσσάρων εὐθειῶν λόγον ἔχει δεδομένον, ἀνάλογον γίγνεσθαι τὰς τέσσαρας εὐθείας, ἔσται, ὡς ἡ τετάρτη πρὸς τὴν τρίτην, οὕτως ἡ δευτέρα πρὸς ἣν ἡ πρώτη λόγον ἔχει δεδομένον.

ἔστωσαν τέσσαρες εὐθεῖαι αἱ Α, Β, Γ, Δ οὕτως ἔχουσαι πρὸς ἀλλήλας, ὥστε τριῶν ληφθεισῶν ἐξ αὐτῶν ὁποιωνοῦν τῶν Α, Β, Γ καὶ τετάρτης αὐταῖς προσληφθείσης τῆς Ε, πρὸς ἣν ἡ Δ λόγον ἔχει δεδομένον, ἀνάλογον εἶναι τὰς Α, Β, Γ, Ε εὐθείας· λέγω, ὅτι ἐστίν, ὡς ἡ Δ πρὸς τὴν Γ, οὕτως ἡ Β πρὸς ἣν ἡ Α λόγον ἔχει δεδομένον.

ἐπεὶ γάρ ἐστιν, ὡς ἡ Α πρὸς τὴν Β, οὕτως ἡ Γ πρὸς τὴν Ε, τὸ ἄρα ὑπὸ τῶν Α, Ε ἴσον ἐστὶ τῷ ὑπὸ τῶν Β, Γ. καὶ ἐπεὶ λόγος ἐστὶ τῆς Ε πρὸς τὴν Δ δοθείς, λόγος ἄρα ἐστὶ καὶ τοῦ ὑπὸ τῶν Α, Δ πρὸς τὸ ὑπὸ τῶν Α, Ε δοθείς· τῷ δὲ ὑπὸ τῶν Α, Ε ἐστιν ἴσον τὸ ὑπὸ τῶν Β, Γ· λόγος ἄρα καὶ τοῦ ὑπὸ τῶν Δ, Α πρὸς τὸ ὑπὸ τῶν Β, Γ ἐστι δοθείς. ἔστιν ἄρα ὡς ἡ Δ πρὸς τὴν Γ, οὕτως ἡ Β πρὸς ἣν ἡ Α λόγον ἔχει δεδομένον.

명제 83. 만약 네 선분이 주어져 있는데 이 중 세 선분과 '원래 선분의 마지막과 주어져 있는 비를 가지는' 네 번째 선분이 서로 비례적이라고 한다면 원래 선분의 마지막 선분에 대한 세 번째 선분의 비는 두 번째 선분에 대한 '첫 번째와 주어져 있는 비를 가지는' 어떤 선분의 비와 같다.

네 선분 A, B, C, D가 있다. 이들 중 세 선분 A, B, C 및 'D와 주어져 있는 비를 가지는' E는 서로 비례적이다. 즉, 네 선분 A, B, C, E가 비례적이다. 그러면 D에 대한 C의 비는 B에 대한 'A와 주어져 있는 비를 가지는' 어떤 선분의 비와 같다고 말한다.

C : E :: A : B이기 때문에, ⊏⊐ A,E = ⊏⊐ B,C이다[VI. 명제 16]. 그리고 비 E : D가 주어져 있으므로, 비 ⊏⊐ A,D : ⊏⊐ A,E 또한 주어진 것이다[VI. 명제 1]. 또한 ⊏⊐ A,E = ⊏⊐ B,C이므로, 비 ⊏⊐ D,A : ⊏⊐ B,C는 주어진 것이다.

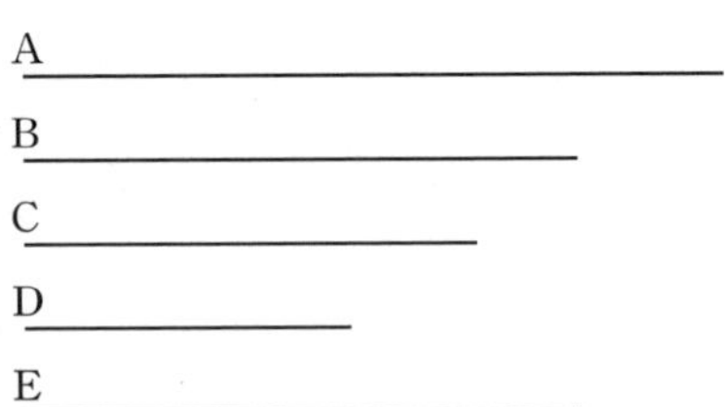


그러므로 D에 대한 C의 비는 B에 대한 A와 주어져 있는 비를 가지는 어떤 선분과의 비는 같다. ■

**논평:**

이 명제의 의미는 여러 가지 이유로 이해하기가 어렵다. 첫째, 선분 A와 주어져 있는 비를 가지는 선분이 엑테시스와 증명과정에 지정되어 있지 않다. 따라서 위의 명제의 이해를 위해서는 이 선분에 대한 명명이 필요한데 나는 이것을 Z라고 하였다. 둘째, 단지 주어져 있는 비는 하나뿐이다. 즉, D : E만 존재하기 때문에 이것은 비 A : Z와 동일한 것임에는 틀림이 없다. 그림 83.1에 나타나 있는 것처럼, 명제 83은 Q(ㄷㄱ B,C) = Q′(ㄷㄱ A,E) = Q″(ㄷㄱ D,Z)인 명제 73의 확장이고 마지막 선분에 대한 비약적인 결론을 미리 가정하고 있다. 이것을 간단히 표현하면 다음과 같다.

| | | |
|---|---|---|
| 가정 : | A : B :: C : E<br>gvn. D : E이고(∴ A : Z :: D : E), gvn. A : Z | |
| 결론 : | D : C :: B : Z | |
| 증명 : | | |
| [가정, VI. 명제 16] | ㄷㄱ A,E = ㄷㄱ B,C<br>(= ㄷㄱ D,Z) | Q′ = Q = Q″ |
| [가정, VI. 명제 1] | gvn. ㄷㄱ A,D : ㄷㄱ A,E | gvn. P : Q′ |
| 그러므로 | gvn. ㄷㄱ A,D : ㄷㄱ B,C이고<br>gvn. ㄷㄱ A,D : ㄷㄱ D,Z | gvn. P : Q이고<br>gvn. P : Q″ |
| [VI. 명제 1] | gvn. A : Z | |
| [또는 VI. 명제 14] | Q′ = Q″ 이면 A : Z :: D : E<br>∴ gvn. A : Z | |

이 명제가 증명하고자 하는 것은 다음과 같다. '만약 네 선분이 비례적이고, 첫 번째에 대한 여섯 번째의 비는 여섯 번째에 대한 네 번째의

비와 동일하다고 한다면, 두 번째에 대한 다섯 번째의 비는 여섯 번째에 대한 세 번째의 비와 같다'를 증명하고 있다. 이것은 V. 명제 23의 되풀이가 아닌 자명한 결론이고 이것을 다음과 같이 더 쉽게 기술할 수 있다.

만약 A : B :: C : E(∴ B : A :: E : C)이고 A : Z :: D : E[V. 명제 23]이면 B : Z :: D : C이다.

에우독소스는 V. 명제 22와 V. 명제 23을 증명하였을 때, 명제 82와 명제 83을 마음에 간직하고 있을까? 혹은 이것 말고 또 다른 것을 가지고 있었을까? 이것은 거의 알려진 것이 없는 증거만으로 결론을 내리는 것은 매우 어렵다. 내가 아는 한 아무도 이 유사성에 대해 지적한 사람은 없다.

명제 82에서 '주어진 비'라는 관용적 표현은 필요치 않으며, 이 명제는 《원론》의 내용과 일치한다.

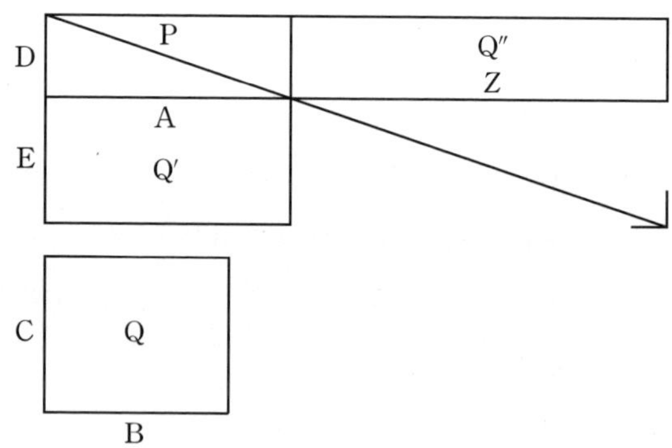


그림 83.1

# 명제 68~명제 83의 연역적 구조

| 《자료론》 \ 명제 | 68 | 69 | 70 | 71 | 72 | 73 | 74 | 75 | 76 | 77 | 78 | 79 | 80 | 81 | 82 | 83 |
|---|---|---|---|---|---|---|---|---|---|---|---|---|---|---|---|---|
| 정의 2* | + | · | + | + | + | + | + | + | · | · | + | · | + | + | + | + |
| 정의 3* | · | + | + | · | · | + | · | · | + | · | + | · | + | · | · | · |
| 정의 8 | · | · | · | · | · | · | · | · | · | · | · | · | + | · | · | · |
| 명제 2 | · | · | · | · | · | · | · | · | · | · | · | · | + | · | · | · |
| 명제 3 | · | + | + | · | · | + | · | · | + | · | · | · | + | · | · | · |
| 명제 4 | · | + | + | · | · | + | · | · | + | · | · | · | + | · | · | · |
| 명제 8 | + | + | + | · | · | · | · | · | + | + | + | · | + | · | · | · |
| 명제 9 | · | · | · | · | · | · | · | · | · | · | · | · | · | + | · | · |
| 명제 24*D | · | · | · | · | · | · | · | · | · | + | · | · | · | · | · | · |
| 명제 25 | · | · | · | · | · | · | · | · | · | · | · | · | + | · | · | · |
| 명제 26 | · | · | · | · | · | · | · | · | · | · | · | · | + | · | · | · |
| 명제 27 | · | · | · | · | · | · | · | · | · | · | · | · | + | · | · | · |
| 명제 28 | · | · | · | · | · | · | · | · | · | · | · | · | + | · | · | · |
| 명제 29 | · | · | · | · | · | · | · | · | · | · | · | · | + | · | · | · |
| 명제 30 | · | · | · | · | · | · | · | · | · | · | · | · | + | · | · | · |
| 명제 39 | · | · | · | · | · | · | · | · | · | · | · | · | + | · | · | · |
| 명제 40 | · | + | + | · | · | + | · | · | + | · | · | · | + | · | · | · |
| 명제 49 | · | · | · | · | · | · | · | · | · | + | + | · | · | · | · | · |
| 명제 50 | · | · | · | · | · | · | · | · | · | · | · | · | · | + | · | · |
| 명제 54 | · | · | · | · | · | · | · | · | · | + | · | · | · | + | · | · |
| 명제 56 | · | · | · | · | · | + | · | · | · | · | · | · | · | · | · | · |
| 명제 68 | · | + | · | · | · | · | · | · | · | · | · | · | · | + | · | · |
| 명제 70 | · | · | + | + | · | · | · | · | · | · | · | · | · | · | · | · |
| 명제 74 | · | · | · | · | · | · | · | + | · | · | · | · | · | · | · | + |
| 명제 79 | · | · | · | · | · | · | · | · | · | · | · | · | + | · | · | · |

명제 71과 명제 72는 명제 70, 명제 75, 명제 74에 대한 따름정리이다. 동일한 것을 증명한 명제 57처럼, 이 명제 이후로는 《자료론》 어디에도 나타나지 않지만, 《원론》의 몇몇 명제에서는 찾아볼 수 있다. 명제 79, 명제 82, 명제 83에도 유사한 성질이 유지되는 반면, 명제 80은 《자료론》에서 많이 사용되고 있다.

| 《원론》 \ 명제 | 68 | 69 | 70 | 71 | 72 | 73 | 74 | 75 | 76 | 77 | 78 | 79 | 80 | 81 | 82 | 83 |
|---|---|---|---|---|---|---|---|---|---|---|---|---|---|---|---|---|
| 공준 1 | · | · | · | · | · | · | · | · | · | · | · | + | · | · | · | · |
| 공준 3 | + | · | · | · | · | · | · | · | · | · | · | · | · | · | · | · |
| I. 명제 11 | · | · | · | · | · | · | · | · | · | · | · | · | + | · | · | · |
| 명제 12 | · | · | · | · | · | · | · | · | · | · | · | + | · | · | · | · |
| 명제 14 | + | · | + | · | · | + | + | · | · | · | + | · | · | · | · | · |
| 명제 23 | · | + | + | · | · | + | + | · | · | · | · | + | · | · | · | · |
| 명제 28 | · | · | · | · | · | · | · | · | · | · | · | + | · | · | · | · |
| 명제 29 | + | + | + | · | + | + | + | · | · | · | + | + | · | · | · | · |
| 명제 31 | · | · | · | · | · | · | · | · | · | · | · | · | + | · | · | · |
| 명제 32 | · | + | + | · | · | + | · | · | + | · | · | + | + | · | · | · |
| 명제 33 | · | · | · | · | · | · | · | · | · | · | · | + | · | · | · | · |
| 명제 34 | · | · | · | + | · | · | · | · | · | · | · | · | + | · | · | · |
| 명제 35 | · | + | + | · | · | + | + | · | · | · | · | · | · | · | · | · |
| 명제 41 | · | · | · | · | + | · | · | + | · | · | · | · | + | · | · | · |
| 명제 45 | + | · | + | · | · | + | + | · | · | · | + | · | · | · | · | · |
| 명제 46 | · | · | · | · | · | · | · | · | · | + | + | · | · | · | · | · |

| 《원론》 \ 명제 | 68 | 69 | 70 | 71 | 72 | 73 | 74 | 75 | 76 | 77 | 78 | 79 | 80 | 81 | 82 | 83 |
|---|---|---|---|---|---|---|---|---|---|---|---|---|---|---|---|---|
| III. 명제 21 | · | · | · | · | · | · | · | · | · | · | · | + | · | · | · | · |
| 명제 33 | · | · | · | · | · | · | · | · | · | · | · | · | + | · | · | · |
| IV. 명제 5 | · | · | · | · | · | · | · | · | · | · | · | + | · | · | · | · |
| V. 명제 7 | + | · | + | · | + | + | + | · | · | · | + | · | + | · | · | + |
| 명제 9 | · | · | · | · | · | · | · | · | · | · | · | + | · | · | · | · |
| 명제 11 | · | · | · | · | · | · | · | · | · | · | · | + | · | · | · | · |
| 명제 15 | · | · | · | + | + | · | · | · | · | · | · | · | · | · | · | · |
| 명제 22 | · | · | · | · | · | · | · | · | · | · | · | + | · | · | + | · |
| VI. 정의 1 | · | · | · | · | · | · | · | · | · | · | · | + | · | · | · | · |
| 명제 1 | + | · | + | · | · | + | + | · | · | · | + | · | + | · | · | + |
| 명제 4 | · | · | · | · | · | · | · | · | · | · | · | + | · | · | · | · |
| 명제 12 | · | · | · | · | · | · | · | · | · | · | · | · | + | · | · | · |
| 명제 14 | + | · | + | · | · | + | + | · | · | · | + | · | · | · | · | · |
| 명제 16 | · | · | · | · | · | · | · | · | · | · | · | · | · | · | · | + |
| 명제 17 | · | · | · | · | · | · | · | · | · | · | · | · | · | + | · | · |

# 12장 넓이의 활용 II

Θε 84. Ἐὰν δύο εὐθεῖαι δοθὲν χωρίον περιέχωσιν ἐν δεδομένῃ γωνίᾳ, ἡ δὲ ἑτέρα τῆς ἑτέρας δοθείσῃ μείζων ᾖ, καὶ ἑκατέρα αὐτῶν ἔσται δοθεῖσα.

δύο γὰρ εὐθεῖαι αἱ ΑΒ, ΒΓ δοθὲν χωρίον περιεχέτωσαν τὸ ΑΓ ἐν δεδομένῃ γωνίᾳ τῇ ὑπὸ τῶν ΑΒΓ, ἡ δὲ ΓΒ τῆς ΒΑ δοθείσῃ μείζων ἔστω· λέγω, ὅτι δοθεῖσά ἐστιν ἑκατέρα τῶν ΒΑ, ΒΓ.

ἐπεὶ γὰρ ἡ ΒΓ τῆς ΒΑ δοθείσῃ μείζων ἐστιν, ἔστω ἡ δοθεῖσα ἡ ΔΓ· λοιπὴ ἄρα ἡ ΔΒ τῇ ΒΑ ἴση ἐστίν. καὶ συμπεπληρώσθω τὸ ΑΔ. καὶ ἐπεὶ ἴση ἐστὶν ἡ ΑΒ τῇ ΔΒ, λόγος ἄρα ἐστὶ τῆς ΑΒ πρὸς τὴν ΒΔ δοθείς· δοθεῖσα δὲ καὶ ἡ ὑπὸ τῶν ΑΒΔ γωνία· δέδοται ἄρα τὸ ΑΔ τῷ εἴδει. ἐπεὶ οὖν τὸ ΑΓ δοθὲν παρὰ δοθεῖσαν τὴν ΔΓ παραβέβληται ὑπερβάλλον εἴδει δεδομένῳ τῷ ΑΔ, δέδοται ἄρα τὸ πλάτος τῆς ὑπερβολῆς· δοθεῖσα ἄρα ἐστὶν ἡ ΒΔ. ἀλλὰ καὶ ἡ ΔΓ· καὶ ὅλη ἄρα ἡ ΒΓ δοθεῖσά ἐστιν. ἔστι δὲ καὶ ἡ ΑΒ δοθεῖσα· ἑκατέρα ἄρα τῶν ΑΒ, ΒΓ δοθεῖσά ἐστιν.

명제 84. 만약 두 선분이 주어져 있는 각을 이루고 주어져 있는 넓이를 가지고 있으며, 한 선분이 다른 선분보다 주어져 있는 선분만큼 더 크다고 한다면, 이 두 선분은 주어진 것이다.

두 선분 AB, BC가 주어져 있는 각 ABC를 이루면서 주어져 있는 넓이 (AC)를 가진다고 한다. 그리고 CB가 BA보다 주어져 있는 선분만큼 더 크다. 그러면 두 선분 BA, BC는 주어진 것이라고 말한다.

BC는 BA보다 주어져 있는 선분 DC만큼 더 크기 때문에 나머지 선분 DB는 BA와 같다[정의 9].

그리고 평행사변형 (AD)를 완벽하게 작도한다.[146] 또한 AB는 DB와 같기 때문에, 비 AB : BD는 주어진 것이다. 게다가 각 ABD가 주

146) 평행사변형 (AD)는 작도된다. 그리스어 표현을 빌리면 '평행사변형이 완전하게 만들어진다'라는 의미를 가진다.

어져 있기 때문에 (AD)는 모양이 주어진 것이다[정의 3].

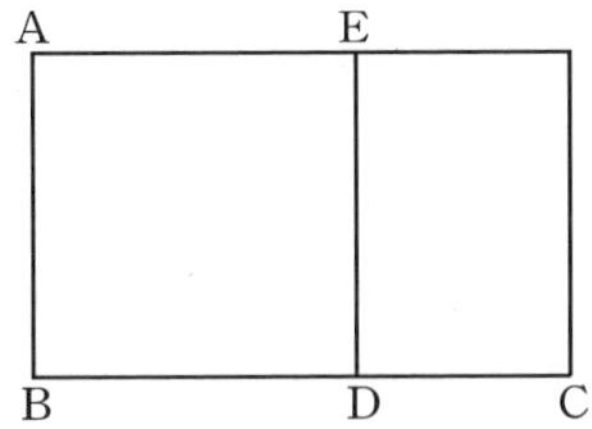

그림 84.1

그러면 주어져 있는 넓이 (AC)는 모양이 주어져 있는 (AD)에서 주어져 있는 선분 DC를 부가하여 만들어지게 되므로 초과된 도형의 폭은 주어진 것이다[명제 59]. 그러므로 BD는 주어진 것이고, DC도 주어진 것이다. 그러므로 전체 BC는 주어진 것이다. 따라서 AB도 주어진 것이 된다. 결과적으로 두 선분 AB, BC는 모두 주어진 것이다. ■

**논평 :**

앞에서 언급한 것처럼(233쪽을 보아라) 명제 84와 명제 85는 명제 59와 명제 58의 확장이다. 초과 혹은 부족한 도형의 길이와 폭의 주어짐을 보여줄 뿐만 아니라, 명백한 결과이지만 주어진 넓이를 가지는 도형의 길이와 폭을 쉽게 알 수 있도록 해주고 있다.

비록 '직사각형의 넓이가 주어져 있고 이 직사각형의 가로와 세로의 합 또는 차가 주어져 있을 때, 이 직사각형의 가로와 세로 구하기'와 같은 이차방정식 문제들은 고대 바빌로니아 시대 이래로 매우 잘 알려진 문제이었지만, 《자료론》의 저자는 이차방정식의 개념에 문외한인 것처럼 보인다. II.명제 5~II.명제 6에 대한 히스의 주석에서 명제 85에 대해 언급하고 있다. 히스는 '이 명제가 우리로 하여금 직사각형의 넓이를 구할 수 있도록 해주고, 직사각형의 가로와 세로의 길이를 구할 수 있도록 해주고 있다'라고 한 언급은, 이 명제가 오직 하나의 해를 가진다는 것을 증명하고 있는 한 옳은 것이다(두 개의 명백한 해는 변들의 위치를 바꿈으로써 그 결과는 간단하다).[147] 그러나 명제 85는 어떻게 그러한 한 해를 구할 수 있는지에 대해서는 가르쳐 주지 않는다. 명제 58에서 조차도 그렇게 수행하지는 않았다. 사실 이 문제를 해결하기 위한 작도 해법(도해)은 《원론》 VI. 명제 28을 보아야만 해결될 수 있다.

정리해보면 다음과 같다. 명제 58은 모자라는('주어진' 넓이의 부족한 활용) 넓이에 해당하는 도형의 길이와 폭이 '주어진 것'이라는 사실을 증명하고 있고, 명제 85는 주어져 있는 넓이의 길이와 폭이 주어진 것이라는 동일한 사실을 증명하고 있다. 명제 59는 초과하는('주어진' 넓이의 초과한 활용) 넓이에 해당하는 도형의 길이와 폭이 '주어진 것'이라는 사실을 증명하고 있고, 명제 84는 주어져 있는 넓이의 길이와 폭이 주어진 것이라는 동일한 사실을 증명하고 있다.

《자료론》의 어떤 다른 명제에서도 이 네 개의 명제들처럼 크고 풍부한 기대를 남겨준 것은 없다. 나는 다음과 같은 주장에 큰 관심이 있으며(Herz-Fischler, 1984), 이러한 관심을 다음과 같이 설명하고자 한다.

> 방정식 $x-y=b$와 $xy=c^2$이 유일한 해를 가진다는 '존재성' 증명을 하기 위해 비작도적인(non-constructive) 방법으로 명제 85를 해석하는 것은 고대 그리스 수학교과서에서는 타당하지 않다. 왜냐하면, 이러한 해석, 즉 방정식과 함께 이 명제를 다루는 것과 그리스인들이 방정식의 해의 존재성이라는 측면에서 이 명제를 생각하였다는

147) 비록 명제 84와 85는 어떤 평행사변형에 대한 것이고 특별한 직사각형에 대한 것은 아니지만, 이런 모든 문제에서 평행사변형은 직사각형으로 한정할 수 있기 때문에 평행사변형에 관한 언급은 불필요하다.

것은 많은 추측과 가설적인 전제가 요구되어야 하기 때문이다. 유클리드 시대에는 명제 84와 명제 85를 '방정식'의 개념과 관련이 있는 것으로 전혀 생각하지 않았고, 《자료론》의 어디에서도 이와 관련된 특이한 측면이 나타나지 않았다.

그러나 나의 의심을 인정하지 않을 수 없다. 우리 모두가 잘못된 방향으로 접근하여 헛다리를 짚고 있을 수도 있다는 것이다.

**Θε 85.** 'Εὰν δύο εὐθεῖαι δοθὲν χωρίον περιέχωσιν ἐν δεδομένῃ γωνίᾳ, ἡ δὲ συναμφότερος δοθεῖσα, καὶ ἑκατέρα αὐτῶν ἔσται δοθεῖσα.

δύο γὰρ εὐθεῖαι αἱ ΑΒ, ΒΓ δοθὲν χωρίον περιεχέτωσαν τὸ ΑΓ ἐν δεδομένῃ γωνίᾳ τῇ ὑπὸ τῶν ΑΒΓ, καὶ ἔστω συναμφότερος ἡ ΑΒΓ δοθεῖσα· λέγω, ὅτι καὶ ἑκατέρα τῶν ΑΒ, ΒΓ ἐστι δοθεῖσα.

διήχθω γὰρ ἡ ΓΒ ἐπὶ τὸ Δ, καὶ κείσθω τῇ ΑΒ ἴση ἡ ΒΔ, καὶ διὰ τοῦ Δ τῇ ΒΑ παράλληλος ἤχθω ΔΕ, καὶ συμπεπληρώσθω τὸ ΑΔ. καὶ ἐπεὶ ἴση ἐστὶν ἡ ΔΒ τῇ ΒΑ, καί ἐστι δοθεῖσα ἡ ὑπὸ ΑΒΔ γωνία, ἐπεὶ καὶ ἡ ἐφεξῆς αὐτῇ δοθεῖσά ἐστιν, δέδοται ἄρα τὸ ΕΒ τῷ εἴδει. καὶ ἐπεὶ δοθεῖσά ἐστι συναμφότερος ἡ ΑΒΓ, ἴση δὲ ἡ ΑΒ τῇ ΒΔ, δοθεῖσα ἄρα ἐστὶν ἡ ΔΓ. ἐπεὶ οὖν δοθὲν τὸ ΑΓ παρὰ δοθεῖσαν τὴν ΔΓ παραβέβληται ἐλλεῖπον εἴδει δεδομένῳ τῷ ΕΒ, δέδοται τὰ πλάτη τοῦ ἐλλείμματος· δοθεῖσαι ἄρα εἰσὶν αἱ ΑΒ, ΒΔ. ἀλλὰ καὶ συναμφότερος ἡ ΑΒΓ δοθεῖσά ἐστιν· καὶ λοιπὴ ἄρα ἡ ΒΓ δοθεῖσά ἐστιν· δοθεῖσα ἄρα ἐστὶν ἑκατέρα τῶν ΑΒ, ΒΓ.

명제 85. 만약 두 선분이 주어져 있는 각을 이루고 주어져 있는 넓이를 가지고 있으며, 두 선분의 합이 주어져 있다고 한다면, 이 두 선분은 주어진 것이다.

두 선분 AB, BC가 주어져 있는 각 ABC를 이루면서 주어져 있는 넓이 (AC)를 가진다고 한다. 그리고 두 선분의 합 $AB+BC$[148]가 주어져 있다고 한다. 그러면 두 선분 AB, BC는 주어진 것이라고 말한다.

148) 원전에서는 마치 한 직선 위에 있는 것처럼 표현하였다.

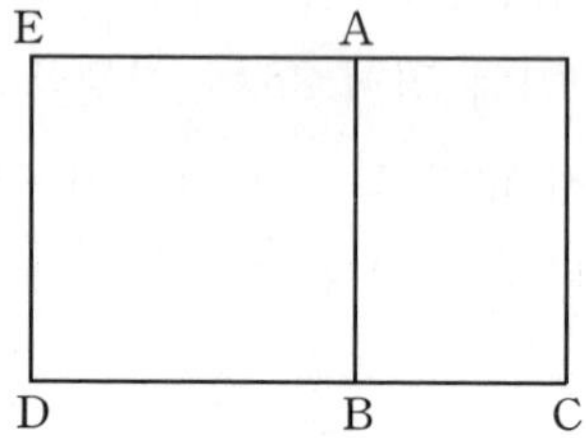


그림 85.1

CB를 연장하여 BD와 AB가 같도록 점 D를 잡는다. 또한 DE를 BA와 평행하도록 그리자. 그리고 (AD)가 완성되도록 한다.

또한 DB는 BA와 같고, 이웃각이 주어져 있기 때문에 각 ABD는 주어져 있으므로, (EB)의 모양은 주어진 것이다[정의 3].

합 AB+BC가 주어져 있고, AB는 BD와 같기 때문에, 선분 DC는 주어진 것이다.

그러면 주어져 있는 넓이 (AC)는 모양이 주어져 있는 (EB)에서 주어져 있는 선분 DC만큼 부족하게 만들어진 것이므로 부족한 도형의 폭은 주어진 것이다[명제 58]. 그러므로 AB와 BD는 주어져 있고, 합 AB+BC 또한 주어져 있으므로, 남은 부분 BC도 주어진 것이다. 그러므로 두 선분 AB, BC는 주어진 것이다[명제 4]. ■

# 13장 쌍곡선의 절단

## : H. G. Zeuthen의 명제 86에 대한 추측

**Θε 86.** ᾿Εὰν δύο εὐθεῖαι δοθὲν χωρίον περιέχωσιν ἐν δεδομένῃ γωνίᾳ, δύνηται δὲ ἡ ἑτέρα τῆς ἑτέρας δοθέντι μεῖζον ἢ ἐν λόγῳ, καὶ ἑκατέρα αὐτῶν ἔσται δοθεῖσα.

δύο γὰρ εὐθεῖαι αἱ ΑΒ, ΒΓ δοθὲν χωρίον περιεχέτωσαν τὸ ΑΓ ἐν δεδομένῃ γωνίᾳ τῇ ὑπὸ τῶν ΑΒΓ, τὸ δὲ ἀπὸ τῆς ΓΒ τοῦ ἀπὸ τῆς ΒΑ δοθέντι μεῖζον ἔστω ἢ ἐν λόγῳ· λέγω, ὅτι καὶ ἑκατέρα τῶν ΑΒ, ΒΓ ἐστι δοθεῖσα.

ἐπεὶ γὰρ τὸ ἀπὸ τῆς ΓΒ τοῦ ἀπὸ τῆς ΒΑ δοθέντι μεῖζόν ἐστιν ἢ ἐν λόγῳ, ἀφῃρήσθω τὸ δοθὲν τὸ ὑπὸ τῶν ΓΒΔ· λοιποῦ ἄρα τοῦ ὑπὸ τῶν ΔΓΒ πρὸς τὸ ἀπὸ τῆς ΑΒ λόγος ἐστὶ δοθείς. καὶ ἐπεὶ δοθέν ἐστι τὸ ὑπὸ τῶν ΑΒΓ, ἔστι δὲ καὶ τὸ ὑπὸ τῶν ΓΒ, ΒΔ δοθέν, λόγος ἄρα ἐστὶ τοῦ ὑπὸ τῶν ΑΒ, ΒΓ πρὸς τὸ ὑπὸ τῶν ΓΒΔ δοθείς. ὡς δὲ τὸ ὑπὸ τῶν ΑΒΓ πρὸς τὸ ὑπὸ τῶν ΓΒ, ΒΔ, οὕτως ἡ ΑΒ πρὸς τὴν ΒΔ· ὥστε καὶ τῆς ΑΒ πρὸς τὴν ΒΔ λόγος ἐστὶ δοθείς· ὥστε καὶ τοῦ ἀπὸ τῆς ΑΒ πρὸς τὸ ἀπὸ τῆς ΒΔ λόγος ἐστὶ δοθείς. τοῦ δὲ ἀπὸ τῆς ΑΒ πρὸς τὸ ὑπὸ τῶν ΒΓΔ λόγος ἐστὶ δοθείς· καὶ τοῦ ὑπὸ τῶν ΒΓΔ ἄρα πρὸς τὸ ἀπὸ τῆς ΔΒ λόγος ἐστὶ δοθείς· ὥστε καὶ τοῦ τετράκις ὑπὸ τῶν ΒΓΔ πρὸς τὸ ἀπὸ τῆς ΒΔ λόγος ἐστὶ δοθείς· τοῦ τετράκις ὑπὸ τῶν ΒΓΔ ἄρα μετὰ τοῦ ἀπὸ τῆς ΒΔ πρὸς τὸ ἀπὸ τῆς ΒΔ λόγος ἐστὶ δοθείς. ἀλλὰ τὸ τετράκις ὑπὸ τῶν ΒΓΔ μετὰ τοῦ ἀπὸ τῆς ΒΔ τὸ ἀπὸ συναμφοτέρου ἐστὶ τῆς ΒΓ, ΓΔ. λόγος ἄρα ἐστὶ καὶ τοῦ ἀπὸ συναμφοτέρου τῆς ΒΓ, ΓΔ πρὸς τὸ ἀπὸ τῆς ΒΔ δοθείς· ὥστε καὶ συναμφοτέρου τῆς ΒΓΔ πρὸς τὴν ΒΔ λόγος ἐστὶ δοθείς· καὶ συνθέντι ἄρα δύο τῶν ΓΒ πρὸς τὴν ΒΔ λόγος ἐστὶ δοθείς· ὥστε καὶ μιᾶς τῆς ΓΒ πρὸς τὴν ΒΔ λόγος ἐστὶ δοθείς. ὡς δὲ ἡ ΓΒ πρὸς ΒΔ, οὕτως τὸ ὑπὸ τῶν ΓΒΔ πρὸς τὸ ἀπὸ τῆς ΒΔ· καὶ τοῦ ὑπὸ τῶν ΓΒΔ ἄρα πρὸς τὸ ἀπὸ τῆς ΒΔ λόγος ἐστὶ δοθείς. δοθὲν δὲ τὸ ὑπὸ τῶν ΓΒ, ΒΔ· δοθὲν ἄρα καὶ τὸ ἀπὸ τῆς ΒΔ· δοθεῖσα ἄρα ἐστὶν ἡ ΒΔ· ὥστε καὶ ἡ ΒΓ δο θεῖσά ἐστιν· τῆς γὰρ ΓΒ πρὸς τὴν ΒΔ λόγος ἐστὶ δοθείς, καὶ δέδοται ἡ ΒΔ· καί ἐστι δοθὲν τὸ ΑΓ, καὶ δοθεῖσα ἡ Β γωνία· δοθεῖσα ἄρα ἐστὶ καὶ ἡ ΑΒ· ἑκατέρα ἄρα τῶν ΑΒ, ΒΓ δοθεῖσά ἐστιν.

명제 86. 만약 두 선분이 일정한 각의 내부에 일정한 넓이를 포함하고 한 변에 대한 정사각형이 다른 변에 대한 정사각형에 대한 비보다 더 크다면, 이들 두 선분은 주어진 것이다.

두 선분 AB와 BC가 주어져 있는 각 ABC를 만들면서 주어져 있는 넓이를 가지는 사각형 (AC)를 만들었다(선분 AB, 선분 BC의 길이는 주어져 있지 않고, 사각형 (AC)의 넓이만 주어져 있다). 이때, 한 변 BC 위의 정사각형의 넓이는 다른 변 AB 위의 정사각형의 넓이보다 주어져 있는 비 만큼 더 크다고 하자. 그러면 선분 AB와 선분 BC는 주어진 것이라고 말한다.

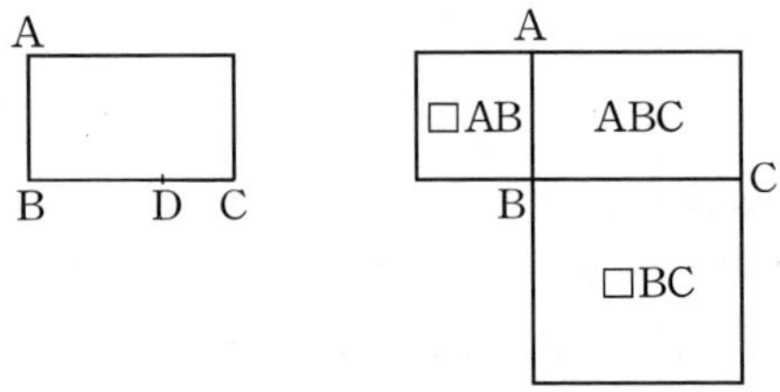


그림 86.1

이제, □BC는 □AB보다 주어져 있는 비 만큼 더 크다고 하였기 때문에, □BC에서 직사각형 (CBD)[†]의 넓이를 뺀 차는 주어진 것이다. 따라서 그 차인 사각형 (DCB)의 넓이와 선분 AB를 한 변으로 하는 정사각형의 넓이의 비는 주어진 것이다[정의 11].

그리고 직사각형 ⊏⊐ABC는 주어져 있고, 비 ⊏⊐CB, BD도 주어져 있으므로 비 ⊏⊐AB,BC : ⊏⊐CBD도 주어진 것이다[명제 1].

하지만, ⊏⊐ABC : ⊏⊐CB, BD :: AB : BD 이므로[VI. 명제 1],[149] 비 AB : BD도 역시 주어진 것이다[정의 2*]. 따라서 비 □AB : □BD도 주어진 것이다[명제 50].

---

† [역자] 직사각형 (CBD)는 한 변을 CB, 다른 변을 BD로 하는 직사각형이다. 여기서 점 D는 선분 BC 위에 있는 점으로 정의 11에 의해서 주어져 있는 크기에 의해 결정되어진다.

149) (ABC)는 그림 86.1과 같이 평행사변형이 아닌 직사각형으로 이해해야 한다. 그림 86.2를 보자. 여기서 A̲BC는 가정에 나타난 평행사변형이고, ABC는 증명과정에 제시된 평행사변형으로 A̲B = AB이다.

가정에 의해서 비 □AB:⊏⊐BCD도 주어져 있으므로 비 ⊏⊐BCD:□DB도 주어진 것이다[명제 8]. 따라서 비 4×⊏⊐BCD:□BD도 주어진 것이다[명제 6]. 그리고 합성에 의해서 비 (4×⊏⊐BCD+□BD):□BD도 주어진 것이다[명제 6].

또한 4×⊏⊐BCD+□BD=□(BC+CD)이므로[II.명제 8], 비 □(BC+CD):□BD도 주어진 것이다. 그래서 비 (BC+CD):BD도 주어진 것이기 때문에[명제 54, 명제 24*D], 합성에 의해서 비 2BC:BD는 주어진 것이다[명제 6]. 그러므로 BC와 BD의 비도 주어진 것이다[명제 8].

그리고 비 BC:BD::⊏⊐CBD:□BD이므로[VI.명제 1], 비 ⊏⊐CBD:□BD도 주어진 것이다[정의 2*]. ⊏⊐CB,BD는 주어진 것이기 때문에, □BD도 주어진 것이다[명제 2]. 따라서 BD도 주어진 것이고, 비 BC:BD가 주어진 것이기 때문에 BC도 주어진 것이다. 그리고 BD도 주어진 것이다. 그리고 비 AB:BD가 주어진 것이기 때문에 AB도 주어진 것이다.[150] 그리고 평행사변형 (AC)는 주어져 있고, 한 각 B도 주어져 있으므로, AB는 주어진 것이다[명제 57]. 따라서 AB, BC 둘다 주어진 것이다. ■

**논평 :**

명제 86은 우리가 언급하였던 R'11(주어진 비 만큼 더 큰)에 대한《자료론》에 제시된 전형적인 한 예라고 볼 수 있다. 사실 이 명제는 주어진 두 넓이의 차와 다른 것과의 비가 주어진 비를 가진다는 것을 단지 설명하고 있을 뿐이다. 그리고 이를 현대적으로 고찰하면, 명제 86은 두 개의 동일한 직선 위에 켤레 직경(conjugate diameters)과 점근선을

150) 증명은 여기서 끝이 난다. 그러나 유클리드는 지금까지 언급하지 않았던 평행사변형을 언급하고 있다.

가지는 두 쌍곡선의 교점이 주어진 것이라는 사실을 다루고 있음을 알 수 있다. 이러한 관점은 자이턴(H. G. Zeuthen)이 그리스 수학의 유산에 대한 그의 지난 연구(1917)[151]에서 언급한 것이다. 비록 그리스 원문으로부터 이러한 사실을 확인하는 것은 거의 불가능하고, 명제가 실제로 그렇게 다루지 않았을지라도, 그의 이런 추측은 옳은 것이라고 나는 가정하고 있다. 덴마크어로 된 그의 논문을 번역하여 제시하면 다음과 같다.

> 기하학적인 형식을 아래와 같은 완전한 대수적 방정식으로 변형해 보자.
>
> $$xy = a \text{이고}, \ y^2 - mx^2 = b$$
>
> 현대의 대수적인 언어로 해의 의미를 살펴보면, 단지 한 가지 사실에 주목할 만한 것이 있다. 곱은 직사각형의 넓이를 나타내고, $x^2$과 $y^2$은 정사각형의 넓이를 의미하며, 그리고 방정식의 우변에 있는 값은 좌변의 식의 값이 주어져 있다는 것을 분명히 나타내고 있다. 즉 $a, b, m$의 값이 주어져 있을 때, 좌변의 미지수의 값을 단계적으로 구할 수 있다는 것을 의미한다.
>
> 방정식의 해를 구하는 과정은 아래와 같다. 먼저 $b = yz$를 대입하고, 단계적으로 유클리드의 추론과정을 연속적으로 탐색해보자.
>
> $$xy =_1 a$$
> $$y^2 - mx^2 =_2 b$$

151) 이 책은 오직 덴마크어로만 출판이 되었다. 프랑스어로는 요약본만 출간된 상태이다.

$$
\begin{aligned}
\frac{y(y-z)}{x^2} &=_3 m \\
\frac{x}{z} &=_4 \frac{a}{b} \\
\frac{x^2}{z^2} &=_5 \frac{a^2}{b^2} \\
\frac{x^2}{y(y-z)} &=_6 \frac{1}{m} \\
\frac{4y(y-z)}{z^2} &=_7 4m\frac{a^2}{b^2} \\
\frac{4y(y+z)+z^2}{z^2} &=_8 \frac{(2y-z)^2}{z^2} =_9 4m\frac{a^2}{b^2}+1 \\
\frac{2y-z}{z} &=_{10} \sqrt{4m\frac{a^2}{b^2}+1} \\
\frac{2y}{z} &=_{11} \sqrt{4m\frac{a^2}{b^2}+1}+1 \\
\frac{y}{z} =_{12} \frac{yz}{z^2} &=_{13} \frac{b}{z^2} =_{14} \frac{1}{2}\left(\sqrt{4m\frac{a^2}{b^2}+1}+1\right) \\
z &=_{15} \sqrt{\frac{2b}{\sqrt{4m\frac{a^2}{b^2}+1}+1}} \\
yz &=_{16} b \\
y &=_{17} b\sqrt{\frac{\sqrt{4m\frac{a^2}{b^2}+1}+1}{2b}}
\end{aligned}
$$

이렇게 이어지는 연산의 과정은 앞의 명제에 따라 실행된 것이며 연산에 대한 대수적 기호를 사용한 것뿐이다. 기하는 거의 어떠한 역할도 하지 않았다(테이즈백이 강조함). 이것들은 단지 약간의 도움을 제공해 주는 양적인 개념으로써의 크기만을 보조적으로 나타내는 것뿐이다. 예를 들면, $y$에 따라 $z$의 크기가 변화하고, $(y-z)$는 선분으로 제시될 수 있는 것이다(유클리드 《원론》에서 선분은 전부 끝점에 알파벳 문자를 적어서 나타낸다).

《원론》에서 이 모든 것이 말로 표현되어져 있을 때, 그것이 의미하는 것은 전적으로 대수적인 것이다. 테이즈벡은 '기하학적인 방법의 해석은 어떠한 역할도 하지 않았다'라고 강조하였고, 게다가 기하학적 직관은 어디에서도 대수적 추론을 대신하지 않고 있다. 앞에서 서술된 대수적 방정식들은 《자료론》에 대한 멘지의 번역판에 언급되어진 명제 또는 정의에 기초하고 있다.

자이던은 유클리드가 대수적 문제를 기하학적 형식으로 다루고 있는 그의 능력을 보여주는 대표적인 예로서 명제 86을 거론한다. 나는 여기서 자이던의 대수적인 해석에 집중하려고 한다. 덴마크어로만 출판한 자이던의 그의 해석을 살펴볼 것이다.

나는 《자료론》을 나의 스타일로 설명하기까지 자이던의 논문의 내용을 언급하지 않고 남겨 놓을 것이다. 우선은 내가 생각하고 있는 기호로 내용을 전개할 것이다. 예를 들어, 이해를 쉽게 하기 위해 선분을 나타내는 것을 두 문자(예를 들어 AB)가 아니라 단일 문자, 즉 $x$, $y$, $z$와 같이 나타낼 것이다. 이렇게 나타내면 동일한 문자를 가지는 경우, 두 선분의 길이가 같다는 것을 의미하지만, 그 위치가 같다는 것은 명확하지 않게 된다(어떤 의미에서는 이것을 유클리드가 원했던 것 같다). 따라서 문자 $x$, $y$, $z$, $w$는 선분을 나타내게 되고, ⊏⊐ $x,y$는 직사각형의 넓이, □$x$는 정사각형의 넓이가 된다. 그리고 중괄호, 즉 { } 안에 있는 것은 '주어진 것이다'라고 읽어야만 한다. 그리고 중괄호 안에 있는 문자들은 '숨은 동료'를 의미하기도 한다. 예를 들어, 언급되지도 보여지지도 않지만 '알려진' 선분 혹은 넓이가 그 내용이 될 수 있다.

예를 들어 보자. 문자로 '$\sqsubset\sqsupset$ABC가 주어진 것이다'라고 말할 때, 나는 그것을 'gvn. $\sqsubset\sqsupset x,y$ $\{=\square a\}$'이라고 서술하고, 읽을 때 '직사각형 $xy$의 넓이는 주어진 것이라는 것은, 그 넓이가 $a$의 제곱이 되는 알려져 있지 않은 넓이와 같다'라고 하면 된다. 그리고 만약 문자로 '$\sqsubset\sqsupset$DCB와 $\square$AB의 비가 주어진 것이다'라고 하면, 나는 그것을 'gvn. $\sqsubset\sqsupset w,y$ : $\square x$ $\{::c:d\}$'라고 서술하고, 읽을 때 '직사각형의 넓이 $wy$와 정사각형 $x$의 넓이의 비는 알려져 있지 않은 비 $c:d$와 동일하다'라고 하면 된다.

조건절에서 어떤 넓이가 주어져 있다고 말하는 것은, 우리가 알고 있는 것처럼 평방의 넓이가 주어져 있는 것을 의미하다. 따라서 선분의 길이 $x$, $y$가 '주어진 것'으로 증명되게 된다.

만약 내가 사용하는 이러한 기호들 때문에, 위의 진술들이 기하적 모양이 아니라 대수적 형태로 느껴진다면, 그것은 우리가 대수적 표현의 시대에 익숙해져서 살고 있기 때문일 것이다. 하지만 그리스 시대에서 대수적인 표현이 개발되지 않았기 때문에 우리가 느끼는 것처럼 대수적으로 느끼는 것은 불가능하였다. 이러한 이유로 인해서 나는 중괄호 안에 숨은 동료들을 배치시켰다. 하여간 이러한 표현은 독자로 하여금 명제 86을 이해하는데 큰 도움을 제공할 것으로 생각된다.

네 개의 선분 AB $= x$, BC $= y$, BD $= z$, CD $= y - z = w$가 주어져 있고, 다섯 개의 직사각형이 주어져 있다(각각의 이름은 괄호 안에 넣었다).

| | | |
|---|---|---|
| (직사각형 ABC) | $\sqsubset\sqsupset$AB, BC | $= \sqsubset\sqsupset x,y$ |
| (BC 위의 정사각형) | $\square$BC | $= \square y$ |

(직사각형 CBD 또는 DBC) ⊏⊐ CB, BD = ⊏⊐ $y, z$

(직사각형 DCB 또는 BCD) ⊏⊐ DC, CB = ⊏⊐ $w, y$

(AB 위의 정사각형) □ AB = □ $x$

필사본에는 그림 86.1의 왼쪽처럼 약간 조잡하게 그려져 있었지만, 여기서는 이해를 위해서 그림을 보충해서 그렸고, 문자도 A, B, C, D뿐만 아니라, B′, C′, D′ 등을 추가하였다(그림 86.3~86.6). 여기서 새로 추가된 문자들의 의미는 AB의 길이와 A′B′의 길이가 같다는 것을 나타낸다.

만약 직각삼각형에서 한 예각의 크기가 주어져 있는 것이면 직각삼각형의 모든 변의 길이의 비는 주어져 있는 것과 같다. 따라서 우리는 선분 AB와 선분 BC가 직각인 각을 가지는 사각형이라고 하더라도 일반성을 잃지 않을 것이다. 사실 유클리드도 암묵적으로는 이렇게 한 것으로 보인다. 혹은 오히려, 주어진 그림에서 평행사변형 ABC를 나타내었다기보다는, 선분 AB와 선분 BC에 의한 직사각형을 그린 것으로 보인다. 우리는 주어져 있는 각 $\underline{\mathrm{A}}$BC를 가지는 평행사변형 $\underline{\mathrm{A}}$BC와 AB = $\underline{\mathrm{A}}$B인 직사각형 ABC를 동시에 볼 수 있도록 하기 위해서 그림 86.2를 새롭게 고안하였다. 우리는 평행사변형과 직사각형의 넓이의 비(=$\sin \nu$)는 주어져 있는 것으로 간주한다. 왜냐하면 명제 40에 의해서 각이 주어져 있기 때문이다. 따라서 평행사변형 $\underline{\mathrm{A}}$BC의 넓이가 주어져 있기 때문에, ⊏⊐ ABC도 역시 주어진 것이다.

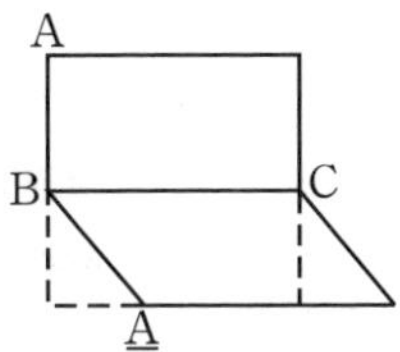


그림 86.2

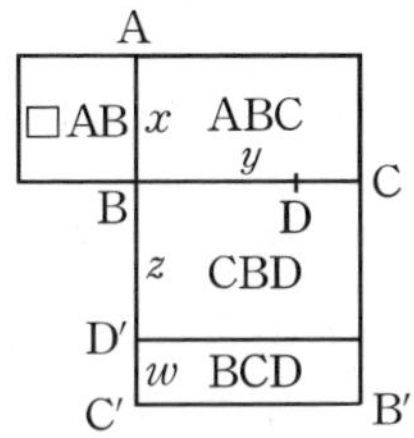


그림 86.3

여기서 주어져 있는 평행사변형 ($\underline{\text{A}}$C)의 넓이는 알려져 있지 않은 정사각형의 넓이 {□$a$}와 같다. 정사각형의 넓이와 ⊏⊐ $x$, $y$의 넓이의 비는 {= sin$\nu$}로 주어진 것이다. 따라서 ⊏⊐ $x$, $y$는 알려져 있지 않은 정사각형의 넓이 {□$a$}와 같다. 이제, 우리는 유클리드의 주장을 이해하기 위한 준비가 되었고, 그림 86.3을 이용하여 필요에 따라서 숨은 동료를 소개하면서 이를 구체적으로 고찰해보기로 하자.

두 선분 AB와 BC에 의해서 주어져 있는 각 $\underline{\text{A}}$BC를 유지하면서 주어져 있는 넓이를 가지는 사각형 (AC)를 만들었다. □BC는 다른 □AB보다 [주어져 있는] 비 만큼 더 크다고 한다면, 선분 AB와 선분 BC는 주어진 것이라고 말한다.

gvn. 평행사변형 $x$,$y$ {= □$a$} (1)

gvn. (□$y$ − □) : □$x$ {:: $c$ : $d$} (2)

{□는 주어져 있는 넓이로 ⊏⊐ $y$,$z$와 같다. $c$와 $d$는 선분이고, 비를 표현하는 일반적인 방법이다.}

결론 : gvn. $x$이고 gvn. $y$이다.

이제, □BC는 □AB보다 주어져 있는 비 만큼 더 크다고 하였기 때문에, □BC에서 직사각형 (CBD′)의 넓이를 뺀 차는 주어진 것이다. 따라서 그 차인 사각형 (DCB)의 넓이와 선분 AB를 한 변으로 하는

gvn. □ = gvn. ⊏⊐ $y$,$z$ {= □$b$} (3)

$y - z = w$라고 두자. (4)

gvn. ⊏⊐ $w$,$y$ : □$x$ {:: $c$ : $d$} (2a)

정사각형의 넓이의 비는 주어진 것이다[정의 11].

그리고 ⊏⊐ABC는 주어져 있기 때문에, ⊏⊐CBD′ 또한 주어진 것이다. 따라서 비 ⊏⊐ABC : ⊏⊐CBD′도 주어진 것이다.

gvn. ⊏⊐ $x,y$ {= □$a$} (1)

gvn. ⊏⊐ $y,z$ {= □$b$} (3a)

gvn. ⊏⊐ $x,y$ : ⊏⊐ $y,z$ {:: □$a$ : □$b$} (5)

즉, ⊏⊐ABC : ⊏⊐CBD′ = AB : BD′이다[VI. 명제 1]. 따라서 AB : BD′도 주어진 것이다[정의 2]. 따라서 □AB : □BD′도 주어진 것이다[명제 50] (그림 86.4).

⊏⊐ $x,y$ : ⊏⊐ $y,z$ :: $x : z$ (5a)

{::□$a$:□$b$::$a : e$, 단, $a : b :: b : e$ [VI. 명제 21].}

gvn. $x : z$ {:: $a : e$} (6)

gvn. □$x$ : □$z$ {:: □$a$ : □$e$} (7)

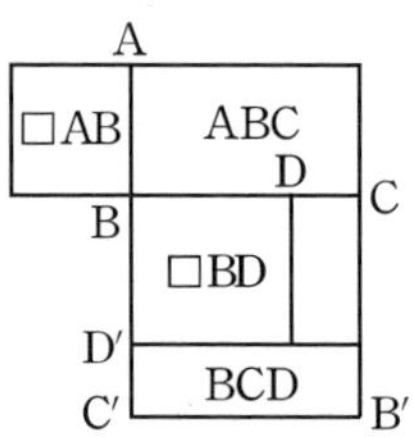

그림 86.4

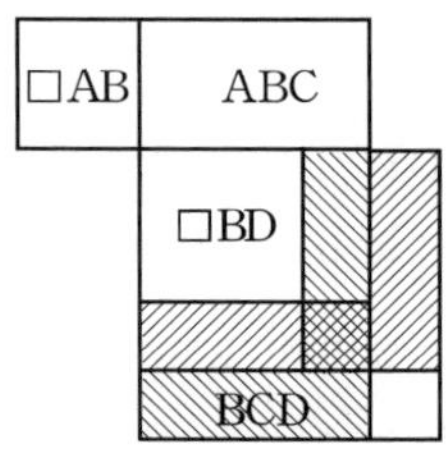

그림 86.5

가정에 의해서 비 □AB : ⊏⊐B′C′D′도 주어진 것이다 [정의 11].

gvn. □$x$ : ⊏⊐ $w,y$ (2b)

{::$d$:$c$::□$a$:□$g$, 단, $d : c :: a : f$이고 $a : g :: g : f$로서 $f$는 $d$, $c$, $a$와 비례적이고, $g$는 $a$, $f$의 비례중앙}

따라서 비 ⊏⊐B′C′D′ : □DB 역시 주어진 것이다[결합, 명제 8]. 따

gvn. ⊏⊐ $w$, $y$ : □$z$ {:: □$g$ : □$e$} (8)

| | |
|---|---|
| 라서 비 4×⊏⊐B′C′D′ : □BD도 주어진 것이다[명제 6] (그림 86.5). | {□$g$:□$a$와 □$a$:□$e$의 결합으로부터} gvn.4⊏⊐$w$, $y$ : □$z$ {:: 4□$g$ : □$e$} (9) |
| 따라서 4×⊏⊐B′C′D′+□BD′과 □BD′의 비, 역시 주어진 것이다[명제 6]. | gvn.(4⊏⊐$w$, $y$+□$z$):□$z$ (10) {::(4□$g$+□$e$):□$e$::□$h$:□$e$, 단, $h$는 두 변의 길이가 2$g$, $e$인 직각삼각형의 빗변이다.} |
| 따라서 4×⊏⊐B′C′D′+□BD′=□(BC+CD)가 성립한다[II.명제 8] (그림 86.6). 따라서 비 □(BC+CD) : BD, 역시 주어진 것이다. 또한, 비 (BC+CD) : BD도 주어진 것이다[명제 54]. | 4⊏⊐$w$,$y$+□$z$ = □$y$+$w$ (11) gvn.□($y$+$w$):□$z$ {:: □$h$ : □$e$} (12) gvn.($y$+$w$):$z$ {:: $h$ : $e$} (13) |
| 따라서 합성에 의해서 비 2BC : BD는 주어진 것이다[명제 6]. 따라서 비 BC : BD도 또한 주어진 것이다[명제 8]. | [$y+w+z=2y$, 단, $w=y-z$] gvn.2$y$:$z$ {::($h+e$):$e$ ::2$k$:$e$ (14) 단, $h+e$=2$k$} gvn.$y$:$z$ {:: $k$ : $e$} (15) |
| 그리고 BC : BD :: ⊏⊐CBD′ : □BD′ | $y$ : $z$ :: ⊏⊐$y$,$z$:□$z$ {:: $k$ : $e$} |
| 따라서 비 ⊏⊐CBD′ : □BD′도 주어진 것이다[정의 2]. | gvn. ⊏⊐$y$,$z$:□$z$ (15a) {::$k$ : $e$::□$b$:□$m$ 단, $k$ : $e$ :: $b$ : $n$이고, $b$ : $m$ :: $m$ : $n$이다.} |
| ⊏⊐CB, BD′는 주어진 것이기 때 | gvn. ⊏⊐$yz$ {= □$b$} (2) |

문에, $\square$BD$'$도 주어진 것이다[명제 2]. 따라서 BD$'$도 주어진 것이고, BC도 주어진 것이다. 왜냐하면, BC와의 비가 주어져 있기 때문이다.

| | | |
|---|---|---|
| gvn. $\square z$ | $\{=\square m\}$ | (16) |
| gvn. $z$ | $\{=m\}$ | (17) |
| $y:z$ | $\{::k:e::p:m\}$ | |
| gvn. $y:z$ | $\{=p:m\}$ | |
| gvn. $y$ | $\{=p\}$ | |

그리고 평행사변형 (AC)는 주어져 있고, 한 각 B도 주어진 것이다. 따라서 AB는 주어진 것이다[명제 57]. 따라서 AB, BC 둘 다 주어진 것이다.

| | | |
|---|---|---|
| gvn. (AC) | $\{=\square a$, 가정$\}$ | |
| gvn. $\sqsubset\sqsupset x,y$ | $\{=\square a\}$ | (1) |
| gvn. $x$ | $\{=q$ 단, $\square a$는 폭 $p$에 너비 $q$에 의해서 만들어지는 넓이다.$\}$ | |

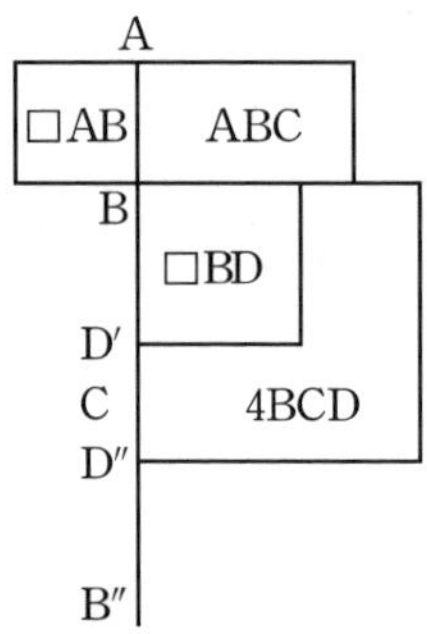


그림 86.6

**요약 :**

중괄호 { } 안에 있는 크기는 추론의 과정에서 드러나는 것이지, 증명의 진술에서 분명하게 드러나는 것은 아니다. 명제는 그것이 증명하고자 하는 것이 무엇인지를 보이는 것이다. 다시 말하면 명제 86에서 전제 조건을 충족시킨다고 한다면, 평행사변형 ABC의 두 변의 길이는 주어진 것으로 볼 수 있다. 그럼에도 불구하고, 기하학자들은 기하적 값을 설정하여 줄 수도 있었다. 바꾸어 말하면, 앞에서 우리가 본 것과 같이, 여러 단계를 거치면서 선분, 정사각형, 직사각형의 기하적 값을 줄 수 있었다는 것이다. 하지만 유클리드가 그렇게 하였다는 아무런 흔적도 찾아 볼 수 없다. 오로지 반복적으로 '주어진 것이다'라는 문장만 제시하고 있을 뿐이다.

사실, '결과의 산출'을 공식화하는 것은 간단한 문제는 아니다.

만약 평행사변형 $(x,y)$의 넓이가 주어져 있다고 한다면 보이지는 않지만 그 값은 $\square a$이고, 만약 ⊏⊐ $(y,z)$의 넓이가 주어져 있다고 한다면, 그 값은 $\square b$일 것이다. 만약 $c$와 $d$가 주어져 있는 비를 나타내는 선분이라고 하고 '남은 직사각형' (BCD, ⊏⊐ $w,y$)과 AB$(x)$상의 정사각형의 넓이의 비는 $c$와 $d$의 비와 같다고 한다면, 평행사변형의 변 $x$, $y$는 각각 $q$와 $p$와 같아진다. 즉,

$q$는 주어져 있는 정사각형 $\square a$와 같은 넓이를 가지는 직사각형의 한 변의 길이,
$p$는 $k:e::p:m$을 만족하는 크기,
$e$는 $a:b::b:e$를 만족하는 값,
$m$은 $b$, $n$의 비례중앙,
$n$은 $k:e::b:n$을 만족하는 크기,
$k$는 $\dfrac{h+e}{2}$,
$h$는 세 변의 길이가 $h$, $e$, $2g$인 직각삼각형의 빗변,
$g$는 $a$, $f$의 비례중앙,
$f$는 $d:c::a:f$를 만족하는 값이다.

만약 이 모든 것이 그리스 기하학보다도 루이스 캐럴 퍼즐만큼이나 더 친숙하게 여겨진다고 한다면, 《자료론》의 문장이 시각적이지 못한

것 때문일 것이다.

왜 자이던은 명제 86에서는 어떠한 기하학적 사실의 활용도 없었다는 것을 강력히 주장하는가? 나는 항상 기하학을 사용해왔었다는 주장을 펼칠 준비를 해왔다. 그의 대답은 다음과 같다.

> 아리스토텔레스에 따르면 선분으로 둘러싸인 평면도형은 연속적인 크기를 갖는다. 그러므로 만약 실제 도형으로부터 길이와 크기로 추상화하고 길이의 곱으로 넓이를 생각하고, 즉 넓이에서 정사각형의 한 변의 길이가 제곱근이 되는 넓이, 기타 등등 이처럼 오류 없이 양의 실수 값으로 설명할 수 있을 것이다. 기하학적 도형(《원론》 I권과 《원론》 II권에서 학습한 것처럼)을 더하고 빼는 것은 실수를 더하고 빼는 것처럼 설명될 수 있다. 간략하게 말하면, 기하학적 세계를 실수 세계로 전환시키는 것이 가능하기 때문에 기하학의 세계를 잊어버린다.

그런데 왜 그렇게 하기를 원하는가? 고대 그리스의 불명확했던 도구들을 현대 독자들이 쉽고 편리하게 이해하기 위해서 그리스인들의 현명한 방법의 근원적인 것을 생략하고 수학적 표현만을 가르치지는 않는다. 그렇지 않으면 그리스 시대의 근원적인 방법이 아닌 다른 방법으로 접근하고 있지는 않은가?

> 신이 그리스인들을 창조했을 때, 그들에게 대수학을 가르치는 것을 잊어버렸다. 그래서 정사각형과 직사각형을 만들도록 했다. 그것이

> 아라비아에 이르렀을 때, 바빌로니아인들에게 했던 것처럼 기하뿐만 아니라 대수를 가르치는데 많은 고통이 있었다. 그러나 그들은 이것을 혼합시켰고 이것은 하나이고 똑같은 작업이라는 것을 현대인들이 믿도록 이끌었다. 무의식적으로 그리스인들은 그 동안 내내 대수를 이용해오고 있었다는 것이다.

이것은 꽤 지지할만한 위치에 있는 것 같다. 쟈이던은 그가 했었던 것처럼 비록 약간의 부정확한 것이 있지만 그리스 기하가 19세기 대수로 전환되었다는 것을 강력히 주장했다. 그는 두 세계(기하와 대수)는 엄격히 분리되어져야 하지만, 반면에 그 결과는 혼합된 분석이어야 한다는 것을 옹호한다. 왜냐하면, 하나 만으로는 추론이 특정한 어떤 관점에서 사용되어지고 있는지를 아는 것은 정말 불가능하기 때문이다. 비록 두 수준이 독립적으로 유지되도록 노력할지라도 어떤 것은 독창적이고 혹은 발견술적인 측면에서 기하에서 대수적 취급은 생략되고 있다. 마치 호머(Homer)의 일리아드(Iliad)의 여행을 산문체로 변역된 것을 읽을 때, 아킬레스(Achilles)의 격한 분노를 결코 리얼하게 표현할 수 없는 것과 동일하다.

그리스 수학의 대수적인 이해가 언어학적으로 보증할 수는 없지만, 명제 86의 경우에는 최악의 과실이 있는 것은 아니다. 더 나아가, 쟈이던의 명제 86에는 무엇이 잘못되었는가? 첫 번째로 이것은 역사가 아니다. 항상 그리스 인들의 사고방식을 이해하도록 이끄는 것은 아닐지라도, 이것은 그리스의 명제가 현대 대수적 표현과 동일한 의미를 가진다는 것을 보여주기에 매우 논리적인 것이다. 하지만 명제 86을 대수적으로 설명할 때, 쟈이던은 적어도 그의 논문의 절반은 그가 스스로 창작한 것이다.

쟈이던은 방정식 $xy = a$이라고 가정하여 시작하고 있다. 두 선분은 주어져 있는 넓이를 가지고 있다는 쟈이던의 생각은 유클리드의 《원론》으로부터 크게 벗어나지 않는다. 쟈이던이 방정식의 우변에 적었던 모든 것은 필연적 발견으로 이끌었음에 틀림이 없다. 이로 인해 쟈이던은 유클리드가 방정식을 푸는 것이라고 생각을 하였고, 결국 분석의 초기부터 명제 86의 관점을 잘못된 방향으로 이끌게 된 것이다. '쟈이던은 방정식을 풀고 있는 중이다'라는 것은 분명하지만, 이것이 그의 사례를 증명하는 것은 아니다.

만약 방정식이 '주어진'(즉, 직사각형 ㄷㄱ $x,y$는 다른 넓이와 같다는 것이 '주어진'이다. 후자의 '주어진'은 끝없는 루프를 피할 수 없다는 것을 의미한다)의 수단이라는 것을 인정할지라도, 만약 문자 $a$(즉, 넓이)가 $x$와 $y$(선분들)로부터 다른 종류의 크기를 나타내고 있다는 것을 고려하지 않는다면 어려움에 직면할 것이다. 말하자면 차원은 알아 볼 수 있도록 해야 한다. 그것은 그 순간에 명확해야 할 것이다.

방정식 $y^2 - mx^2 = b$에서 주어진 직사각형의 한 변($y$)으로 된 정사각형은 다른 변($x$)을 한 변으로 하는 정사각형에 대해 '주어져 있는 비만큼 주어져 있는 넓이($b$)보다 더 크다'는 것을 가정했다. 사실, $y^2 - b = mx^2$는 쟈이던 자신의 기준에 의해서 다시 표현된 것이다. 쟈이던의 표기의 놀라움은 의심할 여지없이 $m$은 주어져 있는 비를 나타내고 있음에 틀림이 없다.

한 개의 문자로 비를 표현한 것은 쟈이던이 처음으로 사용한 것은 아니다. 그러나 이것으로 인해 이해보다는 혼란이 더 많이 초래되었다는 것이다. 최소한 그리스 수학에서 비의 사용과 비의 정의에서는 적어도 이것은 사실이다. 한 개의 비에는 최소한 적어도 두 개의 크기 혹은 수가 관여되어져 있어야 한다. 《자료론》을 보더라도 이것은 확실하다. 비의 전항이 분자, 비의 후항이 분모를 가지는 것처럼, 즉 두 수의 비에서처럼 쟈이던이 보통 사용했던 표기는 수평적 표현이다. 그러나 쟈이던은 마치 비가 크기인 것처럼 한 개의 실수 값으로 비를 고려하고 있기 때문에, 명제 86의 해석에서 그는 비 $m$을 $a$, $b$와 같은 수준에서 사용하였다.

그리스 로고스(logos)이론을 하나 택하더라도, 쟈이던에 의해 사용된 $m$은 그리스 시대에는 없었음을 인정해야 한다. $x$를 한 변으로 하는 정사각형이 남아 있는 직사각형과 주어진 비를 가진다는 $mx^2$은 그리스 원전 어디에도 존재하지 않는다.

$b=yz$를 대입함으로써 변 $y$를 가지는 직사각형에서 주어져 있는 넓이 $b$를 뺄 수 있다. 쟈이던은 $z$를 보조적인 크기라고 불렀고 이것은 주어져 있는 넓이가 한 변으로 $y$를 가진다고 만든 것은 매우 재치있는 기법임에 틀림없다. 특히 명제 전체의 의미가 쌍곡선에 관한 문제를 다룬다고 생각한 위의 가정에 비추어볼 때, 더욱 그러하고, 이 경우 주어져 있는 넓이는 정사각형이다.

비에 대한 쟈이던의 표현이 무엇을 의미하는지 마음에 새겨두면서, 쟈이던이 유클리드의 생각을 고려하면서 밝힌 그의 절차를 따라가 보자(앞의 방정식 표시에서 각각의 단계별로 붙인 숫자를 참고한다).

단계 (3)은 작도를 나타내는 것이다. 만약 $y$를 한 변으로 하는 정사각형 ($\square$BC)으로부터 주어진 넓이 $\sqsubset\sqsupset z,y$(CBD)를 빼면, 남아있는 직사각형 $\sqsubset\sqsupset w,y$(BCD)과 정사각형 $x$($\square$AB)의 비는 주어진 것이다.

유클리드 진술 중에서 두 절차를 건너뛰면 단계 (4)에 이른다. 현재 그가 여기서 문제를 일으키고 있지만 이것에 대해서는 아무런 설명이 없다. 만약 $a$와 $b$가 넓이라면, $a^2$과 $b^2$의 비에 대한 기하학적 해석은 어떻게 해야하는가?(단계 (5)에서)

유클리드 시대의 수학자는 정사각형의 비, 즉 $\square r$과 $\square s$의 비를 $a$와 $b$의 비로 바꾸었다. 그리고 단계 (5)에서 얻은 $\square x : \square z :: \square r : \square t$로부터 선분의 비를 구하기 위해서 $r:s=s:t$를 만족하는 선분의 길이 $t$를 $r$로 바꾼다(참고. 명제 24와 VI.명제 20). 물론 내가 이해할 수 없지만, 왜 $a^2$과 $b^2$의 값을 부여했는지 자이던은 알았다. 기하학적 표현의 오해를 드러내지 않기 위해서였을 것이다.

자이던의 교재에 나와 있는 것처럼 단계 (6)은 그럴만한 동기가 없다기보다는 어떠한 설명도 필요가 없다. 반면에 정확히 명제 8을 이용하기 위해서 유클리드는 단계 (3)를 반대로 뒤집어야 할 필요가 있었을 것이다. 그가 여기서 $m$과 1의 비로써 $m$을 의미한다는 것을 드러내는 것처럼 자이던의 태도에서 시사하는 바가 있다. 그 후에 똑같은 장에서 자이던은 주어진 비가 두 선분 사이의 비임이 틀림없다는 것을 인정한다. 비록 유클리드는 결코 단위(unit)를 선택하지 않았지만 현대적인 관점에서 볼 땐 꽤 논리적으로 보이는 암묵적인 단위 선분의 선택인 것처럼 보인다. 유클리드의 이론에서 크기에 대해서는 단위 길이는 존재하지 않는다. 좀더 구체적으로 말하면, 만약 $m$이 선분이라고 한다면, $mx^2$은 $y^2$을 빼는 것이 불가능한 입체도형의 부피를 의미하는 것이다. 따라서 자이던이 이렇게 $m$을 처리함으로써 그리스적 상황을 확실하게 그대로 남겨둘 수 있었던 것으로 보인다.

자이던이 서술한 단계 (6)은 불필요한 것이다. 왜냐하면, 단계 (7) 바로 앞 단계에서 (3)을 4배해서 (5)를 더하면 단계 (7)을 즉각적으로 얻을 수 있기 때문이다. 사실 단계 (3)에 4배하는 것을 생략한 것으로 볼 수 있으므로, 우리는 이 단계를 단계 (6b)라고 하겠다. 사실 단계 (6b)를 건너뜀으로 인해서 명제 8이 기초(선분에 대한 두 개의 비가 직사각형에 대한 한 개의 비를 구성한다는 것)가 되는 결합의 비에 관한 문제와 부딪히는 것을 피할 수 있게 되었다. 물론 유클리드가 이러한 기초 없이 하지는 않았겠지만, 자이던은 '기하는 어떠한 역할도 하지 않았다는 것'을 이렇게 보여주었다.

이제부터는, 우변(그리스 원전에 존재하지 않는 것으로 별도로 구성한 부분)은 그리스 관점에서 보면 매우 혼란스럽다. 반면에 좌변은 유클리드의 추론으로 야기할 수 있는 기하학적 의미로 해석될 수 있다. 사실 우변은 실수 값이라는 측면에서 보면 알기 쉬운 식이지만 그리스 기하에서는 이와 같은 추론을 한 적은 전혀 없다. 그것은 더 이상 비에 관한 문제가 아니라 자이던의 관점에서 계산에 대한 문제이다. $a$, $b$ 그리고 $m$이 주어졌다고 할 때, '순차적 단계에 따라 구할 수 있다'를 '주어진 것이라'라는 표현으로 사용하는 것처럼 보인다. 그런데 만약 '구할 수 있는'을 '계산된'이라고 생각한다면, '주어져 있는 각'이 가정에 포함된 명제를 통해 이것이 명백히 잘못된 해석임을 쉽게 이해할 수 있다. 삼각표 없이 '주어져 있는 각'을 포함한 계산을 수행하는 것은 불가능하다. 그런데 삼각표는 유클리드 이후 수백년이 지난 프톨레마이오스 시대에야 가능한 계산 도구였다. 따라서 '주어진'이 가지는 의미는 '작도될 수 있는', 즉 《원론》의 I권의 방법에서 얻을 수 있는 것으로 보아야 하는 것이 틀림없다.

그런데 자이던의 생각임이 분명한 다른 이론을 제쳐 놓고 단 한가지만 생각하면, 그의 해석에서 기하가 거의 아무런 역할도 하지 않았다는 것은 인정하지 않을 수 없다. 왜 작도가능성은 비-기하학적(un-geometric)이라고 주장하는가? 게다가, 몇몇 자이던의 대수적 표현은 여전히 비로서 인식될 수 있는 반면, 단계 (9)의 우변은 더 이상 그렇지 않다는 것이다. 불확실한 진리(logos)에 1을 더하는 것은 그리스 수학에서는 인정할 수 없는 것이다(비록 현대 주석가들이 《원론》 V.18처럼 이것을 합성 연산으로 해석하기도 하지만). 또한, 자이던에 따르면, 단계 (10) 이후의 우변은 제곱근만을 전적으로 사용하고 있다. 자이던은 이것을 '완전한' 정사각형이라고 불렀다. 그러나 단계 (9)의 좌변은 정사각형의 넓이에 대한 비이다.

만약 나 자신을 그의 식의 우측 변에만 제한시킨다면, 나는 이것들을 읽으려고도 시도하지 않을 것이다. 만약 이 책을 읽는 독자들 중에서 어느 누구라도 그리스 원전에 나오는 명제 혹은 언어들과 더불어 방정식 (17)을 쉽게 추론해 낼 수 있다고 한다면, 나에게 곧바로 연락해 주기를 바란다. 아마도 그는 $x$의 값을 즉각 알아챌 수 있을 것이다.

그렇다면 쟈이던의 연구결과는 과연 읽을 만한 가치가 있는가? 물론 그렇다. 그는 고대 그리스 수학에 있어서는 최고의 권위자 중의 한 사람임에는 틀림이 없다. 그리스 원전의 관점을 지니고, 믿을 만한 번역본을 만들어내고 있으며 그의 번역을 통해 그의 시선을 바라볼 수 있다. 그의 이러한 시도를 통해 그리스 수학에 대한 끝없는 '아하!' 경험의 근원이 되고 있다.

20년 전에 쟈이던의 책에서 명제 86에 대한 그의 견해를 처음으로 읽었다. 그것에 대해 어떻게 생각했는지는 기억이 나지 않는다. 단지 이것으로부터 벗어나 《자료론》이 무엇인가에 대해서 알아야 하겠다는 결심을 하였다. 이것이 《자료론》이 아니라는 것은 확신이 있었다. 내가 더 많은 것을 이해하려고 하면 할수록 더 많은 어려움과 당혹감을 느꼈기 때문에 수수께끼와 같은 수학과 철학적인 유사성에 벗어나서 처신했다. 그것을 완성할 때까지 그랬다. 《자료론》에 대해서 알려면 내가 아는 것보다 더 많이 알아야 된다는 것을 확신한다. 다른 많은 것들 중에서도 쟈이던은 나에게 있어서는 더욱 더 그랬다. 왜 쟈이던은 그와 같은 방법으로 하였는지, 나는 아직 이해하지 못하고 있는 것 같다.

쟈이던과 공동으로 쌍곡선에서 무엇인가를 할 수 있는 무엇이 없는지 제안을 해 보았다. 그러나 무엇을?[152] 원뿔곡선론의 I권 명제 12에서, 아폴로니우스는 주어진 쌍곡선에 대한 성질을 증명했다(아르키메데스에 의해 이미 알려졌던 것이다).

> 세로축에 있는 정사각형과 가로축에 포함된 직사각형의 비는 항상 일정하다.

아폴로니우스는 소위 가로지름(횡경, transverse diameter) 또는 매개변수[153]라고 불리는 어떤 선분의 비에 대한 비를 두 지점 사이의 거리의 일부로 표현하고 있다. 그가 이러한 아이디어를 발견한 방법은 그림 86.7에서 볼 수 있듯이, 가로축의 AD(= DF)와 BD에 의해 만들어지는 직사각형을 보면 알 수 있다. 세로축 DP 위에 있는 정사각형에 대한 앞의 직사각형에 대한 비가 주어진 것이라는 것은 직사각형 ADE(폭이 DE가 되는)처럼 더 작은 가로축을 가지는 정사각형을 부가시킴으로써 보여줄 수 있다.

따라서
□DP : ADB :: ADE : ADB,
VI. 명제 1에 의해서
□DP : ADB :: DE : BD
대각선 BE를 작도함으로써
□DP : ADB :: AQ : AB

152) 켄 샤이또는 덴마크어로 된 자이던의 논문에는 없는, 《원론》 II권의 분석과 동일한 추측을 제안하였다. 원뿔곡선에서 II.명제 8의 적용과 명제 86에 대한 텐널리(Tannery)의 대수적 해석을 대립시켰다. 그래서 추측을 받아들일 수 있도록 하는 강력한 추론이 존재하고 있었다.

153) 매개변수는 고대 그리스시대에는 없었지만, 16세기에 도입되었다.

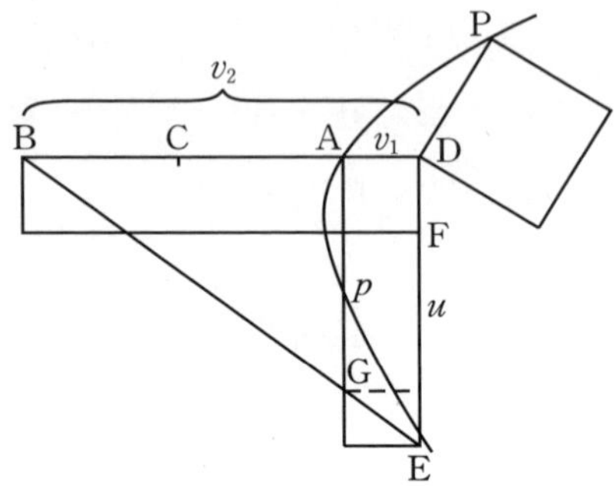


그림 86.7

즉,

□DP : ADB ∷ $p$ : $2d$

만약 $p$를 AQ로 나타내고 가로지름 AB의 반을 $d$로 명명한다면, $d$는 가로축 사이의 차의 반이다.

그래서 주어진 쌍곡선에 의해서, $p$와 $2d$의 비는 주어진 것이다. 그리고 가로지름이 주어져 있는 것처럼 $p$도 또한 주어지게 되고, 이로 인해 형상(eidos), 즉 직사각형 ⊏⊐ $p, d$(QAB)의 형태나 모양은 쌍곡선의 특징을 지닌다.

그림 86.7은 정사각형 □DP는 형상(eidos)이 서로 닮음인 초과한 직사각형 (QE)를 가지는 선분 $p$를 가지도록 한다. 이것을 통해 볼 때, 아폴로니우스가 왜 '원뿔곡선' 부분에서 이것을 쌍곡선(hyperbola의 어원은 그리스어로 초과한다는 의미가 있다)이라고 명명하였는지 이해할 수 있다.

유클리드나 아폴로니우스와 같은 그리스 수학자들에게 있어서, 쌍곡선에서 가로축에 있는 두 선분에 의해 만들어지는 직사각형은 그노몽적인 사고(그림 86.8)를 불러 일으킨다. II.명제 6으로부터, 앞서 말한 직사각형 (BF)가 그노몽 MFNAC와 같다는 것을 알 수 있다. 즉 정

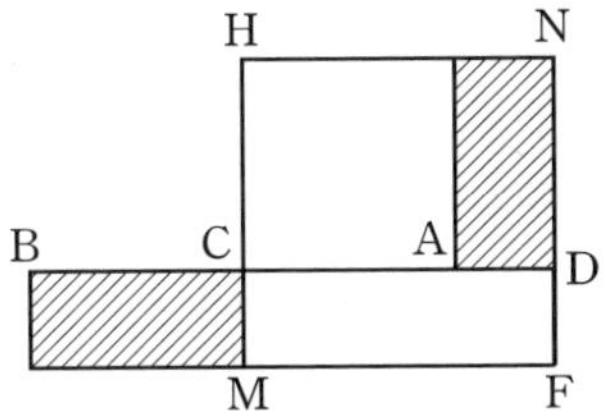


그림 86.8

사각형 (HF)에서 정사각형 (HA)를 뺀 것이다. 직경의 절반인 한 변의 길이가 $d$가 되는 정사각형 (HA)는 주어진 것이다. 따라서 세로축에 있는 정사각형 □DP는 그노몽에 대한 비가 주어지고 반대인 경우도 마찬가지이다. 정의 11의 특징을 사용하기 위해서, 가로축의 합의 절반에 의해 만든 정사각형 (HF)는 세로축 DP 위에 만들어진 정사각형과의 주어진 비보다 주어진 정사각형 (HA)의 넓이 만큼 더 크다.

우리는 명제 86으로부터 '만약 주어져 있는 각을 가지고 세로축 DP (그림 86.3에서는 AB)와 가로축의 합의 반인 CD(그림 86.3에서는 BC)로 이루어진 평행사변형이 있다고 한다면, 이 평행사변형의 넓이는 주어진 것이고, 이 두 선분도 주어진 것이다' 라는 사실을 배울 수 있었다. 그런데 정말 이 평행사변형의 크기는 주어진 것인가?

켤레 직경이 점근선 중의 하나 위에 놓이는 또 다른 주어진 쌍곡선 (그림 86.9)을 생각해보자. 그러면 물음을 던진 그 평행사변형의 크기는 원추곡선론 II권 명제 12에 의해서 증명될 수 있고, 그 크기는 주어진 것이 된다. 이것을 통해, 자이던과 켄 샤이또의 주장을 우리는 신뢰할 수 있게 되고, 명제 86이 두 개의 주어져 있는 쌍곡선의 교점이 주어진 것임을 증명하고 있음을 이해할 수 있게 된다. 이때, 한 쌍곡선의 켤레 지름은 다른 쌍곡선의 점근선인 관계가 서로 유지되고 있어야 한다. 물론, 유클리드도 원추곡선에 대한 네 권의 책에서 이렇게 하였다.

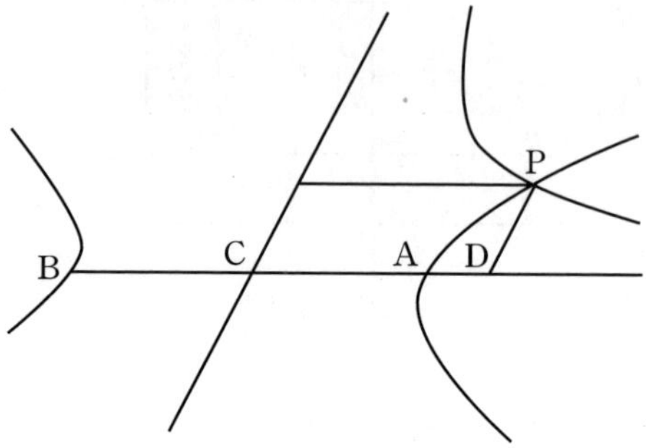


그림 86.9

# 14장 원

**머리 논평 :**

마지막 8개의 명제, 즉 명제 87 ~ 명제 94는 크기 혹은 위치가 주어진 원에 관한 것이다. 정의 5에서 '원의 반지름의 크기가 주어져 있다면, 원의 크기가 주어진 것이다'라고 정의하였고, 정의 6에서는 '원의 중심의 위치가 주어져 있고 반지름의 크기가 주어져 있다면, 원은 위치와 크기가 주어진 것이다'라고 정의한다. 물론 크기가 주어져 있는 원은 반드시 중심을 가짐에 틀림이 없다(III.명제 1에 의해서 알 수 있듯이). 하지만 그것은 중심이 어디에 위치하고 있어야 하는지에 관한 문제가 아니라, 오직 크기의 주어짐에 대해서 말하고 있는 것이다(참고. 명제 2의 논평). 우리는 여기서 명제 26의 '위치는 크기를 포함한다'는 진술을 통해서 이러한 정의를 여기서 확장시킬 수 있다. 만약 원의 중심과 원의 둘레 위의 한 점(즉 주어진 반지름의 끝점)이 주어져 있다면, 원의 위치는 주어진 것이 된다. 또한 원의 둘레 위에 있는 세 점이 주어져 있다면, 원의 위치는 주어진 것이 된다. 하지만 후자의 경우, 즉 세 점이 한 원을 결정한다는 내용은 《자료론》에서는 언급되지 않는다.[154)]

154) 명제에서 원들은 항상 원주(圓周) 위에 세 개의 문자로 나타내고 원의 중심과 반지름의 종점은 아니다.

**Θε 87.** Ἐὰν εἰς κύκλον δεδομένον τῷ μεγέθει εὐθεῖα γραμμὴ ἀχθῇ ἀπολαμβάνουσα τμῆμα δεχόμενον γωνίαν δοθεῖσαν, δέδοται ἡ ἀχθεῖσα τῷ μεγέθει.

εἰς γὰρ κύκλον δεδομένον τῷ μεγέθει τὸν ΑΒΓ διήχθω ἡ ΑΓ ἀπολαμβάνουσα τμῆμα τὸ ΑΕΓ δεχόμενον γωνίαν δοθεῖσαν· λέγω, ὅτι ἡ ΑΓ δέδοται τῷ μεγέθει.

εἰλήφθω γὰρ τὸ κέντρον τοῦ κύκλου τὸ Δ, καὶ ἐπιζευχθεῖσα ἡ ΑΔ διήχθω ἐπὶ τὸ Ε, καὶ ἐπεζεύχθω ἡ ΓΕ· δοθεῖσα ἄρα ἐστὶν ἡ ὑπὸ τῶν ΑΓΕ· ὀρθὴ γάρ· ἔστι δὲ καὶ ἡ ὑπὸ ΑΕΓ δοθεῖσα· καὶ λοιπὴ ἄρα ἡ ὑπὸ τῶν ΓΑΕ δοθεῖσά ἐστιν· δέδοται ἄρα τὸ ΑΓΕ τρίγωνον τῷ εἴδει· λόγος ἄρα ἐστὶ τῆς ΑΕ πρὸς τὴν ΑΓ δοθείς. δοθεῖσα δὲ ἡ ΕΑ τῷ μεγέθει, ἐπεὶ καὶ ὁ κύκλος δέδοται τῷ μεγέθει· δοθεῖσα ἄρα ἐστὶν ἡ ΑΓ τῷ μεγέθει.

명제 87. 만약 크기가 주어져 있는 원에서 원주각이 주어져 있는 호를 잘라낸다면, 이 호에 대한 현의 크기는 주어진 것이다.

크기가 주어져 있는 원 ABC 위에 주어져 있는 원주각을 가지는 호 AEC가 있다. 이 호가 만드는 현을 AC라고 하자. 그러면 AC의 크기는 주어진 것이라고 말한다.

원의 중심 D를 잡는다[III.명제 1]. 그리고 선분 AD의 연장선과 원의 교점을 E라고 하자. 그리고 CE를 연결한다. 그러면 지름의 원주각이 직각이기 때문에, ∡ACE는 주어진 것이다[III.명제 31, 공준 4]. 그리고 ∡AEC는 가정에 의해 주어져 있으므로 나머지 ∡CAE는 주어진 것이다[I.명제 32]. 따라서 △ACE의 모양은 주어진 것이다[명제 40]. 그러므로 비 AE : AC는 주어진 것이다[정의 3].

그런데 원의 크기가 주어져 있기 때문에[정의 5] 지름 EA의 크기도 주어진 것이다. 따라서 선분 AC는 크기가 주어진 것이다[명제 2]. ■

**논평 :**

명제 87과 이것의 역인 명제 88은 삼각함수의 기초가 되는 일반적인 명제들로 에워싸여 있다. III.명제 34에서 우리는 주어져 있는 각을 원주각으로 가지는 호를 어떻게 만들 수 있는지 제시하고 있다. 하지만 현대적 관점에서 이 명제는 원의 반지름의 함수로써 현의 길이가 어떻게 구해지는지에 대해서 가르쳐주고 있다.

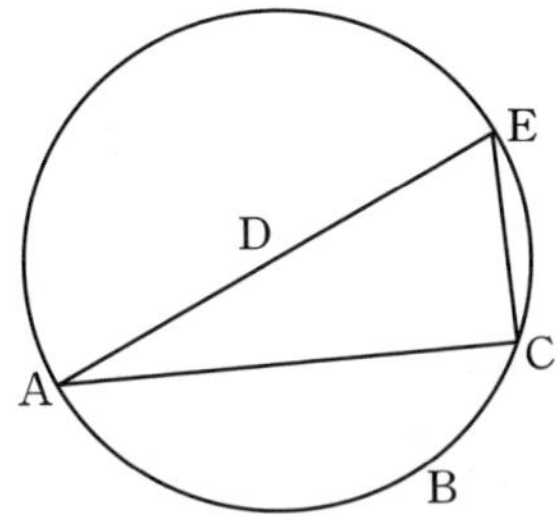


그림 87.1

명제 87*. 임의의 원에서 원주각이 주어져 있을 때,[155] 이 각이 만드는 현†의 길이에 대한 지름의 비는 주어진 것이다.

그리고 이것의 역이다.

명제 88*. 임의의 원에서 현의 길이에 대한 지름의 비가 주어져 있으면, 현에 의해 만들어지는 원주각은 주어진 것이다.

지름과 현의 길이에 대한 일대일 대응은 현의 길이를 표로 제작한 프톨레마이오스(그 이전에는 히파르코스)에 의해서 사용되었다. 그는 지름을 120개의 부분으로 나눈 다음, 각 부분들을 통해 현의 길이를 표현하였다(Ptolemy-Toomer 48).

155) 《자료론》에서는 호의 절단을 허용하고 있다. 나는 더 짧은 표현을 선호한다.

† [역자] 원서 본문에서는 cord로 작성되어 있는데 chord로 수정하여 번역하였다.

**Θε 88.** ᾿Εὰν εἰς κύκλον δεδομένον τῷ μεγέθει εὐθεῖα γραμμὴ ἀχθῇ δεδομένη τῷ μεγέθει, ἀπολήψεται τμῆμα δεχόμενον γωνίαν δοθεῖσαν.

εἰς γὰρ κύκλον δεδομένον τῷ μεγέθει τὸν ΑΒΓ εὐθεῖα γραμμὴ ἤχθω ἡ ΑΓ δεδομένη τῷ μεγέθει· λέγω, ὅτι ἀπολήψεται τμῆμα δεχόμενον γωνίαν δοθεῖσαν.

εἰλήφθω γὰρ τὸ κέντρον τοῦ κύκλου τὸ Δ, καὶ ἐπιζευχθεῖσα ἡ ΑΔ διήχθω ἐπὶ τὸ Ε, καὶ ἐπεζεύχθω ἡ ΓΕ. ἐπεὶ δοθεῖσά ἐστιν ἑκατέρα τῶν ΕΑ, ΑΓ, λόγος ἄρα ἐστὶ τῆς ΕΑ πρὸς τὴν ΑΓ δοθείς. καί ἐστιν ὀρθὴ ἡ ὑπὸ τῶν ΑΓΕ γωνία· δέδοται ἄρα τὸ ΑΓΕ τρίγωνον τῷ εἴδει· δοθεῖσα ἄρα ἐστὶ καὶ ἡ ὑπὸ τῶν ΑΕΓ γωνία.

명제 88. 만약 크기가 주어져 있는 원에서 크기가 주어져 있는 현에 의해 절단된다면, 현에 대한 원주각의 크기는 주어진 것이다.

크기가 주어져 있는 원 ABC에서 크기가 주어져 있는 선분 AC가 그려진다고 하자. 그러면 잘려진 호에 대한 원주각의 크기는 주어진 것이라고 말한다.

원의 중심 D를 잡자[III.명제 1](그림 87.1). 그리고 선분 AD를 연장해서 원과 만나는 점을 E라고 하자. 다음으로 CE를 연결하자. EA[정의 5]와 AC는 둘다 주어져 있기 때문에, 비 EA : AC는 주어진 것이다[명제 1]. 그리고 ∡ACE는 직각이다[III.명제 31]. 그러므로 △AQE의 모양은 주어진 것이다[명제 43]. 그러므로 원주각 ∡AEC는 주어진 것이다. ■

**논평:**

명제 44를 언급하는 대신에, 이 명제는 명제 43을 사용하여 증명하고 있다. 명제 43은 명제 44와 명제 88 이외에 어디에서도 사용되지 않고 있다.

Θε 89. ᾿Εὰν κύκλου δεδομένου τῇ θέσει ἐπὶ τῆς περιφερείας δοθὲν σημεῖον ληφθῇ, ἀπὸ δὲ τούτου πρὸς τὴν τοῦ κύκλου περιφέρειαν κλασθῇ τις εὐθεῖα δεδομένην γωνίαν ποιοῦσα, δέδοται τὸ ἕτερον πέρας τῆς κλασθείσης.

κύκλου γὰρ τῇ θέσει δεδομένου τοῦ ΑΒΓ εἰλήφθω ἐπὶ τῆς περιφερείας δοθὲν σημεῖον τὸ Β, ἀπὸ δὲ τοῦ Β κεκλάσθω εὐθεῖα ἡ ΒΑΓ δεδομένην ποιοῦσα γωνίαν τὴν ὑπὸ τῶν ΒΑΓ· λέγω, ὅτι δέδοται τὸ Γ σημεῖον.

εἰλήφθω γὰρ τὸ κέντρον τὸ Δ, καὶ ἐπεζεύχθωσαν αἱ ΒΔ, ΔΓ. ἐπεὶ δοθέν ἐστιν ἑκάτερον τῶν Β, Δ, θέσει ἄρα ἐστὶν ἡ ΒΔ. καὶ ἐπεὶ δοθεῖσά ἐστιν ἡ ὑπὸ τῶν ΒΑΓ γωνία, δοθεῖσα ἄρα ἐστὶν ἡ ὑπὸ ΒΔΓ. ἐπεὶ οὖν πρὸς θέσει εὐθείᾳ καὶ τῷ πρὸς αὐτῇ σημείῳ τῷ Δ εὐθεῖα ἦκται ἡ ΔΓ δεδομένην ποιοῦσα γωνίαν τὴν ὑπὸ τῶν ΒΔΓ, δοθεῖσα ἄρα ἐστὶν ἡ ΔΓ τῇ θέσει· θέσει δὲ δοθεὶς καὶ ὁ ΑΒΓ κύκλος· δοθὲν ἄρα ἐστὶ τὸ Γ σημεῖον.

명제 89. 만약 위치가 주어져 있는 원의 원주 위에 주어져 있는 한 점을 잡고[156] 그 점으로부터 출발한 현이 원주에서 한 번 굴절되도록 긋는다면, 굴절된[157] 현의 다른 한 끝점은 주어진 것이다.

위치가 주어져 있는 원 ABC 위에 주어져 있는 점 B가 있다. 점 B로 출발하여 원주 상의 한 점 A에서 주어져 있는 각 BAC가 만들어지도록 직선 BAC를 꺾는다. 그러면 점 C는 주어진 것이라고 말한다.

원의 중심 D를 잡자. 그리고 BD, DC를 연결하자. 각각의 점 B, D는 주어져 있기 때문에[정의 6], 선분 BD는 위치가 주어진 것이다[명제 26]. 또한 ∡BAC가 주어져 있기 때문에, ∡BDC는 주어진 것이다[III. 명제 20, 명제 2].

그러면 위치가 주어져 있는 한 선분과 주어져 있는 점 D에서 주어져 있는 각 BDC가 만들어지도록 그릴 수 있기 때문에, DC의 위치는 주

156) 만약 우리가 아직 그것을 모르고 있다면, 우리는 그 점을 잡을 수 있고 주어진 것이라고 말할 수 있음을 배우게 된다.

157) κλασθῇ: "꺾기 위한 동사 κλάω는 한 점에서부터 다른 직선이나 곡선과 첫 번째로 만나고 그것에서부터 곡선이나 다른 직선 위에 있는 점까지 구부러진 꺾인 직선을 그리기 위한 보통의 전문 용어이다. 아리스토텔레스에 의하면 κεκλάσθαι는 정의를 가정해야 하는 기하학적 용어 중의 하나이다(*Anal. Post.* I. 10, 76 b 9)"(Heath 1956, II. 47).

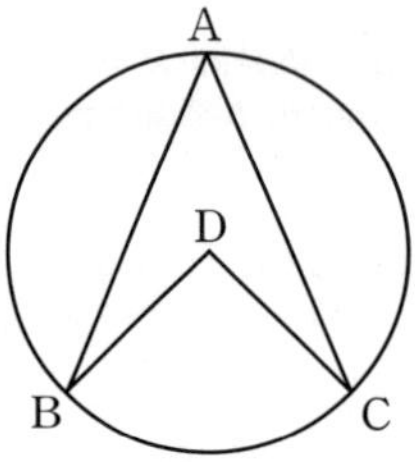


그림 89.1

어진 것이다[명제 29]. 그리고 원 ABC는 위치가 주어져 있으므로 점 C는 주어진 것이다[명제 25].

■

**논평 :**

원의 중심을 포함하지 않는 더 간단한 증명이 이 명제에 적용될 수 있다. 또한 위치의 주어짐이 증명되는 시점이 어디냐에 따라 두 개의 해가 존재할 수 있다.

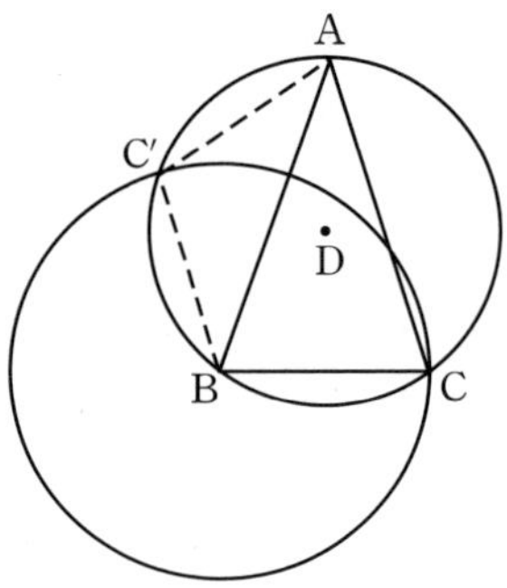


그림 89.2

결과적으로 현 BC의 크기는 주어져 있기 때문에[명제 87], 점 B를 중심으로 하고 반지름을 BC로 하는 원은 위치와 크기가 주어진 것이다[정의 6]. 따라서 점 C는 주어진 것이다[명제 25]. 그런데 만약 ∡BAC가 ∡BCA보다 더 작다면, 그림 89.2에서 ∡BAC′과 ∡BAC는 같게 되고 두 개의 해가 존재한다.

용어 '굴절하다(inflect)'가 사용되고 있다는 측면에서 볼 때, 명제 89는 《원론》보다 다른 계층에 더 부합되는 것으로 보인다. 반면, 아폴로니우스는 그의 저서 《원뿔곡선론》 III권 명제 51과 III권 명제 52와 그 외 여러 명제에서 굴절이라는 용어를 사용하고 있다

이러한 특징과 원에 대한 다른 명제(명제 94의 논평 참고)에 비추어 볼 때, 《자료론》과 《원뿔곡선론》 사이에 관련이 있음을 주장할 수 있다.

**Θε 90.** ʽΕὰν ἀπὸ δεδομένου σημείου θέσει δεδομένου κύκλου ἐφαπτομένη εὐθεῖα ἀχθῇ, δέδοται ἡ ἀχθεῖσα τῇ θέσει καὶ τῷ μεγέθει.

ἀπὸ γὰρ δεδομένου σημείου τοῦ Γ θέσει δεδομένου κύκλου τοῦ ΑΒ ἐφαπτομένη εὐθεῖα ἤχθω ἡ ΓΑ· λέγω, ὅτι ἡ ΓΑ εὐθεῖα δέδοται τῇ θέσει καὶ τῷ μεγέθει.

εἰλήφθω γὰρ τὸ κέντρον τοῦ κύκλου τὸ Δ, καὶ ἐπεζεύχθωσαν αἱ ΔΑ, ΔΓ. ἐπεὶ δοθέν ἐστιν ἑκάτερον τῶν Δ, Γ, δοθεῖσα ἄρα ἐστὶν ἡ ΔΓ. καί ἐστιν ὀρθὴ ἡ ὑπὸ τῶν ΔΑΓ γωνία· τὸ ἄρα ἐπὶ τῆς ΔΓ γραφόμενον ἡμικύκλιον ἥξει διὰ τοῦ Α. ἡκέτω καὶ ἔστω τὸ ΔΑΓ· θέσει ἄρα ἐστὶ τὸ ΔΑΓ· θέσει δὲ καὶ ὁ ΑΒ κύκλος· δοθέν ἐστιν ἄρα τὸ Α. ἀλλὰ καὶ τὸ Γ δοθέν ἐστιν· δοθεῖσα ἄρα ἐστὶν ἡ ΑΓ τῇ θέσει καὶ τῷ μεγέθει.

명제 90. 만약 주어져 있는 점에서 위치가 주어져 있는 원에 접선을 긋는다면, 그 접선의 위치와 크기는 주어진 것이다.

주어져 있는 점 C로부터 위치가 주어져 있는 원 AB에 접하는 접선 CA가 그려진다고 하자[III. 명제 17]. 그러면 접선 CA는 위치와 크기가 주어진 것이라고 말한다.

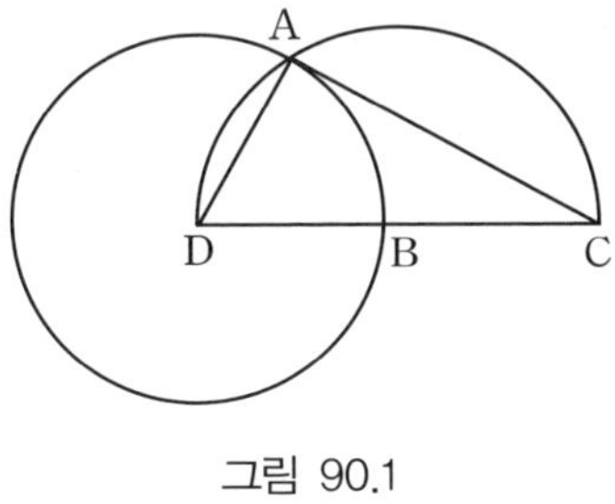


그림 90.1

원의 중심 D를 잡고, 접점을 A라 가정하자. 그리고 DA, DC를 연결하자. 점 D와 점 C가 주어져 있기 때문에, 선분 DC는 주어진 것이다[명제 26]. 또한, ∡DAC는 직각이므로[III.명제 18], 선분 DC 위에 그려진 반원은 점 A를 지난다[III.명제 31].

따라서, 점 A를 지나는 반원 DAC가 존재한다. 그러면 반원 DAC는 위치가 주어진 것이다[정의 8].

그리고 원 AB의 위치도 주어져 있으므로 점 A는 주어진 것이다[명제 25]. 가정에서 점 C 또한 주어져 있기 때문에 접선 AC는 위치와 크기가 주어진 것이다[명제 26]. ■

**논평 :**

《원론》 III권으로부터 원 밖의 한 점에서 원에 접하는 두 개의 동일한 접선이 존재한다는 것을 알고 있다. 명제 90은 그 둘의 동일성에 대해 증명하고 있는 것처럼 보인다(153쪽 대칭에 대한 논평 참고). 만약 위치가 주어져 있는 원이 존재한다면, 그것은 또한 크기가 주어진 것이다. 즉, 그것의 반지름의 크기가 주어진 것이다. 원 밖의 한 점에서 원에 그어진 접선이 주어졌기 때문에, 중심에서 그 접선까지의 크기는 주어진 것이고, I.명제 47에 의해서 그 접선의 길이와 그것의 제곱의 크기는 주어진 것이 된다.

그렇다면, 명제 90은 주어져 있는 점에서부터 주어져 있는 원까지 단지 두 개의 접선이 그려진다는 것을 증명한 것인가? 물론 확실하지는 않다. 그것은 귀류법에 의해 증명될 수 있고, III.명제 10, 즉 한 원은 두 개보다 더 많은 점들로 절단할 수 없다는 결과에 의해 추정할 수 있다. 명제 90은 주어져 있는 점에서 주어져 있는 원에 접선을 결정할 수 있음을 증명하고 있고, 이러한 사실은 명제 91과 명제 92에서 '접선의 길이의 제곱'으로 이용되고 있다.

**Θε 91.** ᾿Εὰν κύκλου δεδομένου τῇ θέσει ληφθῇ τι σημεῖον ἐκτὸς δοθέν, ἀπὸ δὲ τοῦ σημείου εἰς τὸν κύκλον διαχθῇ τις εὐθεῖα, τὸ ὑπὸ τῆς ἀχθείσης καὶ τῆς μεταξὺ τοῦ σημείου καὶ τῆς κυρτῆς περιφερείας περιεχόμενον ὀρθογώνιον δοθέν ἐστιν.

κύκλου γὰρ δεδομένου τῇ θέσει τοῦ ΑΒΓ εἰλήφθω τι σημεῖον ἐκτὸς τὸ Δ, ἀπὸ δὲ τοῦ Δ σημείου διήχθω τις εὐθεῖα ἡ ΔΒ τέμνουσα τὸν κύκλον· λέγω, ὅτι δοθέν ἐστι τὸ ὑπὸ τῶν ΒΔ, ΔΓ.

ἤχθω ἀπὸ τοῦ Δ σημείου τοῦ ΑΒΓ κύκλου ἐφαπτομένη εὐθεῖα ἡ ΑΔ· δοθεῖσα ἄρα ἐστὶν ἡ ΑΔ τῇ θέσει καὶ τῷ μεγέθει. ἐπεὶ οὖν δοθεῖσά ἐστιν ἡ ΑΔ, δοθὲν ἄρα ἐστὶ καὶ τὸ ἀπὸ τῆς ΑΔ. καί ἐστιν ἴσον τῷ ὑπὸ τῶν ΒΔΓ· δοθὲν ἄρα ἐστὶ καὶ τὸ ὑπὸ τῶν ΒΔΓ.

명제 91. 만약 위치가 주어져 있는 원 밖에 한 점을 잡고 그 점으로부터 원을 가로지르는 직선이 그려진다면, 원 밖의 한 점에서 그은 전체 선분과 원 밖에 만들어지는 선분 일부로 만들어지는 직사각형은 주어진 것이다.

위치가 주어져 있는 원 ABC 외부에 주어져 있는 점 D를 잡자. 그리고 점 D로부터 원을 가로지르는 직선 BD를 그린다. 그러면 두 선분 BD, DC에 의한 직사각형의 넓이는 주어진 것이라고 말한다.

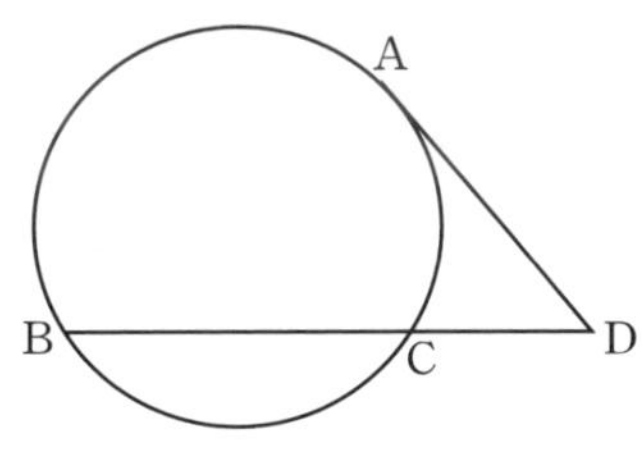


그림 91.1

점 D로부터 원 ABC에 접하는 접선 AD를 그리자[III.명제 17]. 그러면 AD는 위치와 크기가 주어진 것이다[명제 90]. 그러면 접선 AD가 주어져 있으므로 □AD 또한 주어진 것이다.[158] 그리고 그것은

158) 멘지(그리고 맥도웰/소콜릭)는 명제 52를 언급한다. 그러나, 명제 24*B가 참이라는 가정하에 증명되고 있다. 즉, 정사각형의 한 변이 주어지면, 그 정사각형의 넓이는 주어진 것이다.

ㄷㄱ BDC와 똑같다. 그러므로 ㄷㄱ BDC는 주어진 것이다. ■

**논평 :**

등식 □AD = ㄷㄱ BD, DC(원의 접선의 제곱)는 III.명제 36에서 증명된다. 명제 90에서 입증했듯이, 접선의 주어짐을 통해 두 넓이가 주어진 것임을 알 수 있다.

**Θε 92.** Ἐὰν κύκλου δεδομένου τῇ θέσει ληφθῇ τι σημεῖον ἐντὸς δοθέν, διὰ δὲ τοῦ σημείου διαχθῇ τις εὐθεῖα εἰς τὸν κύκλον, τὸ ὑπὸ τῶν τῆς ἀχθείσης τμημάτων περιεχόμενον ὀρθογώνιον δοθέν ἐστιν.

κύκλου γὰρ δεδομένου τῇ θέσει τοῦ ΒΓ εἰλήφθω τι σημεῖον ἐντὸς τὸ Α δοθέν, διὰ δὲ τοῦ Α διήχθω τις εὐθεῖα ἡ ΓΒ· λέγω, ὅτι δεδομένον ἐστὶ τὸ ὑπὸ τῶν ΓΑΒ.

εἰλήφθω γὰρ τὸ κέντρον τοῦ κύκλου τὸ Δ, καὶ ἐπιζευχθεῖσα ἡ ΑΔ διήχθω ἐπὶ τὰ Ζ, Ε. ἐπεὶ οὖν δοθέν ἐστιν ἑκάτερον τῶν Δ, Α, θέσει ἄρα ἐστὶν ἡ ΔΑ. θέσει δὲ καὶ ὁ ΓΒΖ κύκλος· δοθὲν ἄρα ἐστὶν ἑκάτερον τῶν Ζ, Ε. ἔστι δὲ καὶ τὸ Α δοθέν· δοθεῖσα ἄρα ἐστὶν ἑκατέρα τῶν ΖΑ, ΑΕ· δοθὲν ἄρα ἐστὶ τὸ ὑπὸ τῶν ΖΑ, ΑΕ. καί ἐστιν ἴσον τῷ ὑπὸ ΒΑΓ· δοθὲν ἄρα ἐστὶ καὶ τὸ ὑπὸ τῶν ΓΑΒ.

명제 92. 만약 위치가 주어져 있는 원의 내부에 한 점을 잡고 그 점을 지나는 현을 원의 내부에 그린다면, 현의 부분으로 둘러싸인 직사각형은 주어진 것이다.

위치가 주어진 원 BC의 내부에 주어져 있는 점 A를 잡자. 그리고 점 A를 지나는 임의의 현 CB를 그리자. 그러면 직사각형 CAB는 주어진 것이라고 말한다.

원의 중심 D를 잡자. 그리고 선분 AD를 연장해서 원과 만나는 점을 각각 Z, E라고 하자. 각각의 점 D, A가 주어져 있기 때문에, 선분 DA의 위치는 주어진 것이다[명제 26].

그리고 원 CBZ는 위치가 주어져 있으므로 두 점 Z, E는 주어진 것이다[명제 25]. 또한 A는 주어져 있으므로 ZA, AE는 주어진 것이

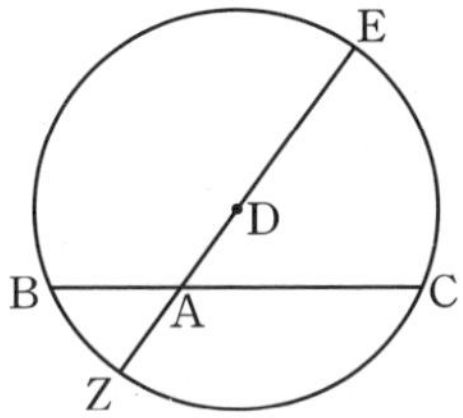

그림 92.1

다[명제 26]. 그러므로 ㄷㄱ ZA, AE는 주어진 것이다[명제 24*A]. 또한 이것은 ㄷㄱ BAC와 같다[III. 명제 35]. 따라서 ㄷㄱ BAC도 주어진 것이다. ■

**논평 :**

직선 DA의 위치가 주어져 있기 때문에 점 Z와 E는 주어진 것이다(공리적 명제 25에 의해서). 즉, 그것의 방향은 고정되어 있고, 주어져 있는 원을 절단하는 점을 결정하게 된다. 현에 의해 만들어지는 직사각형들의 동일성은 III. 명제 35에서 증명된다. 따라서 단 하나의 현에 대한 직사각형의 주어짐의 증명만으로 나머지 모든 경우의 주어짐이 명확하게 된다.

**Θε 93.** Ἐὰν εἰς κύκλον δεδομένον τῷ μεγέθει εὐθεῖα γραμμὴ ἀχθῇ ἀπολαμβάνουσα τμῆμα δεχόμενον γωνίαν δοθεῖσαν, καὶ ἡ ἐν τῷ τμήματι γωνία δίχα τμηθῇ, συναμφότεροι αἱ τὴν δεδομένην γωνίαν περιέχουσαι πρὸς τὴν δίχα τέμνουσαν τὴν γωνίαν λόγον ἕξουσι δεδομένον, καὶ τὸ ὑπὸ συναμφοτέρου τῶν τὴν δεδομένην γωνίαν περιεχουσῶν εὐθειῶν καὶ τῆς κάτω ἀπολαμβανομένης ἀπὸ τῆς δίχα τεμνούσης τὴν γωνίαν πρὸς τῇ περιφερείᾳ δοθὲν ἔσται.

εἰς γὰρ κύκλον δεδομένον τῷ μεγέθει τὸν ΑΒΓ εὐθεῖα ἤχθω ἡ ΒΓ ἀπολαμβάνουσα τμῆμα δεχόμενον γωνίαν δοθεῖσαν τὴν ὑπὸ ΒΑΓ, καὶ τετμήσθω ἡ ὑπὸ ΒΑΓ γωνία δίχα τῇ ΑΔ εὐθείᾳ· λέγω, ὅτι λόγος ἐστὶ συναμφοτέρου τῆς ΒΑΓ πρὸς τὴν ΑΔ δοθείς, καὶ ὅτι δοθέν ἐστι τὸ ὑπὸ συναμφοτέρου τῆς ΒΑΓ καὶ τῆς ΕΔ.

ἐπεζεύχθω ἡ ΒΔ. καὶ ἐπεὶ εἰς κύκλον δεδομένον τῷ μεγέθει τὸν ΔΑΓ διῆκται εὐθεῖα ἡ ΒΓ ἀπολαμβάνουσα τμῆμα τὸ ΒΑΓ δεχόμενον γωνίαν δοθεῖσαν τὴν ὑπὸ τῶν ΒΑΓ, δοθεῖσα ἄρα ἐστὶν ἡ ΒΓ τῷ μεγέθει. διὰ τὰ αὐτὰ δὴ καὶ ἡ ΒΔ δοθεῖσά ἐστι τῷ μεγέθει· λόγος ἄρα ἐστὶ τῆς ΒΓ πρὸς τὴν ΒΔ δοθείς. καὶ ἐπεὶ ἡ ὑπὸ τῶν ΒΑΓ γωνία δίχα τέτμηται τῇ ΑΔ εὐθείᾳ, ἔστιν ἄρα ὡς ἡ ΒΑ πρὸς τὴν ΑΓ, οὕτως ἡ ΒΕ πρὸς τὴν ΕΓ· ἐναλλὰξ ἄρα ὡς ἡ ΑΒ πρὸς ΒΕ, οὕτως ἡ ΑΓ πρὸς τὴν ΓΕ· καὶ ὡς ἄρα συναμφότερος ἡ ΒΑΓ πρὸς τὴν ΒΓ, οὕτως ἡ ΑΓ πρὸς τὴν ΓΕ. καὶ ἐπεί ἐστιν ἴση ἡ ὑπὸ τῶν ΒΑΕ γωνία τῇ ὑπὸ τῶν ΕΑΓ, ἔστι δὲ καὶ ἡ ὑπὸ τῶν ΑΓΕ τῇ ὑπὸ τῶν ΒΔΕ ἴση, λοιπὴ ἄρα ἡ ὑπὸ τῶν ΑΕΓ λοιπῇ τῇ ὑπὸ τῶν ΑΒΔ ἐστιν ἴση. ἰσογώνιον ἄρα ἐστὶ τὸ ΑΕΓ τρίγωνον τῷ ΑΒΔ τριγώνῳ· ἔστιν ἄρα ὡς ἡ ΑΓ πρὸς τὴν ΓΕ, οὕτως ἡ ΑΔ πρὸς τὴν ΒΔ. ἀλλ' ὡς ἡ ΑΓ πρὸς τὴν ΓΕ, οὕτως συναμφότερος ἡ ΒΑ, ΑΓ πρὸς τὴν ΒΓ· ἔστιν ἄρα ὡς συναμφότερος ἡ ΒΑ, ΑΓ πρὸς τὴν ΒΓ, οὕτως ἡ ΑΔ πρὸς τὴν ΔΒ· ἐναλλὰξ ὡς συναμφότερος ἡ ΒΑΓ πρὸς τὴν ΑΔ, οὕτως ἡ ΒΓ πρὸς τὴν ΒΔ· λόγος δὲ τῆς ΒΓ πρὸς τὴν ΒΔ δοθείς· λόγος ἄρα καὶ συναμφοτέρου τῆς ΒΑΓ πρὸς τὴν ΑΔ δοθείς.

λέγω, ὅτι καὶ τὸ ὑπὸ συναμφοτέρου τῆς ΒΑΓ καὶ τῆς ΕΔ δοθέν ἐστιν.
ἐπεὶ γὰρ ἰσογώνιόν ἐστι τὸ ΑΕΓ τρίγωνον τῷ ΔΕΒ τριγώνῳ, ἔστιν ἄρα ὡς ἡ ΒΔ πρὸς τὴν ΔΕ, οὕτως ἡ ΑΓ πρὸς τὴν ΓΕ. ὡς δὲ ἡ ΑΓ πρὸς τὴν ΓΕ, οὕτως ἐστὶ συναμφότερος ἡ ΒΑΓ πρὸς τὴν ΒΓ· καὶ ὡς συναμφότερος ἄρα ἡ ΒΑΓ πρὸς τὴν ΓΒ, οὕτως ἐστὶν ἡ ΒΔ πρὸς τὴν ΔΕ· τὸ ἄρα ὑπὸ συναμφοτέρου τῆς ΒΑΓ καὶ τῆς ΕΔ ἐστιν ἴσον τῷ ὑπὸ τῶν ΓΒ, ΒΔ. δοθὲν δὲ τὸ ὑπὸ τῶν ΓΒ, ΒΔ· δοθὲν ἄρα καὶ τὸ ὑπὸ συναμφοτέρου τῆς ΒΑΓ καὶ τῆς ΕΔ.

---

명제 93. 만약 위치가 주어져 있는 원 안에 크기가 주어져 있는 두 현이 한 점에서 주어져 있는 각을 만들면서 만나고 있고, 이 주어져 있는 각을 이등분하는 선분이 주어져 있다고 하면, 처음 주어진 두 현의 길이의 합과 주어져 있는 각의 이등분선으로 만들어지는 선분의 길이의 비는 주어진 것이다. 또한, 처음 두 선분의 양 끝점을 이은 선분과 각의 이등분선이 만나는 점에 의해서 각의 이등분 선분의 나머지 부분을 생각한다면, 이 부분과 처음 두 선분의 길이의 합을 두 변으로 하는 직사각형도 주어진 것이다.

크기가 주어져 있는 원 ABC에서, 주어져 있는 원주각 BAC에 해당하는 호를 절단하는 직선 BC를 그리자. 그리고 ∡BAC는 직선 AD에 의해 이등분된다고 하자. 그러면 선분의 합 BAC†에 대한 선분 AD의 비는 주어진 것이고, 선분의 합 BAC와 ED로 둘러싸인 직사각형은 주어진 것이라고 말한다.

BD를 연결하자. 원 DAC는 크기가 주어져 있고, 직선 BC는 주어

† [역자] 여기서 합 BAC는 꺾인 선분 BAC를 의미한다.

져 있는 각 BAC에 해당하는 호 BAC를 절단하고 있으므로, BC는 크기가 주어진 것이다[명제 87]. 같은 이유로 BD도 크기가 주어진 것이다. 그러므로 비 BC : BD는 주어진 것이다.

그리고 ∡BAC는 직선 AD에 의해 이등분되기 때문에, BA : AC :: BE : EC이다[VI. 명제 3]. 교대 법칙에 의해서 AB : BE :: AC : CE[V. 명제 16]이다. 따라서 선분의 합 BAC에 대한 선분 BC의 비는 선분 AC에 대한 선분 CE의 비와 같다[V. 명제 12].

그리고 ∡BAE = ∡EAC이고 ∡ACE = ∡BDE[III. 명제 21]이기 때문에, 남은 각 ∡AEC는 남은 각 ∡ABD와 같으므로 △AEC는 △ABD와 등각이다. 따라서 AC : CE :: AD : BD이다[VI. 명제 4].

그러나 AC : CE :: (BA + AC) : BC이므로 (BA + AC) : BC :: AD : DB이다. 교대 법칙에 의해서 BAC : AD :: BC : BD이므로 비 BC : BD는 주어진 것이다. 그러므로 비 BAC : AD도 또한 주어진 것이다.

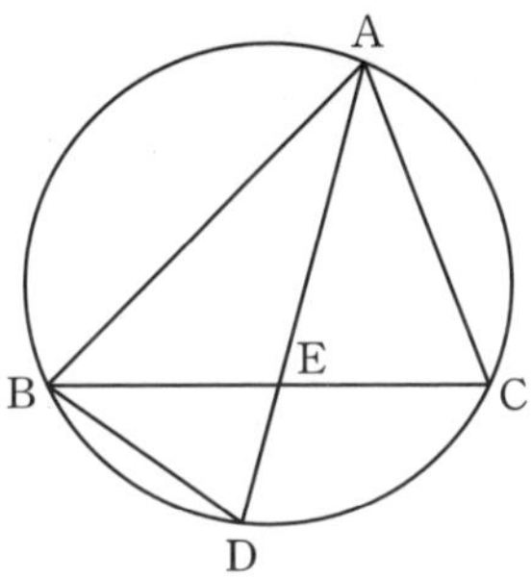

그림 93.1

이제 ⊏⊐ BAC,ED도 주어진 것이라고 말한다. △AEC는 △DEB와 등각을 가지므로[III. 명제 21], BD : DE :: AC : CE이다[VI. 명제 4]. 게다가 AC : CE :: BAC : BC이고 BAC : BC :: BD : DE이므로[V. 명제 11], ⊏⊐ BAC,ED = ⊏⊐ CB,BD이다[VI. 명제 16]. 또한 ⊏⊐ CB,BD가 주어진 것이므로[명제 24*B], ⊏⊐ BAC,ED도 주어진 것이다. ■

**논평 :**

만약 내접하는 사변형을 만들기 위해 선분 DC를 연결한다면, 명제 93

은 프톨레마이오스 정리의 특별한 경우로 볼 수 있다(Almagest I. 10, Heiberg 36).[159] BAC는 변 BA, AC의 합을 의미한다.

즉, 명제 93은 비 BAC : AD = BC : BD를 증명하고 있다.

∴ ⊏ ⊐ BAC,BD = ⊏ ⊐ AD, BC [VI.명제 16]이고, 이것은 [II.명제 1]에 의해서 다음과 같이 변화될 수 있다.

⊏ ⊐ BA, BD + ⊏ ⊐ AC, BD = ⊏ ⊐ AD, BC

따라서 BD = CD 이므로,

⊏ ⊐ BA, CD + ⊏ ⊐ AC, BD = ⊏ ⊐ AD,BC 이다.

그러므로 나는 프톨레마이오스의 일반적인 정리가 그 전에는 증명할 수 없었다고 언급한 투멀(Toomer)의 각주 59(Ptolemy-Toomer, 50)를 수정해야 한다고 생각한다. 따라서 명제 93은 프톨레마이오스 이전 초기 '표 제작자'의 성공적인 표 제작을 지원하였을 것이다. 히파르쿠스, 그렇지 않은가? 그리고 이 명제의 두 번째 부분은 흥미롭지 않은가? 나는 그것에 대해 알지도 못하고 있었다.

**Θε 94.** Ἐὰν κύκλου δεδομένου τῇ θέσει ἐπὶ τῆς διαμέτρου δοθὲν σημεῖον ληφθῇ, ἀπὸ δὲ τοῦ σημείου πρὸς τὸν κύκλον προσβληθῇ τις εὐθεῖα καὶ ἀπὸ τῆς τομῆς πρὸς ὀρθὰς ἀχθῇ τῇ διαχθείσῃ, διὰ δὲ τοῦ σημείου, καθ' ὃ συμβάλλει ἡ πρὸς ὀρθὰς τῇ περιφερείᾳ, παράλληλος ἀχθῇ τῇ διαχθείσῃ, δοθέν ἐστι τὸ σημεῖον, καθ' ὃ συμβάλλει ἡ παράλληλος τῇ διαμέτρῳ, καὶ τὸ ὑπὸ τῶν παραλλήλων περιεχόμενον ὀρθογώνιον δοθὲν ἔσται.

159) 히스가 VI.명제 16에 대한 긴 주석을 알아차린 것처럼(1956, II.227), 그는 프톨레마이오스에 의해 수행된 명제 93의 다른 증명을 제공한다.

**κύκλου γὰρ τῇ θέσει δεδομένου τοῦ ΑΒΓ ἐπὶ διαμέτρου τῆς ΒΓ εἰλήφθω δοθὲν σημεῖον τὸ Δ, διὰ δὲ τοῦ Δ πρὸς τὸν κύκλον προσβεβλήσθω τις τυχοῦσα ἡ ΔΑ, ἀπὸ δὲ τοῦ Α τῇ ΔΑ πρὸς ὀρθὰς γωνίας εὐθεῖα ἤχθω ἡ ΑΕ, διὰ δὲ τοῦ Ε τῇ ΑΔ παράλληλος ἤχθω ἡ ΕΖ· λέγω, ὅτι δοθέν ἐστι τὸ Ζ, καὶ ὅτι τὸ ὑπὸ τῶν ΑΔ, ΕΖ χωρίον δοθέν ἐστιν.**

**διήχθω ἡ ΕΖ ἐπὶ τὸ Θ, καὶ ἐπεζεύχθω ἡ ΑΘ. ἐπεὶ ὀρθή ἐστιν ἡ ὑπὸ τῶν ΘΕΑ γωνία, ἡ ΘΑ διάμετρός ἐστι τοῦ ΑΒΓ κύκλου· ἔστι δὲ καὶ ἡ ΒΓ· τὸ Η ἄρα κέντρον ἐστὶ τοῦ ΑΒΓ κύκλου· δοθὲν ἄρα ἐστὶ τὸ Η. ἔστι δὲ καὶ τὸ Δ δοθέν· δοθεῖσα ἄρα ἐστὶν ἡ ΔΗ τῷ μεγέθει. καὶ ἐπεὶ παράλληλός ἐστιν ἡ ΑΔ τῇ ΕΘ, καί ἐστιν ἴση ἡ ΘΗ τῇ ΗΑ, ἴση ἄρα ἐστὶ καὶ ἡ μὲν ΔΗ τῇ ΗΖ, ἡ δὲ ΑΔ τῇ ΖΘ· δοθεῖσα δὲ ἡ ΔΗ· δοθεῖσα ἄρα καὶ ἡ ΖΗ· ἀλλὰ καὶ τῇ θέσει· ἑκατέρα ἄρα τῶν ΗΖ, ΗΔ δοθεῖσά ἐστιν. καί ἐστι δοθὲν τὸ Η· δοθὲν ἄρα καὶ τὸ Ζ ἐστιν. καὶ ἐπεὶ κύκλου δεδομένου τῇ θέσει τοῦ ΑΒΓ εἴληπται σημεῖον τὸ Ζ δοθέν, καὶ διῆκται ἡ ΕΖΘ, δοθὲν ἄρα ἐστὶ τὸ ὑπὸ τῶν ΕΖΘ· ἴση δὲ ἡ ΘΖ τῇ ΔΑ· δοθὲν ἄρα ἐστὶ τὸ ὑπὸ τῶν ΑΔ, ΕΖ· ὅπερ ἔδει δεῖξαι.**

명제 94. 만약 위치가 주어져 있는 원의 지름 위에 한 점이 주어져 있고, 이 점을 지나는 직선이 원과 만나는 교점에서 수선을 그어 원과의 교점을 잡고, 이 점을 지나고 처음 주어져 있는 점을 지나는 직선과 평행인 선분을 긋는다면, 이 평행선이 지름과 만나는 그 점은 주어진 것이고, 평행한 선분의 부분으로 이루어진 직사각형은 주어진 것이다.

위치가 주어져 있는 원 ABG의 지름 BG 위에 주어져 있는 점 D를 잡는다. 점 D를 지나는 임의의 직선 DA를 그리고, 직선 AD에 직각이 되도록 A에서부터 직선 AE를 그린다. 또한 점 E를 지나면서 직선 AD에 평행한 직선을 EZ라고 하자. 그러면 점 Z와 직사각형[160) ] AD, EZ는 주어진 것이라고 말한다.

선분 EZ를 점 Q까지 연장하고, 선분 AQ를 연결하자.

∡QEA가 직각이기 때문에[I. 명제 29], QA는 원 ABG의 지름이다[III. 명제 31]. 그래서 BG와 동일하다. 그러므로 H는 원 ABG의 중심이다. 따라서 H는 주어진 것이다[정의 6]. 그리고 D는 주어져 있으므로 DH의 크기는 주어진 것이다[명제 26].

그리고 AD는 EQ와 평행이고 QH는 HA와 같으므로 DH는 HZ

160) **χωρίον**은 직사각형이라는 의미.

와 같고 AD는 ZQ와 같다[I.명제 29, I.명제 15, I.명제 26]. 그리고 DH는 주어져 있기 때문에 ZH의 크기와 위치는 주어진 것이다. 따라서 HZ, HD 각각은 주어져 있다.

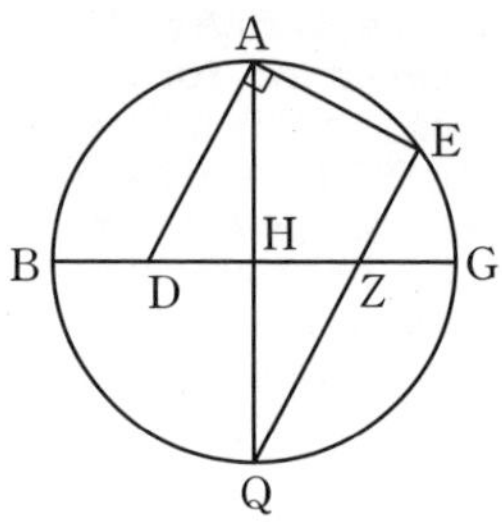

그림 94.1

게다가 H가 주어져 있으므로 Z도 또한 주어진 것이다. 그리고 원 ABG의 위치는 주어져 있고, 주어져 있는 점 Z를 취하였고, 직선 EZQ는 이 점을 지나고 있으므로, ⊏⊐ EZQ는 주어진 것이다[명제 92]. 또한, QZ는 DA와 같기 때문에 ⊏⊐ AD,EZ는 주어진 것이다.

증명을 위해 요구되는 것이 존재한다. ■

**논평 :**

III.명제 35에서 ⊏⊐ EZ, ZQ = ⊏⊐ GZ, ZB임을 확실하게 보여주고 있다. 왜냐하면 ZQ = DA이기 때문에(삼각형의 합동에 의해), 명제 92에 따라서 주어진 직사각형은 ⊏⊐ EZ,AD = ⊏⊐ GZ,ZB이다. 점 Z의 위치(중심 H에 대한 점 D의 대칭)는 점 D의 선택에 의존하게 되며 선분 DA의 방향과는 관계가 없다.

아폴로니우스의 《원뿔곡선론》에서 초점과 관련된 명제(III권의 명제 42, 명제 45～명제 52)와 관련하여 살펴보면, 더욱 더 확실하게 보인다. 다음의 논의는 마이클 프리드(Michael N. Fried)에 기인한 것이다.

AE는 두 점 D와 Z을 초점으로 하는 타원에 접하고, ⊏⊐ BD, DC는 'BC 위에 있는 형상(eidos†)'의 $\frac{1}{4}$과 같다. 즉, 언급된 타원의 켤레 지름(혹은 공액지름)의 $\frac{1}{2}$을 한 변으로 하는 정사각형과 같다.

우선, 다음의 명제에 대해 생각해보자(그림 94.2).

AFEB는 AB를 지름으로 하는 원이다. AB 위의 점 D에서 원까지 DF를 그리자. EF는 FD에 수직이고, CE는 EF에 수직인 직선이다. 따라서 AC = DB, ⊏⊐ FD,EC = ⊏⊐ AC,CB 혹은 ⊏⊐ BD,DA[명제 94]이다. BI와 AJ는 접선이라고 하자. 그리고 EF와 두 접선 BI와 AJ와의 교점을 각각 I, J라고 한다. 그러면 ⊏⊐ FD,EC = ⊏⊐ BI,JA = ⊏⊐ BD,DA 이다.

EC와 JA를 연장해서 EF와 평행한 선분 HG를 그리자.

그러면 CHGA는 DFIB와 합동이기 때문에, CH = DF이고 AG = IB이다. 그래서 그것은 ⊏⊐ HC,CE = ⊏⊐ GA,AJ = ⊏⊐ BD,DA 임을 보이기에 충분할 것이다.

이제 AH와 AE를 연결하자. 그러면 ∡JAE = ∡CHA 이고

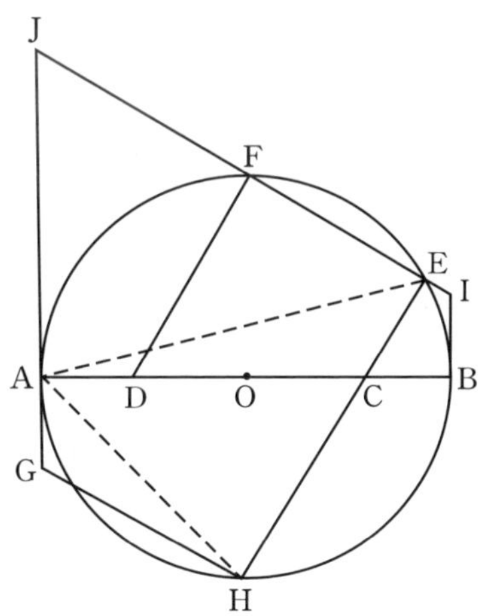


그림 94.2

† [역자] 플라톤 철학에서 이데아로 혹은 아리스토텔레스 철학에서 형상(形相)과 같은 의미이다. 여기서는 형상으로 번역하였다.

$\measuredangle$GAH = $\measuredangle$CEA이다. 그리고 $\measuredangle$CAG, $\measuredangle$JEC, $\measuredangle$GHC가 직각이기 때문에, $\measuredangle$HAC = $\measuredangle$AEJ이고 $\measuredangle$GHA = $\measuredangle$CAE이다. 그러므로 △HAC는 △AEJ와 닮았고 △AGH는 △ECA와 닮았다. 따라서 HC : AH :: AJ : AE이고 AH : GA :: AE : CE이다. 이를 통해 양등 관계에 의해서, HC : GA :: AJ : CE이다. ■

《원뿔곡선론》 III권 명제 42에서, 만약 AB가 타원의 장축이고 AC와 BD는 세로축에 평행하며 CD가 타원과 접하는 점을 E라고 한다면, ⊏⊐ AC,BD = (AB 위 어떤 도형의 $\frac{1}{4}$)라는 것을 아폴로니우스가 증명하였다. 여기서, 그 도형은 □ZH이다(그림 94.3). ■

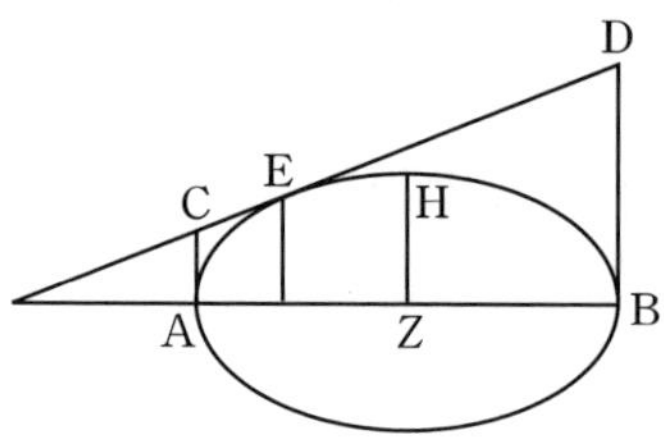


그림 94.3

그림 94.1에서 선분 AE는 BC를 장축으로 가지는 타원에 접하는

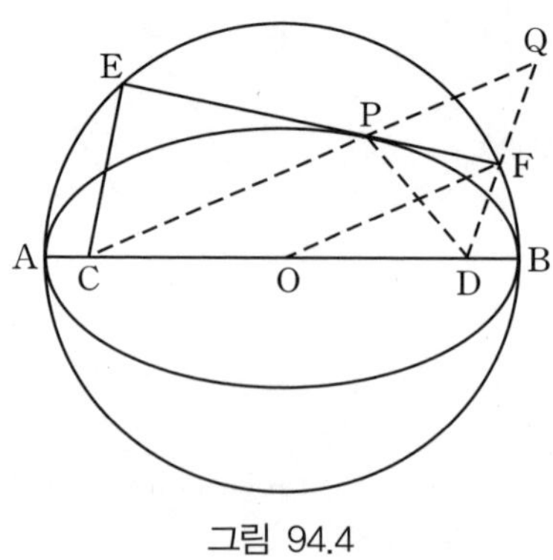


그림 94.4

가? 그렇다. 수족 곡선(pedal curve) 작도라고 불리는 타원의 작도는 다음과 같이 실행했다.

중심 O를 가지는 원과 지름 AB가 주어져 있다(그림 94.4). 점 D는 AB 위에 있는 점이다(만약 쌍곡선의 작도를 위한 것이라면 점 D는 AB의 연장선 위에 잡는다). 그리고 D에서부터 원까지 DF를 긋고, DF에 수직이 되도록 EF를 작도하고, EF에 수직이 되도록 EC를 작도한다. 그러면 EF는 두 점 C와 D를 초점으로 가지는 타원에 접한다.

이제 DF = FQ가 되도록 하고, CQ를 연결하자. 그리고 CQ와 EF가 만나는 점을 P라고 하자. DP를 연결하자. 그러면 DP = PQ이고 CQ = CP + PQ = CP + PD가 된다.

또한 점 O는 CD를 이등분하고 F는 DQ를 이등분하고 있다. 그리고 CQ = 2OF = (원 O의 반지름의 두 배)를 만족한다. 따라서 점 P는 두 점 C와 D를 초점으로 가지는 AB를 장축으로 하는 타원 위에 존재한다. 즉, EF가 타원의 접선인 것은 ∡EPC = ∡QPF = ∡FPD이기 때문에 명백하다. ■

이것의 역이 《원뿔곡선론》 III권 명제 49이다. 아폴로니우스는 만약 AB 축과 초점 H를 가지는 타원이 존재하고 CD를 타원과 만나도록 긋고 CD에 수직이 되도록 HQ를 그린다면, AB를 지름으로 하는 원 위에 Q가 놓이기 때문에, AQB는 직각이 됨을 보였다.

물론, 아폴로니우스가 《원뿔곡선론》 III권 명제 45에서 초점에 관해 소개했을 때, 그는 만약 D(혹은 C)가 초점이 된다면 ⊏⊐ BD,DA (혹은 ⊏⊐ AC,CB) = (축 AB 위 도형의 $\frac{1}{4}$)이 됨을 명확히 밝히고 있다. 《원뿔곡선론》 III권 명제 45를 증명하는 핵심은 ⊏⊐ BI,JA = ⊏⊐ BD,DA라는 사실이다(그림 94.2).

이것은 《원뿔곡선론》 III권 명제 42와 명제 45∼명제 52와 관련된 지식이 아폴로니우스 이전에 존재하였는지 혹은 아폴로니우스가 초점을 정의할 때 마음 속에서 명제 94와 같은 무엇인가를 생각하였는지에 대해 언급하는 것은 매우 어렵다. 만약 후자의 경우라고 한다면, 아폴로니우스의 의도가 위의 첫 번째 명제를 매개로 하여, 《원뿔곡선론》 III권 명제 42와 III권 명제 45와 나머지로 나아갔을 가능성이 높다고 생각한다.

명제 94는 《자료론》의 마지막 명제이다. 사실 주어짐에 대한 일련의 명제들에서 명백한 제한을 두고 있지 않은 이유로, 이 책을 여기서 끝내야 하는지도 분명하지 않다. 그리고 이런 측면에서 《자료론》은 《원론》 II권과 공통점이 있다. 《원론》에서부터 아주 잘 알려진 마지막 문장 즉, Q.E.D라는 관용적 표현(《자료론》에는 단 한번 마지막 명제에서만 유일하게 보이는)은 저자가 그의 일을 끝냈다고 생각했음을 암시해 준다. 그러나 이러한 관용적 표현은 나중에 첨가될 수도 있다. 그런데 자료(datum)라는 동일한 범주 안에 넣을 수 있는 얼마나 많은 연구가 존재할 수 있는지 누가 알겠는가? 심지어 비록 글 쓰는 방식이 시대에 따라 얼마나 달라질 수 있는지를 깊이 알고 있을지라도, 우리는 여기서 이 책의 저자의 이름조차 심각하게 의심하여야 한다. 그렇다면 알레산드리아의 유클리드는 왜 그의 글 쓰는 방법을 자기 마음대로 바꾸지 말았어야 했는가?

## 명제 84~명제 94의 연역적 구조

| 《자료론》 \ 명제 | 84 | 85 | 86 | 87 | 88 | 89 | 90 | 91 | 92 | 93 | 94 |
|---|---|---|---|---|---|---|---|---|---|---|---|
| 정의 1 | · | · | · | + | · | · | · | + | + | + | + |
| 정의 2* | · | · | + | · | · | · | · | · | · | + | · |
| 정의 3 | + | + | · | + | + | · | · | · | · | · | · |
| 정의 5 | · | · | · | + | · | · | · | · | · | · | · |
| 정의 6 | · | · | · | · | · | + | · | · | · | · | + |
| 정의 8 | · | · | · | · | · | · | + | · | · | · | · |
| 정의 11 | · | · | + | · | · | · | · | · | · | · | · |
| 명제 1 | + | · | + | · | + | · | · | · | · | + | · |
| 명제 2 | · | · | + | + | · | + | · | · | · | · | · |
| 명제 3 | + | + | · | + | + | · | · | · | · | · | · |
| 명제 4 | · | + | · | + | · | · | · | · | · | · | · |
| 명제 6 | · | · | + | · | · | · | · | · | · | · | · |
| 명제 8 | · | · | + | · | · | · | · | · | · | · | · |
| 명제 24*B | · | · | · | · | · | · | · | · | + | · | · |
| 명제 25 | · | · | · | · | · | + | + | · | + | · | · |
| 명제 26 | · | · | · | · | · | + | + | · | + | · | + |
| 명제 27 | · | · | · | · | · | · | · | · | · | · | + |
| 명제 29 | · | · | · | · | · | + | · | · | · | · | · |
| 명제 40 | · | · | · | + | · | · | · | · | · | · | · |
| 명제 43 | · | · | · | · | + | · | · | · | · | · | · |
| 명제 50 | · | · | + | · | · | · | · | · | · | · | · |
| 명제 52 | · | · | · | · | · | · | · | + | + | + | · |
| 명제 54 | · | · | + | · | · | · | · | · | · | · | · |
| 명제 55 | · | · | + | · | · | · | · | · | · | · | · |
| 명제 57 | · | · | + | · | · | · | · | · | · | · | · |
| 명제 58 | · | + | · | · | · | · | · | · | · | · | · |
| 명제 59 | + | · | · | · | · | · | · | · | · | · | · |
| 명제 87 | · | · | · | · | + | · | · | · | · | + | · |
| 명제 90 | · | · | · | · | · | · | · | + | · | · | · |
| 명제 92 | · | · | · |  | · | · | · | · | · | · | + |

| 《원론》 \ 명제 | 84 | 85 | 86 | 87 | 88 | 89 | 90 | 91 | 92 | 93 | 94 |
|---|---|---|---|---|---|---|---|---|---|---|---|
| I. 명제 4 | · | · | · | + | · | · | · | · | · | · | · |
| I. 정의 17 | · | · | · | · | · | · | · | · | · | · | + |
| I. 정의 15 | · | · | · | · | · | · | · | · | · | + | + |
| I. 정의 26 | · | · | · | · | · | · | · | · | · | · | + |
| I. 정의 29 | · | · | · | · | · | · | · | · | · | · | + |
| I. 정의 32 | · | · | · | + | · | · | · | · | · | + | · |
| I. 정의 34 | + | + | · | · | · | · | · | · | · | · | · |
| II. 정의 2 | · | · | + | · | · | · | · | · | · | · | · |
| II. 정의 8 | · | · | + | · | · | · | · | · | · | · | · |
| III. 정의 1 | · | · | · | + | + | + | · | · | + | · | · |
| III. 정의 17 | · | · | · | · | · | · | + | + | · | · | · |
| III. 정의 18 | · | · | · | · | · | · | + | · | · | · | · |
| III. 정의 20 | · | · | · | · | · | + | · | · | · | · | · |
| III. 정의 21 | · | · | · | · | · | · | · | · | · | + | · |
| III. 정의 31 | · | · | · | + | + | · | + | · | · | · | + |
| III. 정의 34 | · | · | · | + | · | · | · | · | · | · | · |
| III. 정의 35 | · | · | · | · | · | · | · | · | + | · | · |
| III. 정의 36 | · | · | · | · | · | · | · | + | · | · | · |
| V. 정의 7 | · | · | + | · | · | · | · | · | · | · | · |
| V. 정의 11 | · | · | · | · | · | · | · | · | · | + | · |
| V. 정의 12 | · | · | · | · | · | · | · | · | · | + | · |
| V. 정의 16 | · | · | · | · | · | · | · | · | · | + | · |
| VI. 정의 1 | · | · | + | · | · | · | · | · | · | · | · |
| VI. 정의 3 | · | · | · | · | · | · | · | · | · | + | · |
| VI. 정의 4 | · | · | · | · | · | · | · | · | · | + | + |
| VI. 정의 16 | · | · | · | · | · | · | · | · | · | · | + |

부록 A

# 마리누스의 주석

**서두 논평 :** 많은 핵심어와 특별한 용어들은 번역이 되지 않은 채 남겨두었다(그리스어로부터 이탤릭체와 음역으로 인쇄되었다, 일반적으로 중성 주격형태의 형용사들이다). 그것들은 아래에 정리되어 있고 우리가 희망하는 주어진 설명들은 이들이 사용된 문장에서 이해될 수 있도록 재진술되어 있다.

**agnoston :** "unknown(알려지지 않은)", "not knowable(알 수 없는)"으로 gnorimon의 반대 의미.

**alogon :** "irrational(비이성적인)"으로 rheton의 반대 의미. 선분과 선분으로 둘러싸인 도형에서 사용. 그리스인들은 무리수에 대해 알지 못함.

**aporon :** "not available(이용 불가능한)", "not to be provided(규정될 수 없는)"으로 porimon과 반대 의미.

**ek duo onomaton :** 두 개의 이름을 가진 하나의 선분인 "binominal line"은 X.명제 36에서 정의될 수 있음. 만약 오직 정사각형에서 같은 수로 나누어지는 두 개의 rhetai(아래를 보시오) 직선들이 함께 서로 합해진다면, 전체는 비논리적인 alogos를 의미함. 그리고 이것에 이름을 붙인다면 "2개의 이름을 가진 선"을 의미.

**gnorimon**: "알려진" 혹은 "알 수 있는"이라는 의미. 이는 gnosis와 cognition, knowledge와 어원이 같음.

**onomastikos(부사)**: 특별한 이름으로써 <정의된> 임. "One-word definition".

**porimon**: "available(이용할 수 있는)"을 의미. 이는 "규정하기 위해서"라는 의미의 동사임. porizesthai와 다른 명제에서 필연적인 결과로써 알려진 참인 진술 혹은 명제인 명사 porisma와 어원이 같음.

**rheton**: "rational(이성적인)"을 의미. 이는 다음과 같이 유클리드의 《원론》 X권에서 정의됨. 선분 $r$이 설정되어 있고, 문자 그대로의 의미는 "expressible(표현할 수 있는)", "그것은 그렇게 불러질 수 있다"라는 의미로 rhete라고 부름. 즉 그것은 숫자(양의 정수)와 관련될 수 있음. $r$ 위의 정사각형과 어떤 임의의 넓이가 공통측도를 가지고 있다면, 임의의 모든 넓이는 rheton임. 그리고 $r$ 위의 정사각형과 같은 측도로 측정할 수 있는 임의의 어떤 정사각형의 한 변, 즉 선분은 rhete임.

**tetagmenon**: "orderly(정돈된)"의 의미. 그것은 어떤 "순서"(배열)에 따라서 정리되어졌다는 의미를 가짐. 우리는 아마 그가 원뿔곡선의 세로축을 정의한 아폴로니우스의 원뿔곡선론 I권 정의 4로부터 인용될 수 있음. 위치가 주어진 점이나 선은 tetagmenon임.

# 부록 B

# 명제 39와 I.명제 22의 대조

명제 39의 증명 과정은 I.명제 22와 거의 똑같다(186쪽을 보아라). 《자료론》의 저자는 《원론》의 I.명제 22의 원문을 가져왔고, 명백한 구문적 생략이나 함축의 설명이 필요로 하는 곳에 '주어진'이라는 용어를 삽입하였다.

| 명제 39 | 원론 I.22(Heath) |
|---|---|
| 한 쪽 끝점이 D이고 다른 방향으로는 무한히 뻗어 있는 위치가 주어진 직선 DM을 준비하자. | 한 끝점이 D이고 E의 방향으로 무한히 뻗은 직선 DE를 만들자. 그리고 DF를 A와 같게 만들자. |
| 그리고 선분 DM 위에 선분 AB와 같도록 하는 선분 DE를 잡자. 선분 AB는 크기가 주어져 있으므로, 선분 DE 또한 크기가 주어진 것이다. 물론 위치도 역시 주어진 것이다. 그리고 점 D가 주어져 있기 때문에 점 E도 또한 주어진 것이다. | |
| 그리고 선분 EZ를 선분 BC와 같도록 잡자. 선분 BC는 주어져 있으므로 선분 EZ의 크기는 또한 주어진 것이다. 물론 위치도 역시 주어진 것이다. 점 E도 주어져 있으므로 점 Z 또한 주어진 것이다. | FG는 B와 같다. |

| | |
|---|---|
| 그리고 선분 ZH를 선분 AC와 같도록 잡자. 선분 AC가 주어져 있으므로 선분 ZH는 주어진 것이다. 물론, 위치도 역시 주어진 것이다. 점 Z가 주어져 있으므로 점 H 또한 주어진 것이다. | GH는 C와 같다. |
| 그리고 중심을 점 E로 하고, 반지름을 ED로 하는 원 DKG를 그리자. 그러면 원 DKG는 위치가 주어진 것이다. | 중심이 F, 반지름이 FD로 하는 원 DKG를 작도한다. |
| 다시 중심을 점 Z로 하고, 반지름을 ZH로 하는 원 HKL을 그리자. 그러면 원 HKL 위치가 주어진 것이다. 그런데 원 DGK의 는 위치도 주어져 있으므로, 점 K는 주어진 것이다. | 중심이 G, 반지름이 GH로 하는 원 KLH를 작도한다. |
| 그리고 두 점 E와 Z가 주어져 있으므로 각각의 세 선분 KE, EZ, ZK는 위치와 크기가 주어진 것이다. 따라서 $\triangle$KEZ의 모양은 주어진 것이다. 그런데 이것은 $\triangle$ABC와 크기가 같고 닮았다. 따라서 $\triangle$ABC의 모양은 주어진 것이다. | 그리고 KF, KG를 긋는다. 그러면, 삼각형 KFG는 세 선분 A, B, C로 작도되어진다고 말한다.<br><br>***<br><br>I. 명제 22는 변이 주어진 선분과 서로 같다는 것과 함께 증명이 마무리된다. |

부록 C

# 정의와 명제의 목록

여기에서는 《자료론》에 나오는 15개의 정의와 94개 명제를 제시한다. 또한 명제와 정의가 다루어지는 본문의 쪽수를 표시하였다. 마지막에서 추가적인 명제, 정의를 제시하였다.

## 1장 정의

**정의 1.** 도형, 선분, 각의 크기가 주어졌다는 것은 우리(we)가 그것과 동일한 것을 규정할 수 있다는 것이다. 8쪽

**정의 2.** 비가 주어졌다는 것은 우리가 그것과 동일한 것을 규정할 수 있다는 것이다. 8쪽

**정의 3.** 다각형(선분으로 둘러싸인 도형)의 형태가 주어져 있다면, 모든 각의 크기 및 변들 사이의 길이의 비가 각각 주어져 있다는 것이다. 8쪽

**정의 4.** 점, 선분, 각의 위치가 주어졌다는 것은 항상 동일한 위치에 둘 수 있다는 것이다. 8쪽

**정의 5.** 원의 반지름의 크기가 주어져 있다면, 원의 크기가 주어진 것이라고 말한다. 38쪽

**정의 6.** 원의 중심의 위치가 주어져 있고 반지름의 크기가 주어져 있다면, 원은 위치와 크기가 주어진 것이라고 말한다. 38쪽

**정의 7.** 활꼴의 각과 현의 크기가 주어져 있다면, 활꼴의 크기가 주어진 것이라고 말한다. 38쪽

**정의 8.** 활꼴의 각의 크기가 주어져 있을 뿐만 아니라 현의 위치와 크기가 주어져 있다면, 활꼴의 크기와 위치는 주어진 것이라고 말한다. 39쪽

**정의 9.** 만약 주어져 있는 크기 [G]를 [M]으로부터 뺐을 때, 그 차가 [N]과 같다면, 크기 [M]은 크기 [N]보다 주어져 있는 크기 [G]만큼 더 크다고 한다. 40쪽

**정의 10.** 만약 주어져 있는 크기 [G]를 [M]에 더했을 때, 그 합이 [N]과 같다면, 크기 [M]은 크기 [N]보다 주어져 있는 크기 [G]만큼 작다고 한다. 40쪽

**정의 11.** 만약 어떤 크기에서 주어져 있는 크기를 뺀 차와 다른 크기와의 비가 주어져 있는 비와 동일하다면, 어떤 크기는 다른 크기보다 주어져 있는 비만큼 더 크다고 한다. 40쪽

**정의 12.** 만약 어떤 크기에서 주어져 있는 크기를 더한 합과 다른 크기와의 비가 주어져 있는 비와 동일하다면, 어떤 크기는 다른 크기보다 주어져 있는 비만큼 더 작다. 40쪽

**정의 13.** 직선을 내린다는 것은 주어진 점에서 위치가 아랫쪽 방향에 있는 주어진 직선까지 주어진 각으로 그려진다는 것이다. 41쪽

**정의 14.** 직선을 올린다는 것은 주어진 점에서 위치가 위쪽 방향에 있는 주어진 직선까지 주어진 각으로 그려진다는 것이다. 41쪽

**정의 15.** 정해진 위치에서 직선을 평행하게 그린다는 것은 주어진 점을 지나면서 위치가 주어진 직선에 대해 평행하도록 그려진다는 것이다. 41쪽

## 2장 크기와 비 I

**명제 1.** 두 개의 크기가 주어져 있으면, 이 두 크기의 비는 주어진 것이다. 42쪽

**명제 2.** 한 개의 크기가 주어지고, 이것과 다른 크기와의 비가 주어져 있으면, 다른 크기는 주어진 것이다. 45쪽

**명제 3.** 두 개의 크기가 주어져 있으면, 이 두 크기의 합도 주어진 것이다. 51쪽

**명제 4.** 두 개의 크기가 주어져 있으면, 이 두 크기의 차도 주어진 것이다. 54쪽

**명제 5.** 전체 크기가 주어져 있고 전체에 대한 일부분의 크기와의 비가 주어져 있으면, 전체에 대한 나머지 부분과의 크기의 비는 주어진 것이다. **58쪽**

**명제 6.** 두 크기의 비가 주어져 있으면, 두 크기의 합과 각각의 부분의 크기와의 비는 주어진 것이다. **63쪽**

**명제 7.** 한 크기가 주어져 있고, 이 크기를 두 개로 분할하는 비가 주어져 있으면, 이 두 개의 각각의 부분의 크기는 주어진 것이다. **65쪽**

**명제 8.** [크기] 동일한 것에 대한 비가 주어져 있으면, 이들 서로에 대한 비는 주어진 것이다. **68쪽**

**명제 9.** 두 개 혹은 여러 크기에 대한 서로의 연속한 비가 주어져 있고, 이들 각각의 크기들이 또 다른 크기와의 비가 주어져 있으면, 또 다른 두 개 혹은 여러 크기에 대한 서로의 연속된 비는 주어진 것이다. **70쪽**

## 3장 주어져 있는 비 만큼 더 큰 크기

**명제 10.** 만약 크기 [M]이 크기 [N]보다 (주어진) 비만큼 더 크게 주어져 있다면, 그 크기의 합 [M + N]은 크기 [N]보다 (주어진) 비만큼 더 크게 주어진 것이다. 그리고 만약 그 크기의 합 [M + N]이 크기 [N]보다 (주어진) 비만큼 더 크게 주어져 있다면, 크기 [M] 혹은 크기 [N]과 인접한 나머지는 크기 [N]보다 (주어진) 비만큼 더 크게 주어진 것이다. 

**명제 11.** 만약 어떤 크기($x$)가 다른 크기($y$)보다 주어진 비만큼 더 크게 주어져 있다면 어떤 크기($x$)는 두 크기의 합($x+y$)보다 주어진 비만큼 더 크게 주어진 것이다. 그리고 만약 어떤 크기($x$)가 두 크기의 합($x+y$)보다 주어진 비만큼 더 크게 주어져 있다면, 어떤 크기는 다른 크기보다 주어진 비만큼 더 크게 주어진 것이다. 

**명제 12.** 만약 세 개의 크기가 있는데, 첫 번째 크기 [P]와 두 번째 크기 [Q]의 합 [P+Q]이 주어져 있고 두 번째 크기 [Q]와 세 번째 크기 [R]의 합 [Q+R]이 주어져 있다면, 첫 번째는 세 번째와 크기가 같던지 혹은 첫 번째는 세 번째보다 크기가 얼마만큼 더 큰지가 주어진 것이다. 

**명제 13.** 만약에 세 개의 크기가 있고, 첫 번째와 두 번째의 크기의 비가 주어져 있고, 두 번째는 세 번째 크기보다 주어진 크기만큼 더 크게 주어져 있다면, 첫 번째 크기는 세 번째 크기보다 주어져 있는 비만큼 더 크게 주어진 것이다. 

**명제 14.** 만약 두 크기의 비가 주어져 있고 주어져 있는 크기에 서로 다른 두 크기를 각각 더한다면, 각각의 두 크기의 합에 대한 비는 주어진 것이거나 한 크기의 합은 다른 크기의 합보다 주어져 있는 비만큼 더 크다. 

**명제 15.** 만약 두 크기의 비가 주어져 있고 주어져 있는 크기에 서로 다른 두 크기를 각각 뺀다면, 각각의 두 크기의 차에 대한 비는 주어진

것이거나 한 크기의 차는 다른 크기의 차보다 주어져 있는 비만큼 더 크다. 103쪽

**명제 16.** 만약 두 크기가 주어져 있는 비를 가지고, 그 중 한 크기에서 주어져 있는 크기를 빼고 다른 크기에는 주어져 있는 크기를 더한다면, 더해서 얻은 크기는 빼서 얻은 크기보다 주어져 있는 비만큼 더 크다. 105쪽

**명제 17.** 만약 세 크기가 있고, 첫 번째 크기가 두 번째 크기보다 주어져 있는 비만큼 더 크고 세 번째 크기가 두 번째 크기보다 주어져 있는 비만큼 더 크다면, 첫 번째 크기와 세 번째 크기의 비는 주어진 것이거나 한 크기는 다른 크기보다 주어져 있는 비만큼 더 크다. 107쪽

**명제 18.** 만약 세 개의 크기가 있고, 세 개의 크기 중의 한 크기가 다른 두 크기들보다 각각 주어져 있는 비만큼 더 크다면, 다른 두 크기의 비는 주어진 것이거나 다른 두 크기 중 한 크기는 다른 크기보다 주어져 있는 비만큼 더 크다. 109쪽

**명제 19.** 만약 세 개의 크기가 있고, 첫 번째 크기는 두 번째 크기보다 주어져 있는 비만큼 더 크고 두 번째 크기는 세 번째 크기보다 주어져 있는 비만큼 더 크다면, 첫 번째 크기는 세 번째 크기보다 주어져 있는 비만큼 더 크다. 111쪽

**명제 20.** 만약 두 크기의 비가 주어져 있고 주어져 있는 크기에 서로 다른 두 크기를 각각 뺀다면, 각각의 두 크기의 차에 대한 비는 주어진 것이거나 한 크기의 차는 다른 크기의 차보다 주어져 있는 비만큼 더

## 4장 크기와 비 II



## 5장 위치

**명제 26.** 만약 선분의 양 끝점의 위치가 주어져 있다면, 그 선분의 위치와 크기는 주어진 것이다. 143쪽

**명제 27.** 위치와 크기가 주어져 있는 선분의 한 끝점이 주어져 있다면, 그 선분의 다른 한 끝점도 주어진 것이다. 144쪽

**명제 28.** 만약 위치가 주어져 있는 직선에 평행하고 주어져 있는 한 점을 지나는 직선을 작도할 수 있다면, 작도된 직선의 위치는 주어진 것이다. 145쪽

**명제 29.** 위치가 주어져 있는 한 직선과 이 직선 위에 위치가 주어져 있는 한 점이 있고 이 점에 주어져 있는 크기의 각을 만든다면, 각을 만드는 반직선의 위치는 주어진 것이다. 148쪽

**명제 30.** 주어져 있는 점에서부터 위치가 주어져 있는 직선까지 주어져 있는 각을 만드는 선분을 긋는다면, 이 선분의 위치는 주어진 것이다. 151쪽

**명제 31.** 위치가 주어져 있는 점에서부터 위치가 주어져 있는 직선에 주어져 있는 크기의 선분을 긋는다면, 이 선분의 위치도 주어진 것이다. 153쪽

**명제 32.** 위치가 주어진 평행한 두 직선 사이에 주어져 있는 크기의 각을 만드는 선분을 그으면, 이 선분의 크기는 주어진 것이다. 156쪽

**명제 33.** 위치가 주어져 있는 평행인 두 직선 사이에 크기가 주어져 있

는 선분을 긋는다면, 선분과 직선이 이루는 각의 크기는 주어진 것이다. 158쪽

**명제 34.** 주어져 있는 점으로부터 위치가 주어져 있는 두 평행한 직선 사이에 직선을 그으면, 잘려진 부분의 비는 주어진 것이다. 159쪽

**명제 35.** 만약 주어져 있는 점을 지나고 위치가 주어져 있는 직선과 만나는 직선을 그었을 때, 이 주어진 점과 만나는 점 사이의 선분의 길이의 비를 주어져 있는 비로 나누는 점을 지나, 주어져 있는 직선에 평행한 직선의 위치는 주어진 것이다. 162쪽

**명제 36.** 만약 주어져 있는 점에서부터 위치가 주어져 있는 직선까지 선분을 긋고 이 작도된 선분을 주어져 있는 비만큼 연장한다면, 연장된 선분의 끝점을 지나고 위치가 주어져 있는 직선에 평행한 직선은 그 위치가 주어진 것이다. 164쪽

**명제 37.** 만약 위치가 주어져 있는 두 평행선 사이를 지나는 선분을 긋고, 이 선분을 주어져 있는 비로 나누는 점을 지나면서 처음 두 평행선과 평행인 직선을 긋는다면, 나중에 새로 그어지는 직선의 위치는 주어진 것이다. 165쪽

**명제 38.** 만약 위치가 주어져 있는 두 평행한 직선을 지나는 선분을 작도하고 그 선분의 한 끝점을 중심으로 주어져 있는 비를 만족하는 길이만큼 연장한 선분의 끝점을 지나면서 처음 두 평행선과 평행인 직선을 긋는다면, 나중에 새로 그어지는 직선의 위치는 주어진 것이다. 167쪽

## 6장 모양

**명제 39.** 만약 삼각형의 세 변들의 크기가 주어져 있다면, 그 삼각형의 모양은 주어진 것이다. 178쪽

**명제 40.** 만약 삼각형의 세 각의 크기가 주어져 있다면, 그 삼각형의 모양은 주어진 것이다. 186쪽

**명제 41.** 만약 삼각형의 한 각이 주어져 있고 그 각을 만드는 두 변의 길이의 비가 주어져 있다면, 그 삼각형의 모양은 주어진 것이다. 189쪽

**명제 42.** 만약 삼각형의 변들의 길이의 비가 서로 서로 주어져 있으면, 그 삼각형의 모양은 주어진 것이다. 181쪽

**명제 43.** 만약 직각삼각형에서 한 예각을 만드는 두 변의 길이의 비가 주어져 있다면, 그 삼각형의 모양은 주어진 것이다. 191쪽

**명제 44.** 만약 삼각형의 한 각이 주어져 있고 다른 각을 만드는 두 변의 길이의 비가 주어져 있다면, 그 삼각형의 모양은 주어진 것이다. 194쪽

**명제 45.** 만약 삼각형의 한 각이 주어져 있고 이 각을 만드는 두 변의 합과 나머지 한 변에 대한 길이의 비가 주어져 있다면, 그 삼각형의 모양은 주어진 것이다. 197쪽

**명제 54.** 만약 모양이 주어져 있는 두 도형의 비가 주어져 있다면, 두 도형의 변들의 길이의 비는 주어진 것이다. 213쪽

**명제 55.** 만약 다각형의 모양과 크기가 주어져 있다면, 이것의 변들의 크기 또한 주어진 것이다. 216쪽

## 7장 등각 평행사변형 I

**명제 56.** 만약 두 등각 평행사변형의 비가 주어져 있고 첫 번째 도형의 한 변과 두 번째 도형의 한 변의 길이의 비가 주어져 있다면, 두 번째 등각 평행사변형의 다른 한 변과 첫 번째 등각 평행사변형의 다른 한 변의 길이의 비도 주어진 비를 가진다. 221쪽

## 8장 넓이의 활용 I

**명제 57.** 만약 주어져 있는 넓이를 가지는 도형을 주어져 있는 [선분] 위에 주어져 있는 각으로 부가하여 만든다면, 주어져 있는 [넓이]를 가지는 도형의 폭은 주어진 것이다. 227쪽

**명제 58.** 만약 주어져 있는 넓이를 가지는 도형은 주어져 있는 선분 위에 모양이 주어져 있는 도형만큼 부족하게 부가하여 만든다면, 부족한 도형의 길이와 폭은 주어진 것이다. 233쪽

**명제 59.** 만약 주어져 있는 넓이를 가지는 도형은 주어져 있는 선분

위에 모양이 주어져 있는 도형만큼 초과하게 부가하여 만든다면, 초과한 도형의 길이와 폭은 주어진 것이다. 238쪽

**명제 60.** 만약 모양과 크기가 주어져 있는 평행사변형에 크기가 주어져 있는 그노몽 만큼 늘이거나 줄인다면, 그 그노몽의 길이와 폭은 주어진 것이다. 241쪽

**명제 61.** 만약 모양이 주어져 있는 도형의 한 변에 주어져 있는 각을 가지는 평행사변형을 부가하여 만들고, 그 모양과 평행사변형의 비가 주어져 있다면, 부가된 평행사변형의 모양은 주어진 것이다. 245쪽

**명제 62.** 만약 두 선분의 비가 주어져 있고, 그들 중 한 선분 위에는 모양이 주어져 있는 도형을 그리고 다른 선분 위에는 주어져 있는 각으로 평행사변형의 모양을 그리는데 도형과 평행사변형 사이의 비가 주어져 있다고 한다면, 평행사변형의 모양은 주어진 것이다. 248쪽

## 9장 비와 각

**명제 63.** 만약 삼각형의 모양이 주어져 있고 이 삼각형의 각 변들 위에 정사각형을 그린다면, 각 정사각형에 대한 삼각형과의 비는 주어진 것이다. 250쪽

**명제 64.** 만약 한 둔각삼각형이 주어져 있으면, 둔각에 대응하는 변 위에 있는 정사각형의 넓이는 주어져 있는 둔각을 포함하는 변들 위에 있는 두 정사각형들의 넓이의 합보다 더 크고 그 넓이에 대한 삼각형

의 넓이의 비는 주어진 것이다. 254쪽

**명제 65.** 만약 한 예각삼각형이 주어져 있으면, 예각에 대응하는 변 위에 있는 정사각형의 넓이는 주어져 있는 예각을 포함하는 변들 위에 있는 두 정사각형들의 넓이의 합보다 더 작고 그 넓이에 대한 삼각형의 넓이의 비는 주어진 것이다. 256쪽

**명제 66.** 만약 한 삼각형이 주어져 있는 각을 가진다면, 주어져 있는 각을 끼고 있는 선분들로 둘러싸인 직사각형은 삼각형과 주어진 비를 가진다. 258쪽

**명제 67.** 만약 주어져 있는 각을 가지는 삼각형이 주어져 있다면, 어떤 넓이는 주어져 있는 삼각형과 주어진 넓이의 비를 가지게 될 것이다. 즉, 주어져 있는 각을 만드는 두 변의 합 [AB + AC] 위의 정사각형은 나머지 한 변 [BC] 위의 정사각형보다 더 크다. 260쪽

## 10장 등각 평행사변형 II

**명제 68.** 만약 두 등각 평행사변형이 주어져 있는 비를 가지고 한 평행사변형의 한 변은 다른 평행사변형의 한 변 사이의 비가 주어져 있다면, 나머지 변들 사이의 비도 주어진 것이다. 270쪽

**명제 69.** 만약 주어져 있는 각을 가지고 두 평행사변형의 한 변의 길이의 비가 주어져 있다면, 나머지 변들 사이의 비도 주어진 것이다. 272쪽

두 삼각형의 넓이의 비가 주어져 있다고 하면, 첫 번째 삼각형의 한 변에 대한 두 번째 삼각형 한 변의 비는 두 번째의 다른 한 변에 대한 어떤 선분(첫 번째의 다른 한 변과의 길이의 비가 주어져 있는)의 길이의 비와 같도록 한다. 287쪽

## 11장 제곱과 외형들

**명제 76.** 만약 모양이 주어져 있는 삼각형의 꼭짓점에서 밑변에 수선을 긋는다면, 높이와 밑변의 길이의 비는 주어진 것이다. 289쪽

**명제 77.** 만약 모양이 주어져 있는 두 도형의 비가 주어져 있다면, 한 도형의 임의의 한 변에 대한 다른 도형의 임의의 한 변의 비는 주어진 것이다. 290쪽

**명제 78.** 만약 모양이 주어진 도형과 어떤 직사각형의 비가 주어져 있고, 도형과 직사각형의 한 변의 길이의 비가 주어져 있다면, 직사각형의 모양은 주어진 것이다. 292쪽

**명제 79.** 만약 두 삼각형의 한 각이 서로 같고 그 같은 각으로부터 수선을 긋고 첫 번째 삼각형의 밑변에 대한 높이의 비가 두 번째 삼각형의 밑변에 대한 높이의 비가 같다고 한다면, 두 삼각형은 등각이다. 294쪽

**명제 80.** 만약 한 각이 주어져 있는 각을 가지는 삼각형이 있고 이 각을 만드는 두 선분에 의한 직사각형과 제3의 변 위의 정사각형의 비가

## 12장 넓이의 활용 II

**명제 85.** 만약 두 선분이 주어져 있는 각을 이루고 주어져 있는 넓이를 가지고 있으며, 두 선분의 합이 주어져 있다고 한다면, 이 두 선분은 주어진 것이다. **317쪽**

## 13장 쌍곡선의 절단

**명제 86.** 만약 두 선분이 일정한 각의 내부에 일정한 넓이를 포함하고 한 변에 대한 정사각형이 다른 변에 대한 정사각형에 대한 비보다 더 크다면, 이들 두 선분은 주어진 것이다. **319쪽**

## 14장 원

**명제 87.** 만약 크기가 주어져 있는 원에서 원주각이 주어져 있는 호를 잘라낸다면, 이 호에 대한 현의 크기는 주어진 것이다. **344쪽**

**명제 88.** 만약 크기가 주어져 있는 원에서 크기가 주어져 있는 현에 의해 절단된다면, 현에 대한 원주각의 크기는 주어진 것이다. **346쪽**

**명제 89.** 만약 위치가 주어져 있는 원의 원주 위에 주어져 있는 한 점을 잡고 그 점으로부터 출발한 현이 원주에서 한 번 굴절되도록 긋는다면, 굴절된 현의 다른 한 끝점은 주어진 것이다. **347쪽**

**명제 90.** 만약 주어져 있는 점에서 위치가 주어져 있는 원에 접선을 긋는다면, 그 접선의 위치와 크기는 주어진 것이다. **349쪽**

**명제 91.** 만약 위치가 주어져 있는 원 밖에 한 점을 잡고 그 점으로부터 원을 가로지르는 직선이 그려진다면, 원 밖의 한 점에서 그은 전체 선분과 원 밖에 만들어지는 선분 일부로 만들어지는 직사각형은 주어진 것이다. 351쪽

**명제 92.** 만약 위치가 주어져 있는 원의 내부에 한 점을 잡고 그 점을 지나는 현을 원의 내부에 그린다면, 현의 부분으로 둘러싸인 직사각형은 주어진 것이다. 352쪽

**명제 93.** 만약 위치가 주어져 있는 원 안에 크기가 주어져 있는 두 현이 한 점에서 주어져 있는 각을 만들면서 만나고 있고, 이 주어져 있는 각을 이등분하는 선분이 주어져 있다고 하면, 처음 주어진 두 현의 길이의 합과 주어져 있는 각의 이등분선으로 만들어지는 선분의 길이의 비는 주어진 것이다. 또한, 처음 두 선분의 양 끝점을 이은 선분과 각의 이등분선이 만나는 점에 의해서 각의 이등분 선분의 나머지 부분을 생각한다면, 이 부분과 처음 두 선분의 길이의 합을 두 변으로 하는 직사각형도 주어진 것이다. 354쪽

**명제 94.** 만약 위치가 주어져 있는 원의 지름 위에 한 점이 주어져 있고, 이 점을 지나는 직선이 원과 만나는 교점에서 수선을 그어 원과의 교점을 잡고, 이 점을 지나고 처음 주어져 있는 점을 지나는 직선과 평행인 선분을 긋는다면, 이 평행선이 지름과 만나는 그 점은 주어진 것이고, 평행한 선분의 부분으로 이루어진 직사각형은 주어진 것이다.

357쪽

## 추가적인 정의와 보조 정리

**공리 0$^*$.** 평면에 있는 모든 점, 도형의 크기들은 주어져 있는 지정된 위치를 가진다. 24쪽

**정의 1$^*$.** 도형, 선분, 각의 크기가 주어져 있는 것이면, 반드시 그때에만, 그것이 주어져 있는 것(도형, 선분, 각의 크기)과 동일하다는 것이다. 31쪽

**정의 1$^*$A.** 각의 위치와 크기가 주어졌다는 것은 이것의 꼭짓점과 각각의 변 위의 한 점의 위치가 주어진 것이다. 173쪽

**정의 2$^*$.** 비가 주어졌다는 것은 주어진 비와 동일한 것이 있다는 것이다. 37쪽

**정의 3$^*$A'.** 삼각형의 세 꼭짓점의 위치가 주어져 있다면, 그 삼각형의 모양은 주어진 것이다. 37쪽

**정의 3$^*$A.** 다각형의 각각의 꼭짓점의 위치가 주어져 있다면, 그 다각형의 모양은 주어진 것이다. 172쪽

**정의 3$^*$B'.** 닮은 삼각형의 모양이 주어져 있다면, 그 삼각형의 모양은 주어진 것이다. 37쪽

**정의 3$^*$B.** 닮은 다각형의 모양이 주어져 있다면, 그 다각형의 모양은 주어진 것이다. 172쪽

**정의 4*A.** 위치가 주어져 있다는 것은 점, 선분, 각의 위치가 임의의 '다른 곳에 위치(*metapipt*)'하지 않는다는 것이다. 134쪽

**정의 4*B.** 만약 평면 안에 있는 어떠한 점도 점 P라고 주장할 수 없으면서 평면 안에 그 점이 지정된다면, 오직 반드시 그때에만, 점 P의 위치가 주어진 것이라고 말한다.
만약 평면 안에 있는 어떠한 직선도 직선 L이라 주장할 수 없으면서 평면 안에 그 직선이 지정된다면, 오직 반드시 그때에만, 직선 L의 위치가 주어진 것이라고 말한다. 137쪽

**명제 8*.** 주어져 있는 비들은 서로 결합하여 새로운 비를 얻는다.
69쪽

**명제 10*.** 만약 크기의 합 (AC)가 크기 (BC)보다 더 크게 주어져 있다면, 나머지 (AB)는 크기 (BC)보다 주어진 비만큼 더 크게 주어진 것이다. 혹은 나머지 (AB)는 크기 (BC)보다 주어진 비만큼 더 작게 주어진 것이다. 87쪽

**명제 24*A.** 만약 두 정사각형의 넓이의 비가 서로 주어져 있으면, 정사각형의 변의 길이의 비도 주어진 것이다. 125쪽

**명제 24*B.** 만약 두 선분의 크기가 주어져 있으면, 이 두 선분에 의해 만들어지는 직사각형의 넓이는 주어진 것이다(명제 52의 특별한 경우). 126쪽

**명제 24*C.** 만약 정사각형의 넓이가 주어져 있으면, 정사각형을 만드

는 한 변의 길이는 주어진 것이다(명제 55의 특별한 경우). 126쪽

**명제 24*D.** 만약 □A : □B :: □D : □E이면 A : B :: D : E이다.
126쪽

**공리 25*.** 만약 위치가 주어져 있는 두 개의 직선이 서로 교차하고 있다면, 그들의 교점의 위치는 주어진 것이다. 141쪽

**공리 26*A.** 만약 직선 위에 선분의 양 끝점의 위치가 주어져 있다면, 이 선분의 위치와 크기는 주어진 것이다. 141쪽

**공리 26*B.** 만약 두 점이 주어져 있다면, 이 두 점을 양 끝점으로 하는 선분의 크기와 위치는 주어진 것이다. 144쪽

**공리 27*.** 만약 직선 위에 있는 선분의 한 쪽 끝점의 위치가 주어져 있고 그 크기가 주어져 있다면, 그 선분의 다른 쪽 끝점의 위치는 주어진 것이다. 141쪽

**공리 29*.** 주어져 있는 각이 그것의 꼭짓점과 각의 이루는 한 변의 위치가 주어져 있으면, 각의 다른 변의 위치는 주어진 것이다. 150쪽

**명제 56*A.** P와 Q를 두 변이 각각 $a, b$와 $c, d$인 평행사변형이라고 하자.

만약 P와 Q는 같은 크기의 각을 가지는 등각 평행사변형이고 $e$를 $a : c :: d : e$를 만족하는 값이라고 한다면, $b : e ::$ P : Q가 성립한다. 224쪽

**명제 79***. 만약 한 삼각형이 주어져 있고, 주어져 있는 각을 포함하는 꼭짓점에서 대변에 내린 수선을 그을 때, 수선에 대한 밑변의 비가 주어져 있다고 한다면, 이 삼각형의 모양은 주어진 것이다. 296쪽

**명제 87***. 임의의 원에서 원주각이 주어져 있을 때, 이 각이 만드는 현의 길이에 대한 지름의 비는 주어진 것이다. 345쪽

**명제 88***. 임의의 원에서 현의 길이에 대한 지름의 비가 주어져 있으면, 현에 의해 만들어지는 원주각은 주어진 것이다. 345쪽

# 참고문헌


Berggren, J. L. and Glen Van Brummelen. 2000. "The Role and Development of Geometric Analysis and Synthesis in Ancient Greece and Medieval Islam", in *Ancient & Medieval Traditions in the Exact Sciences: Essays in Memory of Wilbur Knorr*. Center for the Study of Language and Information. Stanford, California.

Fowler, David H. [1987] 2000. *The Mathematics of Plato's Academy*, 2nd ed. Oxford, Clarendon.

Fowler, David H. & C.M. Taisbak. 1999. "Did Euclid's Circles Have Two kinds of Radius?" *Historia Mathematica* 26.

Heath, Thomas L. 1921. *A History of Greek Mathematics*, 2 vols., Oxford, Clarendon.

Heath, Thomas L. [1926] 1956. *The Thirteen Books of Euclid's Elements*, 2nd ed., 3 vols. Dover publ. (unabridged and unaltered from the 1926 edition, Cambridge, England).

Hartshorne, Robin. 2000. *Geometry: Euclid and Beyond*. Springer, New York etc..

Hertz-Fischler, Roger. 1984. "What are propositions 84 and 85 of *Euclid's Data* all about?" *Historia Mathematica* 11, 86-91.

Hogendijk, Jan P. 1987. "On Euclid's Lost *Porisms* and Its Arabic Traces". *Bollerino di Storia delle Scienze Matematiche* vol. VII, fasc. 1, 93-115.

Jones, Alexander. 1986. *Pappus of Alexandria, Book 7 of the Collection*. 2 vols. Springer, New York.

Knorr, Wilbur Richard. 1986. *The Ancient Tradition of Geomeric Problems*. Birkhäuser, Boston.

Manitius, K. 1963. *Ptolemaeus, Handbuch der Astronomie*. Teubner, Leipzig(revised by O. Neugebauer).

McDowell, George L., Merle A. Sokolik. 1993. *The Data of Euclid* translated from the text of Menge; with Introduction by Richard Delahide Ferrier. Union Square Press, Baltimore.

Menge, H. 1896. *Euclid's Data*, in *Euclidis Opera omnia* vol. VI, ed.(J. L. Heiberg et) H. Menge. Teubner, Leibzig.

Mueller, Ian. 1981. *Philosophy of Mathematics and Deductive Structure in Euclid's Elements*. MIT Press, Cambridge, Mass.

Netz, Reviel. 1999. *The Shaping of Deduction in Greek Mathematics*. Cambridge University Press.

Petersen, Julius. 1866. *Metoder og Theorier til Loesning af geometriske Konstruktionsopgaver*. Copenhagen, Schoenbergs. English translation *Methods and Theories for the Solution of Geometrical Constructions*. London, Samson Low et al.

Ptolemy-Heiberg, J. L. Heiberg, *Claudii Ptolemaei Opera quae exstant omnia*, Vol. I. *Syntaxis Mathematica*. 2 vols. Teubner, Leipzig 1898-1903.

Ptolemy-Toomer, G. J. Toomer. 1984. *Ptolemy's Almagest*. London: Duckworth.

Satio, Ken. 1986. "Compounded Ratio in Euclid and Apollonius." *Historia Scientiarum* no. 31.

Taisbak, Chr. Marinus. 1982. *Coloured Quadrangles. A Guide to the Tenth Book of Euclid's Elements*. Museum Tu.sculanum Press, Copenhagen 1982.

Taisbak, Chr. Marinus. 1986. "Zeuthen and Euclid's Data 86. Algebra - or a Lemma about intersecting Hyperbolas?" *Centaurus* vol. 38.2-3.

Taisbak, Chr. Marinus. 1991. "Elements of Euclid's Data." In *Peri ton Mathematon*, ed. by Ian Mueller(=Apeiron vol. XXIV no. 4). Alberta, Canada.

Thaer, Clemens. 1962. *Die Data von Euklid* nach Menges Text aus dem Griechischen uebersetzt. Springer, Berlin-Goettngen.

Toomer, G. J. 1990. *Apollonius, Conics, Books V-VII*. Springer.

Vitrac, Bernard. 1990-2001. *Euclid d'Alexandrie, Les Eléments*. Traduction et commentaires. 4 vols. Presses Universitaire de France, Paris.

## 찾아보기

# 깊고 그윽한 수학의 향기 경문수학산책

## 1. 수학의 위대한 순간들

Great Moments in Mathematics

**하워드 이브스 지음 | 허민 · 오혜영 옮김 | 644쪽**

"수학은 어떻게 생겼는가?"에 대한 깊은 통찰과 혜안. 호머 시대의 전설로 시작하는 이 책은 다양한 수학적 결과의 역사적 배경을 알기 쉽게 설명하며, 그와 연관된 수학자들에 대한 흥미로운 일화를 알려준다.

## 2. 수학: 새로운 황금시대(제2판)

Mathematics: The New Golden Age-2nd

**키스 데블린 지음 | 허민 옮김 | 416쪽**

1960~85년 동안 현대 수학에서 이루어진 발전에 초점을 맞추고 있다. 특히 각 장은 기본적인 내용을 미리 설명하고 역사적인 발전 과정을 통해 이야기하고자 하는 주제에 접근하기 때문에 일반 독자도 큰 어려움 없이 현대 수학의 묘미를 느낄 수 있다.

## 3. 수학의 천재들(개정판)

Journey Through Genius: The Great Theorems of Mathematics

**윌리엄 던햄 지음 | 조정수 옮김 | 512쪽**

인류 역사를 거슬러 오르는 수학의 걸작품. 수학의 역사에서 가장 중요하면서 독창적인 논리적 증명들을 탐구하고 이러한 증명의 정리들이 왜 수학사에서 중요성을 가지는지, 그리고 어떻게 수학자들이 절박한 논리적 쟁점들을 해결했는지 살펴본다.

## 4. 수학사

An Introduction to the History of Mathematics

**하워드 이브스 지음 | 이우영 · 신항균 옮김 | 632쪽**

수학의 역사적 발전 과정을 통해 실증적인 통찰력을 가지게 하고, 수학의 총체적 특성과 본질을 파악하는 데 중요한 단서를 제공한다. 수학사는 단순한 수학적 발견의 기록이나 미래를 예측하기 위한 수단으로써 가치보다는 수학 그 자체의 본질을 위한 도구로써 그 가치가 인정되고 다루어져야 한다는 사실을 일깨워준다.

## 5. 수학의 기초와 기본 개념

Foundations and Fundamental Concepts of Mathematics

**하워드 이브스 지음 | 허민 · 오혜영 옮김 | 598쪽**

수리철학 과목에 가장 근접한 교과서, 혹은 입문서의 역할을 하고도 남는 책. 수학의 사상과 그 변천 과정을 알아볼 수 있다. 수학의 기본 개념들을 학부 수학과 학생의 수준에 맞추어 저술했다.

## 6 · 7. 수학적 경험(상 · 하)

The Mathematical Experience

**로이벤 허시 지음 | 양영오 · 허민 옮김 | 350쪽 내외**

1996 우수학술도서상과 1983년 미국 도서상을 수상한 이 책에 대하여 한 저명한 수학 월간지는 "진정한 보석, 현대의 명작"이라며 극찬을 아끼지 않았다. 종교, 철학, 교육 등 여러 분야에서의 수학에 대한 논쟁을 탐구하는 저자의 풍부하고도 정교한 감각이 유난히 돋보인다.

## 깊고 그윽한 수학의 향기 경문수학산책

### 8. 수학: 양식의 과학

Mathematics: the Science of Patterns

**키스 데블린 지음 | 허민 · 오혜영 옮김 | 468쪽**

저자는 수학을 '양식의 과학'이라 정의하고, 이 정의를 핵심적인 주제로 선택해서 셈(자연수), 추론(언어, 논리학, 집합론), 운동(미적분학), 형태(기하학), 대칭(대수학), 위치(위상수학) 등으로 서술한다.

### 9. 인간적인, 너무나 인간적인 수학

Bridges to Infinity

**마이클 길렌 지음 | 박영훈 옮김 | 238쪽**

수학은 인간이 만든 아름답고도 깊은 세계이지만 많은 사람들은 단순한 기능이나 도구로만 여기면서 이를 외면해왔다. 저자는 일반인들이 가지는 수학불안증은 수학이 어떤 학문인지 잘 모르기 때문에 생긴다고 주장한다. 이 책에서는 기호를 사용하지 않고도 수학의 개념을 쉽게 전달하고 있다.

### 10. 20세기 수학의 다섯 가지 황금률

Five Golden Rules: Great Theories of 20th-Century Mathematics

**존 캐스티 지음 | 한태식 · 권기호 · 김정헌 옮김 | 392쪽**

**1999 좋은책 100선(중앙일보 선정)**

수학에 대한 전문 지식이 없는 일반 독자들에게 금세기에 이룩한 수학자들의 업적 중에서 가장 뛰어난 다섯 가지(게임이론, 위상수학, 특이점이론, 계산이론, 최적화이론)를 제시하고 이에 대한 현대적 감각에 어울리는 다양한 예제를 통해 흥미와 품위를 돋워준다.

### 11. 아름다운, 너무나 아름다운 수학

The Universe and the Teacup

**K.C. 콜 지음 | 박영훈 옮김 | 278쪽**

**제19회 한국과학기술도서상 수상**

많은 사람들이 가지고 있는 수학에 대한 두려움을 분석하고 이를 해소하기 위해 출간된 다른 책들과는 분명히 다르다. 이 책은 수학이 우리의 머리뿐만 아니라 가슴을 구성하는 부분이라는 것을 보여주고 있다. 저자의 폭넓고 특유의 재치와 거침없는 언변이 눈길을 끈다.

### 12. 수학세계 탐험기

All the Math That's Fit to Print

**키스 데블린 지음 | 허민 · 오혜영 옮김 | 558쪽**

1983~89년까지 영국의 가디언 지에 연재했던 수학과 컴퓨터에 관한 글을 모은 것으로, 수학세계에서 다루어지고 있는 광범위한 주제를 재치 있고 흥미로우며 읽기 쉽게 설명하고 있다. 수의 아름다운 양식, 소수, 원주율 등과 같은 수학의 전통적인 주제뿐만 아니라 팔팅스의 정리 및 리만의 추측과 같이 심오한 결과와 미해결 문제를 누구나 이해할 수 있도록 설명하고 있다.

### 13 · 14. 수학의 역사(상 · 하)

A History of Mathematics

**칼 보이어 · 유타 메르츠바흐 지음 | 양영오 · 조윤동 옮김 | 570쪽 내외**

**제41회 한국백상문화상 출판상 수상**

누구나 알기 쉬운 수학 역사 길잡이. 이집트로부터 20세기 중반까지 수학이 발달해온 과정을 연대순으로 폭넓게 개괄하여, 수학사에 대한 전반적인 이해를 가능하게 한다.

# 깊고 그윽한 수학의 향기 경문수학산책

## 15. 물질, 정신 그리고 수학

Matier A Pense

**장 피에르 상제 · 알랭 콘느 지음 | 강주헌 옮김 | 368쪽**

파스퇴르 연구소 분자 신경생물학실장, 콜레주 드 프랑스의 세포 커뮤니케이션 연구소장인 장-피에르 상제와, 콜레주 드 프랑스의 분석기하학 연구소장이며 필즈상 수장자인 알랭 콘느가 수학과 자연, 현실과 이성, 인공지능, 수학과 진화론 등의 문제를 두고 격렬하고도 근사한 논쟁을 벌인다. 두 거장의 깊은 생각과 정확한 논리성이 독자를 경탄과 흥분으로 몰아넣는다.

## 16. 오일러가 사랑한 수 $e$

$e$ : The Story of a Number

**엘리 마오 지음 | 허민 옮김 | 368쪽**

로그의 밑인 $e$에 대한 명쾌하고 정확한 해설과 여러 가지 여담과 역사적 사실을 흥미롭게 서술했다. 페트르 베크만의 《파이의 역사》와 견줄 만한 책이다.

## 17. 파이의 역사

A History of $\pi$

**페트르 베크만 지음 | 박영훈 옮김 | 280쪽**

1,900년 동안이나 타의 추종을 불허하는 방법으로 값을 발견하고자 한 아르키메데스의 이야기에서부터 악마의 수라 비난했던 중세 주교들의 이야기, 이미 4,000년 전에 이집트인들이 발견한 값을 책으로 출간하면서 야단법석을 떨었던 클리블랜드의 어떤 사업가 이야기에 이르기까지, 역사를 관통하며 펼쳐졌던 원주율 $\pi$에 관한 수많은 사건과 일화가 흥미롭게 전개된다.

## 18. 신의 베틀

The Loom of God: Mathematical Tapestries at the Edge of Time

**클리퍼드 픽오버 지음 | 이상원 옮김 | 464쪽**

수학과 종교는 분리된 것인가? 무한성을 이해하려는 수학적인 의문은 신을 이해하려는 종교적 시도와 여러 면으로 맞닿아 있다. 종교와 수학 모두 인간과 우주, 그리고 무한성 사이의 관계를 탐구한다. 양자 모두 비밀스러운 상징과 의식을 가지고 있으며 불가해한 언어를 보유한다. 우리 마음 속 깊숙한 곳에서 작용하면서 상상력을 자극한다는 점도 같다.

## 19. 수리철학의 기초

Introduction to Mathematical Philosophy

**버트런드 러셀 지음 | 임정대 옮김 | 280쪽**

1919년 처음 출판되어 수학의 기초론에 관한 철학적 사상의 결정적인 역할을 해온, 버트런드 러셀의 명저. 이 책은 1986년에 처음 번역되었지만 전면적으로 다시 번역하고, 수학기초론의 3대 입장인 논리주의, 직관주의, 형식주의의 개요를 소개하여 논리주의를 다른 두 사상과 비교하여 이해하는 데 도움이 되도록 덧붙였다.

## 20. 자연, 예술, 과학의 수학적 원형

A Beginner? Guide to Constructing the Universe: The Mathematical Archetypes of Nature, Art, and Sciences

**마이클 슈나이더 지음 | 이충호 옮김 | 392쪽**

**2002년 문화관광부 우수학술도서 선정**

꽃, 조가비, 결정, 식물, 인체에서 발견할 수 있고, 속담이나 동화, 신화, 종교, 마술, 건축의 상징 언어로 표현된 수학적 원리들을 탐구하기 위해 1에서 10까지의 수들을 살펴보는 철학적 여행. 우리가 학교에서 배우는 것과는 아주 다른 시각에서 바라본 것이지만, 우주를 통해 반복적으로 나타나고 인간사에 내재하는 패턴들을 포괄적으로 파악하게 해주는 안내자 역할을 한다.

### 21. 수학이란 무엇인가?

What is Mathematics? 2nd Ed.

**리처드 쿠랑 · 버트 로빈스 지음 | 박평우 외 옮김 | 이언 스튜어트 개정 | 704쪽**

번뜩이는 수학의 보석을 한데 모은 위대한 고전. 형식적 수학은 철자법이나 문법과 같다. 즉, 국지적인 법칙들을 올바르게 응용하는 문제이다. 의미 있는 수학은 저널리즘과 같다. 수학은 흥미로운 이야기를 들려준다. 어떤 저널리즘과는 달리 그 이야기는 참이어야만 한다. 최선의 수학은 문학과 비슷하다. 즉, 수학은 목전의 인생에 이야기를 공급하며, 그 이야기 속에 당신을 지적으로, 감성적으로 함몰시킨다.

### 22. 수학과 음악

Emblems of Mind: The Inner Life of Music and Mathematics

**에드워드 로스스타인 지음 | 장석훈 옮김 | 284쪽**

음악은 귀에 들리는 수, 수는 숨겨진 음악. 이 책은 수학과 음악을 비교하면서 제기되는 가설로 인해 흥미롭다. 저자가 의도했던 바는 실제로 이 양쪽 분야에 모두 발을 담그고 있는 것이 어떤 것인지 그리고 그것이 요구하는 속성이 무엇이며, 다른 가운데 비슷한 점이 무엇인지를 이해하는 것이다.

### 23. 20세기 수학의 다섯 가지 황금률 Ⅱ

Five More Golden Rule Ⅱ

**존 캐스티 지음 | 한태식 · 권기호 · 김정헌 옮김 | 352쪽**

매듭이론이 새로운 약품 개발에 어떻게 기여하는지, 천문학자들이 호프의 분기정리를 이용하여 행성의 움직임을 알아내는 법, 우주여행에 필요한 제어이론의 중요성에 대한 강조에 이르기까지 캐스티는 20세기 현대 수학의 흥미진진한 세계를 쉽게 이해할 수 있게 하며, 이러한 내용이 우주의 비밀을 풀어내는 데 어떻게 도움이 되는지를 알려준다.

### 24. 도대체 수학이란 무엇인가?

What is Mathematics, Really?

**로이벤 허시 지음 | 허민 옮김 | 628쪽**

**2004년 대한민국학술원 우수학술도서**

수학의 전통적인 견해에 대한 도전! 본격적인 인본주의 수리 철학서. 수리 철학에 대한 가장 철저하고 포괄적인 탐구서이며, 수학자와 철학자 모두의 필독서이다. 저자는 연구 수학자로서의 경험을 철학적으로 적절하고 날카로운 감각과 결합시켜서, 모든 철학자의 공헌(또는 결함)을 간결하고 예리하게 잘 제시하고 있다.

### 25. 허수 이야기

An Imaginary Tale: The Story of $\sqrt{1}$

**폴 나힌 지음 | 허민 옮김 | 360쪽**

상상의 수, 허수 $i$에 숨겨진 이야기. 고대 이집트의 파피루스와 1세기 알렉산드리아의 헤론까지 거슬러 올라가 허수 $i$의 숨겨진 역사를 추적한다. 그리고 그 뒤 $\sqrt{1}$이 이 세상에 등장해서 진정한 의미가 받아들여지고, 수학의 영광스러운 새로운 세계가 열린 과정을 흥미롭게 이야기한다.

## 26. 문화 속의 수학

Mathematics Elsewhere

**마샤 애셔 지음 | 김이경 옮김 | 296쪽**

수학을 통한 독특한 문화 체험. 지정학적으로 다양한 문화, 즉 아프리카의 보라나와 말라가시, 오세아니아의 통가나 마셜 제도, 남부 인도의 타밀, 서유럽의 바스트, 인도네시아의 발리족과 코디족의 생활에서 엿볼 수 있는 수학의 원리를 추적한다.

## 27. 수학, 천상의 학문

Pi in the Sky: Counting, Thinking, and Being

**존 배로 지음 | 박병철 옮김 | 416쪽**

인간은 수학을 발명했는가? 아니면 자연적으로 존재하던 수학이 어느 날 우리에게 발견된 것인가? 누구나 쉽게 떠올릴 수 있을 법한 질문이지만, 그 해답이 어느 쪽으로 내려지느냐에 따라 우리의 우주관과 인간관은 크게 달라진다. 플라톤의 이데아, 곧 천상의 세계에 존재하는 수학에 대한 궁극적인 질문과 해답.

## 28. 원의 역사

A History of The Circle

**어니스트 지브로스키 지음 | 김창호 · 연윤정 옮김 | 300쪽**

과학 기술, 문화, 역사, 그리고 자연과학에서 원에 대한 흥미로운 이야기.

고대 수학자로부터 20세기의 시공간에 대한 이론에 이르기까지, 지브로스키는 원의 연구가 자연계 일반에 대한 학문에 얼마나 막대한 공헌을 하였는가를 탐구한다.

## 29. 수학, 문명을 지배하다

Mathematics in Western Culture

**모리스 클라인 지음 | 박영훈 옮김 | 664쪽**

**2006년 대한민국학술원 우수학술도서**

수학을 매개로 짚어본 서양 철학사이자 과학사, 문화사. 모리스 클라인은 이 책을 통해 왜곡된 수학의 진정한 모습을 우리에게 보여주려는 시도를 하였다. 즉, 인류 문명, 특히 서양 문명의 형성 곳곳에 수학이 어떻게 자리 잡았는지 저자의 해박한 지식을 동원하여 설파함으로써 사람 냄새를 맡을 수 있는 수학의 모습을 보여준다.

## 30. 무한의 편린

Fragments of Infinity: A Kaleidoscope of Math and Art

**이바스 피터슨 지음 | 김승욱 옮김 | 296쪽**

수학과 예술이 만나서 펼치는 무한한 상상력의 세계. 미술관에 가서 수학적인 것과 마주치게 되리라고 기대하는 사람은 아마 거의 없을 것이다. 얼핏 생각해도 비록 수학과 미술이 다 같은 인간 지성의 산물이긴 하지만 두 사이에 어떤 공통점은 없을 듯하기 때문이다.
하지만 이 책을 통해 미술관에 전시된 예술품들을 수학적인 시각으로 보고 나면 미술을 전혀 다른 관점에서 재발견하게 될 것이다.

## 깊고 그윽한 수학의 향기 경문수학산책

### 31. 플래터랜드

FLATTERLAND: Like Flatland, Only More So

**이언 스튜어트 지음 | 이한음 옮김 | 400쪽**

1884년 에드윈 A. 애벗이 지은 《플랫랜드; 다양한 차원의 이야기》의 후속작으로 현대 수학의 가장 까다로운 개념들을 흥미롭고도 쉽게 접할 수 있게 했다. 독특한 주인공과 위트가 넘치는 색다른 줄거리를 통해서, 이 책은 우리가 현재 이해하고 있는 우주의 모양과 기원, 공간과 시간과 물질의 본질뿐 아니라 현대 기하학과 그것이 어디에 응용되는지를 탐구한다. 《이상한 나라의 앨리스》의 전통을 따라, 현실의 본질을 탐구하는 이 책은 현대 고전의 반열에 들 것이다.

### 32. 아프리카 수학

AFRICA COUNTS: Number and Pattern in African Cultures, 3rd

**클라우디아 자슬라브스키 지음 |**
**김성희 · 김진호 · 박현미 · 안희진 · 유대현 옮김 | 378쪽**

이 책은 아프리카 민족들이 수학이라는 학문에 끼친 공헌에 대해 기술하고 있다. 수체계의 발달 과정사, 수 이름, 시간 계산, 몸짓 수세기 등 다양한 민속수학을 조사하고, 연구하고, 정리하고, 분석한 결과가 이 책이다. 또한 아프리카인들이 주로 즐기는 '만카라'라는 게임에 내재되어 있는 수학, 아프리카판 '한붓그리기', 아프리카의 각 민족들의 생활용품에 담겨진 기하적 의미, 삶 속에 등장하는 수의 의미 등을 기록하고 있다.

### 33. 수학자 대 수학자

GREAT FEUDS IN MATHEMATICS

**핼 헬먼 지음 | 노태복 옮김 | 378쪽**

이 책은 수학자들의 불화와 다툼 그리고 반목에 관한 내용이다. 숭고한 논리와 비범한 창의력으로 절대적인 진리를 추구한다고 여겨지는 수학자들도 시기와 질투, 비방과 음모, 표절과 가로채기 그리고 승패를 둘러싼 다툼은 피할 수 없는 숙명이었다. 저자 헬먼은 다툼과 반목으로 얼룩진 수학사의 뒷골목을 면밀히 파헤쳐, 진리의 탐구자이기 이전에 인간일 수밖에 없는 그들의 모습을 있는 그대로 살려낸다. 지극히 객관적인 시선으로 때로는 자신의 느낌을 재치 있게 더하면서 저자는 독자들을 고상한 수학 레스토랑의 부엌 뒤쪽으로 안내한다.

### 34. 수학사대전

**김용운 지음 | 734쪽**

수학만을 아는 수학자란 있을 수 없다. 수학은 인간의 지적 활동의 핵으로서 문화 전반에 영향을 주었으며, 문화현상에서 끊임없는 자극을 받아왔다. 이 책은 수학에 대해 지적 호기심을 가지고 철학적인 사유를 즐기려는 사람, 수학을 통해 문화 현상을 상징적으로 파악하려는 사람들의 궁금증을 풀어준다. 수학사를 과거의 수학자들에 얽힌 한낱 '이야깃거리'와 수학상의 업적을 나열하고, 그 내용을 소개하는 '수학 연대기' 정도로 여기는 수학사에 대한 잘못된 선입견을 벗어나 인문학적 수학의 재미를 느끼게 될 것이다.

# 깊고 그윽한 수학의 향기 경문수학산책

## 35. 독일 수학 시간 여행

- 가우스에서 힐베르트까지 -

신동우 · 임완권 지음 | 616쪽

**수학의 황금시대를 이끌었던 독일 수학**

이 책은 현대수학에 절대적인 영향을 미친 19세기와 20세기 초반 독일 수학 연구의 흐름과 독일 수학자들에 의하여 발전된 이론의 간략한 생성 과정을 소개하고 있다. 독일의 저명한 대학들에서 활동했던 수학자들의 생애와 업적들을 특히 매 10년마다 나누어서 묘사함으로써 수학의 발전사를 가능하면 역동적으로 느껴질 수 있도록 구성하였다. 이 책을 준비하면서 저자들은 150여 년 간 가장 국력이 강했던 독일이란 국가의 흥망성쇠가 수학 발전의 속도에 얼마나 밀접하게 연결되어 있었는가를 전달하고자 했다.

## 36. 수학자는 어떻게 사고하는가

How Mathematicians Think

윌리엄 바이어 지음 | 고중숙 옮김 | 544쪽

수학은 인류가 영위하는 가장 엄밀한 학문이다. 그 논리는 극도로 정교하고 치밀하여 실낱같은 허점도 없다. 그리하여 인간 사고의 숭고한 전형으로 여겨지고 있다. 그런데 수학의 진정한 면모는 과연 이것뿐일까? 수학이 그렇다면 인간의 사고도 마냥 숨 막히도록 논리적이어야만 할까? 놀랍게도 그 답은 단연 "아니오"이다. 실로 수학은 자유와 논리의 놀라운 이중주이다. 윌리엄 바이어스 교수는 이 기이한 논리적 모순과 역설 속에서 꽃피는 인간 창의력의 본질을 바로 이러한 음률을 따라 펼쳐낸다. 수학은 물론 인간 사고의 전반에 깊은 관심을 가진 영혼들에게 이 책은 소중한 사색의 원천이 될 것이다.

## 37. 최상의 최소

When Least is Best

폴 나힌 지음 | 권오남 · 김성옥 · 주미경 · 오혜미 옮김 | 416쪽

**우리 주변의 물리와 수학이 깊이 얽혀 있는 문제들**

날아가는 총알의 사진을 찍는 가장 최선의 방법은 무엇일까? 왜 빛은 최소의 시간으로 유리를 통과할까? 도보여행자가 숲속에서 길을 잃지 않을 수 있는 방법은 무엇일까? 미래에 무지개의 모습은 지금과 같을까? 왜 비눗방울은 최소한의 넓이로 이루어져 있을까? 이 책은 수학사로 구성되었지만, 많은 수학자들의 단순한 전기(傳記)나 에세이는 아니다. 지난 20세기 동안 수많은 유명 수학자들이 극값을 주제로 연구한 것에 대한 기술적인 이야기이므로, 많은 수학이 들어 있다.

## 38. 추상대수학의 역사

A History of Abstract Algebra

이스라엘 클라이너 지음 | 김부윤 · 정영우 옮김 | 416쪽

이 책은 추상대수학의 입문서가 아니라 추상대수학의 많은 기본 개념과 결과, 그리고 이론들의 역사를 설명하고 있다. 이 책의 주된 테마는 '추상적인' 대수학의 개념들이 '구체적인' 몇몇 문제를 풀기 위한 시도로부터 어떻게 생겨났는가를 보여주는 것이며, 그래서 "고도의 추상화는 구체적인 사실에 대한 사고를 제어하는 진짜 무기이다."라고 하는 화이트헤드의 말을 입증하는 것이다. 다르게 말하면, "실제적인 것만큼 좋은 이론은 아무것도 없다."는 것을 보여주고 있다.

## 39. 휜, 비틀린, 꼬인 공간의 신비

THE SHAPE OF INNER SPACE: String Theory and The Geometry of The Universe's Hidden Dimensions

싱퉁 야우, 스티브 네이디스 지음 | 고중숙 옮김 | 552쪽

이 책은 독자들에게 먼저 칼라비-야우다양체에 대한 그의 연구를 이해하는 데에 필요한 기하와 위상수학을 소개하고 이어서 이 분야에서 이루어진 발전을 설명한다. 그런 다음 저자는 그의 증명이 수학과 물리가 긴밀하게 얽힌 세계로 스며들면서 발휘한 엄청난 충격에 대해 이야기한다. 결국 이 책은 물리와 기하가 어떻게 만나고 이로 인해 우주에 대한 새로운 그림이 어떻게 도출되었는지에 대한 이야기이다. 이는 흥미롭고, 도전적이고, 지금껏 한 번도 전해지지 않은 이야기이다.

## 40. 유클리드 데이터

Euclid's Data: The Importance of Being Given

크리스천 마리누스 테이즈벡 지음 | 서보억·김동근 옮김 | 424쪽

이 책의 원문은 파푸스가 밝힌 《분석의 보고》라는 책의 목록 중 맨 앞에 나오는 유클리드의 《자료론(The Data)》 이다. 오랫동안 《원론》의 보조도구로 사용되어 왔지만, 이 책에 담긴 '주어진'이란 의미는 세상에 알려지지 못했다. 수학 문제에서 '주어진 대상'은 문제해결에 가장 중요한 열쇠를 지니고 있다는 측면에서, 《자료론》에 대한 수학적・철학적 이해는 수학 교육에 중요한 가치를 지닐 것이다. 이제 '주어진'의 세계를 풀 열쇠가 무엇인지 살펴보자.